普通高等教育"十四五"系列教材

流域综合治理工程概论

（第3版）

主　编　孙开畅

·北京·

内 容 提 要

本教材以我国流域内的水资源综合开发、充分利用与有效保护为背景，系统地阐述了流域综合治理涉及工程的相关基本理论和方法，以及维持流域生态健康、进行生态修复与可持续发展观下流域管理的相关内容，选取流域治理工程的成功实例阐述综合治理的步骤和措施，为我国流域综合治理提供理论指导和实践方法。本教材包括绪论、枢纽工程、堤防工程、泥沙工程、水环境与水生态、水土保持、流域管理等内容；除纸质文本外，还配备有课程内容相关的数字资源。

本教材按照现行国家标准、部委及行业标准和现行规范编写。在第 2 版基础上，吸收了国内外流域治理的最新研究成果和实践经验，内容全面，体系完整。本教材除可作为高等院校水利水电工程、水文与水资源工程本科及研究生教材外，也可供水利水电等行业有关工程技术人员参考使用。

图书在版编目（CIP）数据

流域综合治理工程概论 / 孙开畅主编. -- 3版. 北京 : 中国水利水电出版社, 2025. 5. -- (普通高等教育“十四五”系列教材). -- ISBN 978-7-5226-3504-0

Ⅰ. TV88

中国国家版本馆CIP数据核字第2025MH6237号

书　　名	普通高等教育“十四五”系列教材 **流域综合治理工程概论**（第 3 版） LIUYU ZONGHE ZHILI GONGCHENG GAILUN
作　　者	主编　孙开畅
出版发行	中国水利水电出版社 （北京市海淀区玉渊潭南路 1 号 D 座　100038） 网址：www. waterpub. com. cn E-mail：sales@mwr. gov. cn 电话：（010）68545888（营销中心）
经　　售	北京科水图书销售有限公司 电话：（010）68545874、63202643 全国各地新华书店和相关出版物销售网点
排　　版	中国水利水电出版社微机排版中心
印　　刷	天津嘉恒印务有限公司
规　　格	184mm×260mm　16 开本　18 印张　438 千字
版　　次	2011 年 1 月第 1 版第 1 次印刷 2025 年 5 月第 3 版　2025 年 5 月第 1 次印刷
印　　数	0001—2000 册
定　　价	**54.00** 元

第 3 版前言

为不断地更新和完善教材内容，提高教材质量，增加工程实际应用价值，本书在第 2 版的基础上，进行了全面修订，其基本指导思想和宗旨保持不变，增加了流域管理的内容，更新了相关内容中最新的法律条款、现行的规范以及流域综合治理工程的一些最新成果、当前动态，不仅拓宽已有的知识面，还适当增加了深度。同时，按照新形态教材建设的要求，在相应的章节内容上，配套增加了视频、课件、知识点微课、案例库及习题库等立体化教材多媒体数字资源的内容。

修订后的版本更加系统地阐述了流域水资源利用和综合治理的各类工程及管理；同时，为了开阔学生视野，继续增加了流域管理内容，选编了在枢纽工程中讲解相对较少的内容，择编了一些较新的内容，最后选取了具有流域整治代表性的工程为教学案例，为当前流域治理提供示范，具有一定的工程借鉴性。

本教材具体包括绪论、枢纽工程、堤防工程、泥沙工程、水环境与水生态、水土保持、流域管理等内容，涵盖了流域综合治理工程的各个方面，使水利工程关于整个流域治理方面成为一个体系，便于学生针对流域综合治理工程的完善的知识体系进行系统的学习。

参加本教材修订的人员主要为三峡大学水利与环境学院教师，为了使教材理论与工程实际结合更为紧密，具有更好的工程适用性，邀请了雅江清洁能源科学技术研究有限公司具有丰富流域工程治理经验的王守明高级工程师作为副主编，同时邀请中水东北勘测设计责任有限公司王福运教授级高级工程师、国网江苏省电力工程咨询有限公司黎宏武高级工程师以及宜昌市水利水电勘察设计院有限公司杨升乾高级工程师审阅了教材章节中的案例。具体分工如下：绪论由孙开畅编写；第一章由孙开畅、王守明编写；第二章由李昆、卢晓春、陈博夫编写；第三章由孙开畅、李卫明编写；第四章由石小涛、熊勃勃编写；第五章由王守明、孙开畅编写；第六章由孙开畅、黎宏武、杨升乾编写。

本教材由三峡大学孙开畅教授主持修订、统稿和最终定稿，三峡大学田斌教授对内容提出很多调整意见。本教材由河海大学、清华大学和武汉大学的专家教授联合审定：河海大学唐洪武教授对第3版内容框架提出增补意见；武汉大学卢文波教授对治理工程提出了针对性的修改意见；清华大学唐文哲教授针对增补的流域管理内容提出了指导性的修改意见。行业内相关专业院校教授同行也给予诸多指点和帮助，同时，本教材的编写得到了三峡大学教研项目（ALK202502）、三峡大学产教融合教材建设项目、水利与环境国家级实验教学示范中心、三峡大学水利与环境学院的大力资助。在编写过程中，长江水利委员会长江科学院、长江勘测设计研究院、雅江清洁能源科学技术研究有限公司、中水东北勘测设计研究有限公司、华能澜沧江水电有限公司、中国长江三峡集团有限公司、中国南水北调集团有限公司、珠江水利委员会、黄河水利委员会、水利部小浪底水利枢纽管理中心、五凌电力有限公司及各地方水利与湖泊局给予了大力支持。中国水利水电出版社编辑对教材的编写给予很多细节上的指导。研究生张明洋、薛文丽等参加了习题库、案例库的编写和收集工作，研究生陈千庆、李婷婷、周霁轩、吴勇灿、张楷巍、付佳迅、谢文韬、任开元等参加了数字资料的收集、拍摄和剪辑等工作，学生王梦雪、李婉婷、徐一帆、蔡昇晖等参加了部分文字校对和绘图的工作。本教材编写过程中，三峡大学水电系数十位教师和学生付出了辛苦的劳动，倾注了大量心血，在此向他们表示衷心的感谢。

由于编者水平有限，书中难免有不妥之处，敬请读者指正。

编 者

2024年12月

第1版前言

本教材是水利水电专业学生修完《水利工程施工》《水工建筑物》教材后继续扩展知识面的一本教材，全书为了开阔以枢纽知识为主体的水利工程专业学生的视野，选编了在枢纽工程中讲解相对较少的内容，编写了一些较新的内容，具体包括枢纽工程、堤防工程、河道泥沙工程、水环境与水生态、水土保持等五方面内容，涵盖了流域治理工程的各个方面，使水利工程关于整个流域治理方面的理论成为一个体系。

本教材在着重讲述比较成熟的理论和经验的同时，还尽可能多地介绍事物的发展过程、最新成就、当前动态、存在的问题和今后的发展方向，以利于培养学生独立思考和独立分析解决实际问题的能力。

本教材由三峡大学水利与环境学院的教师编著，具体分工如下：

绪论：孙开畅；

第一章　枢纽工程：孙开畅；

第二章　堤防工程：李　昆　孙开畅；

第三章　河道泥沙工程：孙开畅；

第四章　水环境与水生态：晋良海；

第五章　水土保持：吴海林　晋良海；

附录　浑江流域治理工程实例：孙开畅　蔡宜洲。

本教材主编为三峡大学孙开畅副教授，主审为三峡大学田斌教授、周宜红教授。全书框架内容由孙开畅副教授提出，田斌教授做出修改并确定最终框架，周宜红教授对主要内容提出调整和补充意见，最后由孙开畅副教授统稿、定稿。在编写过程中，三峡大学水利与环境学院给予了大力支持、武汉大学余明辉教授、卢文波教授提出很多宝贵的修改意见。此外还得到了三峡大学许文年教授、陈和春教授的指点；得到了中水东北勘测设计研究院施工设计处的王福运高级工程师的帮助，三峡大学学生商雄、刘传占参加了部分文字校对和绘图的工作，在此向他们表示衷心的感谢。

由于编者水平有限，书中难免有不妥之处，敬请读者指正。

编　者

2010年10月

第1版前言

第 2 版前言

为不断地更新和完善教材内容，提高教材质量以及增加其工程实际应用价值，本教材在第 1 版的基础上进行了全面修订，其基本指导思想和宗旨保持不变，增加了流域综合治理工程的一些最新成果、当前动态以及具体工程实例的内容，不仅拓宽了已有的知识面，还适当增加了深度。修订后的版本更加系统地阐述了流域水资源利用和综合治理的各类水利工程；同时，为了开阔以枢纽知识为主体的水利工程专业学生的视野，继续增加和选编了在枢纽工程中讲解相对较少的内容，择编了一些较新的内容，最后选取了具有中小型流域整治代表性的工程为教学案例，对目前流域治理提供示范，具有一定的借鉴性。

本教材具体包括绪论、枢纽工程、堤防工程、泥沙工程、水环境与水生态、水土保持及流域综合治理工程实例等内容，涵盖了流域综合治理工程的各个方面，使水利工程关于整个流域治理方面成为一个体系，便于学习者针对流域综合治理工程完善的知识体系进行系统的学习。

本教材在修订中，主要参加人员除三峡大学水利与环境学院的教师外，还邀请了具有丰富工程实践经验的王福运、王守明等高级工程师参与审定，使本教材理论与工程实际结合更为紧密，使其具有更好的工程适用性。具体分工如下：

绪论：孙开畅；

第一章　枢纽工程：孙开畅　王守明；

第二章　堤防工程：王福运　卢晓春；

第三章　泥沙工程：冯吉新　李　昆；

第四章　水环境与水生态：王佳奎　卢晓春；

第五章　水土保持：王守明　明华军；

第六章　流域综合治理工程实例：王福运　冯吉新。

本教材由三峡大学孙开畅教授主持修订并统稿和最终定稿，三峡大学田斌教授、周宜红教授担任主审。本书的编写得到了湖北省自然科学基金(2012FFA087)以及长江科学院开放研究基金(CKWV2013208/KY)的资助;在编写过程中,三峡大学水利与环境学院、中水东北勘测设计研究有限公司以及华能澜沧江水电有限公司给予了大力支持;三峡大学吴海林教授、董晓华教授对内容提出了很多增补和调整意见;武汉大学卢文波教授提出了针对性的修改意见;三峡大学研究生李权参与了第六章部分编写工作;研究生徐小峰、刘林锋及尹志伟等参加了部分文字校对和绘图的工作;在此向他们表示衷心的感谢。

由于编者水平有限,书中难免有不妥之处,敬请读者指正。

编 者

2015 年 9 月

数 字 资 源 清 单

序号	资 源 名 称	资源类型
资源 0-1	我国流域的基本状况	微课
资源 0-2	长江流域介绍	实拍
资源 0-3	黄河流域介绍	实拍
资源 0-4	珠江流域介绍	实拍
资源 0-5	澜沧江流域介绍	实拍
资源 0-6	长江流域开发	实拍
资源 0-7	黄河流域开发	实拍
资源 0-8	澜沧江流域开发	实拍
资源 0-9	怒江、雅鲁藏布江流域介绍	实拍
资源 0-10	堤防护坡工程	实拍
资源 0-11	流域治理工程取得的成就与展望	微课
资源 0-12	绪论	课件
资源 1-1	现代坝工技术发展的历史	微课
资源 1-2	丰满工程概况	实拍
资源 1-3	三峡工程概况	实拍
资源 1-4	五强溪工程概况	实拍
资源 1-5	重力坝的基本知识	微课
资源 1-6	重力坝枢纽的特点	微课
资源 1-7	葛洲坝工程概况	实拍
资源 1-8	混凝土重力坝枢纽	课件
资源 1-9	拱坝枢纽简介	微课
资源 1-10	乌东德工程简介	实拍
资源 1-11	溪洛渡工程简介	实拍
资源 1-12	拱坝枢纽	课件
资源 1-13	白鹤滩工程简介	实拍
资源 1-14	小浪底工程简介	实拍
资源 1-15	土石坝枢纽	课件

续表

序号	资　源　名　称	资源类型
资源 1-16	面板堆石坝枢纽介绍	微课
资源 1-17	水布垭工程介绍	实拍
资源 1-18	面板堆石坝枢纽	课件
资源 1-19	碾压混凝土坝枢纽介绍	微课
资源 1-20	龙滩工程介绍	实拍
资源 1-21	碾压混凝土坝枢纽	课件
资源 1-22	三板溪工程介绍	实拍
资源 1-23	枢纽工程	课件
资源 1-24	课后习题	参考答案
资源 2-1	各类堤防介绍	实拍
资源 2-2	波浪的基本知识	微课
资源 2-3	防洪标准和堤防护坡	微课
资源 2-4	坡式护岸	实拍
资源 2-5	坝式护岸	实拍
资源 2-6	墙式护岸	实拍
资源 2-7	堤坝防洪标准及堤岸防护工程	课件
资源 2-8	堤防规划的一般规定	微课
资源 2-9	堤防渗流设计	微课
资源 2-10	堤防渗透破坏	实拍
资源 2-11	单点渗流破坏	实拍
资源 2-12	多点渗流破坏	实拍
资源 2-13	堤防稳定设计	微课
资源 2-14	堤防设计的原则与方法	课件
资源 2-15	堤防工程施工	微课
资源 2-16	堤防工程施工	实拍
资源 2-17	堤防工程新技术	实拍
资源 2-18	堤防工程	课件
资源 2-19	课后习题	参考答案
资源 3-1	流域泥沙治理工程现状	微课
资源 3-2	山区河流和平原河流	实拍
资源 3-3	河床演变的基本原理	微课

续表

序号	资　源　名　称	资源类型
资源 3-4	河道整治规划	微课
资源 3-5	几种常见的河流几何形态	实拍
资源 3-6	HBH 流域治理工程	案例
资源 3-7	河道整治规划	课件
资源 3-8	浅滩的演变与整治	微课
资源 3-9	水库的淤积与防治	微课
资源 3-10	水库及水库淤积	实拍
资源 3-11	水库淤积及其防治	课件
资源 3-12	大坝泄流过程中对下游河床的冲刷	实拍
资源 3-13	黄河泥沙治理进展	微课
资源 3-14	黄河泥沙工程	实拍
资源 3-15	泥沙工程	课件
资源 3-16	课后习题	参考答案
资源 4-1	水环境水生态简介	微课
资源 4-2	河流生态系统	微课
资源 4-3	部分河流污染现状	实拍
资源 4-4	常用的河流水质模型	微课
资源 4-5	河流及水库水质模型	课件
资源 4-6	水利工程生态效应	微课
资源 4-7	过鱼系统	实拍
资源 4-8	YQH 水环境治理工程实例	案例
资源 4-9	河流生态修复效应	微课
资源 4-10	河流生态修复	课件
资源 4-11	河流生态系统评价	微课
资源 4-12	水环境与水生态	课件
资源 4-13	课后习题	参考答案
资源 5-1	水土保持基本理论	微课
资源 5-2	水土流失的影响因素	微课
资源 5-3	人为活动对水土流失的影响	实拍
资源 5-4	水土流失的影响因素	课件
资源 5-5	水土保持规划	微课

续表

序号	资　源　名　称	资源类型
资源 5－6	水土保持规划	课件
资源 5－7	水土保持工程措施	微课
资源 5－8	高标准农田建设	实拍
资源 5－9	我国水土保持发展趋势	微课
资源 5－10	LLH 生态修复实例	案例
资源 5－11	水土保持	课件
资源 5－12	课后习题	参考答案
资源 6－1	国内外流域管理	微课
资源 6－2	河长制管理	实拍
资源 6－3	梯级水库安全管理	实拍
资源 6－4	流域的综合管理	课件
资源 6－5	流域风险管理	微课
资源 6－6	流域风险管理	课件
资源 6－7	梯级电站智慧管理	实拍
资源 6－8	流域梯级电站应急管理	微课
资源 6－9	黄河流域管理	微课
资源 6－10	大坝安全监测	实拍
资源 6－11	流域管理	课件
资源 6－12	课后习题	参考答案

目　录

绪　　论

“流域综合治理工程概论”是一门以水利水电工程可持续发展为核心的理论与实践联系较为紧密的专业课，以反映当前水电开发已进入社会因素与公众可接受制约阶段的需求，其主要特点是涵盖面广，能够就具体工程问题进行多方面分析，兼顾流域河道治理的各个方面，提出切实有效的解决方法。水利工程满足了人们对水的各种不同需求，但水体的自身需求往往被忽略。水的需求是它希望留在一个完整的、健康的生态系统中。人们为了控制水流，把水从生态系统中分割出来，放到一个空间由人工设定的、特定的或规则的形状中，再用人工材料如混凝土、金属、塑料等为分割出来的水体制作某种人工环境，在这种人工制作出的环境中，水体脱离了生物群落，自净能力降低，稍有外界干扰出现，如污水加入，水体的健康迟早会出现问题。就水利工程建设现状而言，忽略了如下问题：①河流形态的多样化；②河流湖泊与岸上生态系统的有机联系；③河道断面硬质化使水体循环与水生生物食物链中断；④人水争地使河流失去浅滩与湿地等。

随着生产的发展和科学技术的进步，社会对水资源的需求渐趋迫切，如何科学地利用与保护水源，合理治理流域，成为发展中国家水利建设与水电开发密切关注的问题之一；基于人与自然和谐的治水理念，水利工程不仅是满足人们对水需要的工程，也是有利于改善和恢复健全生态的系统工程，同时更是有利于环境保护的可持续发展工程，因此流域的综合治理成为水利工程需妥善解决的关键问题。

我国河流众多，其中流域面积 $100km^2$ 以上的河流达 5 万多条，流域面积 $1000km^2$ 以上的有 1500 多条。从枢纽建设、堤防修筑、泥沙治理、水土保持、流域管理以及人们对于水生态和水环境的充分认识，流域综合治理越来越成为人们关注的焦点。本课程就上述问题进行系统阐述，从一般规律出发，与最新科技相结合，对于流域治理工程进行概括性、系统性的介绍。

流域的综合治理是指对整个河道进行干流水能、航运及灌溉开发，兼顾水土保持、水生态、环境保护等项目的治理。江河流域的水电开发规划和管理，基本上是按河流或河段梯级开发规划和流域综合开发规划两个层次，分别由国家和各省区有关部门协作组织进行的。前者侧重河道干流或河段以发电为主要开发任务的梯级开发规划，后者同时考虑全流域水土等资源的统一开发利用。

流域综合规划治理具体是指：①对中上游进行水能开发，即常说的梯级电站的建设开发；②对下游河道主要进行防洪治涝、航运以及河道整治等工程建设为主；③对整个河道进行灌溉、水土保持、水生态以及水环境的综合治理；④对流域进行梯级电站管理和全流域资源管理。

一、我国流域的基本状况

我国拥有称为世界屋脊的青藏高原，多数河流发源于此，按照流域的地域规划，我国有11个大的江河流域，分别是：长江流域、黄河流域、珠江流域、淮河流域、东北诸河、海滦河流域、东南沿海诸河、西南国际诸河、雅鲁藏布江及西藏其他河流北方内陆及新疆河，以及台湾诸河。

近半个世纪以来，为了全面查实和促进水电能源的开发利用，曾对全国3000多条河流进行了四次水能资源的普查规划分析。1949年新中国成立，即着手准备和组织了全国第二大河——黄河流域的开发规划研究，1954年提出《黄河综合利用规划技术经济报告》。其后，分期分批对十一大江河流域或区域的112条重要干支流以及69个主要河段，分别进行了水电综合开发规划。根据有关技术经济与社会环境条件的初步比较分析与迭代筛选，推荐了各河流的基本开发方式和梯级电站布置方案以及首期建设工程，为大规模进行水电建设提供了优选方案，为研究地区的能源构成与制订长远规划和安排建设布局，提供了可靠的基础资料。同时，由于我国能源资源分布极不均衡，水能资源主要集中在长江、雅砻江、大渡河、乌江、澜沧江、黄河、怒江、红水河和雅鲁藏布江等西南部河流上，总装机容量3.7亿kW，占全国水能资源可开发装机容量的一半以上。为优先和充分利用清洁再生水能资源，以满足缺能地区经济发展的用电需要。在河流或河段规划的基础上，设想在水能资源丰富和开发条件好的地区，建设金沙江、雅砻江、大渡河、乌江、长江中上游、南盘江、红水河、澜沧江、黄河上游、黄河中游、湘西、闽浙赣和东北等十三大水电基地。不久的将来，雅鲁藏布江和怒江水电基地也会陆续形成。

（一）长江

长江是我国最大的一条河流，发源于青藏高原唐古拉山主峰格拉丹东雪山西南侧，干流全长约6300km，自西向东依次流经青海、西藏、四川、云南、重庆、湖北、湖南、江西、安徽、江苏、上海11个省（自治区、直辖市），于上海崇明岛以东注入东海。长江从河源至当曲河口称沱沱河，当曲河口至青海玉树巴塘河口称通天河，巴塘河口至四川宜宾称金沙江，宜宾以下称为长江中下游。长江干流水量丰沛，水能资源主要集中在上游河段。其中沱沱河和通天河由于地理位置和水能条件，规划电站较少，梯级电站集中在金沙江段，在宜宾以下的长江中下游干流段，三峡和葛洲坝电站目前已经建成并发挥巨大效益。

长江流域水系庞大，流域面积非常广阔，它的支流以及支流的支流众多，主要支流有雅砻江、岷江、嘉陵江、乌江、汉江、湘江、沅江及赣江等。这些支流都蕴含着巨大水能资源，尤其是上游几条支流，构成了规划开发中的水电开发基地。

1. 金沙江

金沙江是长江的上游干流，从青海玉树巴塘河口至宜宾岷江入河口，跨青海、西藏、四川、云南4省（自治区），全长2316km，落差3280m，分别占长江全长的55.5%和干流总落差的95%，流域面积47.3万km^2。以云南石鼓和四川雅砻江口为界，将金沙江干流分为上、中、下三段，河道长度分别为984km、564km和768km。上游河段与横断山脉平行，与怒江、澜沧江并行，形成“三江并流”景观，河谷深切，落差巨大，水能资源丰富，金沙江共规划27级电站，总装机容量8321万kW，年发电量3617亿kW·h。目前，此河段上的向家坝、溪洛渡、乌东德和白鹤滩4个电站已经陆续完工。

2. 长江中下游

宜宾以下的长江中下游干流河段全长 2933km，总落差 265m，流域面积 180 万 km^2，以湖北宜昌和江西鄱阳湖口为界，将长江中下游干流分为上、中、下三段，河道长度分别为 1040km、955km 和 938km。目前，三峡和葛洲坝电站已经建成，总装机容量 2521.5 万 kW。

3. 大渡河

大渡河是长江上游一级支流岷江的最大支流，发源于青海省巴颜喀拉山南麓，分东、西两源，东源为足木足河，西源为绰斯甲河，以东源为主流。两源向东南流入四川省境内，在双江口汇合后始称大渡河，自北向南流经四川省阿坝州、甘孜州、雅安市，在石棉县折向东流，在乐山市注入岷江。大渡河全长 1155km，总落差 4175m，流域面积 9 万 km^2，年径流量 495 亿 m^3。规划 24 级梯级电站，总装机容量 2505.2 万 kW。

4. 雅砻江

雅砻江是长江上游金沙江最大的一级支流，发源于青海省玉树藏族自治州称多县境内的巴颜喀拉山南麓，在青海境内称扎曲（又称清水河），自西北向东南由呷依寺附近流入四川境内，在四川境内干流大体由北向南，流经甘孜、凉山两州后，在攀枝花市注入金沙江。雅砻江全长 1589km，总落差 3870m，流域面积 12.86 万 km^2，年径流量 596 亿 m^3。流域地处青藏高原东南部，位于金沙江和大渡河之间的狭长地带，地形地貌以高山峡谷为主。根据河流水文特点及河谷地貌特征，以雅江县两河口和木里县卡拉为界，将干流分为上、中、下三段，河道长分别为 624km、385km 和 412km。雅砻江可开发装机容量约 2900 万 kW。干流共规划“三库二十二级”，总装机容量 2880.8 万 kW，年发电量 1371 亿 kW·h。

5. 乌江

乌江是长江上游右岸最大的一条支流，也是贵州省的第一大河，发源于贵州省西北部乌蒙山东麓，有南、北两源，南源三岔河发源于威宁县的盐仓，北源六冲河发源于赫章县的妈姑，习惯上以三岔河为主源。两源在黔西、清镇、织金三县交界的化屋基汇合后，流向由西南向东北横贯贵州省中部，流经黑獭堡至思毛坝黔渝界河段后，由重庆涪陵注入长江。乌江全长 1037km，总落差 2124m，流域面积 8.79 万 km^2，年径流量 505 亿 m^3（武隆站）。干流及三岔河、六冲河两源规划按 12 个梯级电站开发，其中沙沱及以上 9 个梯级位于贵州省境内，其余 3 个梯级位于重庆市境内。

（二）黄河

黄河发源于青藏高原巴颜喀拉山脉北麓的卡日曲，自西向东流经青海、四川、甘肃、宁夏、内蒙古、陕西、山西、河南及山东 9 个省（自治区），大体上呈“几”字形，最后流入渤海。黄河流域幅员辽阔，东西长约 1900km，南北宽约 1100km，干流河道全长 5464km，总落差 4472m，流域面积 79.5 万 km^2，年径流量 535 亿 m^3。以内蒙古托克托县河口镇和河南郑州桃花峪为界，将干流分为上、中、下三段，河道长分别为 3472km、1206km 和 786km。上游河段水量丰沛、落差集中，水流湍急；中游河段大部分位于黄土高原，暴雨集中，水土流失严重，河谷展宽；下游河段河道为地上悬河，河道泥沙冲淤严重。黄河水能资源丰富，主要集中在上游河段。其上游河段共规划 38 级电站，总装机容量 2656.1 万 kW，年发电量 937 亿 kW·h，黄河已开发能源占总规模的 70%左右。

（三）澜沧江

澜沧江是发源于青藏高原唐古拉山杂多县的跨国河流，主源扎曲在西藏昌都汇入昂曲后始称澜沧江，干流自北向南流经西藏、云南后，于西双版纳州流出国境，出境后称湄公河，流经缅甸、老挝、泰国、柬埔寨、越南后流入南海。澜沧江—湄公河干流全长 4880km，总落差 5060m，流域面积 74.4 万 km^2。其中，在我国境内长 2153km，根据河流水文特点及河谷地貌特征，将干流分为上、中、下三段，河道长度分别为 764km、456km 和 352km。澜沧江水能资源可开发装机容量 3171 万 kW，干流共规划 23 个梯级，总装机容量 3171.8 万 kW，年发电量 1464.6 亿 kW·h。目前完建的电站有乌弄龙、里底、黄登、大华桥及苗尾等。

（四）红水河

红水河是珠江流域西江水系的干流，发源于云南省沾益县马雄山南麓，称南盘江，南盘江沿黔桂边界至贵州省望谟县与北面来的北盘江交汇，始称红水河。红水河因流经红色砂贝岩层，水色红褐而得名。至天峨县进入广西境内，与柳江汇合后称黔江。后与郁江汇合后称浔江、与桂江汇合后称西江，而后与北江汇合后称珠江，在珠江三角洲与东江汇合后入海，跨云南、贵州、广西 3 省（自治区）。全长 1867km，落差 2133m，流域面积 30.9 万 km^2。主要水能资源集中在南盘江和红水河段，规划按 11 级梯级电站开发，总装机规模 1508 万 kW。到目前为止 11 个电站已全部开发。

（五）雅鲁藏布江

雅鲁藏布江是世界上海拔最高的一条大河，发源于喜马拉雅山北麓杰马央宗冰川，干流自西向东转向南流至林芝地区墨脱县巴西卡出境后进入印度，称为布拉马普特拉河，流入孟加拉国后称贾木纳河，在孟加拉国戈阿隆多市附近与恒河汇合后称博多河，最后从孟加拉湾注入印度洋，是蕴含巨大水能资源的跨国河流。雅鲁藏布江自源头至入海口全长 3162km，流域总面积 175 万 km^2，入海口年径流量 13098 亿 m^3。其中在我国境内的河长 2133km，干流可开发装机容量超过 8000 万 kW，由于自然地理等原因，目前开发程度非常低，是今后水电开发的主要战略目标。

（六）怒江

怒江发源于唐古拉山南麓西藏那曲安多县境内，自西北向东南流经西藏那曲、昌都地区进入云南，在云南潞西县流出国境后称萨尔温江，流经泰国注入印度洋的安德曼海。怒江干流全长 3200km，总落差 5350m，流域面积 32.5 万 km^2，年径流量 2520 亿 m^3。我国境内河长 2020km，落差 4840m。怒江目前还未开发，今后，与雅鲁藏布江和金沙江 3 条河流是我国未来水电重点开发的河流，开发潜力巨大。

我国水能资源居世界第一，水能资源开发也历经了几个时期的建设。在水电事业大发展时期，我国在各个流域都兴建了具有代表性的电站。在这些流域中最具影响力的为长江流域，长江流域地势西高东低，水系发达，含有丰沛的径流量和巨大的落差，使得长江蕴藏着丰富的水能资源，2009 年，长江流域完成了 21 世纪巨型水利枢纽——三峡工程的建设。其次为黄河流域，黄河流域幅员辽阔，河流水少沙多，以高含沙率闻名于世，水沙异源且时空分布不均，下游为地上悬河，洪灾隐患突出，凌汛威胁大，2001 年，完成了治理开发黄河的关键工程——小浪底水利枢纽的建设。另外，珠江流域在2009年完成了世界上最高的碾压混凝土龙滩水利枢纽的建设，目前正在各个流域干流以及主要支流上开工建设的水利枢纽都是规模宏大的枢纽，可见我国水电能源的远期规模开发，将以特大型水电站为主导，以中小电站为辅，按照全面发展的目标对流域进行科学的综合治理。

二、枢纽工程取得的成就和发展方向

进入20世纪以后，西方发达国家兴起了水工建设的高潮，水工建筑物的型式和规模得以迅速发展。以坝工建设为例，无论是在建坝的高度还是技术难度上都有了一个飞跃。新中国成立以来，水利工程建设取得了举世瞩目的成就。据不完全统计，截至2007年年底，我国已修筑堤防25万km（新中国成立初期仅2万km），建造各类船闸3万余座及无数的水闸，兴建各类水库86353座，总库容约6924亿m^3，占全世界总库容的9.9%，水电装机突破2亿kW，到2023年我国水电装机容量达到4.2亿kW，占技术可开发装机容量比例的70%左右。随着国民经济实力的提升，水电建设发展速度非常迅猛。但与西方发达国家如法国、瑞士95%以上相比还有一定差距。随着全球能源供求关系的深刻变化，我国能源的开发约束力也日益加剧，生态环境问题突出，调整结构、提高能效和保障能源安全的压力进一步加大。我国向国际社会承诺，到2020年非化石能源在我国一次能源的比重将提高到15%，其中至少有9%的份额要靠水电来完成，因此，水电在我国能源结构中占有重要的战略地位，在未来相当长的时间里，水利水电工程建设仍需保持稳步的发展。自20世纪80年代以来，水利工程建设逐步实行国家投资兴建大型骨干、控制性工程和地方兴建中小型工程，一般都能依照有关法规和一定的基本建设程序进行，其中国家投资的大型水利工程建设已与国际接轨。目前，已经成功建设了一批200m级的高坝，规划建设或正在建设中的高坝，不少是在200～300m之间，有的还超过300m。其中，不少大坝工程建在高山峡谷地区，泄洪流量大，地震烈度高，地质条件复杂，建设难度大。

混凝土面板堆石坝在我国已得到快速发展，已建成的170多座各类面板堆石坝中，坝高100m级的有50余座，已建的水布垭面板堆石坝，最大坝高233m，这一世界上最高的面板堆石坝的建成将使我国在面板堆石坝施工技术上处于国际领先水平，规划中的古水、日冕面板堆石坝坝高将达到250～300m。在高碾压混凝土坝方面，我国1986年建成第一座碾压混凝土重力坝——56.8m高的福建坑口大坝，建成蓄水的沙牌碾压混凝土拱坝坝高超过130m，并经过汶川“5·12”地震的考验；三峡三期碾压混凝土围堰的施工速度也举世瞩目；已建的龙滩碾压混凝土重力坝最大坝高216.5m，为同类坝型世界之最。在高混凝土拱坝方面，随着292m高的小湾混凝土双曲拱坝、278m高的溪洛渡混凝土双曲拱坝以及305m高的锦屏混凝土双曲拱坝等一批高拱坝工程在强震区相继建成，2009年底最具代表性的三峡混凝土重力坝的完工，标志我国在混凝土筑坝技术方面跻身世界领先水平。

三、堤防与护岸工程现状与展望

我国筑堤防洪已有上千年的历史。历代修筑的各级堤防达到27万km，其中长江堤防总长达3万km，中下游主干堤防3600km。由于历史原因，规划布置不尽合理，堤基地质条件复杂，质量参差不齐。以长江堤防为例，它们均在冲积平原上沿河而建。由于历代修堤不可能按照现代挡水建筑物理论方法进行科学规划、设计和施工，往往是就近取土，堤后取土坑形成沟塘，堤身填土密实度一般达不到标准，存在有生物洞穴、杂物和其他隐患；堤前水下滩地因冲刷淘深出现崩塌，危及堤防本身安全。据长江水利委员会多年险情统计，最为严重和普遍的汛期险情是渗透破坏（俗称管涌），占总险情的60%以上，其中尤以堤基渗透破坏的危害为烈。1998年九江市溃堤等四大溃口，均由堤基“管涌”引起。另外，在汛期高洪水位下，堤身渗漏、散浸等险情十分严重。汛期堤身失稳（俗称脱坡、跌窝等）是另一种重要的险情，占险情的14.4%。1998年的洪水也暴露出我国江河堤防安全性评价及管理水平尚有待发展和提高。堤防管理已成为我国江河防洪防汛工作的薄弱环节之一，不仅影响防洪减灾的科学决策，也影响到流域水利规划的合理制定。因此，国家十分重视堤防工程的设计、施工和管理。

目前，堤防工程基本有如下几个方面。

1. 防渗与稳定的研究

对于土坡的稳定、变形和渗透及其引起的破坏问题，国内外的学者已经进行了长期系统的研究。堤防工程中形成的水力学破坏的“管涌”，包含了流土和管涌等复杂的渗透破坏现象。近年来的现场调查表明：堤防渗透破坏具有十分复杂的机理和影响因素，因而除需要开展理论分析和模型试验外，还需要深入现场调查，揭示各种地质条件下渗透破坏形成的内在成因和规律，对管涌发生距离的风险作出科学的论证，为堤防加固工程中保护区宽度这一重要指标的确定提供理论依据。

2. 堤防工程的加固技术

（1）垂直防渗。在规模巨大的堤防加固工程中，我国工程技术人员开发了一系列堤基垂直防渗和减压的新技术。此外，土工膜垂直防渗墙也获得了广泛使用。这些垂直防渗措施在一些管涌多发的地区起到了保证大堤安全的关键性作用。

（2）减压井技术。减压井具有造价低，不影响地下水环境等优点，是防止管涌的有效措施。

以上技术的应用有效地控制了管涌，提高了防渗性能，从而保障了堤防的安全。

四、河流泥沙工程现状和研究体系的建立

我国河流众多，它们具有两个突出特点：①水资源时空分布极不均匀；②挟带大量泥沙，特别是在北方，由于流域水土流失严重，大量的泥沙被挟带到河流中，形成黄河这种世界上独特的多沙河流。泥沙造成河道和水库的淤积抬高，不仅给水利水电工程建设带来了许多问题，也给河道防洪、沿岸工农业发展和人民生活带来了严重的影响。与水资源问题相比，泥沙问题在我国尤为突出。因此泥沙问题的研究具有重要意义。

传统意义上的泥沙学科只包括两方面的内容：泥沙运动力学、河床演变学与治河工程。传统基础理论进行深入研究仍是今后泥沙研究的重点方向。不过，河流泥沙学科也是一门边缘学科，从建立之时起，就不断地与其他学科相互交叉、相互渗透。现阶段泥沙学科与其他学科的交叉日趋活跃，主要体现在下述几个方面：

（1）与环境学科相交叉，形成环境泥沙研究的若干领域。

（2）与地貌学科相交叉，形成动力地貌学的若干领域。

（3）与沉积学科相交叉，盆地沉积动特性学。

（4）与海洋动力学科相交叉，研究在海流、潮汐与波浪作用下的泥沙运动规律。

随着对大江大河治理的深入，泥沙学科在我国蓬勃发展，取得了巨大成就，既建立了泥沙学科的理论体系，还应用泥沙运动基本理论解决了我国重大水利工程和河道治理工程的关键技术问题。

五、水土保持状况及水生态与水环境新领域研究方向

水土流失是一个长期受到社会多方关注的全球性环境问题。水土流失和水土保持是世界性的热点研究课题。我国水土保持科学研究在过去的近一个世纪内，取得了一定的进展，但随着我国经济社会的发展，特别是随着西部大开发，加之我国水土资源的日益紧缺，对水土保持科学研究与发展提出了越来越高的目标与要求。面对这种态势，有必要对未来水土保持科学的研究思路进行认真的思考，这对推进我国水土保持科学的发展，以及推进我国不同自然地理带侵蚀环境的整治，尤其是黄土高原和长江中上游生态环境的建设，实施生态环境建设有重要的意义与作用。国内外学者通过田间调查、室内外试验研究以及理论分析，探讨了土壤侵蚀内在机制，分析了影响土壤侵蚀过程的主要因子及其关系，建立了以试验资料为基础的经验模型和以土壤侵蚀物理过程为基础的物理模型，为水土保持措施的优化与评价提供了手段。同时在对土壤侵蚀类型进行分区的基础上，形成了以工程措施、耕作措施和生物措施为主体的水土保持措施，并在水土流失治理实践中发挥了巨大作用，取得了巨大的经济、社会和生态环境效益。在现代流域治理中也越来越重视水土保持的重要性。

近年来，伴随着人口与经济的快速增长，我国水生态与水环境问题日益突出，并成为制约我国经济社会可持续发展的一个重要因素。解决水生态与水环境问题，协调好经济-社会-生态与环境的关系，已经成为我国经济社会可持续发展战略最重要的内容。如何保护水与相关生态系统，加强流域生态保护与修复，是新世纪水利面临的严峻挑战。目前，水及其相关生态系统的保护已经成为全球最受关注的科学热点之一。作为新兴的热点研究领域，水及其相关生态系统科学研究，在近几十年来的发展中一个最重要的特点就是与其他学科相互渗透、相互促进。由于水生态系统的多样性和复杂性，对水生态系统的深入研究需要生态学、环境科学、水力学、泥沙科学等多学科的交叉融合，涌现了大量的突破与创新研究成果。

水利工程是流域水资源开发的重要组成部分，由闸、坝、堤防护坡、河道衬砌等建筑物组成，其在流域防洪、发电、航运、抗旱、排涝、供水、渔业等方面发挥了巨大作用。然而水利工程改变了流域原存生态系统的平衡，对流域水生态环境产生了一定的影响，这些影响既有正面效应也存在负面效应。其正面效应有洪泄枯蓄、引水治污、水体流动、蓄浑放清等；负面效应主要有改变了流域水体原有的自然循环规律，占用了下游生态用水，降低了水生态系统的净化能力，破坏了水生生物的生境，造成了水生态环境的恶化。流域水利工程的环境影响和生态效应的判定，应以流域水利工程类型和结构特点的分析为基础。

如何减少水利工程对流域水生态环境的负面影响，增大正面效益是当今流域治理中面临的重大问题之一。应重点研究典型水利工程对流域水生态系统净污能力的影响规律及修复理论，探讨典型水利工程对流域水生生物的胁迫机理以及水生生物的响应机制，分析水利工程在水生态系统中的环境功能，揭示典型水利工程引起自然水流结构变化和水生植被消亡所造成的水体净污能力退化的规律，寻求水利工程与生态工程功能协同技术，改善水环境和修复水生态系统。

六、未来流域的规划和管理

流域的规划和管理要与时俱进，流域工程在为人类服务的同时，也要为未来的水资源可持续利用留有一定的余地，因此，工作的重点应该有所转移，从重开发轻保护、重工程轻管理，向两者并重转移。管理和保护流域不仅仅是水利部门或流域机构的工作，也是全民参与的工作。科学的手段和先进的技术是流域管理的基础，通过信息平台的建设和责、权、利明确的组织流程，使数据、资料、信息能够及时分享给相关机构和人员，提高流域管理的参与度，只有更多相关者参与进来，流域的规划和管理使各方利益统筹兼顾，实现流域开发利益最大化。同时，通过全流域数据监控梯级电站联合调度管理及各级政府管理部门和业主单位相互配合、信息和资源互享的长效机制，能有效降低流域风险，应对流域内发生旱涝灾害以及突发事件时能够做到准确迅速决策，进而采用合理救援措施，最大可能地减少人员伤亡和财产损失。未来的流域规划通过战略、哲学、河流伦理的观点，使全流域和流域梯级水电站建设与管理持续健康发展。同时，加强流域内各利益相关方的沟通和协作，形成共治、共建、共享的流域治理新格局，推动流域经济社会的可持续发展。

七、流域综合治理工程取得的成效

目前我国在各大主要流域全面进行治理，主要以发电、防洪以及多效益为目标并考虑长久效益的治理措施为主。新中国成立后，我国在长江流域、黄河流域、淮河流域以及松嫩流域取得了有目共睹的成就。进入 21 世纪以来，水电建设的发展日新月异。目前，在我国西南的诸多流域（如澜沧江等流域）进行全面治理的工程中，能够起到在流域中控制性的高坝大库等大型电站不断在建设中，已建和在建的世界级的巨型水电站不断涌现，取得了世界瞩目的成绩，这会给我国能源紧缺现状带来一定的缓解；与此同时，环保工作也得到业内和社会的一致重视。这些流域治理方面取得的丰硕成果一方面能为我国经济腾飞奠定了能源基础，另一方面也会带动流域周边地区交通和经济的发展。在大流域治理取得骄人成绩的同时，我国中小型流域的治理也加快工程建设的步伐，目前，中小流域的综合治理是“十四五”规划中水利工作的重点，得到越来越多的重视。

总之，本教材以枢纽工程、堤防工程、泥沙工程、水环境与水生态、水土保持工程、流域管理以及流域综合治理工程实例等内容为重点，横跨水利工程、环境科学、生态学、管理学、安全科学等多个学科领域，通过综合性的视角鼓励学生跨学科融汇交叉学习，培养综合思维能力，强调流域治理与可持续发展的关系，培养学生的环保意识和绿色发展理念。结合新时代生态文明和智慧管理的思想，将流域治理纳入生态文明建设的整体框架，将绿色发展的理念融合到流域治理工程的知识体系中，系统阐述以维持流域健康与可持续发展为核心的流域治理工程的主要内容，体现了当前社会对水电可持续发展的基本要求，强调水利工程与自然环境的和谐共生，符合当代以人为本、全面协调可持续发展的科学发展观，倡导有环保意识的流域综合治理。该教材各部分内容既相对独立、自成体系，又相互联系、形成系统，具有较好的逻辑性与系统性。

数 字 资 源

资源 0-1 我国流域的 基本状况	资源 0-2 长江流域 介绍	资源 0-3 黄河流域 介绍	资源 0-4 珠江流域 介绍	资源 0-5 澜沧江流域 介绍	资源 0-6 长江流域 开发

资源 0-7 黄河流域 开发	资源 0-8 澜沧江流域 开发	资源 0-9 怒江、雅鲁 藏布江流域 介绍	资源 0-10 堤防护坡 工程	资源 0-11 流域治理工程 取得的成就 与展望	资源 0-12 绪论

第一章 枢 纽 工 程

修建大坝、利用水库调节天然水量，是人类水旱灾害和合理开发水资源的需要，对农业灌溉、城市供水、防洪、开发水电以及改善航运等，都起到了积极的作用。特别是在我国，水资源时空、地区分布十分不均匀，依靠自然来水约 $28124m^3/a$，某些地区人均水资源甚至低于 $500m^3$，无法满足缺水地区或缺水季节的需要；任凭洪水泛滥，也将无法保证社会生活的正常运转和社会的进步。所以，中国自古就重视水利，重视对水资源的控制和调节，因而必须兴修水库，建设足够的水利枢纽。

在综合开发水资源的前提下，防洪、灌溉、供水、航运、养殖和发电都要兼顾，同时为了改善人类的生存环境，天然的和人工的水体是十分重要的。可以设想，任何风景名胜如果没有水，会有很多缺憾；任何地区如果没有电力，会给生活带来不便。因此对于国家经济建设的发展，大坝建设是不可缺少的。

水利枢纽大坝工程，从材料和结构分析的角度来看，最终总可以划归为混凝土结构和土石结构两大结构类型中的一种。本章就其分析研究中的几个热点问题，作为专题按节予以论述。

第一节 中国大坝枢纽概述

一、水工建筑物的发展历程及状况

早期的蓄水工程，是兴建堤坝提高低洼地带蓄水能力以形成淹没很大的平原水库。这种堤坝，长度很大，形状不规则，宽度，特别是高度尺寸都很小，但这确实是挡水建筑物，即堰坝。现保留最完整最典型的是安徽省寿县的安丰塘，也称芍坡，建于公元前598—前591年间，至今已有2600余年历史。这类水库在宋代以前的历史上，黄河、淮河、海河以及长江中下游广泛存在，相应的堰坝很多，著名的如：汉代的鸿隙陂（今河南省信阳地区淮河与支流汝河之间）、六门陂（今河南省南阳地区）等，在古代地理名著《水经注》中有大量的关于平原水库的记载，有的成群存在。

平原水库淹没土地面大，管理和维护很不方便，特别是库区，低水位时，滩涂易被围垦和挤占，从宋代开始，随人口增加，平原水库的消失就是必然的了。利用山丘间的沟谷洼地蓄水，堰坝的工程量将大为减少，维护与使用十分方便，也相对节省工程量。汉代建造的马仁陂（今河南省泌阳县境内）、陈公塘（今江苏省仪征市境内）和唐代扩建的东钱湖（今浙江省鄞县境内）等，都是历史上很有影响的工程。其中，东钱湖至今犹存，马仁陂经改造仍在发挥作用。

中国历史建造最多的坝是引水工程中的壅水坝，它不形成水库，在古文献中称堰、堨或遏等，都是这一类。最早的这类坝如智伯渠坝（今山西省太原市境内），建于公元前453年。接着，引漳十二渠（今河北省邯郸地区）、灵渠（今广西壮族自治区安县境内）、戾陵堰（今北京市西郊）等工程相继出现。多年来，这类工程越来越多，广泛运用在农田水利、城市供水和航运水源等方面。其中有许多长时间利用，保留至今的也有一些，灵渠是最为著名的。

中国古代堰坝数量众多，规模不一，最大的工程是在南北朝时建造的浮山堰，明代开始形成的高家堰，今称洪泽湖大堤。大量的古代文献，包括历史著作、地理著作、工程专著、个人文集、地方志，对古代堰坝的建设、使用和效益做了多方面的记述，是发掘和研究古代堰坝发生、发展和效益的珍贵资料依据。

二、20世纪上半叶坝工技术的发展

进入20世纪以来，中国留学欧美学者陆续归来，促进了西方坝工技术的传入，结合中国实际情况和传统技术成就，开展科学研究与规划设计工作。但因资金匮缺，只有少量的工程得到建设，其中最著名的是李仪祉先生在陕西建成的现代水利灌溉体系，为关中农业增产发挥了巨大效益，闻名于世。后来，在东北的松花江、鸭绿江上分别开始建设丰满重力坝和水丰混凝土重力坝。

1917—1924年为了解决供水，在大连市马栏河上曾修过一座叫作王家店的砌石坝，坝高29.09m，库容505万m^3，有溢流设施。1920—1926年在小溪修建了龙王塘砌石坝，坝高37.9m，长326.6m，库容157.8万m^3。1927—1939年在马栏河上又完成了大西山砌石坝，长583.3m，砌体总量12.54万m^3，库容1680.3万m^3。这三座坝都属自来水公司，迄今仍在使用。1927年在福建厦门为供水修建的上里砌石坝是中国第一座拱坝，坝高27.3m，长113m，库容105.4万m^3（图1-1），也属自来水公司，在继续使用中。

(1) 1912年，为了发展水电，在云南昆明曾修建了石龙砌石闸坝，坝高仅2.0m、长

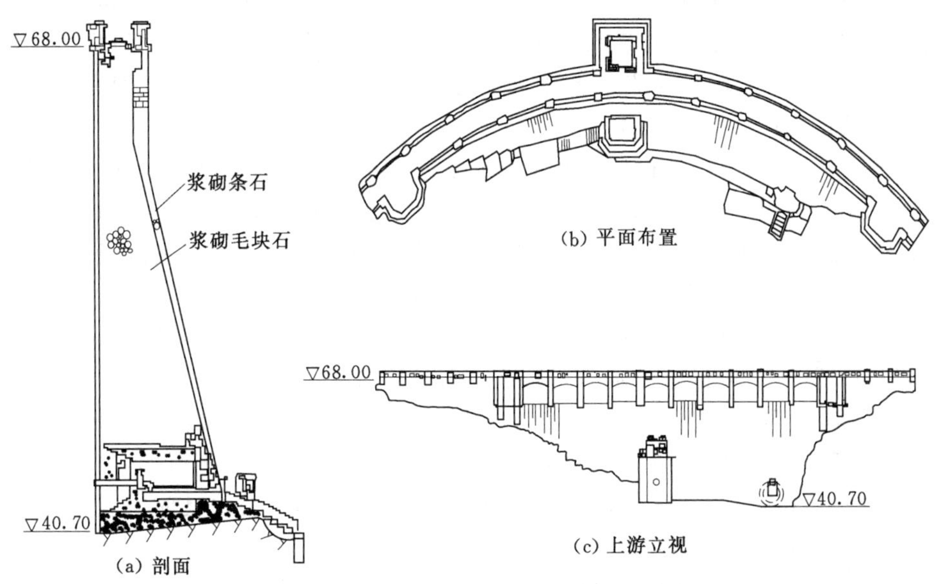

图1-1 厦门上里砌石拱坝平面、断面

55m，经长1960m的引水渠发电。1922年在四川泸州修建了济和水电厂，洞窝拦河坝用条石砌成，高2.5m。

（2）1944—1947年甘肃金塔县讨赖河建成了鸳鸯池土坝，坝高30.3m，长220m，库容5345万m^3，目的是灌溉防洪。1958—1964年陆续加高7.4m，库容加大到1.1亿m^3，又增加了电站。

（3）1950年根据国际大坝委员会统计世界大坝登记资料，在坝高15m以上的5196座坝中，中国只有22座，可见新中国成立前我国坝工建设的落后程度。

三、20世纪下半叶坝工技术进展

随着生产的发展和科学技术的进步，尤其是进入20世纪以后，在西方发达国家兴起了水工建设的高潮，水工建筑物的型式和规模得以迅速发展。以坝工建设为例，无论在建坝的高度，还是在技术难度上都有了一个飞跃。如瑞士在1962年建成了世界上最高的混凝土重力坝——大狄克逊坝，高度达到285m；在混凝土拱坝方面，苏联在1980年建成了当时世界上最高的拱坝——英古里双曲拱坝，高272m。至于土石坝的建设更是发展迅速，苏联在1961年开工建设努列克水电站，1972年首台机组运行，总装机270万kW，建成的世界第一高坝——努列克心墙土石坝，最大坝高300m。建坝高度的增长，一方面反映了筑坝设计理论的逐步改善和提高；另一方面和施工技术水平的提高，尤其是施工机械能力的增强关系极为密切。自20世纪80年代以后，发达国家大型水利水电工程建设的高潮已基本停息，水电能源的开发已接近饱和，如法国和瑞士水力资源的开发程度已近100%，德国、瑞典、挪威、意大利、日本已分别达到80%～90%，美国和加拿大已超过70%～80%，而中国的开发率按电量算至今仍不够60%，落后于发达国家的平均水平。

新中国成立以后，坝工技术的发展大体分为四个阶段。

第一阶段：1950—1957年为发展初期，从治淮开始，根治海河、开始治黄。比较著名的大坝有位于北方永定河的官厅土坝（高46m），淮河北支流有白沙（高47.82m）等土坝，淮河南支流有佛子岭（高74.4m）、梅山连拱坝（高88m）、响洪甸重力拱坝（高87.5m）等。在海河流域各支流上也开始建设。1955年黄河流域开发规划完成，首批开工的有三门峡重力坝（高106m）。

第二阶段：1958—1966年进入高速发展时期，全国基本建设全面展开。特别是中小型坝建设，因各地积极投入，数量猛增，大型工程比较著名的有黄河刘家峡重力坝（高147m）、新丰江支墩坝（高105m）、新安江重力坝（高105m）、云峰重力坝（高114m）、流溪河拱坝（高78m）以及礼河一级水电站的毛家村土坝（高82m）等。

第三阶段：1967—1986年属停滞期，建坝速度降低，但重视工程质量，特别是后期实行了开放政策，技术上有明显提高。这一阶段兴建的大坝有：龙羊峡重力拱坝（高178m）、乌江渡拱形重力坝（高165m）、白山重力坝（高149.5m）、湖南镇支墩坝（高129m）、龚嘴重力坝（高86m）、凤滩重力坝（高113m）、石头河土石坝（高105m）、碧口土石坝（高102m）等，最大的长江葛洲坝水电站（高48m）也在此时完成，装机271.5万kW，此外，还完成了群英砌石重力坝（高101m）。

第四阶段：1987—1999年为巩固和技术大发展时期。在改革开放经济发展阶段，大坝建设速度显著回升，新型坝出现而且迅速发展。一些达到世界先进水平的工程陆续开工，完成了一大批高坝和大型水电站，包括安康重力坝（高 120m）、紧水滩拱坝（高 102m）、东江拱坝（高 155m）、东风拱坝（高 168m）、隔河岩拱坝（高 151m）、漫湾重力坝（高 132m）、鲁布革土石坝（高 101m）等水电站。举世瞩目的三峡巨型水电站（高 181m，装机 1820 万 kW），最高的二滩拱坝（高 240m，装机 330 万 kW）和小浪底水利枢纽土石坝（高 154m，装机 180 万 kW）等陆续开工。这些工程于 20 世纪末或 21 世纪初投产。除这些大型工程外，还有一大批中小型水电和大型抽水蓄能电站竣工，不仅改善了电网的构成，也使一些河流的防洪、灌溉、供水、航运有了明显的进展。更为 21 世纪的更大发展打下了可靠的基础。

统计资料表明，世界各国总平均施工期限为三年半左右，而我国则约为两年半。当然对大型工程则时间要长得多，若资金到位及时，施工期需要 5～6 年，特大工程 10 年以上。

从我国地区来看，1999 年正建的坝以福建（80 座）、云南（58 座）最多，浙江（23 座）、广东（20 座）、湖北（19 座）、贵州（20 座）次之。在北方，包括东北、华北各省区正建的坝数仅几座，这是由于水资源较少，也是因为过去建坝较早的缘故。我国主要河流已建的控制性大水库枢纽及其主要特性见表 1－1。

表 1－1　主要河流已建的控制性大水库枢纽及其主要特性

序号	江河名称	控制性大水库枢纽工程名称	装机容量/MW	最大坝高/m	控制的年径流总量/亿 m^3	总库容/亿 m^3	调节库容/亿 m^3	库容系数	调节性能
1	长江（干流及金沙江）	三峡	22500	181	4510	393	221.5	0.05	季调节
		溪洛渡	12000	278	1550	115.7	64.6	0.045	季调节
		向家坝	6000	162	1550	51.6	9.05	0.0062	季调节
2		白鹤滩	12000	289	1290	206.27	75	0.079	年调节
3		乌东德	8700	270	1200	74.08	30	0.0139	年调节
4	大渡河	瀑布沟	3300	186	381	51.7	38.82	0.1	季调节
5	雅砻江	锦屏一级	300	305	372	100	—	—	年调节
		二滩	3300	240	527	58	33.7	0.064	年调节
6	嘉陵江	碧口	300	102	90.4	5.21	2.21	0.02	季调节
7	乌江	乌江渡	630	165	158	23	13.5	0.085	季调节
8	牡丹江	莲花	550	71.8	71.9	41.8	27.2	0.38	多年调节
9	第二松花江	白山	1500	149.5	74.03	62.9	35.4	0.42	多年调节
		丰满	1020	90.5	136.7	107.8	53.5	0.39	多年调节
10	汉江	丹江口	900	97	379	208.9	106.5	0.28	年调节
11	清江	水布垭	1500	233	94.7	45.8	25.74	0.272	不完全多年调节
12	沅水及酉水	三板溪	1000	185.5	75.4	40.9	—	—	多年调节
13		五强溪	1200	87.5	634	42.9	20.2	0.031	季调节

续表

序号	江河名称	控制性大水库枢纽工程名称	装机容量/MW	最大坝高/m	控制的年径流总量/亿 m^3	总库容/亿 m^3	调节库容/亿 m^3	库容系数	调节性能
14	黄河（干流）	龙羊峡	1280	178	205	242.7	195	0.95	完全多年调节
		李家峡	2000	165	209.4	16.48	0.64	—	—
		刘家峡	1225	147	273	57	41	0.15	年调节
		三门峡	250	106	420	96	17.5	0.042	季调节
		小浪底	1800	154	405.5	126.5	51	0.12	不完全年调节
15	澜沧江	小湾	4200	292	382	151.32	98.95	0.26	不完全多年调节
		漫湾	1500	132	388	10.8	2.57	0.066	季调节
		糯扎渡	5000	258	552	217.5	121.95	0.22	不完全多年调节
16	南盘江红水河干流	天生桥一级	1200	178	193.7	102.6	57.96	0.299	不完全多年调节
		龙滩	5400	216.5	517	272.7	205.3	0.397	多年调节
17	闽江干流	水口	1400	101	545	26	11	0.02	季调节

四、21 世纪中国大坝建设概况

进入 21 世纪之后，是中国水电站和大坝枢纽继续发展的 20 年，如果按水电装机容量比 2000 年大致再增加 4.95 倍左右，全国水电总容量将达 370000MW 左右。目前在长江上游陆续建成了三峡、向家坝、溪洛渡、乌东德、白鹤滩等巨型水利枢纽；建成了世界上最高的锦屏一级拱坝枢纽；完成黄河中、下游最大的小浪底水库和最高的土石坝枢纽；在红水河上游完建天生桥一级面板堆石坝枢纽，并将建成一批大型和特大型水电站及其高坝。其中 1000MW 以上的水电站共 54 座，250～1000MW 的水电站共 114 座。目前雅鲁藏布江的开发也将提上建设日程。

随着改革开放的不断深入，国家综合实力迅速增强，近年来我国坝工建设水平有了极大的提高，很多水工建筑物的规模已跃居世界第一位，一些被世界坝工权威、专家定为“难以克服”的技术难题也已被相继征服。毫无疑问，中国已经成为水利工程建设最具权威技术的国家之一。

第二节 混凝土重力坝枢纽

据不完全统计，我国已建、在建的装机容量在 15MW 以上的水电站中，高、中、低混凝土重力坝达数百座。我国已建、在建 100m 以上的大坝超过 220 座，其中 200m 以上特高坝 20 余座；坝高 30m 以上并且库容在 1 亿 m^3 以上的水库超过 545 座。目前已建的三峡大坝是最高的混凝土重力坝的代表，坝高 181m，也是装机容量最大的水电站枢纽，首批机组在 2003 年投产，已经于 2009 年年底完工。

选择重力坝坝型，主要是中国大多数河流的径流在年际和年内分布不均匀，洪水洪峰量大，需设置泄洪能力大的泄水、排沙和导流设施，并妥善解决其消能防冲问题。混凝土重力坝抵御洪水和地震等自然灾害的能力较强，施工质量较易保证，结构安全度较明确，又易于在坝体内布设泄洪表孔、深孔和导流底孔，以及电站厂房的型式可以灵活布置，从而使建设者较多地倾向于采用这种坝型。

随着筑坝技术的进步和发展，拱坝和土石坝的发展也很快，但是重力坝坝型仍具有竞争优势。在已建的大型电站中，重力坝坝型比重最大，例如，已建的龙滩（216.5m）、三峡（181m）、向家坝（162m）、江垭（131m）、大朝山（115m）、棉花滩（111m），已建的漫湾、宝珠寺、安康、岩滩、潘家口、水口等大型水电站，均是坝高在100m以上的重力坝枢纽。

一、混凝土重力坝枢纽布置特点

新中国成立以来，建成了很多混凝土重力坝枢纽，有不少的经验和教训。重力坝具有结构作用明确、设计方法简便、安全可靠以及泄洪问题容易解决等特点，因此得到广泛应用。随着科学技术的发展，筑坝技术的进步和创新，重力坝筑坝高度越来越高，在高重力坝枢纽布置上形成以下特点：

（1）高重力坝坝型趋向实体重力坝。

（2）坝体断面更趋经济合理。

（3）坝体结构的变化，促进重力坝枢纽布置的创新和发展。

（4）高重力坝枢纽设置大孔口深（底）孔进行泄洪排沙和控制库水位的发展趋势十分明显。

（5）高重力坝水电站枢纽广泛采用大容量水轮发电机组。

（6）工程导流与重力坝枢纽布置紧密结合。

（7）施工布置已是重力坝枢纽的重要组成部分。

二、混凝土重力坝枢纽布置的分类

从已建和在建的100m以上的重力坝枢纽的布置来看，如以泄洪和电站厂房布置为中心，大致可以分为以下几种型式。

1. 坝后厂房、厂顶（或厂前）挑流泄洪

以20世纪60年代建成的新安江、80年代初建成的乌江渡和90年代初建成的漫湾水电站等重力坝枢纽为例，它们的共同特点如下：

（1）大坝泄洪和电站厂房等建筑物重叠布置，占据整个河床。除新安江为宽缝重力坝外，其余均为实体重力坝。

（2）采用坝顶表孔从坝后厂房顶泄洪或跨越厂房挑流泄洪，单宽泄量均较大。

（3）电站厂房的进水口设在表孔的闸墩内。

（4）施工导流分别采用坝内设导流底孔、河床分期截流或采用导流洞导流。大坝和厂房混凝土均采用大型缆机浇筑。

这种枢纽布置非常紧凑，整体安全性能好，工程量省，建设周期短，经济效益显著。由于受峡谷地形的制约，为减少两岸岩质边坡的开挖，采取挑流入河床消能型式。20世纪60年代以来，这种枢纽布置型式积累了不少成功的经验，在大中型水电站中被广泛运用。

2. 坝后（地下）混合式厂房、岸边溢洪道及深孔泄洪

以 20 世纪 70 年代初建成的黄河刘家峡水电站大坝枢纽为例，布置特点如下：

（1）在峡谷河床中布置 147m 高的重力坝，两岸基岩较低，布设混凝土副坝和黏土心墙土石坝。

（2）在峡谷河床和岸坡陡岩内坝后地下混合式厂房，地下电站和安装厂布设呈窑洞式，以缩短引水道系统长度。厂房内安装有 4 台 225～250MW 和一台 300MW 大型机组，总装机容量 1225MW。

（3）泄洪排沙建筑物分散布置，以改善峡谷的消能冲刷。利用右岸垭口地形布设溢流溢洪道，在左右岸布设坝内底孔和深孔隧道。最大泄洪量 9220m^3/s。

（4）由于黄河为多泥沙河流，年均输沙量为 8700 万 t，左右岸底孔和泄洪洞主要用来泄洪排沙，控制库内泥沙淤积面，排除机组进水口前泥沙，并考虑人防安全，对枯水位进行有效控制。

（5）220kV、330kV 开关站和出线建筑物均分别利用左右岸导流隧洞及其施工支洞布设成地下式。

刘家峡水电站是我国第一座 1000MW 以上的大型水电站，枢纽特点布置紧凑。

3. 岸边坝后厂房、河床泄洪

以 20 世纪 80 年代末建成的安康、90 年代初建成的岩滩及 20 世纪末建成的万家寨水电站大坝枢纽等为例，它们的共同特点如下：

（1）采用实体重力坝，坝体内不同高程布有大直径泄洪孔或进水口。坝后厂房在河床右岸岸边；河床及左侧为泄洪坝段，布设有表、中、底孔，进行泄洪和排沙。

（2）选用大容量机组以缩短厂房进水口前沿长度，减少两岸边坡的开挖。泄洪量很大时，采取开挖两岸边坡，力求不另设地下厂房的方法。如安康、岩滩电站，靠岸边的机组段，是在岩基上开挖成的，大坝、厂房基础形成“高、低腿”。

（3）采用坝内导流底孔和明渠导流，明渠成为泄洪坝段的底流消能护坦。

（4）设有不同型式的排沙（或冲沙）底孔，排泄厂房进水口前的淤沙，控制淤积面。

（5）有通航要求的岩滩、安康水电站，利用导流明渠专设为下游引航道，设置垂直升船机。

（6）大坝、厂房的混凝土均采用大型缆机浇筑。

这种型式的枢纽布置紧凑，结构不复杂，施工较方便。设计、施工中广泛地吸取了国内重力坝建设中的经验和教训，特别是在泄洪、排沙建筑物的布置中，均较妥善地选用表、中、底孔相结合的泄洪消能布置型式，较好地对机组进水口前进行“门前清”排沙。20 世纪 70 年代以来，已较广泛地采用这种枢纽布置，尤其是 1980—2000 年建成的坝高 100m 上下的重力坝枢纽，基本上都是这种布置型式。实践经验表明，其工程量较少，投资造价较低，施工较简便，建设周期短，技术经济指标优越，可以边施工、边蓄水、边发电，有利于提前发挥效益。

4. 河床坝后厂房、两岸河床泄洪

以 20 世纪 90 年代建成的白龙江宝珠寺水电站大坝枢纽为例，最大坝高 132m，水库总库容 25.5 亿 m^3，最大泄量 16060m^3/s。这种类型枢纽布置基本上和前述坝后电站相

似，但另具特色：

(1) 由于峡谷为U形河床，装有4台175MW机组电站厂房占据河床中部，左右两岸布设表、中孔泄洪建筑物，底孔分设在电站厂房的两侧。大坝和厂房岩基开挖量以及混凝土总量均较其他布置方案为少。

(2) 利用右岸基岩出露的河滩地形布设导流明渠和表孔溢流坝，明渠底流消能，泄槽挑流消能，泄槽挡墙又起护岸作用。

(3) 电站厂房左右侧两个泄洪排沙底孔，其泄量占总泄洪量的1/4。底坎高程低于机组进水口约15m，可有效地排除进水口前的泥沙淤积，也有利于水库排沙，增加有效库容。

(4) 导流底孔和泄洪底孔组合成分期施工导流，导流标准较高，可全年施工。大坝和厂房混凝土采用4台大容量缆机（20t）浇筑，建设周期较短，截流后5年首台机组投产。

5. 两岸坝后电站厂房、河床泄洪

以已建的长江三峡工程为代表，工程建设目标是防洪、发电和航运，最大坝高181m，是我国最高的重力坝，水库总库容393亿m^3，最大泄洪量98800m^3/s（千年一遇）。总装机容量22500MW，年均发电量847亿kW·h，是当今世界举世瞩目的水利枢纽工程。

6. 河床泄洪、地下厂房

以澜沧江上已建的大朝山水电站大坝枢纽为例。最大坝高115m，总库容9.4亿m^3，最大泄洪量23800m^3/s。枢纽总布置特点如下：

(1) 峡谷坝址泄洪量大，河床全部设溢流坝表孔和排沙底孔，分别采用宽尾墩戽式消力池底流和挑流消能。安装有6台225MW机组的厂房设在右岸地下，机组进水口沿右岸坝肩缓坡地形，与大坝轴线构成紧凑的引水泄洪前沿。

(2) 厂房和引水发电系统为地下工程，坝体内仅有表、底孔少数大孔口，河床溢流坝和左岸非溢流坝约130万m^3大体积混凝土就可以依托大吨位缆机，采取碾压混凝土（RCC）施工方法进行浇筑，取消了坝体内的纵缝，加强了大坝的整体性，大大简化了施工工艺。

(3) 采用15m×17m断面的隧洞导流，采用碾压混凝土高拱围堰挡水，可保证河床大坝全年施工。

(4) 右岸地下厂房和引水道系统规模甚大：6条内径为8.5m的压力管道，233.5m长的地下厂房（宽26m，高62.33m）和2条1250～1350m长、内径15m的尾水隧洞，以及阻抗式尾水调压室等地下结构，总开挖量达160余万m^3。与河床大坝混凝土施工，形成两套互不干扰的施工工艺系统，构成相互制约而又非常明确的建设工期。

(5) 由于以上枢纽布置的格局以及库容不大，争取边蓄水、边发电，1997年11月截流，2001年首批机组发电，建设速度很快。

7. 左岸坝后厂房及右岸地下厂房、河床泄洪

以金沙江的向家坝水电站为例。最大坝高162m，水库总库容51.63亿m^3，最大泄洪量49800m^3/s（$P=0.02\%$）。枢纽总布置特点如下：

(1) 坝址处金沙江流向为110°，河谷呈U形，枢纽工程由混凝土重力坝、右岸地下厂房及左岸坝后厂房、通航建筑物和两岸灌溉取水口组成。

(2) 泄水建筑物布置在河中偏右岸，由中孔和表孔组成，中孔共7孔，孔口尺寸为

7m×11m（宽×高），进口孔底高程 305m；表孔共 5 孔，单孔宽 19m，堰顶高程 354m。

（3）左岸布置坝后式厂房、右岸布置地下厂房，各安装 4 台单机容量 80 万 kW 的水轮发电机组。升船机布置在河中偏左岸，采用一级垂直升船机，最大提升高度为 114.20m，可以通过 2×500t 一顶两驳船队，或者 1000t 级一顶一驳船队，设计单向年过坝货运量 254 万 t。灌溉取水口分别布置在两岸坝段。

（4）工程施工采用分期导流方式。第一期围左岸，在左岸滩地上修建一期围堰，由束窄后的右侧主河床泄流及通航；二期围右岸进行主河床截流，由左岸非溢流坝段内设置的 6 个 10m×14m（宽×高）导流底孔及高程 280m、宽 115m 的缺口泄流。

（5）由于紧邻城市建设，也由于金沙江的松软地质条件，向家坝不能采用三峡大坝那样简单的挑流消能方式而被迫选用技术难度更大、维护成本更高的底流消能方式，为此向家坝建设了世界上最大的两个大型洪水消力池。

（6）为解决砂石骨料供应问题，向家坝工程特地建立了世界上最长的砂石骨料输送带长达 40 余 km。

三、挡水发电为主的水利枢纽

以三峡水利枢纽工程（图 1-2）为例，三峡主体工程混凝土重力坝最大坝高 181m，坝轴线全长 2309m。水库总库容 393 亿 m^3，在校核洪水位下的最大泄洪流量达 $102500m^3/s$，采用坝身 22 个表孔（8m 宽）、23 个深孔（7m×9m）和电站机组联合泄洪，是目前世界上布置坝身泄洪规模最大的工程；初期电站装机 1820 万 kW（26×70 万 kW），年发电量 847 亿 kW·h，是世界上装机容量最大的水电站；枢纽左岸布置有双线五级船闸（单级尺寸：280m×34m×5m），最大阀门水头 45.2m，最大提升高度 113m，最大过闸船舶吨位 3000t，是目前世界上规模最大的船闸，现已正式投入运行。三峡工程是集防洪、发电、航运综合效益于一体的世界级特大型水利枢纽工程。

图 1-2　三峡工程建设时期的面貌

三峡工程在枢纽布置上有如下显著的特点：

（1）泄洪坝段居河床中部，两侧为厂房坝段和非溢洪坝段。大坝混凝土总量 1480 万 m^3。大坝在枢纽布置中有三大特点：①泄洪设备多，设有 22 个表孔，23 个深孔，3 个泄洪排漂孔和 7 个排沙孔；②导流设备多，除右岸岸边宽达 350m 的导流明渠外，在泄洪坝段内尚设有 23 个大孔径导流底孔；③坝后式电站装机容量大，机组共有 26 台（700MW），左右两侧厂房坝段总长 1106m。泄洪坝段加上排漂孔前缘总长 583m。这两种主要坝段总长为 1690m，已超过原河道宽度（约 1300m）。因此，左、右两侧电站的部分厂房是在岸坡内深挖而成。

（2）工程导流设计标准为百年一遇，泄量为 73800m^3/s。坝体深底孔未形成前由右岸导流明渠宣泄；明渠封堵建设右岸坝后厂房时，由坝内导流底孔和永久泄洪深孔联合宣泄。

（3）为解决工程施工期长江不断航，枯水期由导流明渠通航；另在左岸非溢流坝段布设垂直升船机和临时船闸，汛期通航。永久船闸建成通航后，临时船闸改建为泄洪冲沙闸。

（4）在坝址左岸山体内开挖双向五级大吨位船闸，可通航万吨级船队，年过坝运输量单向可达 5000 万 t。上下游引航道总长 4835m，航道底宽 180m。引航道和口门均远离上下游的泄洪区，出口口门距坝轴线 4.5km。

三峡工程建设克服了一系列技术难题，在长江防洪系统研究、泥沙与航运问题、库坝区地质和地震问题、工程施工关键技术、电力系统规划及关键技术、三峡工程对生态环境的影响和对策、工程枢纽建设关键技术等研究课题上取得了大量突破性的成果，为保障工程建设的顺利实施提供了坚实的科学基础。

四、通航河流上大坝枢纽布置

1. 已建和在建有通航建筑物大坝枢纽布置

有通航要求的大坝和大型水电站，通航建筑物在枢纽布置中所处的地位，取决于它的航运规模和运输量。已建和在建的大坝枢纽中大致可分成两类：

第一类是航运规模相对较小，一般都采用垂直升船机的方式，在枢纽总布置中升船机的工程量组成较易于调整。例如表 1-2 中的丹江口、隔河岩、岩滩等工程，都是布设有大型升船机的大坝枢纽。

表 1-2　设置有大型升船机的大坝枢纽

序号	工程名称	所在河流	升船机	承船厢参数				过船吨位/t	提升高度/m
				长度/m	宽度/m	水深/m	船厢加水量/t		
1	丹江口	汉江	垂直	33（24）	10.7	0.9（1.2）	450	150（300）	45
			斜面	33（20）	10.7	0.9	385	150（300）	41
2	水口	闽江	垂直	114	12	2.553	5300	2×500	59
3	隔河岩	清江	垂直（二级）	42	10.2	1.7	1465	300（300）	40（82）
4	岩滩	红水河	垂直	48.5(外行)	16.3(外行)	4.4(外行)	700	250（500）	68.5
5	三峡	长江	垂直	120	18	3.5	11800	3000	113
6	向家坝	金沙江	垂直	125	16.4			1000	114.2

注　括号中的数据为远景设计数据。

第二类是航运规模相对较大，有全年通航要求的河流上建设大型或特大型的水电站大坝枢纽，其通航建筑物的布置占有极为重要的地位，则要设置大型的通航船闸。例如表1-3中长江上的葛洲坝、三峡，闽江上的水口，沅江上的五强溪等水利枢纽工程。

表1-3　　设置有大型通航船闸的大坝枢纽

工程名称	所在河流	最大坝高/m	电站装机/MW	最大泄量/(m^3/s)	年过坝运输量/万t	施工期通航
葛洲坝	长江	48.0	2715	86000	5000	不断航
水口	闽江	101	1400	51640	400	临时通航措施
五强溪	沅江	87.5	1200	67300	250	临时船闸
三峡	长江	181.0	22500	98800	5000	施工期由导流明渠和临时船闸通航

2. 大坝枢纽布置特点

(1) 坝址河谷较宽，坝型都采用混凝土实体重力坝。

(2) 泄洪流量很大，泄洪建筑物是重力坝枢纽的主体，占据河床的中部。

(3) 电站机组台数多，厂房布设在河床的两侧或一侧，为坝后式电站或河床式电站（葛洲坝）。

(4) 大吨位船闸占据有利地形，上、下游引船道保持有良好的水力学条件。

(5) 工程都有施工期通航的要求，从枢纽布置上结合施工导流，施工期通航得到较完善的解决。

3. 通航建筑物枢纽大坝的代表工程——葛洲坝水利枢纽

葛洲坝水利枢纽是长江干流上20世纪80年代建成的最大的水利枢纽工程，电站装机容量2715MW，最大坝高48m。坝址区河道宽2200m，江中有葛洲坝、西坝两座小岛，自右至左把长江分隔为大江、二江和三江，对枢纽总体布置极为有利。坝轴线全长2595.1m，枢纽布置中将泄洪、发电、航运三类建筑物作为主体，整体协调统筹规划，解决好排冲沙、防淤等复杂的技术问题。

(1) 在河床中部、长江的主河道上布设泄水闸，是枢纽中的主要建筑物。闸共27孔，挡水前沿总长498m，最大泄流量83900m^3/s。每个闸孔宽12m、高24m，设上下两扇闸门（上为平板门，下为弧形门），底流消能的一级消力池，池长180m，护坦上设两道隔墙，将27孔泄水闸分隔成三个区。

(2) 在泄水闸左、右两侧的大江、二江上，各布设两座电站厂房，其中左侧二江电厂装机7台共965MW（2×170MW，5×125MW）；右侧大江电厂装125MW机组14台共1750MW，总装机达2715MW，是20世纪内建成的最大水电站之一。在河床中的西坝和大江右岸台地上，布设220kV和550kV开关站。在泄水闸和左右侧两座电站厂房之间设纵向导流墙分隔。而在纵向导流的上游、在机组进水口的前沿各设拦漂设施，将库内的漂浮物由泄水闸泄出。

(3) 依托河道中葛洲坝、西坝两岛和右岸岸边各布设3道大吨位船闸。以上、下游引航道为隔流堤，与长江泄洪、发电主河道分离。

（4）为防止航道淤积，在大江电厂和1号船闸右侧设9孔冲沙闸；在三江航道2号、3号船闸间设6孔冲沙闸，并在西坝岛的迎水面建有三江防淤堤，对1号、2号船闸和二江电厂的防淤、冲沙起积极作用。

第三节 拱 坝 枢 纽

我国是世界上修建拱坝最多的国家之一，而且砌石拱坝很有特色，砌石拱坝是砌石坝中最主要的坝型，已建和在建的拱坝中，坝高70m以上的主要是混凝土拱坝，70m以下的中低拱坝以砌石拱坝为主，70m以上的砌石拱坝，见表1-4，其中1971年建成的高100.5m的河南省群英砌石重力拱坝是此类坝型的代表工程。

表1-4　　已建坝高70m以上的砌石拱坝

序号	工程名称	所在地点	坝型	坝高/m	总库容/万m^3	坝体工程量/万m^3	厚高比
1	群英	河南焦作	重力拱坝	100.5	2000	18.1	0.52
2	逍遥河	河南泌阳	重力拱坝	91	1240		
3	索溪峪	湖南慈利	双曲拱坝	86	3240	14.6	0.262
4	金坑	浙江青田	双曲拱坝	80.6	2420	13.4	0.248
5	大江口	湖南涟源	双曲拱坝	84	4430	17.4	0.298
6	石城子	新疆哈密	双曲拱坝	78	2060	4.5	0.41

这些砌石拱坝几乎都是中、小型水库的水利工程，虽然库容和水电站容量都很小，但散布在全国各省（自治区、直辖市）的广大地区，在农业灌溉、城乡供水、农村供电等方面发挥重要作用。工程枢纽布置简洁紧凑，均有共同特色：砌石拱坝几乎都为坝顶表孔自由溢流，挑流消能；表孔布设闸门，但利用闸墩，架设路桥；岸边设有底孔，引水灌溉或发电。

一、拱坝枢纽建设特点概述

从已建的拱坝中可以看出，我国拱坝枢纽建设有以下特点。

（1）70m以下高拱坝中砌石拱坝有很大比重。

（2）混凝土高拱坝发展迅速已成为大型水库和水电站枢纽的主要坝型之一。

（3）坝高突破200m量级。二滩拱坝高240m，已于1998年投入运行，标志着我国拱坝建设达到新水平。小湾（高292m）、拉西瓦（高250m）和溪洛渡（高278m）建成的同时，已相继完成乌东德（高270m）和白鹤滩（289m）等250～300m量级的高拱坝、大型电站枢纽的设计，现在已经陆续投入运行。

（4）在地形条件较差、河谷宽高比较大的坝址上建高拱坝枢纽。已建的高拱坝枢纽，河谷地形不对称，或两岸基岩高程不够而建有重力墩的，例如龙羊峡重力拱坝、李家峡双曲拱坝，以及上部采用拱坝、下部为重力坝的隔河岩拱坝枢纽。

（5）在地质条件较差的坝址上修建高拱坝枢纽。如凤滩空腹重力拱坝、龙羊峡重力拱坝、李家峡双曲拱坝等。

（6）在高地震烈度区修建高拱坝枢纽。我国西南、西北地区，水力资源十分丰富，却又是强震高发区，已建和待建的水利枢纽，不仅坝很高，而且库容和电站规模均很大。这是目前拱坝设计的一个值得注意的问题。

二、高拱坝工程建设取得的主要经验

1. 高拱坝坝体泄洪布置有很大发展

高拱坝已广泛地采用坝表、中、底孔组合泄洪，或辅以岸边泄洪洞和溢洪道泄洪，而坝体内开孔规模均很大，见表1-5，充分利用坝体泄洪，在河床挑流消能的枢纽布置趋势已十分明显。在高拱坝中，为尽可能保持坝顶拱圈的完整，适当减少表孔数量，而加多中孔的数量；或是布设表孔，而采用大型的中、底孔泄洪。

表1-5 高拱坝坝体泄洪规模的发展

序号	工程名称	最大坝高/m	最大泄量/m^3	坝体泄洪口[孔数—宽(m)×高(m)]			消能方式
				表孔	中孔	深（底）孔	
1	凤滩	112.5	23300	13—14×12	—	1—6×7（放空兼泄洪）	挑流
2	龙羊峡	178	6000	溢洪道3—12×17	1—8×9	2—5×7	挑流
3	白山	149.5	11000	4—12×13	—	3—6×7	挑流
4	东江	157	7830	—	3—10×7.5	左右岸各有一个放空洞兼泄洪	挑流
5	紧水滩	102	14900	—	2—8.6×8	2—7.5×7	挑流
6	东风	162	12580	2—10×6	3—6×6.5	2—4×5	挑流
7	李家峡	165	6340	—	2—8×10	1—5×7	挑流
8	隔河岩	151	23460	7—12×19.2	—	4—4.5×8 2—4.5×7.5 （放空兼施工导流）	护坦底流
9	二滩	240	23900	7—11.51×11	6—5×6	4—5×3	挑流水垫塘
10	小湾	292	20700	5—11×15	6—6×6.5	2—5×7	挑流水垫塘
11	拉西瓦	250	6000	3—13×9	—	2—5.5×6	挑流水垫塘
12	乌东德	270	26800	5—12×16	5—6×7	—	挑流水垫塘
13	溪洛渡	278	52300	7—12.5×16	—	8—5×8	挑流水垫塘
14	锦屏一级	305	10600	4—11×12	—	5—5×6	挑流水垫塘
15	白鹤滩	289	30000	6—14×15	—	7—5.5×8	挑流水垫塘

2. 高拱坝结构型式的发展促进拱坝枢纽不断创新

高拱坝结构型式的发展，拱坝体型已不是想象中“完整”实体的单拱或变曲率拱坝，而是根据枢纽布置的需要，有了相当多的创新。

（1）拱坝坝体内设置有相当数量的大孔口结构，由于坝体表、中、底孔泄洪，又采用拱坝坝后厂房布置，拱坝坝体内有相当多的大孔口结构。

（2）拱坝坝后大型电站的布置，促进拱坝结构的发展。如李家峡、龙羊峡、东江等。

（3）拱坝坝内厂房兼坝顶泄洪，如凤滩重力拱坝。

(4)“上拱下重”的复合拱坝，如隔河岩拱坝。

(5) 拱坝坝后厂房采用双排机结构布置，如李家峡拱坝枢纽。

(6) 拱坝坝肩因地形地质条件而常采用重力墩结构，如龙羊峡重力拱坝。

(7) 拱坝水垫塘消能结构的发展，如二滩拱坝。

3. 拱坝安全设计准则的发展，使拱坝在高坝枢纽中保持最大的优势

拱坝是一个受岩基基础约束的高次超静定结构，整体作用很强，在各种外荷载作用下，其坝体应力可通过变形协调得以调衡和均化，从而使拱坝结构具有较高的超载能力，这是拱坝被广泛采纳的重要因素。即使地质条件上有些弱点，也可由拱坝体形设计和采取工程措施来达到这一目的，通过二滩工程等高拱坝的建设，丰富了我国拱坝安全设计的经验：如高拱坝的强度设计准则，拱座稳定安全设计准则，高拱坝抗震设计准则，高拱坝整体安全度评价准则等方面，都有很大的发展。

4. 高拱坝的金属结构有较大的发展

拱坝坝体内设置较多的大直径中、深（底）孔，这些坝内孔口广泛采用钢衬和钢筋混凝土的结构。泄洪孔口工作门广泛采用弧形门和液压启闭机，并不设在下游坝外，而事故检修门则设在坝体上游，从表1-5坝体泄洪规模的发展中，也可以看出大孔径泄洪孔的闸门、启闭机等金属结构的发展，并在制造、安装和运行等方面，取得了成功的经验。

此外，坝后电站引水管广泛采用拱坝坝后背管的型式，最大直径李家峡为8.0m，东江为5.2m，垂直向高度约达90m（李家峡）和70m（东江），均采用钢衬和外包钢筋混凝土联合受力结构，也取得安全运行的成功经验。

5. 施工布置是高拱坝枢纽的重要组成部分

高拱坝枢纽的施工布置，有明显的特点：

(1) 广泛采用大直径导流洞导流（表1-6）。

表1-6　　大直径导流洞导流的拱坝枢纽

拱坝枢纽	二滩	小湾	溪洛渡	龙羊峡	李家峡	东风	隔河岩	东江
导流洞直径 宽（m）×高（m）	左右岸各1条 17.5×23	左岸2条 16×19	左右岸各3条 18×20	右岸1条 15×16	右岸1条 11×14	右岸 1条	左岸1条 13×16	右岸 1条

(2) 高拱坝不再分设纵缝，即使坝基最大宽度仍然较宽，也采取相应温控措施，不设纵缝。

(3) 广泛采用大吨位缆机浇注拱坝及其坝后厂房的混凝土，缆机吨位多为20t，台数多在4台以上，有的还设有高架缆机，以便于坝顶门机和闸门等的安装。

(4) 高拱坝采用碾压混凝土的施工方法，已在普定拱坝上进行实践。

(5) 广泛采取了分期封拱、分期蓄水的措施，为争取高拱坝、大电站提前发挥蓄水发电效益，以及库区移民工程的需要，高拱坝在设计、施工中，较普遍地采用分期封拱、分期蓄水的措施，在高拱坝的建设中积累了一定的经验。

三、高拱坝枢纽的典型工程介绍

1. 二滩水利枢纽工程

二滩水利枢纽工程（图1-3）拦河大坝为抛物线形双曲拱坝，坝高240m，坝底厚度

为 55.74m。最大泄洪流量 23900m^3/s，采用坝体表孔（7－11m×15m）、中孔（6－6m×5m）和右岸两条泄洪洞（2－13m×13.5m）三套泄水建筑物组合方式泄洪，而且三套泄洪设施的泄洪能力均能单独宣泄常年遇到的洪水，大大增加了泄洪运行的灵活性和安全性。表孔、中孔挑流，专设有坝后水垫塘进行消能。电站厂房布置在左岸山体内，装有 6 台 55 万 kW 的机组，地下厂房长 280.3m、宽 30.7m、高 65.7m，是目前我国已建成的规模最大的地下厂房水电站。二滩拱坝枢纽的建成，标志着我国拱坝建设已达到一个新的水平，并为今后我国高拱坝的建设提供了宝贵的经验。

图 1-3　二滩水利枢纽工程建设时期面貌

2. 溪洛渡水利枢纽工程

溪洛渡水利枢纽工程（图 1-4）正常蓄水位 600m，相应库容 115.7 亿 m^3，最大坝高 278m，电站装机容量 12600MW。工程为 1 等工程，永久性主要建筑物——拦河大坝、

图 1-4　溪洛渡水利枢纽工程三维图

泄水建筑物、引水发电建筑物为1级建筑物，次要建筑物为3级建筑物。双曲拱坝水平拱圈采用抛物线，重力拱坝采用三心圆变厚拱坝。按照相同的容许应力标准，采用多拱梁法为计算拱坝应力的基本方法调试并设计拱坝体型。同时考虑基本组合和特殊组合作用，采用多种拱梁法程序及有限元法相互验证，达到坝体应力分布的合理性及最大应力满足容许应力的要求。双曲拱坝拱冠断面顶厚12m，底厚70m，厚高比0.256；顶拱弧长712.7m，弧高比2.61；坝体混凝土量635万m^3，坝基开挖515万m^3。

对于拱坝高达278m，已超出现行水工抗震设计规范的限定，需开展专题研究。溪洛渡拱坝抗震设计的基本思路是：静载设计，动载复核；若不满足抗震需要，重新调整体型或研究抗震措施。溪洛渡拱坝的抗震复核，首先按照现行水工抗震设计规范，开展了拱梁分载法和有限元法动力反应分析以及坝肩三维刚体极限平衡法动力稳定分析。

3. 小湾水利枢纽工程

小湾水利枢纽工程（图1-5）主要由混凝土双曲拱坝、坝后水垫塘和二道坝、右岸地下厂房、左岸泄洪洞组成，坝身设有泄洪表、中孔和放空底孔。大坝正常蓄水位1240m，总库容151.32亿m^3，有效库容98.95亿m^3，电站厂房装设6台单机容量700MW的混流式机组，总装机容量为4200MW。

图1-5　小湾水利枢纽工程图

拱坝坝顶高程1245m，最低建基面高程953m，最大坝高292m，坝顶长992.74m，拱冠梁底宽69.49m，拱冠梁顶宽13m。坝身设5个开敞式表孔溢洪道、6个泄水中孔和2个放空底孔。枢纽总泄流量在设计洪水位时为17680m^3/s，校核洪水位时为20680m^3/s（其中：坝身表孔泄流量为8625m^3/s，中孔泄流量为6730m^3/s，左岸泄洪洞泄流量为5325m^3/s）。电站引水发电系统布置在右岸，为地下厂房方案。枢纽主要工程量：土石方明挖1370万m^3，石方洞挖439.868万m^3，土石方填筑139.056万m^3，混凝土浇筑1056.114万m^3，喷混凝土13.266万m^3。小湾水电站以发电为主，兼有防洪、灌溉、拦沙及航运等综合利用效益。

4. 白鹤滩水利枢纽工程

白鹤滩水利枢纽工程（图1-6）主要由混凝土双曲变厚拱坝、坝体下游水垫塘、两岸地下厂房组成，坝身设有泄洪表孔、深孔。大坝正常蓄水位820m，总库容206.27亿m^3，有效库容100.33亿m^3，电站厂房装设16台单机容量750MW的水轮发电机组，总

图 1-6　白鹤滩水利枢纽工程图

装机容量 12000MW。

拱坝坝顶高程 827m，拱坝坝底高程 550m，最大坝高 289m，坝顶长 726.3m，拱冠梁底宽 70m，拱冠梁断面顶宽 14m，弧高比 2.62。枢纽采用分散泄洪，分区消能。坝身泄洪消能设施由表孔（6—12.5m×18.5m）、深孔（7—5m×8m）及坝体下游水垫塘（长约 400m）组成，坝外泄洪消能设施由泄洪隧洞（4—14.0m×11.3m）组成，河道在水垫塘下游转弯，为了有利于泄流归槽，左岸布置一条泄流洞，右岸布置三条泄流洞。枢纽总泄流量在设计洪水位时为 38179m^3/s，校核洪水位时为 44151m^3/s（其中：坝身表孔泄流量为 17640m^3/s，深孔泄流量为 11008m^3/s，岸边泄洪洞泄流量为 15503m^3/s）。电站引水发电系统布置在左、右两岸，为地下厂房方案。枢纽主要工程量：土石方明挖 2708.53 万 m^3，石方洞挖 1253.94 万 m^3，混凝土浇筑 1231.97 万 m^3，喷混凝土 38.14 万 m^3。白鹤滩水电站以发电为主，兼有防洪、拦沙、改善下游航运条件和发展库区通航等综合效益。

综上，目前已建的高拱坝计有小湾（292m）、拉西瓦（250m）、溪洛渡（278m）、锦屏一级（305m）、乌东德（270m）、白鹤滩（289m）等，这些世界级的工程建设必然会存在许多更艰巨、更复杂的技术难题需要去解决，如由于坝的高度增大，水荷载大大增加（如小湾拱坝所要承受的总水压力达 17000 万 kN），再加上坝址往往又处在地震高烈度区，坝体开裂分析及其安全度评价、裂隙岩体渗流与坝肩整体稳定分析、高坝抗震设计动力分析等是必须要研究解决的，因此这些问题必将成为今后我国水利科技发展重点关注的课题。

第四节　土 石 坝 枢 纽

在水利水电枢纽工程中，土石坝由于其地基适应性好，便于使用当地材料筑坝、造价较低、施工机具简单等优点而被较多采用。而其他坝型的水工枢纽的施工导流工程及围堰工程也大都是土石建筑物。目前世界上两座最大坝高超过 300m 的高坝都是土石坝（苏联的罗贡坝高335m，努列克坝高317m）。由于近年来西方国家修建的大型水利工程不多，高土石坝的研究新进展较少。中国、巴西、印度等中等发达国家和发展中国家的水利工程得到较大的发展。据不完全统计，在坝高30m以上的2668座大坝中，土石坝为2174座，占81.5%，从20世纪90年代以来，由于土质心墙堆石坝和混凝土面板堆石坝的兴起，高土石坝日益增多，待建的更多，其中不少是建在大江大河上的大型枢纽工程。

土石坝就其防渗结构来讲，可以分为土质防渗体坝与其他材料（混凝土、沥青、土工合成材料等）防渗体坝两种。近年来作为土石坝的重要分支，混凝土面板堆石坝得到了快速发展，成为近代坝工的发展新趋势。随着巨型碾压机械的应用和地基处理技术的发展，可以大大减少地基与坝体的变形，大坝设计不仅满足稳定要求，而且对于变形控制的要求更严格。

一、土石坝枢纽特点

土石坝得以广泛的运用和发展的主要原因如下：

（1）可以就地、就近取材，节省大量水泥、木材和钢材的用量，减少工地的外线运输量。由于土石坝设计和施工技术的发展，几乎任何土石料均可筑坝。

（2）能够适应各种不同的地形、地质和气候条件。任何不良的坝基地址，经处理后均可筑坝。特别是在气候恶劣，工程地质条件复杂和高烈度地震区的情况下。

（3）大功率、多功能、高效率施工机械的发展，提高了土石坝的压实密度，减小了土石坝的断面，加快了施工进度，降低了造价，促进了高土石坝建设的发展。

二、黏土防渗土石坝枢纽的代表工程

1. 小浪底工程

小浪底水利枢纽工程（简称小浪底工程）是一个以防洪减淤为主，兼顾灌溉、供水和发电的水利枢纽工程，位于三门峡水利枢纽下游130km、河南省洛阳市以北40km的黄河干流上。坝址所在地南岸为孟津县小浪底村，北岸为济源市蓼坞村，是黄河中游最后一段峡谷的出口。

枢纽挡水大坝为壤土斜心墙堆石坝，高154m、顶长1667m，总的坝体方量4900万m^3，为我国目前体积最大的高土石坝。坝基为砂砾石覆盖层，一般厚30～40m，最厚处达80m左右。用一道厚1.2m的混凝土防渗墙防渗，墙体最大深度为80m，防渗墙插入壤土斜心墙12m。枢纽中泄洪建筑物、电站引水隧洞、排沙洞和导流隧洞等进口建筑物均集中、交错、分层、全部布置在坝址左岸沟口，形成塔群，在砂页岩岩体内形成大孔径洞群，这在其特定的地形、地质条件下是小浪底枢纽最鲜明的布置特色，同时也造成了施工的极大困难，国际咨询专家曾将小浪底工程列为世界最难的水利水电工程的前五名。

小浪底地下电站厂房位于左岸山体内，主厂房尺寸为251.5m×26.2m×61.4m，安装6台30万kW的机组。小浪底枢纽最大泄洪流量17327m^3/s，由左岸溢洪道（3—11.5m）、三条明流洞（2—8m×9m，1—8m×10m）和三条压力孔板洞（2—4.8m×4.8m，1—4.8m×5.4m）共同承担，左岸岸边专设消力塘底流消能。压力孔板洞采用洞内消能，是由导流洞改建而成的，直径14.5m，最大水头140m，孔板洞消能结构在我国系首次采用，小浪底的孔板洞也是世界上规模（水头、消能功率）最大的孔板洞。小浪底坝址平均年径流量405.5亿m^3，年均输沙量13.51亿t，平均含沙量36kg/m^3，实测瞬时最大含沙量达到 941kg/m^3，在左岸电站进水口下另设三条排沙洞（3—ϕ6.5m）。大流量、高水头的泄洪消能，多泥沙的磨损是小浪底枢纽工程中突出的技术难题。几年来，工程实际运用的情况表明，泄洪、排沙的效果良好。

小浪底工程位于黄河中游最后一个峡谷的出口处，控制黄河流域面积 69.4 万 km^2，占黄河流域总面积（不包含内陆区）的 92.3%，控制黄河天然年径流总量的 87%及近 100%的黄河泥沙。黄河出小浪底峡谷之后进入黄淮海平原，在郑州花园口以下约 800km 的下游河道高悬于两岸地面，在约 1400km 堤防的约束下流入渤海。小浪底处在承上启下控制黄河水沙的关键部位，与龙羊峡、刘家峡、大柳树、碛口、古贤、三门峡一起成为开发治理黄河的七大骨干工程，在治黄中具有十分重要的战略地位。小浪底在治黄中的地位主要体现在以下几个方面：

（1）提高了黄河下游的防洪标准。

（2）基本解除下游凌汛威胁。

（3）在一定时段内遏制了黄河下游河床淤积的态势。

（4）调节径流提高黄河下游供水保证率。

（5）小浪底水电站在系统中担任调峰。

2. 鲁布革水电站大坝枢纽

该枢纽以发电为单一开发目标，水库库容 1.11 亿 m^3。1984 年开工，1988 年竣工。枢纽布置由大坝、长引水隧洞电站、溢洪道、泄洪洞等组成。大坝为心墙堆石坝，最大坝高 103.8m，是我国第一座采用风化料作防渗体的 100m 以上高坝，坝址区地震基本烈度为Ⅵ度，大坝按Ⅶ度设防。枢纽最大泄量 6728m^3/s，由溢洪道、泄洪洞和排沙洞泄洪，挑流入河床消能。水库可由泄洪洞和排沙洞放空降低库水位。水电站布设在左岸地下，由长 9387m、内径 8m 的隧洞引水，引用流量 214m^3/s。设计水头 327.7m，厂房内装有 4 台 150MW 机组。

以上例子均是高土石坝非常成功的例子，其实践经验值得学习和借鉴。

三、高土石坝枢纽的发展

随着筑坝技术的发展，以及大型施工机械的应用，高土石坝坝型在综合经济指标上有很好的优势，显示出很强的竞争力，在高坝枢纽中已被广泛采用。

土石坝对地形地质条件的适应性较大，对于不良的地基或覆盖层深厚的坝址，经过工程处理一般均可修建高土石坝。其中堆石坝可以在严寒低温或炎热暴雨的地区建造，能适应各种气候条件。随着施工机械和施工技术的快速发展，土石坝工程的导流和泄洪问题已可得到较好的解决，地下建筑物综合技术的发展，对高土石坝的采用也起到积极促进作用。

高土石坝枢纽的发展有以下特点：

（1）已建的高坝枢纽中，土石坝和混凝土面板堆石坝被广泛采用。大量资料表明，100m 以上高坝和大型电站中，采用心墙土石坝和面板堆石坝的比重增加很快。尤其是在中型电站和水库工程，以及在抽水蓄能电站的上、下库，面板堆石坝被广泛采用，在数量上占有绝对的优势，并已广泛应用砂砾石作为面板堆石坝的主体料。

（2）待建的大型电站和高坝枢纽中，土石坝和混凝土面板堆石坝占有很大的比重。据不完全统计，21 世纪待建的 38 座 250MW 以上的大型电站中，有 16 座采用心墙堆石坝或面板堆石坝，占 42.1%。土石坝作为高坝大库或“龙头”水库的坝型充分显示了它的建设特点和综合技术经济优势，是 21 世纪高坝枢纽建设中十分明显的发展趋势。

（3）高土石坝和大开挖相适应是枢纽布置突出的特点。已建的糯扎渡、碛口、公伯峡水电站等，溢洪道和引水发电系统的进口引渠、出口尾渠，均采用大明渠开挖方式，将开挖的土石方用于坝体和临时围堰的填筑，取得土石方的总体平衡，是使工程造价低、工期短、经济效益好的重要环节，是枢纽布置的显著特点。

（4）高土石坝大水库一般均采用表、深（底）孔组合泄洪方式。高土石坝大水库一般都设有表孔溢洪道，大部分洪水由表孔宣泄，部分洪水由深（底）孔宣泄。年调节或多年调节水库，以及有防洪任务的水库，虽然入库洪水较大，但经水库调节后，最大泄洪量有显著减少，由表孔溢洪道已可以满足泄洪要求，但一般仍设有深（底）孔泄洪建筑物，采用表孔、深（底）孔组合泄洪，挑流消能的方式。

（5）高土石坝电站力求采用引水管道系统最短的地下厂房或紧挨坝趾的地面厂房。由于高土石坝广泛采用大型施工机械，大坝的施工工期往往不成为枢纽工程的控制环节，而电站厂房和引水系统则往往成为控制工期的关键。

（6）高土石坝十分重视施工组织设计，确保安全度汛和力争提前发电是枢纽布置的重要环节。施工组织设计的关键是合理选用坝体填料，严密组织开挖和填筑的有机衔接，尽量减少石渣的临时堆存和二次倒运。为此，大开挖的溢洪道和引水、尾水明渠都尽可能靠近坝体，布设在坝肩的两岸。整个枢纽工程，力求实现大坝边升高、边蓄水、边发电是施工组织设计中的又一重要课题。已建的高土石坝枢纽都为实现这一目标，采取了各种有效的措施。实践证明，高土石坝枢纽建设周期较短，投资效益较高，和混凝土坝型比较，具有很强的竞争力。

第五节　面板堆石坝枢纽

面板堆石坝早在 19 世纪末即已出现，20 世纪 30 年代越建越多，但由于碾压设备限制，沉陷量难以控制，至 50 年代即停止采用，后震动碾出现，解决了压实和大沉陷量问题，至 70 年代发展很快，高 50m 以上的面板堆石坝有 65 座，以澳大利亚、南美各国发展最快，目前国外已建的共有 20 座。

堆石坝体透水性好，稳定性强，即使漏水量很大也不致坍溃。砂卵石有较大的不均匀性。若排水不良，坝体饱和，稳定性会大大降低，因此坝坡要适当放缓。

我国自 1985 年开始采用这种坝型，至 2020 年高 15m 以上的已完成 300 余座，其优点为适应性强，施工迅速，比较经济，目前施工技术业已经成熟。表 1－7 是目前面板堆石坝的应用状态的统计。

对于这种坝型的基础处理、齿墙联结、面板分缝、坝体材料选择、面板混凝土配合比和面板施工等，我国在设计施工中积累了大量经验。

当前面板堆石坝面临的问题主要是混凝土面板的工作状态、防止开裂措施以及高于 100m 以上的坝止水材料以及坝体材料的合理应用。

表 1-7　　面板堆石坝的应用

序号	坝名	国家	坝高/m	坝体积/10^6m^3	坝料	面板面积/m^2	库容/10^6m^3	泄洪流量/(m^3/s)	装机容量/MW	完成年份
1	巴昆	马来西亚	205	15.6	硬砂岩泥岩	120000	44000	15000	2400	2003
2	坎珀斯诺沃斯	巴西	200	12.0	玄武岩	106000	1480			2007
3	阿瓜密尔巴	墨西哥	187	13.0	砂砾石	130000		14900	960	1993
4	阿里亚	巴西	160	14.0	玄武岩	139000	5800	11000	2511	1980
5	新国库	美国	150	4.1	变质安山岩		1260		80	1966
6	米苏可拉	希腊	150	1.4	灰岩	5000				1995
7	水布垭	中国	233	15.7	灰岩	127000	4580	18249	1600	2010
8	洪家渡	中国	182	10.1	灰岩	75100	4590	6996	540	2006
9	三板溪	中国	185.5		砂岩凝灰岩	94070	4170		1000	2009
10	天生桥一级	中国	178	17.69	灰岩	180000	10260	21750	1200	2000
11	滩坑	中国	161	10.0	凝灰岩	68060	3530		600	2007
12	紫坪铺	中国	156	11.7	灰岩、砂砾石	122000	1080	7008	697	2005

一、面板堆石坝枢纽特点

现代混凝土面板堆石坝，由于不使用土料防渗，更具有很多优点，主要有：坝体体积小、投资省、综合经济效益好；坝基适应能力强；坝体可以全年施工，枢纽施工工期较短；安全可靠，具有较高的稳定性及潜在的安全度，并有较好的抗震性能；较易解决导流和度汛问题；除混凝土面板下的垫层和过渡层有一定选料要求外，坝身可广泛应用开挖的石方或砂砾石；坝体耐久性好，也便于检查维修。

具体优点如下：

(1) 结构特点。碾压堆石的密度大，抗剪强度高，坝坡可以做得较陡，不仅节约了坝体的填筑量，而且坝底宽度较小，输水建筑物和泄水建筑物的长度可相应减小，枢纽布置紧凑，使工程量进一步减小。

(2) 施工特点。根据坝体各部分受力情况，堆石体可以分区，对各区的石料和压实度可有不同要求，枢纽中修建泄水建筑物时开挖的石料等可以得到充分合理的应用，这样不仅环保而且使造价更低。分层填筑和碾压的施工方法使每层的上半部比下半部的平均粒径小而细粒含量高，表面平整，这不仅有利于施工，而且透水性好。坝体处于干燥状态，地震时不存在孔隙水压力上升和材料强度降低的问题，坝体抗震性能较好。

面板下的垫层和过渡层具有半透水性和反滤作用。施工期在没有面板保护的情况下可以直接挡水或过水，不影响坝的安全，从而简化了施工导流和度汛的工程设施，有利于加快施工进度，降低临时工程费用。面板坝堆石体的施工受雨季和严寒等气候条件干扰小，可以比较均衡正常地进行施工。

(3) 运行和维修特点。碾压堆石体的沉降变形量小。

二、面板堆石坝枢纽布置的分类

（一）混凝土面板堆石坝

混凝土面板坝的防渗系统由面板、趾板和基础防渗工程组成。其特点是：堆石坝体能直接挡水或过水，简化了施工导流与度汛，枢纽布置紧凑，充分利用当地材料。

1. 防渗体系

面板。面板是防渗的主体，对质量有较高的要求，除良好的防渗性能，还要有足够的耐久性，足够的强度和防裂性能。为适应坝体变形和施工要求，需对面板进行分缝。垂直缝的间距取 8～16m，狭窄河谷两岸部位的垂直缝间距可以减少。两岸坝肩附近的缝为张性缝，其余部分为压性缝，对止水有不同要求。为满足滑膜连续浇筑的要求，一般不设置水平伸缩缝。较长面板分期浇筑需设水平施工缝时，缝面距坝体填筑高程的高差宜为 5～15m。继续浇筑混凝土之前，缝面应经凿毛处理，并将面板钢筋穿过缝面。

趾板。趾板是面板的底座，其作用是保证面板与河床及岸坡间的不透水连接，同时也作为坝基帷幕灌浆的盖板和滑模施工的起始工作面。趾板的施工应在基岩开挖完毕后立即进行浇筑，在大坝填筑之前浇筑完毕。岸坡部位的趾板必须在填筑之前一个月内完成。为减少工序干扰和加快施工进度，可随趾板基岩开挖出一段之后，立刻由顶部自上而下分段进行施工。趾板的施工步骤是：清理工作面、测量与放线、锚杆施工、立模安装止水片、架设钢筋、预埋件埋设、冲洗仓面、开仓检查、浇筑混凝土、养护。混凝土浇筑可采用滑膜或常规模板进行。

防浪墙。坝顶上游侧宜设防浪墙，墙顶高于坝顶 1.0～1.2m。防浪墙应坚固不透水，可用浆砌石或钢筋混凝土筑成，墙底应和坝体防渗体紧密连接。防浪墙的尺寸根据稳定计算和强度计算，使其在汛期等特殊情况下，仍可发挥挡水作用。位于地震区的防浪墙，还要核算其动力稳定性。为了排除雨水，坝顶面应向上、下游两侧或向下游侧倾斜，做成 2%～3%的坡度。

2. 过渡体系

垫层。垫层为堆石体坡面最上游部分，垫层的主要作用是为面板提供均匀平整的支承，并实现从面板至过渡区和堆石区间的均衡过渡，能适应坝体的变形而不出现裂缝。为此，要求垫层料具有良好的颗粒级配、母岩本身强度较高、破碎率低、压实性能好、压实后变形模量和抗剪强度较高。垫层料应具有良好的渗流稳定性：一方面本身可容许较高的渗流比降；另一方面，一旦面板开裂或接缝破损出现渗漏时，能够防止颗粒流失，将裂缝淤塞。为减少面板混凝土浇筑量，改善面板的应力条件，对上游垫层坡面必须修正和压实。一般水平填筑时向外超填 15～30cm，斜坡长度达 10～15m 时修正。修正可采用人工或激光制导反铲进行。在坡面修正后即进行斜坡碾压，一般可利用为填筑坝顶布置的索吊牵引振动碾上下往返运行，也可使用平板式振动压实器进行斜坡压实。未浇筑面板之前的上游坡面，尽管经斜面碾压后具有较高的密实度，但其抗冲蚀和抗人为因素破坏的性能很差，一般需进行垫层坡面的防护处理。

过渡层。过渡层位于垫层与主堆石区之间，其主要作用是保护垫层区在高水头作用下不产生破坏，其粒径、级配要求应符合垫层料和主堆石料间的反滤要求。

3. 静力稳定体系

主堆石区。主堆石区是维持坝体稳定的主体，其石质好坏、密度、沉降量大小，直接影响面板的安危。

次堆石区。次堆石区起保护主堆石体和下游边坡的稳定的作用，要求采用较大的石料填筑，由于该区的沉降变形对面板已影响甚微，故对石质及密度要求有所放宽。

一般面板坝的施工程序为：岸坡坝基开挖清理，趾板基础及坝基开挖，趾板混凝土浇筑，基础灌浆，分期分块填筑主堆石料，垫层料必须与部分主堆石料平起上升，填至分期高度时用滑膜浇筑面板，同时填筑下期坝体，再浇筑混凝土面板，直到坝顶。堆石坝填筑的施工设备、工艺和压实参数的确定，和常规土石坝非黏性料施工没有本质区别。

（二）钢筋混凝土面板施工

钢筋混凝土面板是刚性面板堆石坝的主要防渗结构，厚度薄、面积大，在满足抗渗性和耐久性的条件下，要求具有一定的柔性，以适应堆石体的变形。

钢筋混凝土面板一般采用滑模法施工，滑模分有轨滑模和无轨滑模两种。无轨滑模是在面板坝施工实践中提出来的，它克服了有轨滑模的缺点，减轻了滑模自身重量，提高了功效，节约了投资，在国内广泛使用。混凝土场外运输主要采用混凝土搅拌运输车、自卸汽车等。坝面输送主要采用溜槽和混凝土泵。钢筋的架设一般采用现场绑扎和焊接或预制钢筋网片和现场拼接的方法。

（三）沥青混凝土面板施工

沥青混凝土面板施工温度控制十分严格。必须根据材料的性质、配比、不同地区、不同季节，通过试验确定不同温度的控制标准。在泵送、拌和、喷射、浇筑和压实过程中，应对沥青的运动黏度值加以控制。沥青的运动黏度值与温度存在一定关系。控制沥青运动黏度值的过程，也是控制温度的过程，两者应协调一致。

沥青混凝土面板的施工特点在于铺填及压实层薄，通常板厚 10～30cm，施工压实层厚仅 5～10cm，且铺填及压实均在坡面上进行。沥青混凝土的铺填和压实多采用机械化流水作业施工。沥青混凝土热料由汽车或装有料罐的平车经堆石体上的工作平台运至坝顶门绞车前。由门式绞车的工作臂杆吊运料罐卸料入给料车料斗内。给料车供给铺料车沥青混凝土。铺料车在门式绞车的牵引下，沿平整后的堆石坡面自上而下地铺料，铺料宽度一般为 3～4m。特别的斜坡震动碾压机械，在门式绞车的牵引下，尾随铺料车将铺好的沥青混凝土压实。采用这些机械施工的最大坡长达 150m。当坡长超过范围时，需将堆石体分成两期或多期进行，每期堆石体顶部均需留出宽 20～30m 的工作平台。

三、面板堆石坝枢纽代表工程

以水布垭水利枢纽工程为例，该水利枢纽工程为大（1）型水利水电工程。水布垭水电站坝址位于清江中游的湖北省恩施土家族苗族自治州巴东县水布垭镇，上距恩施 117km，下距隔河岩 92km，距清江入长江口 153km，是清江梯级开发的龙头枢纽。工程主要由混凝土面板堆石坝、左岸岸边溢洪道、右岸地下厂房组成。

水布垭水利枢纽工程的主体工程为混凝土面板堆石坝，最大坝高 233m，是目前世界上最高的面板堆石坝，坝顶高程 409m，坝轴线长 660m，坝顶宽度 12m。坝顶设钢筋混凝土防浪墙，坝顶高程 410.2m，墙高 5.2m。大坝上游坝坡比 1：1.4，下游坝面设置

“之”字形马道，马道宽 4.5m，下游综合坝坡 1∶1.4。水库正常蓄水位 400m，相应库容 43.12 亿 m^3，水库总库容 45.8 亿 m^3。

左岸岸边溢洪道由引水渠、控制段、泄洪槽以及下游防冲段组成，最大下泄流量为 18280m^3/s。引水渠底高程 350.0m，底宽 90.0m，轴线长 890.32m。引水渠横断面为复式，两侧边坡坡比为：覆盖层 1∶1.5，上部龙潭组页岩为 1∶1.0，每 15m 高设一级宽 3.0m 的马道；下部茅口组灰岩为直立式，每 15m 高设一级宽 4.5m 的马道。控制段由 6 个溢流坝段和 4 个非溢流坝段组成，坝轴线全长 163.0m，坝顶高程 407.0m。溢流坝段设 5 个孔口尺寸为 14.0m×21.8m 的表孔，堰顶高程 378.2m。每个表孔均设有平板检修闸门和弧形工作门各一道，平板检修门由坝顶门机操作，弧形工作门由设在闸墩下游侧的液压启闭机操作。溢流坝段从上游至下游分别布置有：防浪墙、人行道、坝顶公路、门机轨道、电缆廊道、启闭机房等。泄槽段轴线呈直线，泄槽底板纵坡由一坡度 $i=0.1584$ 的斜坡段，上接溢流坝的反弧段，下接 $y=0.1584x+0.0046x^2$ 的抛物线段，再接 1∶1.2 的陡坡段组成。泄槽总宽度 92m，由纵向隔墙将泄槽分为 5 个区，即 5 个表孔各成一区，总泄洪宽度 80m，隔墙宽 3m。挑流鼻坎采用阶梯式窄缝挑坎，鼻坎长度即收缩段长度 30m，收缩比为 0.25～0.20。反弧段半径 $R=35.0$m，挑角 $-10°$。泄槽设 3 道跌坎式掺气槽。下游防冲段采用防淘墙加混凝土护岸的结构型式。防淘墙墙底最低高程 160m，顶高程 200m，最大墙高 40m，高程 200m 以上为混凝土护坡。

右岸地下电站为引水式，电站建筑物包括：引水渠、进水口、引水隧洞、主厂房、安装场、母线洞、尾水洞、尾水平台、尾水渠、500kV 变电所、交通洞、通风洞和厂外排水洞等。引水隧洞采用一机一洞，平均洞长 387.9m，圆形断面内径为 6.9～8.5m；地下厂房尺寸为 165.5m×21.5m×51.47m，安装高程 189.0m；尾水洞也采用一机一洞，平均洞长 313.18m，圆形断面内径为 11.5m。

放空洞布置在右岸地下电站的右侧，主要作用有水库放空，中、后期导流和施工期向下游供水等。由引水渠、有压洞（含喇叭口）、事故检修闸门井、工作闸门室、无压洞、交通洞、通气洞及出口段（含挑流鼻坎）等组成。有压洞长 530.24m，洞径 11.0m，有压洞底板为平底，底高程 250.0m。工作闸门室长 25.86m，洞室开挖宽度为 22.3～26.16m，长 14.3m，高 52.96m，闸室内设一扇孔口尺寸为 6.0m×7.0m 的偏心铰式弧形工作门。无压洞段长 532.63m，底板坡度为 $i=0.2$～0.042，洞室净空尺寸为 7.2m×12.0m，为城门洞型。

水布垭水利枢纽工程是以发电为主，兼顾防洪、航运等的水利枢纽工程。

第六节　碾压混凝土坝枢纽

用碾压混凝土筑坝是将土石坝施工中的碾压技术应用于混凝土坝，采用自卸汽车或皮带输送机将超干硬混凝土运到仓面，以推土机平仓，振动碾压实的筑坝方法。

1978 年以来，中国就开展了这种施工工艺的研究，吸取了美国、日本等国的经验，在福建沙溪口、厦门机场、葛洲坝船闸等工程做了试验，1984 年在福建坑口开始全碾压混凝土重力坝建设，1986 年完成，随后建立了碾压混凝土坝推广领导小组，在国内逐渐铺开。

一、碾压混凝土坝枢纽特点

这种坝的特点就是用修土石坝的办法来建混凝土坝，速度快，高掺粉煤灰节约水泥。这种坝型在中国不仅发展较快，而且技术上也有其特点，表现在以下几点：

（1）中国碾压混凝土坝和世界发展趋势相同，重力坝正向高于200m的坝发展，除已完成的岩滩（坝高111m），水口（坝高101m）部分采用了碾压混凝土外，另外还有大朝山（坝高111m）、棉花滩（坝高111m），已建成的龙滩工程，坝高达216.5m，是世界最高的碾压混凝土重力坝。

（2）碾压混凝土重力坝先后于1988年和1990年在南非建成两座以后，中国第一座普定碾压混凝土拱坝（高75m）于1993年6月完成，蓄水泄洪都很正常。这是当前世界上最高的碾压混凝土坝，在设计施工技术上都有所突破。

（3）中国采用胶凝材料特点主要是高掺粉煤灰。

（4）在上游面和坝肩岩石基础上垫层，采用一种变态改性混凝土，即适当增加水泥粉煤灰浆，用垂直振捣器使之密实。

（5）为了防止发生温度裂缝，坝线过长时仍需设横缝。

（6）在坝高超过100m后，层面抗剪强度十分重要，目前已对龙滩重力坝进行了大量研究工作，包括现场试验，已初步得到解决。必须严格控制间歇时间，必须不超过初凝时间，注意防止层面污染，防止骨料分离。同时要铺水泥砂浆，以增强层面的联结。

（7）为了保证快速施工，用连续拌和机、以皮带运输可以比较灵活地随坝高增加而提升。负压溜管和其他设施也在拌和中取得了经验，正在推广使用。

目前对碾压混凝土最重要的问题就是其耐久性，虽通过研究有了初步成果，但还需要进一步加强研究。

二、碾压混凝土坝枢纽布置

1. 碾压混凝土坝重力坝

碾压混凝土重力坝的工作条件与常态混凝土重力坝基本相同。我国《碾压混凝土坝设计规范》（SL 314—2018）规定：碾压混凝土重力坝的剖面设计原则、计算方法和控制指标，仍按照现行混凝土重力坝设计规范执行，但在材料与构造方面需要适应碾压混凝土的特点。

（1）应力特点。常态混凝土重力坝常采用独立坝块柱状浇筑，接缝灌浆前，坝体不承受水荷载，温度应力计算只考虑地基约束产生的拉应力。而碾压混凝土重力坝既不设纵缝，施工时也不进行水管冷却，在坝体竣工蓄水运行时，坝内温度远没有降低至稳定温度。计算表明，对碾压混凝土重力坝，如果模拟坝的施工过程，自重、水压力与温度3种荷载分布叠加计算，自重和水压力对减小坝体内部和表面温度变化而产生的拉应力是有利的。

（2）坝体的抗剪断强度参数。由于分层碾压的缘故，碾压混凝土重力坝的层面是抗滑稳定的薄弱面，其抗剪断强度参数相对较低，《混凝土重力坝设计规范》（NB/T 35026—2022）中，给出了碾压混凝土层面抗剪断强度80%保证率的标准值。

（3）坝体材料。碾压混凝土胶凝材料的用量远小于常态混凝土，其中，粉煤灰在胶凝材料中所占比重一般为30%～60%，有的高达70%。为防止骨料分离，骨料的最大粒径大多小于80mm，并需级配良好。砂率（砂与砂、石子的质量比）在30%左右，水胶比一般为0.45～0.65，外加剂用量为胶凝材料的0.25%左右。为保证混凝土的碾压质量，在施工现场，常以稀稠度为控制指标。碾压混凝土的稠度以振动密实时间 *VC* 值表示，通常采用15～20s。

（4）坝体防渗。坝体上游面的常态混凝土可用作防渗体。如坝体设有横缝，则在常态混凝土内也要设置横缝，并设止水。当采用富胶凝材料碾压混凝土作防渗层时，其厚度和抗渗标号均满足坝体防渗要求，一般布置在上游约3m范围内。此外，还有其他型式的防渗层，如喷涂合成橡胶薄膜防渗层等，我国坑口坝上游面用6cm厚的沥青砂浆作防渗层，沥青砂浆外表侧为钢筋混凝土预制板，预制板与坝体之间用钢筋连接，这种布置对坝体的碾压施工干扰较少。

（5）坝体排水。碾压混凝土重力坝一般均需设置坝体排水。排水管可设在上游面的常态混凝土内，也可设置于碾压混凝土区。

（6）坝体分缝。由于碾压混凝土重力坝采用通仓浇筑，故可不设纵缝，也可减少或不设置横缝。但目前为适应温度伸缩和地基不均匀沉降，仍以设置横缝为宜，目前国内有的工程不设置横缝，有的工程设置短间距横缝，或设置长间距横缝。

2. 碾压混凝土拱坝

碾压混凝土拱坝和碾压混凝土重力坝在施工工艺上是相同的，两种坝型在设计方面的主要区别在于体形设计、应力分析和坝体接缝设计。

（1）体形设计。碾压混凝土拱坝的坝体设计，一方面要保证其本身的整体性，另一方面需要采用相对简化的坝体外部轮廓，为此较多采用单曲拱坝，且坝内孔、洞布置相对集中，以利于立模和碾压混凝土大仓面薄层连续碾压快速施工。泄洪建筑物尽量采用坝顶表孔或隧洞泄洪，当泄洪量大时可采用两者兼用的方式。

（2）应力分析。碾压混凝土拱坝与常态混凝土拱坝在应力分析方面的不同主要表现在自重应力和温度应力上。常态混凝土拱坝是分段浇筑的，在横缝未灌浆前，各坝段单独承载，混凝土的自重作用只产生垂直的梁应力，而不产生水平的拱向应力，同时施工期坝体的温度变化不产生整体温度应力。碾压混凝土拱坝是采用通仓浇筑的，自重应力一开始就受拱圈约束，自重作用不但产生竖直的梁向应力，还产生水平的拱向应力。按常态混凝土拱坝封拱温度的概念，则意味着碾压混凝土拱坝的入仓温度即其封拱温度，施工期坝体混凝土的温度回降将引起很大的拱向应力，而温度回降值与混凝土入仓温度直接相关。因此，为减小坝体的温度应力，一般多利用低温季节浇筑混凝土，以降低入仓温度。

（3）坝体接缝设计。碾压混凝土拱坝如果在高温季节浇筑混凝土，由于温度回降，坝体的温度变形受到两岸基岩的约束坝内将产生较大的温度应力。碾压混凝土拱坝与碾压混凝土重力坝在温度控制和接缝设计上有很大的区别。碾压混凝土拱坝接缝包括诱导缝、短缝和灌浆横缝。

三、碾压混凝土坝枢纽代表工程

以龙滩水利枢纽工程为例。龙滩水利枢纽工程（图1-7）是国家实施西部大开发和“西电东送”重要的标志性工程，是集防洪、发电、通航综合效益于一体的大型水利枢纽

一、碾压混凝土坝

1. 碾压混凝土坝的展望

根据上节中碾压混凝土坝的发展可以看出，这种坝型的优越性，即施工工艺简单易于掌握，速度快，造价低，宜修建重力坝或拱坝。如果规模不大（一般中型工程），准备工作充分，可以在一个非汛期完成，可大大节约导流临时工程投资。

对于高度超过150m的碾压混凝土坝上游防渗要求高，除全断面碾压加上变态混凝土外，一些业主及设计者担心在高水位下能否确保不漏水，所以提出额外增加有机材料涂层或PVC薄膜等二道防渗防线，但是可能成为施工人员的借口而在工艺控制上不严格。至于高坝最合理的防渗结构，也还有待进行深入研究。

由于我国碾压混凝土使用年限较短，目前仅有40～45年历史。在抗冻、抗裂和防老化方面，还没有充分观测数据明确论证。特别是高掺粉煤灰的影响，虽已有不少研究成果，仍有待进一步深入系统研究论证。

高碾压混凝土拱坝的分缝、构造和重复灌浆系统经验还少，一些问题不够明确，需要通过实践进行总结，形成一整套切实可行而又可靠的方案进行推广。

目前控制碾压混凝土质量除机口取样、试验室控制外，在现场碾压还只是靠容重来检查，以及填筑后钻孔取芯进行试验来判断，反馈资料过慢，不能及时调整工艺，还有待创造比较先进检验设备、能够及时反映情况，适时对质量提出意见。

为了保证施工工艺质量要求，设备配套和施工科学管理也不可忽视，不能因为工艺简单而放松要求。

在21世纪，为了迎接大规模水利水电建设需要，碾压混凝土作为一种新技术，有广阔前途，相信定有更大的发展。

从世界范围来看，随着大型施工机械的发展，在坝型选择方面碾压混凝土坝和面板堆石坝有着明显的优势，可以缩短工期，提前发挥效益，因此近年来得以迅速发展，成为当今坝工建设的发展趋势。目前，我国已建成的龙滩碾压混凝土重力坝，坝高216.5m，坝体总方量532万m^3，其中碾压量为339万m^3，是世界上第一高的碾压混凝土坝。

2. 碾压混凝土坝尚待解决的问题

用RCC筑坝已有40余年历史，施工技术已日趋成熟，但仍有不少问题尚待在实践中研究解决，其中最为关注的问题是温控。虽然RCC水泥含量少，水化热量低，但因其施工速度快，散热慢。据分析，如龙滩那样的大坝，RCC坝温度自然冷却到常温需要300年以上的时间。75m高的普定拱坝体积并不大，完工5年后裂缝仍在生成和发展，因此，施工期的温控以及温度应力分析研究仍是RCC高坝的一个亟待解决的关键问题。展望今后碾压混凝土坝的发展，还应在以下几个方面进一步深入开展研究工作。

（1）改进材料的配合比，使之既能节省水泥，又能保证强度，尤其是层间接缝的黏结强度。

（2）从结构型式、材料特性两方面入手，进一步提高坝体的抗渗能力。

（3）研究坝体的温度应力仿真计算方法，结合坝体分缝型式和细部构造的研究，以尽量控制坝体裂缝的产生和发展。

(4) 改进坝体构造设计，使之既便于碾压施工，又能保证工程质量和坝体的正常运行。

(5) 改进施工质量监控方法，开发新的监测仪器，使监测工作既快又精确，以保证施工质量。

二、面板堆石坝

近年来，科技进步促使我国面板堆石坝的工程建设迅猛发展，面板堆石坝在国内外得到了广泛的应用，其施工已达到世界先进水平，目前已解决在不良的坝基基础下建造面板堆石坝的技术难题，使其发展速度更加迅猛。

位于南盘江干流的天生桥一级面板堆石坝为红水河梯级开发的龙头水电站，高178m，其施工技术已达到当时世界领先；位于清江上游的水布垭面板堆石坝最大坝高233m，居同类坝型世界第一，总库容45.8亿m^3，工程中土石方开挖2663.6万m^3，土石方填筑1760.6万m^3；云南省雾坪水库大坝最大坝高49m，坝基为湖积软土，采用高置换率的振冲桩加固，建成了目前所知的软基上最高的大坝。

混凝土面板堆石坝以其安全性、经济性及适应性好而在近年有广泛的应用，坝高已达到200m量级，设计和施工技术已日趋成熟，科学试验和理论研究工作也取得一定进展。混凝土面板堆石坝正经历由经验和判断为主向试验和分析过渡的过程，对高坝科学试验和原型观测正起着越来越重要的作用。中国用现代技术修建面板堆石坝已有40年历史，在国外先进技术的基础上，也取得了一些进展。

(1) 在枢纽布置上的改进。如考虑土石方平衡、利用趾墙改造局部不利地形地质条件，趾板地基可以利用风化岩石和河床砂砾石冲积层、坝顶和坝面溢洪道、用内消能工及掺气减蚀技术改建导流洞为永久泄水建筑物等，都已有较多实践经验和科学研究，使坝趾选择有了更多的余地。

(2) 拓宽了筑坝材料的应用范围。除传统的硬岩材料外，软岩和砂砾石的利用也日益广泛，并有许多科学试验、分析计算和原型观测资料，提供了技术依据。也有了应用特硬岩的经验。对垫层料的岩性、级配及作用有较深入的认识。

(3) 高面板坝的主要问题是坝体变形引起周边缝张开、面板断裂而导致渗流量过大或坝体砂砾料的冲蚀等。经大量研究和实践，包括大型仿真模型试验，找到了适应200m级高面板坝大变形的止水结构和材料，正在实际工程中试用，可解除对这方面的顾虑。

(4) 对面板混凝土原材料和配合比有系统研究。主要是用外加剂和掺和料改善常规混凝土的抗裂、抗渗和耐久性能，并开发纤维增强等特种混凝土，以提高混凝土面板的可靠性和耐久性。

(5) 在施工导流方面。开发了多种实用导流方式，包括高围堰挡全年洪水、坝体临时断面挡水、坝面与导流洞共同过水等度汛方式，可以适应坝址的各种自然条件，并且将导流度汛与坝体施工分期结合起来，安排施工总进度，以达到提前蓄水受益。

(6) 在施工方面。已经做到机械化联合作业，配置了重型自行式或牵引式振动碾、液压平板振动器、激光导向长臂套筒式液压反铲、铜止水片现场成型机、无轨滑模等先进施工机具，提高了质量和速度。施工质量控制方面，对堆石体开发了无损检测的技术，可以作为辅助手段。

（7）对强地震区的面板堆石坝，进行的理论分析和试验研究都表明其抗震能力是较强的，并提出了一系列抗震措施。面板堆石坝筑坝材料的动力特性试验、三维的动力反应分析、大型振动台动力模型试验等，都有相当高的水平。

（8）原型观测方面。已开发出成套的变形、应力及渗流观测设备，大型工程都有观测资料，并做过一些反馈分析，成为工程实践经验的直接验证和改进工程建设的源泉。

但是面板堆石坝在抗震、泄洪、面板、止水结构和材料、严寒和干旱大风地区的面板防裂等问题上，都有一些高难度的课题有待深入研究，以期取得更大的进展。

三、定向爆破坝

定向爆破坝是 20 世纪 30 年代就已出现的一种坝型，之后在苏联推广，初期多用于围堰等临时性和中、小型工程，60 年代后已开始用于大型工程。

（1）中国在 20 世纪 50 年代末开始陆续兴建定向爆破坝，至 80 年代有 26 座在运行。其中较高的有已衣（坝高 90m）、石砭峪（坝高 85m）、南水（坝高 82m）。通过实际研究和计算，已经有了系统经验。

（2）表 1-8 展示了中国部分定向爆破坝的一些情况，从中可以看出中国的定向爆破坝有不同的处理方法，即爆破后要进行加高和边坡处理。云南采用的水力冲填淤结，不仅加高了大坝而且解决了防渗问题。

表 1-8　　中国部分定向爆破坝举例

坝名	地点	河流	设计坝高 /m	设计坝长 /m	设计体积 /m^3	实际堆高 /m	实际堆筑 /m^3	水库库容 /10^6m^3
石峡口	河南鲁山		30	26	30.7	17.6	171	1.7
贺家坪	河北邢台		40	182	40	3.43	1	
福溪	浙江乐清	大金溪	50	110	37.5	11.3	22.7	
南山	浙江泰顺	飞云江	56	39	5.28	38	5.26	
白龙	云南江川	白河	34	75.2	34	20	9.31	1.2
胡家山	云南镇雄	米新河		108	65	37	38	
塘仙	广西南丹	清水河	100	108	161.9			663
斜崖沟	宁夏彭阳	茹河	38	116	41.6	41.5	20.8	33

（3）定向爆破坝的优越性在于施工简单迅速。在溢洪洞、溢洪道、发电洞和厂房与大坝不干扰的条件下，造价比任何坝型都低。但是由于定向爆破筑坝技术专业人员主要在科研单位内，有些设计单位总有顾虑，所以推广比较缓慢。

（4）对于爆破对环境的影响，如爆破对周围居民生活的影响，也同样做了不少研究，只要设计合理，注意爆破的控制，一般不至发生严重问题。

（5）爆破筑坝的问题，主要是爆破对于坝肩的破坏及控制防止绕坝渗漏。中国一般把药室布置在坝顶以上一段距离，不至影响坝肩稳定与渗漏。其次是坝体是否设防渗结构。如果河水流量大，渗漏不至影响效益，可考虑不设防渗。反之势必设置防渗结构，影响工期，增加投资。为解决此问题，已研究过采用淤灌防渗和柔性截水墙与下部斜墙相衔接的复式防渗结构。

总之，爆破筑坝无疑仍是一种有前途的坝型，但受地质地形影响较大，在交通不便和三材紧缺的情况下，应该考虑这种坝型。

第八节　浑江流域治理工程实例

一、综合说明

浑江发源于吉林省龙岗山南麓，全长 435km，其中 179.4km 长的中下游段流经辽宁省桓仁县境内。浑江属山区性河流，集水面积 15414km^2，为中等流域。

多年来，桓仁县境内的水力资源得到了充分有效的开发，中上游开发从早期建成的桓仁电站开始，在其下游又陆续建设了西江工程、凤鸣电站、米仓沟水利枢纽、回龙山电站及太平哨电站，后期完建的还有双岭水利枢纽及金哨水利枢纽。几个电站梯级连接，充分地利用了水力资源。下游河道应加强防洪基础设施建设，完善防洪体系。

二、气象水文

（一）流域概况

浑江发源于长白山脉西南、龙岗山的南麓，流经吉林、辽宁两省。它自东北流向西南，从通化经桓仁水库进入辽宁桓仁县，在太平哨水电站折向东南，于西桓仁县沙尖子下游 50km 处，汇入鸭绿江上的水丰水库，为鸭绿江第一大支流。浑江全长 435km，流域面积 15414km^2，流域地处东经 124°43′～126°50′，北纬 40°41～42°17′之间，高程在 200～1300m 之间，流域平均高程为 588m。浑江干流共汇入 11 条较大的支流，为山区性流域，蜿蜒曲折，全河平均坡降 0.63‰。浑江因落差较大，水量丰富，自 20 世纪 60 年代中期开始在桓仁境内的中游段相继建成桓仁、西江、凤鸣、米仓沟、回龙山、太平哨等水电站及水利枢纽，各电站概况见表 1-9。

表 1-9　　桓仁县境内浑江干流各梯级电站概况

电站名称	建成年份	距河口/km	集水面积/km^2	坝高/m	库容/亿 m^3		调节性能	回水长/km	正常蓄水位/m
					正常	校核			
桓仁	1967 年	180.8	10364	78.5	22.0	34.6	不完全年调节	76	332.00
西江	2003 年	175.6	10602	12.0	0.20	0.50	日调节	5	242～2443
凤鸣	1990 年	163.6	11426	19.6	0.13	0.50	日调节	9	237.00
米仓沟	1963 年	157.6	12194	3.5	0.225	0.285	日调节	6	—
回龙山	1972 年	130.6	12433	35.0	0.89	1.20	日调节	24	221.00
太平哨	1979 年	94.1	12961	44.0	1.64	2.09	日调节	29	191.50
双岭	2004 年	66.8	14518	31.0	0.205	1.38	日调节	15	—
金哨	2004 年	41.8	14861	36.0	0.485	0.875	日调节	23	—

（二）气象

浑江流域属于温带季风型大陆性气候。冬季严寒、干燥，夏季湿热、多雨。多偏南风，桓仁站测得历年最大风速为 17.7m/s，流域内无霜期短，初霜一般在 9 月下旬，最早为 9 月 23 日（宽甸），终霜期一般在 5 月中旬，最晚为 5 月 8 日（桓仁）。流域内降雪期长，初雪最早日期为9月下旬，最晚终雪日期在5月中旬；积雪深度最大为33cm，积雪深大于等于30mm的天数在桓仁以上约为115d，桓仁以下约为90d。冻土期为10月至次年5月，最大冻土深度为114cm，发生在2—3月。

（三）水文

1. 暴雨特性

浑江流域位于东北地区的东南部。北依长白山脉，南近黄海，地势由南向北增高。夏季南来季风从海洋带来充足的水汽，在迎风坡上形成强烈的暴雨。流域外南部丹东海拔59m，向北至流域边缘的宽甸海拔升到300m左右。浑江桓仁以下流域平均高程为637m，通化以上流域平均高程达743m，这种特殊的地理位置和地形条件，使鸭绿江中下游地区暴雨成为东北地区之冠。浑江也是暴雨集中地区之一。

浑江流域内的暴雨中心集中在下游右侧半拉江的上游，中游左侧的东明、横路及上游通化一带。暴雨多发生在6—9月间，最大暴雨集中在7—8月。

2. 洪水特性

浑江洪水由暴雨造成，洪水与暴雨均发生在6—9月，全年最大洪水多发生在7—8月，尤以8月最多。

土壤被覆盖薄、地形起伏大，河流坡降陡，河槽调蓄作用小，故急骤强烈的暴雨形成陡涨陡落的洪水。由于一次天气过程造成的暴雨历时较短，而且主要集中在1d时间内，致使较大洪水多呈单峰型。一次洪水历时7d左右，涨洪历时短，从起涨到峰顶一般1d左右，洪峰滞时约为6h，退水历时较长，一般6d左右。一次洪水总量多数集中于3d时间内。下游沙尖子水文站3d洪量占7d洪量的65%以上，1960年特大洪水3d洪量占7d洪量的80%，可见洪量非常集中。

3. 设计洪水

桓仁、回龙山、沙尖子各站设计洪水分别在1972年太平哨设计、1978年金坑高岭初设、1985年金坑高岭初设修改以及1998年金哨、双岭补充初设各个阶段进行计算和复核。1998年金哨、双岭补充初设曾将洪水系列延长至1996年，并加入1995年大洪水进行复核计算，结果设计洪水变化较小，该设计仍采用原设计洪水成果，本设计亦采用此设计洪水成果。

4. 设计水面线推算

浑江干流各河段设计水面线及各库下泄量见表1-10。

表1-10　浑江干流各河段设计水面线及各库下泄量

桩号	P=2%		P=10%		备注
	水位/m	流量/(m^3/s)	水位/m	流量/(m^3/s)	
0+000	248.25	7680			桓仁坝下
1+050	247.65				
2+340	246.9				
3+200	246.4				
3+804	246.05				

续表

桩号	P=2%		P=10%		备注
	水位/m	流量/(m^3/s)	水位/m	流量/(m^3/s)	
4+773	245.48				西江坝上
4+733	242.65	7820	242.23	6580	西江坝下
6+173	241.67		241.41		
6+875	241		240.62		
7+425	240.63		240.15		
7+848	240.38		239.86		
8+265	240.12		239.57		
8+545	239.96		239.39		
9+165	239.58		239.28		
11+277	238.75		238.36		
11+722	238.56		238.2		
12+172	238.38		238.05		
12+856	238.09		237.82		
13+067	238.01		237.76		
13+523	237.83		237.61		
14+054	237.65				
14+572	237.46				
15+165	237.26				
15+433	237.17				
15+900	237.02				
15+900					
16+280					
16+780					
17+280					
18+263					
20+486			231.95		
21+560			231.76		
22+000			231.42		米仓沟坝上
22+000			229.37		米仓沟坝下
25+120			226.02		
26+520			225.01		
28+270			223.81		

续表

桩号	P=2%		P=10%		备注
	水位/m	流量/(m^3/s)	水位/m	流量/(m^3/s)	
29+720			222.9		
31+870			222.4		
35+020			221.97		
45+620			221		回龙山坝上
45+620			206.02	7500	回龙山坝下
51+650			202.45		
53+070			201.42		
54+500			200.42		
55+270			199.95		
56+250			199.24		
57+790			198.22		

三、地形与地质

（一）地形地貌

浑江干流在桓仁县内流经地区大部分是中、低山地，河道比降较大。由于山地对河流的限制，浑江呈多个180°弯蜿蜒而下。在小米仓沟村上游，因有雅河与大二河汇入其中，在浑江西岸形成较大面积的堆积阶地，并形成桓仁县泡子沿地区的平坦地势、浑江桓仁县城所在的大片阶地、雅河口乡及荒沟甸子村的大片良田。在小米仓沟村下游则进入山区，形成凹岸是峭壁、凸岸是砂砾石滩地、一级阶地是壤土的地势形态。

（二）工程地质

1. 地层岩性

浑江干流地区出露的地层，岩性及其分布特征，现由老至新分述如下：岩性为千枚岩、板岩、片岩、片麻岩及大理岩扁豆体，大面积出露于浑江干流下游地区，即小西沟、老黑山、二股流、老古砬子、门坎哨至浑江口一带。震旦系钓鱼台组（Z_1d）石英砂岩、南芬组（Z_1h）泥灰岩、页岩与寒武系（∈）灰岩、鲕状灰岩及奥陶系（O）灰岩、白云质灰岩，主要分布于回龙山、大夹板沟、金坑和小西沟一带。侏罗系梨树沟组（J3x）粉砂质页岩、凝灰岩、砂岩和小岭沟组（J3xl）安山岩、火山碎屑岩、流纹岩，广布于桓仁水库至回龙山一带。第四系（Q_4）坡洪积亚黏土夹碎石，堆积于山麓、丘陵地带形成坡洪积扇裙；由冲洪积形成的亚砂土、砂卵石广布于浑江两岸，组成三级阶地和漫滩。

2. 各类岩石物理力学性质

（1）火山岩类工程地质性质：分布有安山岩、流纹岩、片麻岩、火山碎屑岩等。岩石抗压强度为800～2500kg/cm^2，岩石强度系数（f）为8～25，广布于桓仁水库至回龙山一带，天然建筑石料充足。

（2）古生代沉积岩与变质岩类工程地质性质：出露岩性为石英岩、砂岩、板岩、千枚岩、大理岩等，岩石抗压强度为500～1200kg/cm^2，岩石强度系数（f）在5～12之间，石料充足。

(3) 碳酸盐岩类工程地质性质：岩性以奥陶系和寒武系灰岩、结晶灰岩、白云质灰岩为主，岩石抗压强度为 500～2000kg/cm^2，岩石强度系数（f）在 5～20 之间，分布于回龙山、双水洞至小西沟一带，天然石料充足。

(4) 第四系松散岩土类广布于浑江两岸，岩性为亚黏土、亚砂土及砂卵石，厚度 2～10m 不等，岩土抗压强度及地基承载力大于 200kg/cm^2，天然砂石料随地可取。

3. 水文地质

该区地下水类型为孔隙潜水和基础裂隙水，前者埋藏环境为第四系冲洪积物中，后者存于风化裂隙构造发育的岩石中，其补给来源为大气降水，资料表明，井水为重碳酸-氯化钠-钙镁型水，河水为重碳酸-钙型水，pH 值为 6.4 左右，属微酸性水，环境水对混凝土无侵蚀性。

四、工程布置及建筑物布置

桓仁县境内浑江干流从桓仁电站坝下到回龙山电站尾水出口间，共布置了 7 条防洪堤，总长 33.55km。根据《堤防工程设计规范》（GB 50286—2013）与地方情况相结合，确定桓仁县城市段堤防的级别为 3 级，农村段堤防的级别为 5 级。

（一）堤线布置

根据堤线布置原则，在桓仁电站下游到回龙电站下游之间布置了 7 段防洪堤。各段防洪堤与工程的关系见表 1-11。

表 1-11　　各段防洪堤与工程的关系

<table>
<tr><th colspan="2">位右岸布置</th><th colspan="2">左　岸</th></tr>
<tr><td>桓仁电站</td><td>下游</td><td rowspan="2">西江防洪堤</td><td rowspan="2">北江防洪堤</td></tr>
<tr><td rowspan="2">西江工程</td><td>上游</td></tr>
<tr><td>下游</td><td rowspan="2">南江防洪堤</td><td rowspan="2">六河防洪堤</td></tr>
<tr><td rowspan="2">凤鸣电站</td><td>上游</td></tr>
<tr><td>下游</td><td rowspan="2"></td><td rowspan="2">南老台防洪堤</td></tr>
<tr><td rowspan="2">米仓沟水利枢纽</td><td>上游</td></tr>
<tr><td>下游</td><td rowspan="2"></td><td rowspan="2">秧歌汀防洪堤</td></tr>
<tr><td rowspan="2">回龙山电站</td><td>上游</td></tr>
<tr><td>下游</td><td>山头村防洪堤</td><td></td></tr>
</table>

（二）穿堤建筑物

桥梁特性见表 1-12。

表 1-12　　桥 梁 特 性 表

堤段	桥梁名称	桥位/m	尺寸（长×宽）/(m×m)	水位/m	桥面顶高程/m
南江防洪堤	1 号桥	4—424.00	38.6×13.1	238.72	240.05
	2 号桥	6+425.00	38.6×13.1	237.83	239.16
六河防洪堤	东老台桥	1+350.00	14.4×6.6	240.98	242.29

（三）堤身剖面设计

防洪堤为砂砾石填筑的均质堤，迎水坡均为 1∶2.5，背水边坡城市段为 1∶2.25，农村段为 1∶2.0；堤顶宽度城市段为 8m 或 14.5m，农村段为 6.0m 或 4.0m。堤基应尽量坐落至砂砾石层上，覆盖层厚度小于 40cm 时，全部清除，如厚度大于 40cm，则清除 40cm 后作为堤基。

1. 护坡型式

迎水面的护坡型式根据计算流速选取，流速计算结果见表 1－13。

表 1－13　　各段防洪堤特殊性表

堤段＼内容		长度/m	已完长度/m	堤顶宽度/m		最大堤高/m	护坡型式		护脚形式		防浪墙	堤顶构造
							迎水面	背水面	迎水面	背水面		
城市段	北江防洪堤	6895.97	967	8		6.6	混凝土	—	混凝土板加浆砌石	—	混凝土	沥青混凝土路面
城市段	西江防洪堤	1184.24	934.24	8		7.1	混凝土	—	混凝土板加浆砌石	—	混凝土	沥青混凝土路面
城市段	南江防洪堤	6905.80	—	(0＋000～1＋250)	8	5.8	混凝土	混凝土网格(2＋000～6＋905.80)	混凝土板加浆砌石	—	混凝土	沥青混凝土路面
				(1＋250～6＋905.8)	14.5							
农村段	六河防洪堤	5047.80	—	6		5.4	混凝土	干砌石(1＋000～1＋950)	混凝土板加浆砌石	干砌石(0＋000～1＋000)(1＋950～5＋047.80)	混凝土	泥结啐石路面
农村段	南老台防洪堤	6417.86	—	(0＋000～5＋487.61)	6	7.3	干砌石	—	抛石	干砌石	混凝土(0＋000～5＋487.61)	泥结啐石路面
				(5＋487.6～6＋417.86)	4							
农村段	秧歌汀防洪堤	2424.23	—	4		6.7	干砌石	—	抛石	干砌石	—	泥结啐石路面
农村段	山头村防洪堤	4670.85	—	4		7.0	干砌石	—	抛石	干砌石	—	泥结啐石路面

城市段防洪堤（北江、西江、南江防洪堤）为了美化城市，均采用混凝土护坡，厚度为 15cm，5cm 混凝土找平，下铺 15cm 反滤料。六河堤因也处于城区，护坡型式亦采用混凝土护坡，但混凝土护坡厚度为 12cm。

农村段的防洪堤护坡形式为干砌石护坡，根据计算农村段流速，均小于 4.0m/s，干砌石护坡即可满足要求，干砌石护坡厚度 40cm，下设土工布反滤层，土工布两侧设置砂砾石垫层 15cm。

背水坡防护形式与渗透变形计算有关。城市段通过渗透变形计算结果得知，不易发生渗透破坏，故不设防护。因南江段紧靠桓仁县城，为美化环境，部分堤段背坡采用混凝土框格护坡。由于六河防洪堤邻近城市段，新旧西江桥跨越该堤，因此在两座桥之间局部段设干砌石护坡。

农村段堤防易形成浸润线，根据洪水特点，主要洪水由暴雨期间桓仁电站放流形成，一般历时 2～3d，设计中以 4d 作为设计依据设置背水坡防护，浸润线 4d 以内形成，即采取防护措施。相应措施为：在背水坡均设置反滤压重结构，由于土工布反滤层、两侧各 15cm 厚的砂砾石垫层及 40cm 干砌石护面构成，高度高出浸润线逸出点 0.5m 以上，建基线较平的堤段背水坡除坡面设反滤压重层外，在坡脚地面亦设置同样构造的水平反滤压重层，长度 2.0m，背水坡防护总高度为 1.7m。

2. 护脚型式

该工程护脚型式的选择根据水力计算结果、本工程河道特点进行了比较，并对原可研报告护脚方案进行了研究，原方案设计中城市段采用 801cm×130cm 混凝土护脚，农村段采用浆砌石护脚（断面相同），护脚上部直达地面高程；根据冲刷计算结果，该深度不能满足规范要求的设置护脚深度，且断面型式为高窄型，一旦前部冲刷，对稳定不利，如按稳定断面，防护深度按本工程计算结果选取，则其断面将会大大增加。

根据上述情况，经比较，选定混凝土护坡板一直延伸至防冲设置深度，以小梯形断面浆砌石封脚的护脚结构，作为城市段及六河堤段护脚，该断面顶宽 100cm、底宽 180cm、高度 80cm，护脚底部建于计算冲深 0.5m 以下。该断面与原断面相比，只增加断面积 7.1%，如按相同冲深计算，原可研方案断面积将大于该方案，经济上不合理，因此选用现方案。

对于浆砌石护脚的回填，要求需在护脚前回填 80cm 厚的块石与其持平，上部再回填砂砾石到原地面高程。

浆砌石护脚必须与斜面护坡严密连接。浆砌体要分缝以适应不均匀沉陷，并设置排水孔，尤其是坐落在基岩面的砌体必须作好排水孔。回填的砂砾石如被洪水冲走，则洪水过后需要重新回填，以保护护脚结构。

农村段不设浆砌石砌体，直接在护脚结构前回填 0.8m 厚块石，其上回填砂砾石至地面高程，洪水过后回填整平。

3. 堤顶结构

城市段防洪堤结合道路交通要求，做成沥青混凝土路面，并设置混凝土防浪墙及护栏、路灯。

防浪墙为钢筋混凝土 L 形墙，土堤顶以上高度为 0.3m，埋入深度为 0.6m。未埋至冻层深度以下，是因为防止冻胀破坏，要求其周围 0.3m 范围内回填排水性能良好的砂砾石料。

农村段堤顶根据交通要求设置泥结碎石路面，在干砌石护坡到达堤顶处，要折向堤顶以保护迎水面堤肩及反滤结构，其水平长度约 1.0m。堤顶的路面横坡为 2%。

五、施工组织设计

（一）工程概况

防洪堤主要工程量见表 1-14。

表 1-14　**主要工程量表**

工程项目	数量	工程项目	数量
砂砾石开挖/m^3	678944	浆砌石护坡、护脚/m^3	21121
砂砾石填筑及回填/m^3	2363580	钢筋/t	2266
反滤层及垫层填筑/m^3	131102	土工布/m^3	248571
混凝土/m^3	73155	沥青混凝土路面/m^3	111305
干砌石护坡、护脚/m^3	138159	泥结碎石路面/m^3	73148

注　未包括穿堤建筑物。

防洪堤中的六河东老台桥工程量见表 1-15。

表 1-15　**六河东老台桥主要工程量表**

序号	项　目	数量	备注	序号	项　目	数量	备注
1	土石方开挖/m^3	850		4	浆砌石/m^3	97	
2	土石方回填/m^3	785		5	钢筋/t	3.2	
3	混凝土/m^3	66					

（二）建筑材料来源

根据防洪堤的总工程量，施工所需建筑材料及数量见表 1-16。

表 1-16　**施工所需建筑材料及数量表**

建筑材料项目	数量	备注	建筑材料项目	数量	备注
砂砾石料/万 m^3	250		水泥/万 t	2.26	
块石料/万 m^3	15.93		钢材/万 t	0.227	

注　不包括穿堤建筑物。

浑江两岸砂砾料储量丰富，工程所用砂砾料可就地解决。块石料场分布较多，根据调查，针对不同堤段主要料场有：哈达料场，距南江、北江防洪堤 18.8km、南老台 11.8km；泡子沿石料场，距南江、北江堤 16.6km；五道沟石料场，距六河堤 9.8km；米仓沟石料场，距秧歌汀 8.2km；回龙村石料场，距山头村 8.5km。以上料场石料储量均满足相应部位施工的需要，水泥钢材在本溪市采购，此外路面所用沥青、施工所用油料均可在桓仁县内购买。

（三）施工方法

防洪堤基础表层覆盖可以采用 132kW 推土机推除，防洪堤堤脚开挖可用 1～2m^3 反铲进行。

堤身砂砾料以挖掘机装 10～20t 自卸汽车运料上堤，推土机铺料，13.5t 振动碾分层碾压，层厚 0.8～1.0m，堤身干容重应达到 1.9～2.0t/m^3。

砌石的块石为各段堤均采自附近上述石料场，人工选料装车运到施工现场后，人工砌筑。浆砌块石的砂浆可用 0.4m^3 移动式搅拌机搅拌。浆砌石砌筑时需分段，每段可 10m 左右，以适应变形，施工时必须砂浆饱满，以保证砌体的整体强度。混凝土可用人工筛选骨料，或建简易筛分系统，0.4m^3 移动式搅拌机拌制混凝土，手推车或小翻斗车运混凝工程，是广西境内最大的水电站。坝址位于红水河上游的天峨县境内，距天峨县城15km，上游为平班水电站，下游为岩滩水电站。龙滩水利枢纽工程是南盘江红水河水电基地10级开发方案的第4级，是红水河开发的控制性水库。龙滩水利枢纽工程布置采用全地下厂房方案，无坝后厂房，坝体结构简单，施工干扰小，最符合大坝采用碾压混凝土的坝体布置要求，为大规模采用碾压混凝土创造了条件。

龙滩水利枢纽主体工程为碾压混凝土实体重力坝，最大坝高216.5m，坝顶长度832m，坝顶宽度18m，坝底宽度168.58m，坝体混凝土方量为736万m^3，是目前世界上最高的碾压混凝土重力坝。水库总库容272.7亿m^3，在校核洪水位下的最大泄洪流量达35500m^3/s。泄洪建筑物布置在河床坝段，拦洪大坝采用全碾压混凝土重力坝，采用坝身7个表孔（15m宽）和2个底孔（5m×10m），底孔对称布置在表孔两侧。表孔担负泄洪和放空水库的任务，而底孔一般不参与泄洪，主要担负水库放空和冲排沙、后期导流等任务。

龙滩水利枢纽工程通航建筑物布置在右岸山体中，采用单线二级垂直升船机，为两级带中间渠道的垂直升船机（单级尺寸：70m×12m×2.2m），全长1700m，最大提升179m，分两级提升，提升高度分别为88.5m和90.5m，最大过船吨位500t，年货运量可达462.8万t，是目前世界上提升高度最高的升船机，已投入运行。

龙滩水利枢纽工程装机5400MW，年发电量187.1亿kW·h。其装机容量占红水河可开发容量的30%～40%，且具有巨大的调节蓄能作用，同时也是根治下游沿河两岸与西、北江三角洲地区的洪水灾害不可替代的防洪水库，还是沟通黔、桂、粤航运的关键工程，具有较好的调节性能，发电、防洪、航运等综合利用效益显著，经济技术指标优越。

图1-7　龙滩水利枢纽工程图

第七节　发展中的坝型与展望

目前国内外都认为碾压混凝土坝和面板堆石坝都是比较有前途和发展比较快的两种坝型，从20世纪80年代这两种坝型在中国都有相当迅速地发展。

土，通过进料及溜槽入仓。

进度安排上可分区同时进行施工，各区需要的主要施工机械见表1-17。

表1-17　　各区需要的主要施工机械表

施工机械名称	规　格	城市段	农村段
推土机	132kW	18	8
反铲挖掘机	$1m^3$	12	5
自卸汽车	12t	40	30
振动碾	1.35t	12	8
移动式搅拌机	$0.4m^3$	8	4
蛙式打夯机	2.8kW	5	4
插入式振捣器	2.2kW	30	8

（四）施工进度安排

1. 编制依据

依据审查意见，全部堤防须在28个月内完成，本工程施工进度按此要求编制。工程进度以自然年进行编制，第一年3月中旬开工，第三年6月中旬竣工。根据工程区气象特点确定主要项目施工时段如下：开挖自3月中旬开始，11月底停止；填筑（包括堤体、垫层、抛石）自3月中旬开始（第一年为4月初），11月底停工；混凝土浇筑4月初开始（个别段按工序要求顺延），10月底停工；浆砌石4月初开始，10月底停工；干砌石3月中开始，11月底停工；沥青混凝土路面及泥结碎石路面4月开始，10月底停工。施工期间月施工天数按25天计算。

2. 进度计划及主要指标

根据工程特点，施工进度按不同实施方式分别编排。

六、堤防工程管理

根据《堤防工程设计规范》（GB 50286—2013）的要求，在进行堤防设计时，要进行堤防工程的管理设计。

（一）堤防工程管理任务

浑江干流防洪堤全长约33.55km，其中城市段长约14.99km，农村段18.56km，共由7段防洪堤组成。在这些防洪堤建成后，要加强对它们的管理。

堤防工程管理的任务是：确保防洪堤建成后的安全，确保防洪堤段河道和防洪堤在行洪、排涝、输水、抗风浪方面的能力，使堤防的建设切实取得效益。同时应开展多种经营如绿化等，以取得更大的综合效益。其具体内容有以下几点：

（1）贯彻《中华人民共和国水法》及有关的法规、方针、政策和上级主管部门的指示。

（2）在每年汛期前后，要对防洪堤进行观测和检查，掌握其运行状态及有关河道的变化情况，选择汛期抢险所用料场，并加以保护。在汛期前要做好备料工作。

（3）汛期行洪时，要注意观察洪水情况，掌握洪水的流态、流势。为堤防的维护提供第一手资料。

(4) 对堤防及穿堤建筑物进行日常维护、消除隐患，确保防洪堤及穿堤建筑物的行洪安全。

(5) 依据有关政策、法规制定并执行有关度汛、渡凌、河道采砂、堤防维护等规章制度。

(6) 其他工作，如防洪堤周围的绿化、护道、河道清障、涵管清淤、种植防浪林等。

为了堤防的安全和维护方便，在防洪堤两侧要留有一定宽度的护堤地，城市段20～60m，农村段5～30m，均从堤脚或压重铺盖的坡脚算起。用以营造防浪林和护堤林，及在汛期抢险加固堤防时，堆放抢险物资、保证人员车辆的交通。

(二) 管理机构

为了加强防洪堤的管理，根据有关堤防管理单位编制定员的规定，浑江干流33.5km长的堤防，应设置一个股级机构，以行使堤防管理的职能，此机构名称为河道管理站或河道管理所。其定员编制根据浑江干流防洪堤的级别及长度，按有关规定应为：

生产人员：12人。

管理人员：12人。

总计：24人。

在管理机构设置时，应由责任心强的人负责，并应每500～1000m配备一名护堤员，负责经常性的维修养护任务。此机构的设置应经上级主管部门批准。

(三) 堤防观测

根据有关规定，防洪堤在建成后运行期间要进行一般性的观测。运行期还应进行一些专门项目的观测，如：河道的冲淤变化；各种流量下河道中水流的形态的变化；冰情、地下水的活动；防浪林的消浪效果，堤身的变位等。为达到测量的目的要设置必要的观测设施及观测仪器、设备。

七、环境影响评价

(一) 环境现状

1. 地质、地貌和土壤

浑江流域地形呈北高南低，最高点为大甲砬子，海拔1126.4m，最低点为浑江口，海拔108m。

由于新构造运动与剥蚀堆积，形成了标高和规模不等的坡洪积扇裙和阶地，漫滩等层叠状地貌形态，坡洪积扇裙呈扇状及裙状分布于山间河谷两侧，常有冲沟切割，其前缘呈陡坎与阶地接壤，阶地和漫滩呈条带状、新月状及舌状分布于河流两侧，局部为河心滩。

地层与岩性：千枚岩、板岩、片岩、片麻岩、大理石扁平体，大面积出露于浑江干流下游地区，即小西沟、老黑山、二股流、老古砬子、门坎哨至浑江口一带。

灰岩、白云质灰岩主要分布于回龙山、双水洞、大夹板沟、金坑和小西沟一带。第四纪坡洪积粉土夹碎石，堆积于山麓、丘前地带形成坡洪积扇裙，由冲洪积形成的砂土、砂卵石广布于浑江两岸，组成三级阶地和漫滩。

平面上河道蜿蜒蛇曲，河床深切，滩多流急，河谷多呈不对称U形，一岸陡峭，一岸平缓有漫滩和一级阶地分布。

土壤类型及分布：河流两岸以基性岩土壤为主，其次为石灰岩土壤类型，并有少量草甸和水稻土。由于地处山区，土壤的垂直分布规律较强，河流两岸的冲积平地及山地间沟谷平地，主要分布草甸土及少量水稻土和沼泽土：坡脚（2°～10°）的缓坡和丘陵岗地主要分布潮棕壤，适宜种植旱田作物，发展水浇地；山坡中、下部（10°～15°）及丘陵漫岗为棕壤亚类，是棕壤土类型的土壤，成土母质为坡积物或黄土状母质，该土具有强烈的侵蚀现象，水土流失较严重，土层浅薄，养分贫乏，保水保肥能力较差。山坡中上部及顶部为棕壤和暗棕壤，土壤中营养贫瘠，不适宜耕作。

2. 水质

浑江流域水土保持较好，又由于浑江中下游梯级开发后，水中含沙量很少，根据收集的资料，浑江河水在丰水期一般为Ⅲ类，其他均为Ⅱ类，水质亦很好。

3. 生态环境

（1）陆生植物。植被以森林植被及灌丛为主，森林以次生林为主，在海拔较低地区以各种类型的灌丛为主。主要植被类型有：油松林、温性蒙古林为主、温性杂木林、蒙古栎矮林、榛子灌丛、胡枝子及以玉米、高粱为主的种植群落。

（2）陆生动物。根据生态地理条件和动物群的分布状况，将本地区动物分为五种：

1）分布浑江河谷地，由两栖鸟类中的鹳形目、雁形目、鹤形目及部分哺乳类构成的河流灌丛动物群，其中以黑斑蛙、中国林蛙、矶鹜等构成了优势类群。

2）分布于河谷阶地、高台地和丘陵的上部，由两栖类、鸟类和哺乳类等组成的农田动物群，其中以大蟾蜍、山斑鸠、家燕、金腰燕、喜鹊、麻雀、黑浅姬鼠和东方田鼠等构成了优势类群。

3）分布于杂林林缘和荒地、荒坡灌丛的动物群，由大蟾蜍、红尾伯劳、三道眉草鹀、灰头鹀、东方田鼠、黑浅姬鼠等构成优势类群。

4）主要分布于人工油松林和落叶松林内的人工松林动物群，以灰喜鹊、大山雀、大林姬鼠等构成优势类群。

5）主要分布在丘陵低山区上部的阔叶杂木林动物群，以山雀、三道草鹀、花鼠、棕背鼠平、山斑鸠、虎纹伯劳、灰喜鹊为优势种群。

陆生动物中除花尾棒鸡和红隼等属国家二类保护动物外，其他种类均为偶见或路过。中国林蛙为药用动物；大蟾蜍、斑啄木鸟等为灭害动物，啮齿类中的黑浅姬鼠、花鼠等为有害动物。区内没有受国家保护的鸟类繁殖地，也无大型兽类栖息地。

（3）水生动物。经调查本区共有浮游植物7门75种。其中硅藻门35种，占种类数的46.7%；绿藻门19种，占25.3%；蓝藻门10种，占13.3%；甲藻门6种，占8.0%；隐藻门、金藻门各2种，占2.7%；裸藻门1种，占1.3%；优势种为狭形颗粒直链藻、巴召脆杆藻。平均密度为127.43万个/L，平均生物量为4mg/L左右。浮游动物共40种，其中原生动物16种，占种类数的40%；轮虫7种，占32%；枝角类3种，占7%；桡足类4种，占10%；以原生生物和轮虫为主体，占种类数的72%；优势种类为尖顶河壳虫、针棘匣壳虫、有肋楯纤虫、针簇多肢轮虫、腹足腹尾轮虫、长额象鼻蚤等。平均度850个/L，平均生物量1.5mg/L左右。底栖动物共24种，其中软体动物5种，寡毛类3种分别占20.8%和12.5%；甲壳类4种，占16.7%；水生昆虫12种，占50.0%，平均密度61.4个/m^2，平均生物量0.68g/m^2。

（4）鱼类共有 34 种，隶属 6 目 8 科 30 属。其中鲤科鱼类 25 种，占鱼类种数的 73.5％。由于梯级的电站开发及对鱼类资源的掠夺性捕捞，影响了鱼类资源的再生，大型经济鱼类数量减少，有的正濒临绝迹。

4. 社会经济

浑江流域经桓仁县境内 6 个乡镇 32 个村，河长 179.4km，由于地处山区，乡镇工业不发达。农民收入偏低。各乡镇交通不发达，只靠公路对外联络。

5. 人群健康

主要地方病和传染病有 4 种，即肺吸虫、痢疾、肝炎和流行性脑脊髓膜炎。

浑江流域是我省肺吸虫病的多发区，特别是上游的半拉江、富尔江、雅河等，河流两岸居民中发病率较高，由于当地政府的重视和防治得当，发病率已很低。区内主要传染病有痢疾、甲肝、乙肝和流脑。发病率均较低，属传染病少发区。

（二）工程对环境影响的预测评价

1. 对生态环境的影响

堤防建成后，两岸的生态环境将得到改善，随着防洪标准的提高，堤内外的绿化受洪水影响范围的减少，农田、灌丛动物也会下移，对动植物生存十分有利。对水生生物不存在影响。

2. 对两岸的影响

防洪堤建成后，县城段防洪标准将提高到 50 年一遇，农村段防洪标准达到 10 年一遇，使生产生活得到保障。两岸农田变为旱涝保收田，为这一地区的经济发展提供条件，并改善这一地区人民生活环境。

3. 工程施工对环境的影响

堤防在施工过程中主要是结合清滩清障筑堤，主要建材来源于河道中，不会破坏土地，也基本没有废气、废渣和废水。又因施工工地远离居民点、噪声、废气对居民影响不大，施工中冲洗废水和生活污水排放量不多，与浑江水量相比甚少，故对水质影响不大。

施工过程中应有计划地保护环境，施工后及时恢复植被，搞好水土保持。

（三）综合评价与结论

1. 工程兴建对环境的主要有利影响

浑江水量充沛，水质良好，可达到地面水Ⅱ类标准中超灌溉和生产养殖业要求的水质。

堤防建成后，乡镇居民点防洪标准得到相应的提高，人民生产生活有了安全保障，同时堤路结合改善了交通条件，河道两岸的农田防洪标准由原 5 年一遇提高到 10 年一遇，为农业发展创造了良好的条件。同时，结合堤内外绿化，增加植被覆盖，减轻水土流失，也改善了环境。

2. 工程兴建对环境的主要不利影响

工程永久占地和临时占地，都对农业生产和植被产生一定影响。

施工中应将产生的废水、废渣及其他废弃物集中处理，对粉尘和噪声应加以控制。

3. 综合评价与结论

浑江干流防洪护岸工程的修建，使浑江干流河道防洪能力显著提高，使浑江两岸乡镇企业，居民点及农田受到保护，工程效益是显著的，对本地区国民经济的发展将起着重大的促进作用。虽有少量的工程占地但对农业影响不大，工程对两岸水质、土壤、生物、人群健康、环境地质等方面均无不利影响。

环境质量对人类生活、工作及健康关系极大。因此，要认真贯彻执行环境保护法和水法，保护和改善生态环境。

总之，本工程无论从防洪效益还是对环境的影响来讲，均十分有利，因此修建此工程非常必要。

八、流域治理工程目前状况

1998年，松辽水利委员会、东北勘测设计研究院以及地方政府重新进行流域治理规划、设计、施工以后，对浑江干流地区西江、北江、南江等段陆续分段进行了治理，目前整个流域实现了上游水能梯级电站的合理开发，下游河道进行防洪和淤积治理的良好效果。对于部分堤防破坏河段近期又进行了维护治理。整个流域经治理以后，水环境和水生态得到了恢复，截至2008年，鸟类数量群体增加，河里野生鱼类保持原有水平，两岸的农田基本建设情况有极大的改观，农作物年年丰收。从1999年至2001年，连续三年被辽宁省农田基本建设“大禹杯”评为精品工程，是北方中小型流域成功治理的典型工程。

思　考　题

1-1　混凝土重力坝枢纽在我国广泛应用具有的特点有哪些?

1-2　混凝土重力坝枢纽按泄洪和电站厂房布置如何分类?

1-3　采用岸边坝后式厂房、河床泄洪布置的重力坝枢纽具有的特点和优势有哪些?

1-4　三峡工程在枢纽布置上具有哪些特点?

1-5　设有通航建筑物的大坝枢纽可分为几类?有哪些特点?

1-6　高拱坝枢纽建设有哪些特点以及在发展的过程中具有哪些创新?

1-7　高拱坝枢纽的施工布置具有什么特点?

1-8　拱坝枢纽工程的施工布置具有什么要求?

1-9　土石坝得以广泛运用和发展的主要原因是什么?

1-10　小浪底工程在治黄工程中的作用主要体现在哪些方面?

1-11　请谈谈高土石坝枢纽的发展优势有哪些?

1-12　试阐述小浪底工程在施工过程中的难点与创新点，以及其在黄河流域治理中作用有哪些。

1-13　请阐述高土石坝发展具有什么样的趋势，以及其在发展过程中存在哪些技术难题。

1-14　请阐述面板堆石坝具有什么样的优势特点和发展趋势，以及其在现阶段发展过程中存在哪些技术难题。

1-15　请阐述碾压混凝土坝具有什么样的优势特点和发展趋势，以及其在现阶段发展过程中存在哪些技术难题。

数 字 资 源

资源 1-1 现代坝工技术发展的历史
资源 1-2 丰满工程概况
资源 1-3 三峡工程概况
资源 1-4 五强溪工程概况
资源 1-5 重力坝的基本知识
资源 1-6 重力坝枢纽的特点
资源 1-7 葛洲坝工程概况
资源 1-8 混凝土重力坝枢纽
资源 1-9 拱坝枢纽简介
资源 1-10 乌东德工程简介
资源 1-11 溪洛渡工程简介
资源 1-12 拱坝枢纽
资源 1-13 白鹤滩工程简介
资源 1-14 小浪底工程简介
资源 1-15 土石坝枢纽
资源 1-16 面板堆石坝枢纽介绍
资源 1-17 水布垭工程介绍
资源 1-18 面板堆石坝枢纽
资源 1-19 碾压混凝土坝枢纽介绍
资源 1-20 龙滩工程介绍
资源 1-21 碾压混凝土坝枢纽
资源 1-22 三板溪工程介绍
资源 1-23 枢纽工程
资源 1-24 课后习题

第二章　堤　防　工　程

堤防是沿江河、湖泊、海洋的岸边或蓄滞洪区、水库库区的周边修建的防止洪水漫溢或风暴潮袭击的挡水建筑物。这是人类在与洪水作斗争的实践中最早使用且至今仍被广泛采用的一种重要的防洪工程。

我国已有数千年的筑堤防洪历史，早在战国时期，山东沿河人民就已习惯于筑堤遏水，后经历代人的长期奋斗，沿河两岸逐渐形成了绵延数百千米乃至数千千米的比较完整的堤防系统，并对堤防的规划、设计和施工，积累了许多宝贵的经验，这对促进当时的农业发展和经济文化的繁荣起到了巨大的作用。

堤防按其所在的位置和作用不同，可以分为河堤、湖堤、海堤、围堤和水库堤防五种。这五种堤防因其工作条件不尽相同，其设计断面也略有差别。对于河堤来说，因洪水涨落较快，高水位持续历时一般不会太长，其承受高水位压力的时间不长，堤身浸润线往往不能发展到最高洪水位的位置，故堤防断面尺寸相对可以小些；对于湖堤来说，由于湖水位涨落缓慢，高水位持续时间较长，一般可达五六个月之久，且水面辽阔，风浪较大，故堤身断面尺寸应较河堤为大，且临水面应有较好的防浪护面，背水面须有一定的排渗设施。水库堤防随着水库的兴建而产生，多修筑在水库的回水末端或库区局部地段，用于减少水库的淹没损失。库尾堤防还需根据水库淤积引起翘尾巴的范围和防洪要求适当向上游延伸。海堤临水面一般设有消波效果较好的防浪设施，且应多采用生态与工程相结合的保滩护堤措施。

第一节　堤前波浪要素的确定

一、水面波动现象概述

水面的起伏运动称为波浪。波浪可按各种标准加以区分。如按成因分类，则有因风面引起的风浪，包括因台风及其中心低气压面产生的台风浪；因船舶航行而激起的船行波；因海底火山爆发、断层滑移面出现的海啸；因日、月引力面发生的潮波等。从对堤坝等建筑物的作用来说，其中以风浪最为频繁和重要。

波浪亦可按水面恢复平衡力的性质来区分。波长极短的波，由于水面曲率很大，表面张力为恢复平衡的主要作用力，称为表面张力波或毛细波；波长较长的波，重力为主要的恢复力，称为重力波；波长极大的波，伴随着波浪运动，水体本身的质量流也很大，柯氏力为主要恢复力，称为柯氏力波。以上各类波浪的分界线之间有交叉，即有时两种恢复力均起显著作用。

根据观测资料，当风速甚小时，在平静的水面上首先出现皱纹，外形呈规则的菱形，波高不过数毫米，波长不过数厘米，受制于表面张力，属于毛细波。风速逐渐增加并持续作用时，毛细波的波长逐渐加大，当波长约超过 1.73cm，波速约超过 24cm/s 时，即由毛细波转变为重力波。

当波速小于风速时，风通过对波浪迎风面的直接推力以及海面上气流的切应力将能量传递至水体。即使波速大于风速，由于水质点的运动速度远小于波速，通过水质点的作用，风能仍可借切应力传递至水体。此外，通过波面上空气的压力差，波浪亦能自风中获取能量。

波浪一方面自风中获得能量，另一方面又主要通过波动水体的紊动和波形破碎以及次要地通过水的黏滞性，而在浅水中又通过底摩擦和渗流损耗能量。当能量的输入大于输出时，波长和波高均不断加大，波长增加得更快。如波高达于极限，则主要加大波长。

在风的作用下，波长不同的各个波浪以不同波速传播，大小、长短等方向不同的波浪相互干涉重叠，波形混乱而不规则。任一波峰线出现后不久又趋于消失，在一个波系中，前后各波的波高差别很大，而且是随机性的，相邻两个波高间的差别，并无规律可循。大波和小波又常成群出现，但波群的规模也是不规则的。

风浪的大小主要取决于风速、吹程和风的延时。风浪传播至风力作用区域以外，或当风转向或停止后继续传播着的波浪称为余波，亦称涌浪。余波的外形和风浪不同，波形呈光滑的流线型。余波的波长可比风浪的波长大得多。

波高与波长之比称为波浪陡度，简称波陡，对于船舶航行来说，波陡比波高更为重要。在陡波中航行比较困难，感觉更不舒适。在风作用的初期，风浪的陡度较其后期为大。根据观测，波陡的变化范围，虽为 1/125～1/7，但海洋中的风浪陡度，大多变化于 1/25～1/10 之间，有时可达 1/50 或更小。水库中的风浪陡度，一般变化在 1/15～1/10 之间。余波的波陡较风浪的波陡为小。

波周期与风速有关。对于充分成长的风浪而言，Pierson、Neumann、James 认为当风速为 10～40km/h 时，平均波周期约为 2.9～11.4s。

波浪的传播方向与波峰线成正交，主波向与风向一致。风转向后，在新的方向产生新的风浪，原有的波浪仍循原方向沿地球的大圆传播。

波浪的传播速度 c 可按下式计算：

$$c=\frac{gT}{2\pi}\tanh\frac{2\pi d}{L} \tag{2-1}$$

式中　T——波周期；

d——水深；

L——波跃。

当 $\frac{d}{L}>\frac{1}{2}$ 时，$\tanh\frac{2\pi d}{L}\approx 1$，$c\approx\frac{gT}{2\pi}$；当 $\frac{d}{L}<\frac{1}{25}$ 时，$\tanh\frac{2\pi d}{L}\approx\frac{2\pi d}{L}$，$c\approx\sqrt{gd}$。因此习惯上将重力波按相对水深 d/L 区分为深水区、过波区、浅水区三大类，见表 2-1。

表 2-1　　重力波的分类

类别	d/L	$2\pi d/L$	$\tanh\frac{2\pi d}{L}$	c
深水区	$>\frac{1}{2}$	$>\pi$	≈ 1	$\approx\frac{gT}{2\pi}$
过波区	$\frac{1}{25}\sim\frac{1}{2}$	$\frac{1}{4}\sim\pi$	$\tanh\frac{2\pi d}{L}$	$\frac{gT}{2\pi}\tanh\frac{2\pi d}{L}$
浅水区	$<\frac{1}{25}$	$<\frac{1}{4}$	$\approx\frac{2\pi d}{L}$	$\approx\sqrt{gd}$

二、基本术语

（1）风浪。水体在风力作用下，自风中获得能量而形成与发展的波浪。风浪的外形极不规则，波面曲线的前坡与后坡亦不对称，波形比较紊乱。任一波峰线出现后不久又趋于消失。与余波相比，风浪的周期较小，波长较短，波陡较大。

（2）余波。风浪传播至风力作用区域以外，或当风停止或转向后继续传播着的波浪，亦称涌浪，余波的波面曲线光滑，前坡与后坡基本对称，波形规则。

（3）规则波。古典流体力学上所讨论的波浪。波面为一光滑曲线。当水深一定时，波形周期性地重复，波高与波长分别保持常值不变（图 2-1）。例如正弦波、摆线波、斯托克斯波、椭圆余弦波等均是。余波的波形接近于规则波。

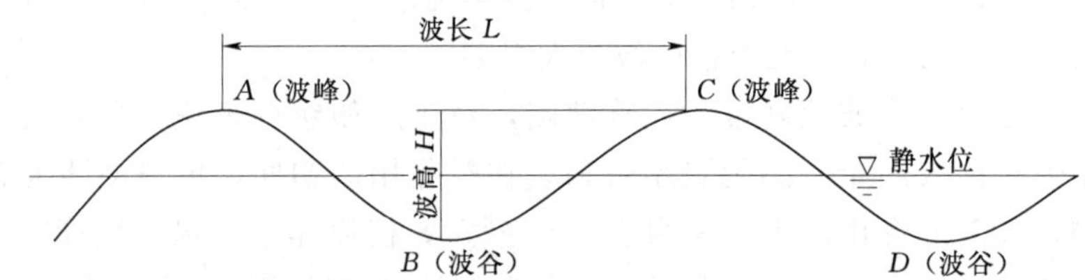

图 2-1　规则波的波面曲线

（4）不规则波。波形极不规则，亦不周期性地重复，波面紊乱，前后各波的波高和波长不断发生变化的波浪，亦称随机波（图 2-2）。风浪是一种不规则波。

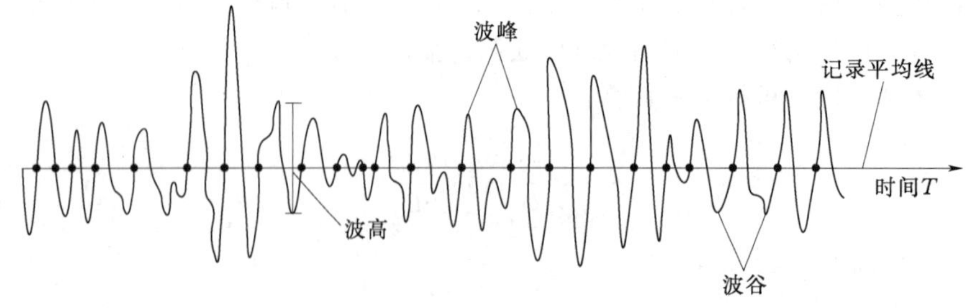

图 2-2　不规则波的定点记录曲线

（5）上跨零点、下跨零点。图 2-2 为不规则波的定点记录曲线，亦即于固定点测取的水位（纵坐标）对于时间（横坐标）的过程线。水位由低到高与记录平均线或静水位线相交各点称为上跨零点；水位由高到低与记录平均线或静水位线相交各点称为下跨零点。

（6）波峰。对规则波而言，波面曲线上的最高各点称为波峰（图 2-1 中 A 点、C

点)；对不规则波而言，定点记录曲线上相邻上跨（或下跨）零点间的最高水位点称为波峰（图 2-2)。

(7) 波峰线。由表面水质点连成的一系列直线或光滑曲线，线上处为波峰。

(8) 波向线。与波峰线处处垂直的一系列直线或光滑曲线，表示波浪的传播方向。

(9) 波谷。对规则波而言，波面曲线上的最低各点称为波谷（图 2-1 中 B 点、D 点)；对不规则波而言，定点记录曲线上相邻上跨（或下跨）零点间的最低水位点称为波谷（图 2-2)。

(10) 波高 H。对规则波而言，波高是波峰与波谷间的垂直距离（图 2-1)；对不规则波而言，相邻两上跨（或下跨）零点之间波峰与波谷间的垂直距离称为定点波高（图 2-2)。

(11) 波长 L。对规则波而言，波长是相邻两波峰或相邻两波谷之间的水平距离（图 2-1)；对不规则波而言，在固定时刻 t，沿波浪传播主方向测取波面曲线，其图形与如图 2-2 所示的曲线相仿，但横轴为距离。如对波面曲线仿定点记录曲线定义上跨零点，波峰与波谷，则波长的定义同上。而相邻波峰（或波谷）或相邻上跨（或下跨）零点间水平距离的平均值可定义为平均波长。

(12) 波周期 T。对规则波而言，波周期为波峰沿波浪传播方向移动一个波长距离所经历的时间间隔，或相邻两波峰经过同一固定观测点所经历的时间间隔；对不规则波而言，波周期为定点记录曲线上相邻两波峰（或波谷）或相邻两上跨（或下跨）零点之间瞬时时间间隔，而相邻波峰（或波谷）间时间间隔的平均值或相邻上跨（或下跨）零点间时间间隔的平均值可定义为平均波周期。

(13) 波速 c。波面形态在表观上的移动速度，称为波浪传播速度，简称波速。$c=L/T$。

三、基本波浪理论简介

1. 线性波理论

线性波理论亦称微幅波理论、正弦波理论或 Airy 波浪理论，是最常用的和最基本的振动波理论。这一理论，虽以振幅无限小的波动为研究对象，但能解决波陡较小时深水区及过波区的大多数工程实际问题。经验表明，即使水深较浅，波高较大，应用线性波理论亦往往能获得具有一定精度的解答，对于不规则波而言，线性波理论亦是一种基础理论。

线性波理论的基本假设是流体系均质的、不可压缩的和无黏性的；自由面压力为常值；水底为水平的、固定的和不透水的；波幅和波陡均极小；流体在重力作用下作无涡的或无旋的运动。

2. 有限振幅波理论

线性波理论虽系振动波的基本理论，亦能解决许多实际问题，但不能说明某些现象。例如质量输送和波浪中心线高出于静水位以上等。此外，当波陡较大时，线性波理论解的精度常显不足，此时需考虑到波幅有一定尺度而非无限小所产生的影响。此种理论，称为有限振幅波理论或非线性波理论。

有限振幅波理论有多种，例如 Gerstner 的摆线波理论，亦常被引用。但摆线波系有涡的，不符合波浪的形成条件。此外，摆线波理论仍不能解释质量输送现象，故一般多采用 Stokes 的有限振幅波理论。该理论既系无涡的，符合波浪的形成条件，又存在质量输送，与实验结果相吻合。

Stokes 的有限振幅波理论所描述的波动，水质点基本上做振动运动，但质点的轨迹并非封闭曲线，而系沿波浪传播方向逐渐前进的，近乎封闭而略有开口的曲线。

视所取非线性项的多寡不同，有限振幅波理论有二阶、三阶、高阶之别。此处仅以介绍 Stokes 二阶有限振幅推进波理论为限，并采用 Miche 的推导结果。此理论一般适用于深水区及过波区波陡较大的场合。Keulegan 与 De 认为当相对水深 $d/L>(1/10\sim1/8)$ 时（d 为水深，L 为波长），Stokes 有限振幅波理论比较适用。

3. 椭圆余弦波及孤立波理论

如前所述，Stokes 有限振幅波理论适用于相对水深 $d/L>(1/10\sim1/8)$ 的场合。当相对水深进一步减小时，应用一种所谓椭圆余弦波理论更为合适。Lajtone 认为，椭圆余弦波的适用条件为 $d/L<1/8$，Ursell 参数 $(L^2H)/d^8>26$（H 为波高，L 为波长，d 为水深）。Dean 与 Le Mehaute 亦认为椭圆余弦波适用于浅水和陡度较小的波浪，Stokes 高阶波浪理论则适用于深水陡波。

椭圆余弦波系一种不变形的周期性振动波，其波形用椭圆余弦函数表示。孤立波为椭圆余弦波的一种极限形式，是一种移动波，其波形整个位于静水位以上，波长无限，海啸所产生的波浪近似于孤立波。振动波传播至浅水后，其性质常可用孤立波来近似地描述。

第二节　波浪计算基本方法

一、波浪要素确定

（1）计算风浪的风速、风向、风区长度、风时与水域水深的确定，应符合下列规定。

1）风速应采用水面以上 10m 高度处的自记 10min 平均风速。

2）风向宜按水域计算点的主风向及左右 22.5°、45°的方位角确定。

3）当计算风向两侧较宽广、水域周界比较规则时，风区长度可采用由计算点逆风向量到对岸的距离；当水域周界不规则、水域中有岛屿时，或在河道的转弯、汊道处，风区长度可采用等效风区长度 F_e，F_e 可按下式计算确定。

$$F_e=\frac{\sum_i r_i\cos^2\alpha_i}{\sum_i \cos\alpha_i} \tag{2-2}$$

式中　r_i——在主风向两侧各 45°范围内，每隔 $\Delta\alpha$ 角由计算点引到对岸的射线长度，m；

α_i——射线 a_i 与主风向上射线 r_0 之间的夹角，(°)，$\alpha_i=i\Delta\alpha$。计算时可取 $\Delta\alpha=7.5°$（$i=0$，±1，±2，…，±6），初步计算也可取 $\Delta\alpha=15°$（$i=0$，±1，±2，±3），如图 2-3 所示。

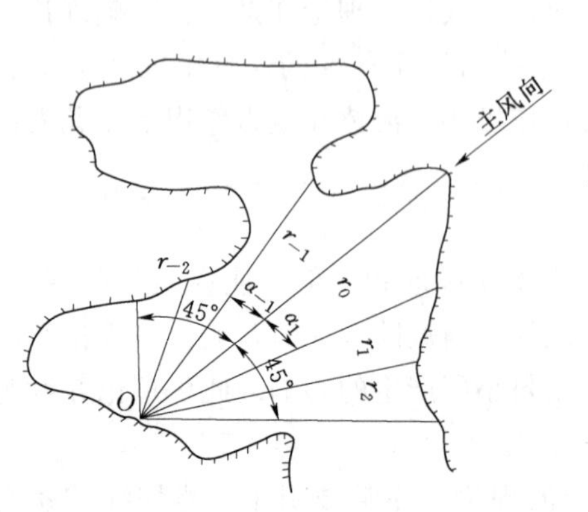

图 2-3　等效风区长度计算

4）当风区长度 $F \leqslant 100$km 时，可不计入风时的影响。

5）水深可按风区内水域平均深度确定。当风区内水域的水深变化较小时，水域平均深度可按计算风向的水下地形剖面图确定。

（2）风浪要素可按下式计算确定：

$$\frac{g\overline{H}}{V^2}=0.13\text{th}\left[0.7\left(\frac{gd}{V^2}\right)^{0.7}\right]\text{th}\left\{\frac{0.0018\left(\frac{gF}{V^2}\right)^{0.45}}{0.13\text{th}\left[0.7\left(\frac{gd}{V^2}\right)^{0.7}\right]}\right\} \tag{2-3}$$

$$\frac{g\overline{T}}{V}=13.9\left(\frac{g\overline{H}}{V^2}\right)^{0.5},\quad \frac{gt_{\min}}{V}=168\left(\frac{g\overline{T}}{V}\right)^{3.45} \tag{2-4}$$

式中　$\overline{H}$——平均波高，m；

$\overline{T}$——平均波周期，s；

F——风区长度，m；

d——水域的平均水深，m；

g——重力加速度，9.81m/s^2；

$t_{\min}$——风浪达到稳定状态的最小风时，s。

（3）不规则波的不同累积频率波高 H_p 与平均波高 H 之比值可按表 2－2 确定。

表 2－2　不同累积频率波高换算

H/d	$P/\%$	0.1	1	2	3	4	5	10	13	20	50
0	$\frac{H_p}{H}$	2.97	2.42	2.23	2.11	2.02	1.95	1.71	1.61	1.43	0.94
0.1		2.7	2.26	2.09	2	1.92	1.86	1.65	1.56	1.41	0.96
0.2		2.46	2.09	1.96	1.88	1.81	1.76	1.59	1.51	1.37	0.98
0.3		2.23	1.93	1.82	1.76	1.7	1.66	1.52	1.45	1.34	1
0.4		2.01	1.78	1.69	1.64	1.6	1.56	1.44	1.39	1.3	1.01
0.5		1.8	1.63	1.56	1.52	1.49	1.46	1.37	1.38	1.25	1.01

不规则波的波周期可采用平均波周期 $\overline{T}$ 表示，波长 L 可按下式计算。

$$L=\frac{gT^2}{2\pi}\text{th}\frac{2\pi d}{L} \tag{2-5}$$

二、风壅水面高度和波浪爬高计算

1. 风壅水面高度计算

在有限风区的情况下，可按下式计算：

$$e=\frac{KV^2F}{2gd}\cos\beta \tag{2-6}$$

式中　e——计算点的风壅水面高度，m；

K——综合摩阻系数，可取 $K=3.6\times10^{-6}$；

V——设计风速，可按计算波浪的风速确定，m/s；

F——由计算点逆风向量到对岸的距离，m；

d——水域的平均水深，m；

β——风向与垂直于堤轴线的法线的夹角，(°)。

2. 波浪爬高计算

在风的直接作用下，正向来波在单一斜波上的波浪爬高可按如下方法确定。

(1) 当 $m=1.5\sim5.0$ 时，可按下式计算：

$$R_p=\frac{K_\Delta K_V K_p}{\sqrt{1+m^2}}\sqrt{\overline{H}L} \tag{2-7}$$

式中 R_p——累积频率为 P 的波浪爬高，m；

K_Δ——斜坡的糙率及渗透性系数，根据护面类型按表 2-3 确定；

K_V——经验系数，根据风速 V(m/s)、堤前水深 d(m)、重力加速度 g(m/s^2) 组成的无维量 $V/\sqrt{gd}$，可按表 2-4 确定；

K_p——爬高累积频率换算系数，可按表 2-5 确定；对不允许越浪的堤防，爬高累积频率宜取 2%，对允许越浪的堤防，爬高累积频率宜取 13%；

m——斜坡坡率，$m=\cot\alpha$，α 为斜坡坡角，(°)；

$\overline{H}$——堤前波浪的平均波高，m；

L——堤前波浪的波长，m。

表 2-3　斜坡的糙率及渗透系数 K_Δ

护面类型	K_Δ	护面类型	K_Δ
光滑不透水护面（沥青混凝土）	1	抛填两层块石（透水基础）	0.5～0.55
混凝土及混凝土板护面	0.9	四脚空心方块（安放一层）	0.55
草皮护面	0.85～0.9	四脚锥体（安放二层）	0.4
砌石护面	0.75～0.8	扭工字块体（安放二层）	0.38
抛填两层块石（不透水基础）	0.6～0.65		

表 2-4　经验系数 K_V

$V/\sqrt{gd}$	≤1	1.5	2	2.5	3	3.5	4	≥5
K_V	1	1.02	1.08	1.16	1.22	1.25	1.28	0.3

表 2-5　爬高累积换算系数 K_p

H/d	P/%	0.1	1	2	3	4	5	10	13	20	50
<0.1	$\frac{R_p}{R}$	2.66	2.23	2.07	1.97	1.9	1.84	1.64	1.54	1.39	0.96
0.1～0.3		2.44	2.08	1.94	1.86	1.8	1.75	1.57	1.48	1.36	0.97
>0.3		2.13	1.86	1.76	1.7	1.65	1.61	1.48	1.4	1.31	0.99

注　$\overline{R}$ 为平均爬高。

（2）当 $m \leqslant 1.25$ 时，可按下式计算：

$$R_p = K_\Delta K_V K_p R_0 \overline{H} \tag{2-8}$$

式中　R_0——无风情况下，光滑不透水护面（$K_\Delta=1$）、$\overline{H}=1$m 时的爬高值，m，可按表 2-6 确定。

表 2-6　　**R_0 值**

$m=\tan\alpha$	0	0.5	1	1.25
R_0	1.24	1.45	2.2	2.5

（3）当 $1.25<m<1.5$ 时，可由 $m=1.5$ 和 $m=1.25$ 的计算值按内插法计算。

由上述设计理论可以计算出波浪的爬高，由此基础上可以计算出堤顶高程，确定堤防的剖面。对于堤防而言，风壅水高度和波浪爬高都要累加起来。对于堤顶高程的最终确定还要结合防洪标准进行设计选取安全超高进行累加计算才能得出。

第三节　堤坝防洪标准及堤岸防护工程

一、防洪标准

防洪标准是指防洪设施应具备的防洪（或防潮）能力，通常以洪水的重现期或出现频率表示。一般情况下，当实际发生的洪水小于防洪标准洪水时，通过防洪系统的合理运用，实现防洪对象的防洪安全。

由于历史最大洪水会被新的更大的洪水所超过，所以任何防洪工程都只能具有一定的防洪能力和相对的安全度。根据保护对象的重要性，选择适当的防洪标准，实际上是合理处理防洪安全与经济的关系，这是堤防规划中的一项重要任务和基本依据。若防洪标准高，例如能防御稀遇洪水的工程，耗资往往是巨大的，虽然在发生特大洪水时的效益很大，但特大洪水发生的机遇很小，甚至在工程寿命期内不出现，造成资金积压，长期不产生效益，而且还可能因增加维修管理费而造成更大的浪费；若防洪标准低，则所需的防洪设施工程量小，投资少，但防洪能力弱，安全度低，工程失事的可能性就大。因此，防洪标准的确定，最好通过不同防洪标准可减免的洪灾损失（防洪效益）与所需防洪费用的对比分析，并考虑政治、社会、环境等因素，遵循有关规范条例，在综合权衡各方面利益的基础上确定。

（一）我国主要江河的防洪标准

防护对象的防洪标准应以防御的洪水或潮水的重现期表示；对特别重要的防护对象，可采用可能最大洪水表示。根据防护对象的不同需要，其防洪标准可采用设计一级或设计、校核两级。

各类防护对象的防洪标准，应根据防洪安全的要求，并考虑经济、政治、社会、环境等因素，综合论证确定。有条件时，应进行不同防洪标准所可能减免的洪灾经济损失与所需的防洪费用的对比分析，合理确定。

1. 城市

城市应根据其政治、经济地位的重要性、常住人口的数量或当前经济规模指标分为 4

个等级。各等级的防洪标准按表 2-7 的规定确定。

表 2-7 城市的等级和防洪标准

等级	重要性	常住人口/万人	当前经济规模/万人	防洪标准（重现期/年）
Ⅰ	特别重要的城市	≥150	≥300	≥200
Ⅱ	重要的城市	<150，≥50	<300，≥100	100～200
Ⅲ	中等城市	<50，≥20	<100，≥40	50～100
Ⅳ	一般城镇	<20	<40	20～50

注 当前经济规模为城市防护区人均 GDP 指数与人口的乘积，人均 GDP 指数为城市防护区人均 GDP 与同期全国人均 GDP 的比值。

2. 乡村

以乡村为主的防护区（简称乡村防护区），应根据其人口或耕地面积分为 4 个等级，其防护等级和防洪标准按表 2-8 的规定确定。

表 2-8 乡村防护区的等级和防洪标准

等级	防护区人口/万人	防护区耕地面积/万亩	防洪标准（重现期/年）
Ⅰ	≥150	≥300	50～100
Ⅱ	<150，≥50	<300，≥100	30～50
Ⅲ	<50，≥20	<100，≥30	20～30
Ⅳ	<20	<30	10～20

人口密集、乡镇企业较发达或农作物高产的乡村防护区，其防洪标准可适当提高。地广人稀或淹没损失较小的乡村防护区，其防洪标准可适当降低。

3. 另外

蓄、滞洪区的防洪标准，应根据批准的江河流域规划的要求分析确定。

（二）堤防工程的防洪标准及级别

堤防工程防护对象的防洪标准应按照国家现行标准《防洪标准》（GB 50201—2014）确定。堤防工程的防洪标准应根据防护区内防洪标准较高防护对象的防洪标准确定。堤防工程的级别应符合表 2-9。

表 2-9 堤防工程的级别

防洪标准（重现期/年）	≥100	<100，且≥50	<50，且≥30	<30，且≥20	<20，且≥10
堤防工程的级别	1	2	3	4	5

二、堤岸防护

1. 堤岸防护设计

（1）稳定计算。坡式护岸的稳定计算，应包括整体稳定和边坡内部稳定计算两种情况。

整体稳定计算包括护岸及岸坡基础土的滑动和沿护坡底面的滑动两种。前者可用瑞典圆弧法计算。后者可简化成沿护坡底面通过坝基的折线整体滑动，滑动面 $FABC$（图 2-4）。计算时，先假定不同滑动深度 t 值，变动 B，按极限平衡法求出滑动安全系数，从而找出最危险的滑动面。

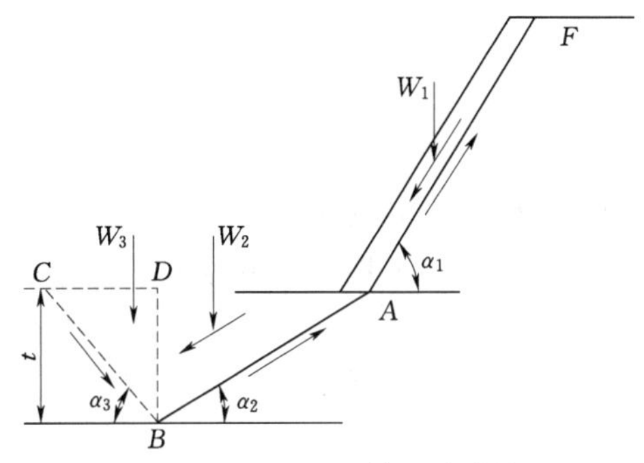

图 2-4　边坡整体滑动计算

土体 BCD 的稳定安全系数可按式（2-9）和式（2-10）计算。

$$k=\frac{W_3\sin\alpha_3+W_3\cos\alpha_3\tan\varphi+ct/\sin\alpha_3+P_2\sin(\alpha_2+\alpha_3)}{P_2\cos(\alpha_2+\alpha_3)} \tag{2-9}$$

$$\begin{aligned}P_1&=kW_1\sin\alpha_2-f_1W_1\cos\alpha_1\\P_2&=kW_2\sin\alpha_2+KP_1\cos(\alpha_1-\alpha_2)-W_2\cos\alpha_2\tan\varphi-ct/\sin\alpha_2\\&\quad-P_1\sin(\alpha_1-\alpha_2)\tan\varphi\end{aligned} \tag{2-10}$$

式中　k——抗滑安全系数；

P_1——滑动体 $GEAF$ 沿滑动面 FA 方向的下滑力；

P_2——滑动体 ABD 沿滑动面 AB 方向的下滑力；

f_1——护坡与土坡的摩擦系数；

φ——基础土的内摩擦角，(°)；

c——基础土的黏聚力，kN/m^2；

t——滑动深度，m；

W_1——护坡体重量，kN；

W_2——基础滑动体 ABD 的重量，kN；

W_3——基础滑动体 BCD 的重量，kN；

α_1、α_2、α_3——滑动面 FA、AB、BC 与水平面的夹角。

（2）冲刷深度计算。丁坝冲刷深度计算应符合下列规定：丁坝冲刷深度计算公式应根据水流条件、边界条件并应用观测资料验证分析选择。非淹没丁坝冲刷深度可按下式计算。

$$\frac{h_s}{H_0}=2.80k_1k_2k_3\left(\frac{U_m-U_c}{\sqrt{gH_0}}\right)^{0.75}\left(\frac{L_D}{H_0}\right)^{0.08}$$

其中

$$k_1=\left(\frac{\theta}{90}\right)^{0.246} \tag{2-11}$$

$$k_3=\mathrm{e}^{-0.07m}$$

$$U_m=\left(1.0+4.8\frac{L_D}{B}\right)U$$

$$U_c=\left(\frac{H_0}{d_{50}}\right)^{0.14}\sqrt{17.6\frac{\gamma_s-\gamma}{\gamma}d_{50}+0.000000605\frac{10+H_0}{d_{50}^{0.72}}}$$

或

$$U_c=1.08\sqrt{gd_{50}\frac{\gamma_s-\gamma}{\gamma}}\left(\frac{H_0}{d_{50}}\right)^{\frac{1}{7}}$$

式中　h_s——冲刷深度，m；

k_1、k_2、k_3——丁坝与水流方向的交角 θ、守护段的平面形态及丁坝坝头的坡比对冲刷深度影响的修正系数，位于弯曲河段凹岸的单丁坝，$k_2=1.34$，位于过渡段或顺直段的单丁坝，$k_2=1.00$；

m——丁坝坝头坡率；

U_m——坝头最大流速，m/s；

U——行近流速，m/s；

L_D——丁坝的有效长度，m；

B——河宽，m；

U_c——泥沙起动流速，m/s，对于黏性与砂质河床可采用张瑞瑾公式［式（2-11）中倒数第二个］计算；

d_{50}——床纱的中值粒径，m；

H_0——行近水流水深，m；

γ_s、γ——泥沙与水的容重，kN/m^3；

g——重力加速度，m/s^2。

对于卵石的起动流速，可采用长江科学院的起动公式［式（2-11）中最后一个］计算。

非淹没丁坝所在河流河床质粒径较细时，可按下式计算。

$$h_B=h_0+\frac{2.8V^2}{\sqrt{1+m^2}}\sin\alpha \tag{2-12}$$

式中　h_B——局部冲刷深度，m，从水面算起；

V——行近水流流速，m/s；

h_0——行近水流水深，m。

顺坝及平顺护岸冲刷深度可按下列公式计算：

$$h_s=H_0\left[\left(\frac{U_{cp}}{U_c}\right)^n-1\right]$$

其中

$$U_{cp}=U\frac{2\eta}{1+\eta}$$

式中　H_0——冲刷处的水深，m；

U_{cp}——近岸垂线平均流速，m/s；

n——与防护岸坡在平面上的现状有关，取 $n=1/4\sim1/6$；

η——水流流速不均匀系数，根据水流流向与岸坡交角 α，查表可得。

（3）护坡护脚计算。

1）斜坡干砌块石护坡的斜坡坡率为 1.5～5.0 时，护坡的护面厚度 t(m) 可按下式计算。

$$t=K_1\frac{r}{r_b-r}\frac{H}{\sqrt{m}}\sqrt[3]{\frac{L}{H}} \tag{2-13}$$

式中　t——斜坡干砌块石护坡厚度，m；

K_1——系数，对一般干砌石可取 0.266，对砌方石、条石取 0.225；

r_b——块石的容重，kN/m^3；

r——水的容重，kN/m^3；

H——计算波高，m，当 $d/L\geqslant 0.125$，取 $H_{4\%}$；当 $d/L<0.125$，取 $H_{13\%}$；d 为堤前水深，m；

L——波长，m；

m——斜坡坡率，$m=\cot\alpha$，α 为斜坡坡角，(°)。

此公式适用于 $1.5\leqslant m\leqslant 5.0$ 的条件。

2）当采用人工块体或经过分选的块石作为斜坡堤的护坡面层，且斜坡坡率为 1.5～5.0 时，波浪作用下单个块体、块石的质量 Q 及护面层厚度可按下式计算。

$$\left.\begin{aligned} Q&=0.1\frac{r_bH^3}{K_D\left(\frac{r_b}{r}-1\right)^3 m}\\ t&=nc\left(\frac{Q}{0.1r_b}\right)^{\frac{1}{3}}\end{aligned}\right\} \tag{2-14}$$

式中　Q——主要护面层的护面块体、块石个体质量，t，当护面由两层块石组成，则块石质量可在（0.75～1.25）Q 范围内，但应有 50%以上的块石质量大于 Q；

r_b——人工块体或块石的容重，kN/m^3；

r——水的容重，kN/m^3；

H——设计波高，m，当平均波高与水深的比值 $\overline{H}/d<0.3$ 时，宜采用 $H_{5\%}$；当 $\overline{H}/d\geqslant 0.3$ 时，宜采用 $H_{13\%}$；

K_D——稳定系数，可按有关资料查得；

t——块体或块石护面层厚度，m；

n——护面块体或块石的层数；

c——系数，可查表确定。

此公式适用于 $m=1.5\sim5.0$ 的条件。

3）混凝土板作为土堤护面时，满足混凝土板整体稳定所需的护面板厚度 t 可按下式确定。

$$t=\eta H\sqrt{\frac{r}{r_b-r}\frac{L}{Bm}} \tag{2-15}$$

式中　t——混凝土护面板厚度，m；

η——系数，对开缝板可取 0.075；对上部为开缝板，下部为闭缝板可取 0.10；

H——计算波高，m，取 $H_{1\%}$；

r_b——混凝土板的容重，kN/m^3；

r——水的容重，kN/m^3；

L——波长，m；

B——沿斜坡方向（垂直于水边线）的护面板长度，m；

m——斜坡坡率，$m=\cot\alpha$，α 为斜坡的坡角，(°)。

4）在水流作用下，防护工程护坡、护脚块石保持稳定的抗冲粒径（折算粒径）可按式（2-16）计算。

$$\left.\begin{aligned}d&=\frac{V^2}{C^2 2g\dfrac{\gamma_s-\gamma}{\gamma}}\\W&=\frac{\pi}{6}\gamma_s d^3\end{aligned}\right\}\tag{2-16}$$

式中 d——折算直径，m，按球型折算；

W——石块重量，kN；

V——水流流速，m/s；

g——重力加速度，取 $9.81m/s^2$；

C——石块运动的稳定系数；水平底坡 $C=0.9$，倾斜底坡 $C=1.2$；

γ_s——石块的容重，可取 $\gamma_s=2.65kN/m^3$；

γ——水的容重，$\gamma=1kN/m^3$。

2. 堤岸工程的一般规定

（1）堤岸受风浪、水流、潮汐作用可能发生冲刷破坏的堤段，应采取防护措施。堤岸防护工程的设计应统筹兼顾，合理布局，并宜采用工程措施与生物措施相结合的防护方法。

（2）根据风浪、水流、潮汐、船行波作用、地质、地形情况、施工条件、运用要求等因素，堤岸防护工程可选用下列型式。

1）坡式护岸。

2）坝式护岸。

3）墙式护岸。

4）其他防护型式。

（3）堤岸防护工程的结构、材料应符合下列要求。

1）坚固耐久，抗冲刷、抗磨损性能强。

2）适应河床变形能力强。

3）便于施工、修复、加固。

4）就地取材，经济合理。

（4）堤岸的位置和长度，应根据风浪、水流、潮汐及堤岸崩塌趋势等分析确定。

（5）护岸工程的上部护坡，其顶部应与滩面相平或略高于滩面。堤岸顶部的防护范围，应符合下列规定。

1）险工段的坝式护岸顶部应超过设计洪水位 0.5m 以上。

2）堤前有窄滩的防护工程顶部应与滩面相平或略高于滩面。

（6）堤岸防护工程的护脚延伸范围应符合下列规定。

1）在深泓逼岸段应延伸至深泓线，并应满足河床最大冲刷深度的要求。

2）在水流平顺段可护至坡度为 1：3～1：4 的缓坡河床处。

3）堤岸防护工程的护脚工程顶部平台应高于枯水位 0.5～1.0m。

（7）堤岸防护工程与堤身防护工程的连接应良好。

（8）防冲及稳定加固储备的石方量，应根据河床可能冲刷的深度、岸床土质情况、防汛抢险需要及已建工程经验确定。

（9）护坡与护脚应以设计枯水位为界。设计枯水位可按月平均水位最低的三个月的平均值计算。

3. 坡式护岸

（1）坡式护岸可分为上部护坡和下部护脚。坡式护岸的上部护坡的结构型式，应符合相关规定。上部护坡的结构形式应根据河岸地质条件和地下水活动情况，采用干砌石、浆砌石、混凝土预制块、现浇混凝土板、模袋混凝土等，经技术经济比较选定。下部护脚部分的结构形式应根据岸坡地形地质情况、水流条件和材料来源，采用抛石、石笼、柴枕、柴排、土工织物枕、软体排、模袋混凝土排、铰链混凝土排、钢筋混凝土块体、混合形式等经技术经济比较选定。

（2）抛石护岸应满足下列要求。

1）抛石粒径应根据水深、流速、风浪情况，按有关规定计算或根据已建工程分析确定。

2）抛石厚度不宜小于抛石粒径的 2 倍，水深流急处宜增大。

3）抛石护岸坡度宜缓于 1：1.5。

（3）柴枕护脚应满足下列要求。

1）柴枕抛护其上端应在多年平均最低水位处，其上应加抛接坡石，厚度宜为 0.8～1.0m。柴枕外脚应加抛压脚大块石或石笼等。

2）柴枕的规格根据防护要求和施工条件，枕长可为 10～15m，枕径可为 0.5～1.0m，柴、石体积比宜为 7：3，柴枕可为单层抛护，也可根据需要抛两层或三层；单层抛护的柴护，其上压石厚度宜为 0.5～0.8m。

（4）柴排护脚应满足下列要求。

1）采用柴排护脚，其岸坡不应陡于 1：2.5，排体上端应在多年平均最低水位处，其上应加抛接坡石，厚度宜为 0.8～1.0m。

2）柴排垂直流向的排体长度应满足在河床发生最大冲刷时，在排体下沉后仍能保持缓于 1：2.5 的坡度。

3）相邻排体之间的搭接应以上游排覆盖下游排，其搭接长度不宜小于 1.5m。

（5）土工织物枕及土工织物软体排可根据水深、流速、河岸及附近河床土质情况采用单个土工织物枕抛护，3～5 个土工织物枕抛护及土工织物枕与土工织物垫层构成软体排型式防护，并应符合下列要求。

1）土工织物材料应具有高强度、抗拉、抗磨、抗老化、耐酸碱等性能，孔径应满足防渗、反滤要求。

2）当护岸土体自然坡度陡于1：2.0，坡面不平顺有大的坑洼起伏及块石等尖锐物时不宜采用土工织物枕及土工织物软体排护岸。

3）土工织物枕、土工织物排的顶端应在多年平均最低水位以下，其上应加抛接坡石，厚度宜为0.8～1.0m。

4）土工织物软体排垂直流向的排体长度应满足在河床发生最大冲刷时，排体随河床变形后坡度不陡于1：2.5。

5）土工织物软体排垫层顺水流向的搭接宽度不宜小于1.5m，并采用顺水流方向，上游垫布压下游垫布的搭接方式。

6）排体护脚处及其上下端宜加抛块石。

（6）铰链式混凝土排-土工织物排应满足下列要求。

1）排首应位于多年平均最低水位处，其上应加抛接坡石，厚度宜为0.8～1.0m。

2）混凝土板厚度应根据水深、流速经压载防冲稳定计算确定。

3）沉排垂直于流向的排体长度符合相关规定。

4）顺水流向沉排宽度应根据沉排规模、施工技术要求确定。

5）排体之间的搭接应以上游排覆盖下游排，搭接长度不宜小于1.5m。

6）排的顶端可用钢链系在固定的系排梁或桩墩上，排体坡脚处及其上、下端宜加抛块石。

4. 坝式护岸

（1）坝式护岸布置可选用丁坝、顺坝及丁坝、顺坝相结合的Γ形坝等型式。坝式护岸按结构材料、坝高及与水流、潮流流向关系，可选用透水、不透水，淹没、非淹没，上挑、正挑、下挑等型式。

（2）坝式护岸工程应按治理要求依堤岸修建。丁坝坝头的位置应在规划的治导线上，并宜成组布置。顺坝应沿治导线布置。丁坝坝头和质坝坝线的位置不得超越规划的治导线。

（3）丁坝的平面布置应根据整治规划、水流流势、河岸冲刷情况和已建同类工程的经验确定，必要时，应通过河工模型试验验证。丁坝的平面布置应符合下列要求。

1）丁坝的长度应根据堤岸、滩岸与治导线距离确定。

2）丁坝的间距可为坝长的1～3倍，处于治导线凹岸以外位置的丁坝及海堤的促淤丁坝的间距可增大；河口与滨海地区的丁坝，其间距可为坝长的3～8倍。

3）非淹没丁坝宜采用下挑型式布置，坝轴线与水流流向的夹角可采用30°～60°。强潮海岸的丁坝，其坝轴线宜垂直于强潮流方向。

（4）不透水丁坝，可采用抛石丁坝、土心丁坝、沉排丁坝等结构型式。丁坝坝顶的宽度、坝的上下游坡度、结构尺寸应根据水流条件、运用要求、稳定需要、已建同类工程的经验分析确定，并应符合下列要求。

1）抛石丁坝坝顶的宽度宜采用1.0～3.0m，坝的上下游坡度不宜陡于1：1.5，坝头坡度宜采用1：2.5～1：3.0。

2）土心丁坝坝顶的宽度宜采用5～10m，坝的上下游护砌坡度宜缓于1：1。护砌厚度可采用0.5～1.0m；坝头部分宜采用抛石或石笼。

3）沉排叠砌的沉排丁坝的顶宽宜采用2.0～4.0m，坝的上下游坡度宜采用1∶1～1∶1.5。护底层的沉排宽度应加宽，其宽度应能满足河床最大冲刷深度的要求。

（5）土心丁坝在土与护坡之间应设置垫层。根据反滤要求，垫层可采用砂砾石，厚度不应小于0.15m；也可采用土工织物上铺砂砾石保护层，保护层厚度不应小于0.1m。

（6）在中细砂组成的河床或在水深流急处修建不透水坝式护岸工程宜采用沉排护底，坝头部分应加大护底范围，铺设的沉排宽度应满足河床产生最大冲刷的情况下坝体不受破坏。

（7）对不透水淹没丁坝的坝顶面，宜作成坝根斜向河心的纵坡，其坡度可为1%～3%。

（8）顺坝以及丁坝与顺坝相结合的Γ形坝的技术要求，可按前述规定执行。

5. 墙式护岸

（1）对河道狭窄、堤外临水侧无滩易受水流冲刷、保护对象重要、受地形条件或已建建筑物限制的塌岸堤段宜采用墙式护岸。

（2）墙式护岸的结构型式，临水侧可采用直立式、陡坡式、折线式等，背水侧可采用直立式、斜坡式、折线式、卸荷台阶式等型式。

墙体结构材料可采用钢筋混凝土、混凝土、浆砌石、石笼等，断面尺寸及墙基嵌入堤岸坡脚的深度应根据具体情况及堤身和堤岸整体稳定计算分析确定。

在水流冲刷严重的堤段，应加强护基措施。

（3）墙式护岸在墙后与岸坡之间可回填砂砾石。墙体应设置排水孔，排水孔底部应设置反滤层。

在风浪冲刷严重的堤段，墙后回填体的顶面应采取防冲措施。

（4）墙式护岸沿长度方向应设置变形缝，钢筋混凝土结构护岸分缝间距可为15～20m，混凝土、浆砌石结构护岸分缝间距可为10～15m。在地基条件改变处应增加变形缝，墙基压缩变形量较大时应适当减小分缝间距。

（5）墙式护岸墙基可采用地下连续墙、沉井或桩基，结构材料可采用钢筋混凝土或少筋混凝土，其断面结构尺寸应根据结构应力分析计算确定。

6. 其他防护型式

（1）可采用桩式护岸维护陡岸的稳定、保护堤脚不受强烈水流的淘刷、促淤保堤。

（2）桩式护岸的材料可采用木桩、钢桩、预制钢筋混凝土桩、大孔径钢筋混凝土管桩等。

（3）桩的长度、直径、入土深度、桩距、材料、结构等应根据水深、流速、泥沙、地质等情况通过计算或已建工程运用经验分析确定，桩的布置可采用1～3排桩，排距可采用2.0～4.0m。按需要选择丁坝、顺坝、Γ形坝。

（4）同一排桩的桩与桩之间可采用透水式、不透水式。透水式桩间应以横梁连系并挂尼龙网、铅丝网、竹柳编篱等构成屏蔽式桩坝。桩间及桩与堤脚之间可抛块石、混凝土预制块等护桩护底防冲。

（5）具有卵石、砂卵石河床的中、小型河流在水浅流缓处可采用杩槎坝。杩槎坝可采用木、竹、钢、钢筋混凝土杆件做杩槎支架。根据水深、流速、防护要求不同，可选择填筑块石或土砂、石等构成透水或不透水的杩槎坝。

(6) 有条件的河岸应采取植树、植草等生物防护措施，可设置防浪林台、防浪林带、草皮护坡等。防浪林台及林带的宽度，树的行距、株距应根据水势、水位、流速、风浪情况确定并应满足消浪、促淤、固土保堤等要求。

(7) 用于堤岸防护的树、草品种应根据当地的气候、水文、地势、土壤等条件及环保要求选择，并应满足枝叶繁茂、扎根深及抗冲、抗淹、抗盐碱性能强等要求。

第四节 堤防设计的原则与方法

堤防工程的规划与设计主要包括堤线选择、堤顶高程和堤距的确定、堤身断面设计等内容。对于重要堤防，还须进行渗流计算与渗控措施设计、堤坡稳定分析和抗震设计等。这些工作不仅限于新修堤防，也适于对旧有堤防的修复与改造。

一、堤防规划原则

堤防规划中应遵循的一般原则如下：

(1) 堤防规划应纳入流域水资源综合开发利用规划中，防洪与国土整治和利用相结合，力求在其他防洪措施（例如水库、分洪、蓄滞洪等工程）的协同配合之下，达到最有效、最经济地控制洪水的目的。

(2) 堤防的上下游、左右岸、各地区、各部门都必须统筹兼顾，根据不同河流、不同河段和防护区在国民经济中的重要性，选定不同的防洪标准和不同的堤身断面。当所选定的防洪标准和堤身断面一时难以达到时，也可分期分段实现。

(3) 保证主要江河的堤防不发生改道性决口，并确保对国民经济关系重大的主要堤防不决口。

(4) 规划中应考虑到当堤防受到特大洪水袭击时，对超标准洪水采取临时性分洪、蓄滞洪等处理措施，并对分、滞洪区内群众的安全、建设和生产、生活出路等均应妥善安排。

二、堤线选择

堤线的选择直接关系到工程的安全、投资和防洪的经济效益，同时也应考虑到汛期的防守与抢险的便利。因此，在选定堤线时，应对河流的河势、河道演变特征、地质地貌条件以及两岸工农业生产和交通运输情况等进行详细的调查，作为堤防定线的依据。在具体设计中，应按照下述原则，进行多方案技术、经济论证后，择优选定。

(1) 堤防对水流的干扰应尽可能小。为此要求堤线走向应大致与洪水流向平行，并照顾中水河槽岸线走向。堤线随中水河岸线的弯曲而略呈弯曲，但应避免急弯或局部突出。两岸堤线应尽量平行，避免突然收缩或扩大。

(2) 堤线不宜距河槽岸线太近，以免河床演变或堤身自重引起河岸坍塌或滑动，危及堤身安全。另一方面，堤外宜留一定范围的外滩，便于营造防浪林和修堤取土之用。对于河岸冲刷较严重的河段，滩地宽度要大些，或及早采取护岸措施；对于蜿蜒性河段，堤线位置应选在蜿蜒带以外。

(3) 堤线宜选在高岸老土、土质坚硬、层次单一的土层上，以减小堤身高度和节约土方量，同时有利于堤身稳定和防洪抢险。如果堤线无法避开透水性较强的沙土地带或湖塘沟壑、淤泥沼泽地带，则必须对堤基进行专门处理，如清淤、回填等。

(4) 堤线选择要尽量照顾两岸城镇规划、工农业生产布局和人民群众的利益。在不影响泄洪安全的前提下，尽量少占耕地，少迁民房。同时，要考虑与已建水工建筑物、铁路、公路桥梁和港口码头的妥善衔接。在跨越支流、沟道时，应考虑干流洪水倒灌及干支流洪水的遭遇问题。

(5) 在越建或退建堤防时，越建堤防不能使过流断面显著减小，妨碍水流畅泄；退建堤防切忌形成袋状，造成水流入袖；也不宜使单独一段堤距扩展得太宽，以免产生回流淘刷，引起新的险情。

三、堤顶高程和堤距的确定

当设计洪峰流量及洪水位确定之后，就可以据此设计堤距和堤顶高程。

堤距与堤顶高程是相互联系的。在同一设计流量下，如果堤距窄，则被保护的土地面积大，但堤顶高，筑堤土方量大，投资多，且河槽水流集中，可能发生强烈冲刷，汛期防守困难；如果堤距宽，则堤身矮，筑堤土方量少，投资少，汛期易于防守，但河道水流不集中，河槽有可能发生淤积，同时放弃耕地面积大，经济损失大。因此，堤距与堤顶高程的选择存在着经济、技术最佳组合问题。设计中应进行不同方案的比较。

1. 堤距

堤距与洪水位关系可用水力学中推算非均匀流水面线的方法确定。在堤防规划或初步设计阶段，也可按均匀流计算，其方法如下。

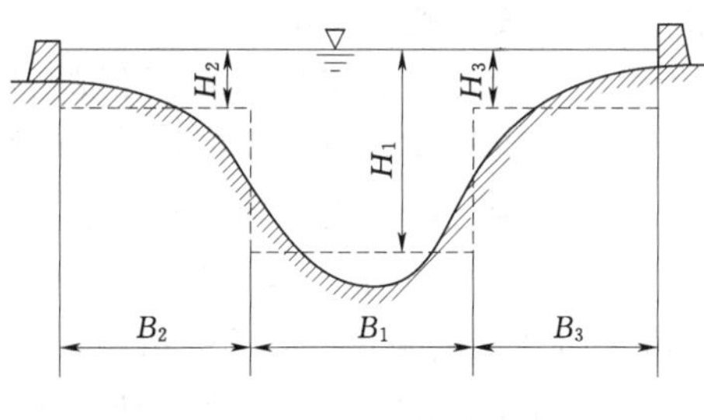

图 2-5　堤距与堤顶

对某一计算断面，根据设计洪峰流量，先选定一个堤距，再假设一个洪水位，将主槽和两岸滩地概化成矩形（图 2-5），并假定滩槽水面比降相同，然后按下式计算。

$$\left.\begin{aligned} Q&=Q_1+Q_2+Q_3\\ Q_1&=\frac{1}{n_1}B_1H_1^{5/3}J^{1/2}\\ Q_2&=\frac{1}{n_2}B_2H_2^{5/3}J^{1/2}\\ Q_3&=\frac{1}{n_3}B_3H_3^{5/3}J^{1/2}\end{aligned}\right\}\tag{2-17}$$

式中　Q——设计流量；

J——水面比降；

n、B、H——糙率、宽度和平均水深，脚标 1、2、3 表示主槽和两边滩地。

计算时可根据河道的实际情况选定糙率 n_1、n_2、n_3 和水面比降，如果计算结果满足式（2-17）的要求，则原假设的水位即为所求。如不满足要求，则须另假设一洪水位重新计算，直至满足式（2-17）要求为止。

选取不同的堤距 B，按上述办法，便可求得相应的一组洪水位，从而可建立该断面设计洪峰流量下的堤距与洪水位的关系。

类似地，可以得到设计洪峰流量下的其他断面的堤距与洪水位的关系。最后，按照堤线选择原则，并从当地的实际情况出发，考虑上下游的要求，选定各计算断面的堤距，以此作为推算水面线的初步依据。

堤距与洪水位确定之后，还须对堤防临水坡及坡脚滩地的冲刷情况进行校核计算，当滩地流速小于堤防临水面的冲刷流速时，堤防不致遭受冲刷。堤坡的冲刷流速可按斜坡起动流速公式计算。

$$\left.\begin{aligned} u_2 &= \frac{Q_2}{B_2 H_2} \\ u_3 &= \frac{Q_3}{B_3 H_3} \end{aligned}\right\} \tag{2-18}$$

2. 堤顶高程

堤顶高程应按设计洪水位或设计高潮位加堤顶超高确定。设计洪水位按国家现行有关标准的规定计算；设计高潮位应按规范规定计算。堤顶超高应按下式计算确定。1级、2级堤防的堤顶超高值不应小于2.0m。

$$Y = R + e + A \tag{2-19}$$

式中　Y——堤顶超高，m；

R——设计波浪爬高，m，可按堤防工程设计规范确定；

e——设计风壅增水高度，m，可按堤防工程设计规范确定；对于海堤，当设计高潮位中包括风壅增水高度时，不另计；

A——安全加高，m，按堤防工程设计规范确定。

流水期易发生冰塞、冰坝的河段，堤顶高程除应按上述规定计算外，尚应根据历史凌汛水位和风浪情况进行专门分析论证后确定。

当土堤临水侧堤肩设有稳定、坚固的防浪墙时，防浪墙顶高程计算应与上述堤顶高程计算相同，但土堤顶高程应高出设计静水位0.5m以上。

土堤应预留沉降量。沉降量可根据堤基地质、堤身土质及填筑密实度等因素分析确定，宜取堤高的3%～5%。当有下列情况之一时，沉降量应按如下方法计算：①土堤高度大于10m；②堤基为软弱土层；③非压实土堤；④压实度较低的土堤。

沉降量计算应包括堤顶中心线处堤身和堤基的最终沉降量。

根据堤基的地质条件、土层的压缩性、堤身的断面尺寸和荷载，可将堤防分为若干段，每段选取代表性断面进行沉降量计算，计算公式为

$$S = m\sum_{i=1}^{n}\frac{e_{1i} - e_{2i}}{1 + e_{1i}}h_i \tag{2-20}$$

式中　S——最终沉降量，mm；

n——压缩层范围的土层数；

e_{1i}——第 i 土层在平均自重应力作用下的孔隙比；

e_{2i}——第 i 土层在平均自重应力和平均附加应力共同作用下的孔隙比；

h_i——第 i 土层的厚度，mm；

m——修正系数，一般堤基为 $m=1.0$，对于海堤软土地基，可采用1.3～1.6。

堤基压缩层的计算厚度，可按下列条件确定。

$$\frac{\sigma_z}{\sigma_B}=0.2 \tag{2-21}$$

式中　σ_B——堤基计算层面处土的自重应力，kPa；

σ_z——堤基计算层面处土的附加应力，kPa。

实际压缩层的厚度小于上式计算值时，应按实际压缩层的厚度计算其沉降量。

目前我国部分河流的堤防安全超高见表2-10。

表2-10　　我国部分河流的堤防安全超高统计表

河流	堤防类型	堤防安全超高δ/m	备　注
长江	干堤	1.5～2.0	以1954年洪水位为基础，部分河流段适当提高
洞庭湖	湖堤、河堤	1.5、2.0	超过当地20年一遇洪水
珠江	干堤	1.5～2.0	
黄河	干堤	2.1～2.5	艾山以上2.5m，艾山以下2.1m
淮河	干堤	2.0	
海河	干堤	1.5～2.0	

应该指出，堤距的确定还必须从具体情况出发进行综合考虑。除进行投资与效益比较外，还要考虑河床演变及泥沙淤积等因素。例如黄河下游大堤堤距达15～23km，远远超出计算所需堤距，其原因不只是容泄洪水，还有滞洪滞沙的作用。渭河下游堤距也达3～5km，除防御本身洪水外，还考虑了不致因堤距过窄而加剧三门峡水库淤积末端的上延。

四、堤身断面设计

1. 筑堤材料与土堤填筑标准

土料、石料及砂砾料等筑堤材料的选择应符合下列规定。

土料：均质土堤宜选用亚黏土，黏粒含量宜为10%～35%，塑性指数宜为7～20，且不得含植物根茎、砖瓦垃圾等杂质；填筑土料含水率与最优含水率的允许偏差为±3%；铺盖、心墙、斜墙等防渗体宜选用黏性较大的土；堤后盖重宜选用砂性土。

石料：抗风化性能好，冻融损失率小于1%；砌墙石块质量可采用50～150kg，堤的护坡石块质量可采用30～50kg；石料外形宜为有砌面的长方体，边长比宜小于4。砌墙及护坡的石料应质地坚硬，冻融损失率应小于1%。护坡石料粒径应满足抗冲要求，填筑石料最大粒径应满足施工要求。

砂砾料：耐风化、水稳定性好；含泥量宜小于10%。

混凝土骨料：应符合国家现行标准《水利水电工程天然建筑材料勘察规程》（SL 251—2015）的有关规定。

下列土不宜作堤身填筑土料，当需要时，应采取相应的处理措施：淤泥或自然含水率高且黏粒含量过多的黏土、粉细砂、冻土块，水稳定性差的膨胀土和分散性土等。

采取对土料加工处理或降低设计干密度、加大堤身断面和放缓边坡等措施时，应经技术经济比较后确定。

黏性土土堤的填筑标准应按压实度确定。压实度值应符合下列规定：1级堤防不应小于0.95；2级和高度超过6m的3级堤防不应小于0.93；3级以下及低于6m的3级堤防不应小于0.91。

无黏性土土堤的填筑标准应按相对密度确定，1级、2级和高度超过6m的3级堤防不应小于0.65；低于6m的3级及3级以下堤防不应小于0.60。有抗震要求的堤防应按国家现行标准《水电工程水工建筑物抗震设计规范》（NB 35047—2015）的有关规定执行。

溃口堵复、港汊堵口、水中筑堤、软弱堤基上的土堤，设计填筑密度应根据采用的施工方法、土料性质等条件，并结合已建成的类似堤防工程的填筑密度分析确定。

2. 堤身断面

堤身断面一般为梯形，其顶宽和内外边坡的确定，往往是根据经验或参照已建的类似堤防。首先初步拟定断面尺寸，然后对重点堤段进行渗流计算和稳定校核，使堤身有足够的质量和边坡，以抵抗横向水压力，并在渗水达到饱和后不发生坍滑。断面设计要求大致与土坝相同，但由于其高度有限，且高水位持续历时一般不长，故要求略低。

3. 土堤堤坝结构

堤顶宽度应根据防汛、管理、施工、构造及其他要求确定。1级堤防堤顶宽度不宜小于8m，2级堤防不宜小于6m，3级及以下堤防不宜小于3m。

根据防汛交通、存放物料等需要，应在顶宽以外设置回车场、避车道、存料场，其具体布置及尺寸可根据需要确定。

根据防汛、管理和群众生产的需要，应设置上堤坡道。上堤坡道的位置、坡度、顶宽、结构等可根据需要确定。临水侧坡道，宜顺水流方向布置。

堤顶路面结构，应根据防汛、管理的要求，并结合堤身土质、气象、是否允许越浪等条件进行选择。

堤顶应向一侧或两侧倾斜，坡度宜采用2%～3%。

因受筑堤土源及场地的限制，可修建防浪墙。防浪墙的结构，可采用干砌石勾缝、浆砌石、混凝土等。防浪墙净高不宜超过1.2m，埋置深度应满足稳定和抗冻要求。风浪大的海堤、湖堤的防浪墙临水侧宜做成带反浪曲面。防浪墙应设置变形缝，并应进行强度和稳定性核算。例如荆江大堤堤顶宽度为8～12m，长江其他干堤常见7～8m；黄河大堤平工段一般7～10m，险工段9～12m。

4. 堤坡与戗台

堤坡应根据堤防等级、堤身结构、堤基、筑堤土质、风浪情况、护坡型式、堤高、施工及运用条件，经稳定计算确定。一般是临水坡比背水坡陡。1级、2级土堤的堤坡不宜陡于1∶3.0。海堤临水侧应按其防护型式确定其坡度，在实际工程中常根据经验确定。如果采用壤土或沙壤土筑堤，且洪水持续时间不太长，堤高不超过5m时，堤内外边坡系数可采用2.5～3.0；堤高超过5m时，边坡应更平缓些。例如荆江大堤，临水坡边坡系数为2.5～3.0，背水坡为3.0～6.3；黄河大堤临水坡为2.5～3.0，背水坡为3.0～3.5。

若堤身较高，为增加其稳定性和防止渗漏，常在背水坡下部加筑戗台或压浸台，也可将背水坡修成变坡形式。戗台应根据堤身稳定、管理、排水、施工的需要分析确定。堤高超过6m者，背水侧宜设置戗台，戗台的宽度不宜小于1.5m。例如汉江钟祥遥堤临水坡边坡系数为3.0；背水坡上部3m高，边坡系数为3.0，以下为5.0。图2-6为长江和淮河堤防的典型横断面。对于在背水坡以下的基地和坡脚设计有滤水工程的堤段，也可将堤坡做得陡些。风大的水域宜设浪平台，其可为设计浪高的1～2倍，且不宜小于3m。浪平台应采用浆制大块石竖砌条石、混凝土等进行防护。例如俄罗斯所做的土坝，一般临水坡为1∶2.5，背水坡为1∶2.0。当然，所筑土坝除土料选择和施工规格要求特别严格外，都在背水坡下做有滤水工程。

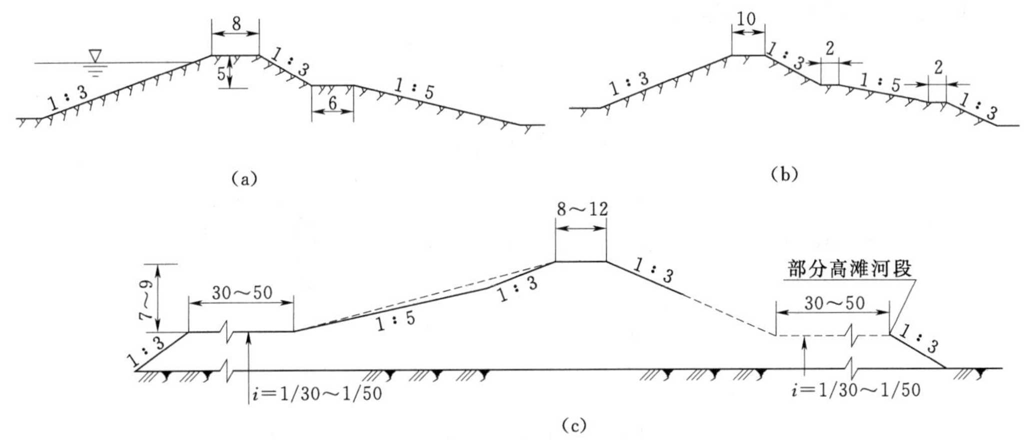

图2-6　堤防横断面（单位：m）

当前世界部分国家堤防断面尺寸见表2-11。

表2-11　　世界部分国家堤防断面尺寸

国家	类型	临河堤坡	顶宽/m	背河堤坡	超高/m	浸润线比降	附注
埃及	最高	1∶1.5	6	1∶2		1∶7	
澳大利亚	1.5m（早期从0.91m加高到1.22m）	1∶2.5		1∶4			
保加利亚		1∶(5～40)	4	1∶(5～10)			
加拿大		1∶3	4	1∶2.5			
哥伦比亚		1∶ (3～5)	4～5	1∶(3～5)	0.6～1.5		
匈牙利		1∶2	4～6	1∶2	0.5～1.0		
菲律宾		1∶3	2～6	1∶2	1.0～1.5		
苏联		1∶(3～5)	3～6	1∶(2～4)	1.0		
美国	羊足碾压实	1∶3.5	10	1∶4.5	0.3	1∶5.5	收缩率5%
	高于7.6m 设备控制移动压实	1∶4	10	1∶5.5	0.3	1∶5.5	收缩率10%
	高于7.6m	1∶4	10	1∶6	0.3	1∶5.5	收缩率10%
	不加压实	1∶4.5	10	1∶6.5	0.3	1∶5.5	收缩率15%，水力填筑10%

5. 其他

一般河堤除在堤外种植防浪林和在堤坡种植草皮外，对坡面不作专门处理。险工段如果堤外无滩，主流逼近，可结合护岸工程在临水坡采用干砌石块或混凝土预制块砌护，并在砌底下铺设反滤层。为防止雨水冲蚀堤防，在堤肩及堤坡上可相隔适当距离布设集水沟。

对于特别重要的堤段，也有在堤的临水面修筑混凝土防水墙或土石结构的堤防，以增强抗洪的能力，如图 2－7 和图 2－8 所示。

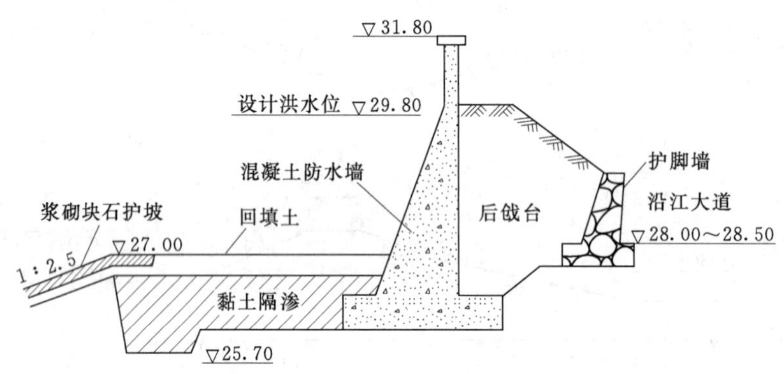

图 2－7 武汉市重力式混凝土防水墙断面（单位：m）

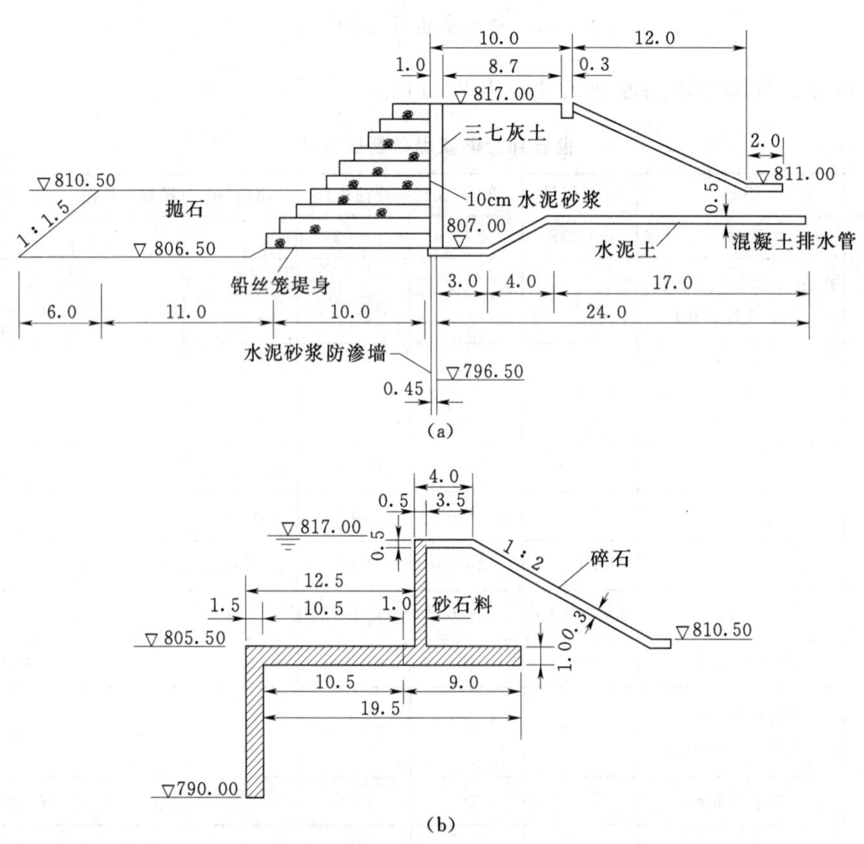

图 2－8 府谷电厂防护堤断面（单位：m）

（a）石笼与土结合形式；（b）砌石与土结合形式

五、渗流计算与渗控措施设计

一般土质堤防在着流时间较长时，均存在渗流问题。同时，平原地区的堤防，堤基表层多为透水性较弱的黏土或砂壤土，而下层则为透水性较强的砂层、砂砾石层。当汛期堤外水位较高时，堤基透水层内出现水力坡降，形成向堤内的渗流。在一定条件下，该渗流会在堤内表土层非均质的地方突然涌出，形成翻沙鼓水，引起堤防险情和破坏。因此，在堤防设计中，必须进行渗流分析计算和相应的渗控措施设计。

1. 渗流计算

水流由堤外慢慢渗入堤身，沿堤的横断面方向连接其所行经路线的最高点形成的曲线，称为浸润线。渗流计算的主要内容包括：确定堤身内浸润线的位置、渗透比降、渗透流速以及形成稳定浸润线的最短历时等。渗流计算关系到堤身的安全，其计算方法一般与均质土坝相同。

下游坡无排水设备或有贴坡式排水，计算公式为

$$\frac{q}{k}=\frac{H_1^2-h_0^2}{2(L_1-m_2h_0)} \tag{2-22}$$

$$\frac{q}{k}=\frac{h_0-H_2}{m_2+0.5}\left[1+\frac{H_2}{h_0-H_2+\dfrac{m_2H_2}{2(m_2+0.5)^2}}\right] \tag{2-23}$$

$$L_1=L+\Delta L \tag{2-24}$$

$$\Delta L=\frac{m_1}{2m_1+1}H_1 \tag{2-25}$$

式中 q——单位宽度流量，$m^3/(s\cdot m)$；

k——堤身渗透系数，m/s；

H_1、H_2——上、下游水位，m；

h_0——下游逸出点高度，m；

m_1、m_2——上、下游坡坡率；

L——上游水位与上游堤坡交点距下游堤脚或排水体上游端部的水平距离，m；

ΔL——上游水位与堤身浸润线延长线交点距上游水位于上游堤坡交点的水平距离，m；

L_1——渗流总长度，m。

解联立方程式（2-22）、式（2-23）即可求得 h_0 和 q/k_0 解时可用一组 h_0 值分别代入以上两式，得到两条 q/k_0 与 h_0 的关系图，两条曲线的交点即为两方程式的解。

浸润线计算公式为

$$y=\sqrt{h_0^2+2\frac{q}{k}x} \tag{2-26}$$

修建在透水地基上的均质土坝，渗流量计算方法是将堤身和地基的渗透量分开计算，总单位宽度渗流量 q 为两者之和。

$$q=q_D+k_0\frac{(H_1-H_2)T}{L+m_1H_1+0.88T} \tag{2-27}$$

式中 q——堤身、堤基单位宽度渗流量之和，$m^3/(s\cdot m)$；

q_D——不透水地基上求得的相同排水型式的均质土堤单位宽度渗流量，$m^3/(s\cdot m)$；

T——土堤堤基至不透水地基的垂直深度，m。

透水地基上的均质土堤，由于地基透水影响，堤身浸润线降低。如按不透水地基的浸润线计算则偏安全。计算浸润线时，近似考虑地基的影响，有以下公式，而且计算时先计算特征水深 h_0，根据不同的排水型式分为下列情况。

(1) 当下游有贴坡排水或无排水设备时分两种情况（图 2-9 和图 2-10）。

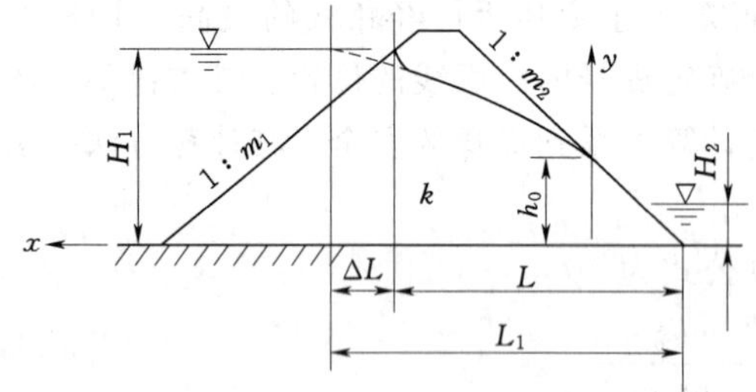

图 2-9 无排水设备土堤计算

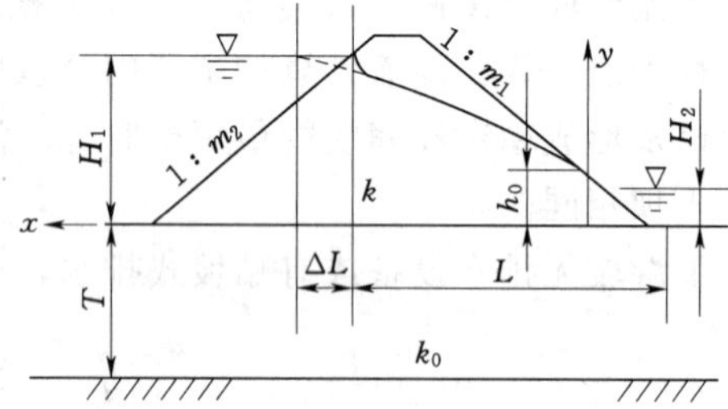

图 2-10 透水地基均匀土堤计算

1) 当 $k>k_0$ 时（k 为堤身渗透系数，k_0 为地基渗透系数）：

$$h_0-H_2=q\Bigg/\left\{\frac{k}{m_2+0.5}\left[1+\frac{(m_2+0.5)H_2}{(m_2+0.5)(h_0-H_2)+\dfrac{m_2H_2}{2(m_2+0.5)}}\right]+\frac{k_0T}{(m_2+0.5)(h_0-H_2)+H_2m_2+0.44T}\right\} \tag{2-28}$$

2) 当 $k\leqslant k_0$ 时：

$$h_0-H_2=\frac{q}{\dfrac{k}{m_2}\left[1+\dfrac{(m_2+0.5)H_2}{(m_2+0.5)(h_0-H_2)+0.5H_2}\right]+\dfrac{k_0T}{m_2h_0+0.44T}} \tag{2-29}$$

(2) 有褥垫排水时（$H_2=0$）：

$$h_0=\frac{q}{k+\dfrac{k_0}{0.44}} \tag{2-30}$$

(3) 有排水棱体时分两种情况。

1) 下游有水时（$H_2\neq0$）求解 h_0 的方程式为

$$(0.44k+m_3k_0)h_0^2-(0.44qm_3+k_0m_3H_2)h_0-0.44kH_2^2=0 \tag{2-31}$$

2) 下游无水时（$H_2=0$）：

$$h_0=\frac{0.44qm_3}{0.44k+m_3k_0} \tag{2-32}$$

(4) 求得特征水位 h_0 以后，无论堤身采用何种排水型式，浸润线均按下式计算。

$$x=k_0T\frac{y-h_0}{q'}+k\frac{y^2-h_0^2}{2q'} \tag{2-33}$$

其中
$$q'=k\frac{H_1^2-h_0^2}{2\left(L+\frac{m_1}{2m_1+1}H_1-m_2h_0\right)}+k_0T\frac{H_1-h_0}{L+m_1H_1-m_2h_0} \tag{2-34}$$

(5) 对于采取褥垫式排水和排水棱体的土堤，取 $m_2=0$。

上述建立在有限深透水堤基上均质土堤渗流计算方法，也可以推广应用到无限深透水地基情况的计算。因为地基深度变化引起浸润线位置的改变，仅在一定深度范围内显著，当地基更深时，浸润线位置实际上已经不再改变了。因此，可以根据试验资料和计算比较，选择地基的有效深度，当地基大于有效深度时，浸润线位置不再改变。地基的有效深度 T_e 按下式计算。

$$T_e=(0.5\sim1.0)(L+m_1H_1) \tag{2-35}$$

所以，当地基的实际深度 $T\leqslant T_e$ 时，按实际地基深度 T 计算；$T>T_e$ 时，按有效深度 T_e 计算。需要说明的是，有效深度 T_e 仅为计算浸润线位置时适用，计算渗透量仍按实际深度 T 计算。

2. 渗透变形的基本形式

堤身及堤基在渗流作用下，土体产生的局部破坏，称为渗透变形。渗透变形的形式及其发展过程，与土料的性质及水流条件、防渗排渗等因素有关，一般可归纳为管涌、流土、接触冲刷、接触流土或接触管涌等类型。管涌为非黏性土中填充在土层中的细颗粒被渗透水流移动和带出，形成渗流通道的现象；流土为局部范围内成块的土体被渗流水掀起浮动的现象；接触冲刷为渗流沿不同材料或土层接触面流动时引起的冲刷现象；当渗流方向垂直于不同土壤的接触面时，可能把其中一层中的细颗粒带到另一层由较粗颗粒组成的土层的孔隙中的管涌现象，称为接触管涌；如果接触管涌继续发展，形成成块土体移动，甚至形成剥蚀区时，便形成接触流土。接触流土和接触管涌变形，常出现在选料不当的反滤层接触面上。渗透变形是汛期堤防常见的最严重的险情。

一般认为，黏性土不会产生管涌变形和破坏，砂土和砂砾石，其渗透变形形式与颗粒级配有关。伊斯托敏娜认为，颗粒不均匀系数<10（$\eta=d_{60}/d_{10}$）的土壤易产生流土变形；$\eta>20$ 的土壤会产生管涌变形；$10<\eta<20$ 的土壤，可能产生流土变形，也可能产生管涌变形。

3. 产生管涌与流土的临界坡降

使土体开始产生渗透变形的水力坡降称为临界坡降。当有较多的土料开始移动，产生渗流通道或较大范围破坏时的水力坡降，称为破坏坡降。临界坡降可用试验方法或计算方法加以确定。但由于目前计算方法还不完善，故对重要的工程宜用试验实测方法来确定。在缺乏试验条件的情况下，可按式（2-36）初步估算临界坡降。

管涌的临界坡降，根据单颗粒承受渗透力与浮容重的平衡关系，并考虑混合土体的几何不均匀性，同时采用土粒容重为 2.65g/cm³、形状系数为 1.165、水温 15℃等常用数据，得

$$J_c=\frac{42d}{\sqrt{K/n^3}} \tag{2-36}$$

式中　d——被冲动的细颗粒，一般小于 $d_5\sim d_3$ 的值，cm；

n——土粒孔隙率；

K——渗透系数，cm/s，它是判别土粒透水性强弱的标志，还可作为选择筑堤土料的依据。各类土常见的渗透系数变化范围见表 2-12。

表 2-12　土的渗透系数参考值

土的类别	渗透系数 K		土的类别	渗透系数 K	
	cm/s	m/d		cm/s	m/d
黏土	$<6\times10^{-6}$	<0.005	细砂	$1\times10^{-3}\sim6\times10^{-3}$	1.0～5.0
壤土、亚黏土	$6\times10^{-6}\sim1\times10^{-4}$	0.005～0.1	中砂	$6\times10^{-3}\sim2\times10^{-2}$	5.0～20
沙壤土、轻亚黏土	$1\times10^{-4}\sim6\times10^{-4}$	0.1～0.5	粗砂	$2\times10^{-2}\sim6\times10^{-2}$	20～50
黄土	$3\times10^{-4}\sim6\times10^{-4}$	0.25～0.5	圆砾	$6\times10^{-2}\sim1\times10^{-1}$	50～100
粉砂	$6\times10^{-4}\sim1\times10^{-3}$	0.5～1.0	卵石	$1\times10^{-1}\sim6\times10^{-1}$	100～500

流土的临界坡降，由渗透力等于土的浮容重，得

$$J_B=\frac{\gamma_{sat}-\gamma_{\bar{w}}}{\gamma_{\bar{w}}} \tag{2-37}$$

式中　γ_{sat}——土的饱和容重；

$\gamma_{\bar{w}}$——水的容重。

式（2-37）是太沙基（1948 年）提出的计算公式。由于流土从开始至破坏历时较短，且破坏时某一范围内的土体会突然被抬起或冲毁，故按式（2-37）计算出的临界坡降，应除以较大的安全系数（如 2.0～2.5），方可作为允许渗透坡降 $[J_B]$ 值。

至于产生管涌的允许渗透坡降 $[J_a]$ 值，由于细颗粒开始浮动、被冲走以致发生管涌，要经过一定的时间，故可用式（2-36）计算的临界坡降除以 1.5～2.0 的安全系数而确定。

在实际工程中，允许渗透坡降安全系数的选定还应根据工程的重要性和筑堤土料的性质等适当加大。例如黄河大堤在进行渗流稳定性校核时，安全系数取为 3.0，荆江大堤险工段堤内脚边坡抗浮安全系数取为 2.0。

为了防止堤基不均匀性等偶然因素造成的渗透破坏现象，防止内部管涌及接触冲刷，允许水力坡降可参考邱加耶夫建议值（表 2-13）。各类土基上水闸设计的允许渗透坡降见毛昶熙等人的研究成果（表 2-14）。如果在渗流出口处做有滤渗保护措施，表中所列允许渗透坡降可以适当提高。

表 2-13　控制堤基土偶然性渗透破坏的允许水力坡降

基础表层土名称	坝的等级			
	Ⅰ	Ⅱ	Ⅲ	Ⅳ
一、板状形式的地下轮廓				
1. 密实黏土	0.5	0.55	0.60	0.65
2. 粗砂、砾石	0.3	0.33	0.36	0.39
3. 壤土	0.25	0.28	0.30	0.33

续表

基础表层土名称	坝的等级			
	Ⅰ	Ⅱ	Ⅲ	Ⅳ
4. 中砂	0.2	0.22	0.24	0.26
5. 细砂	0.15	0.17	0.18	0.20
二、其他形式的地下轮廓				
1. 密实黏土	0.40	0.44	0.48	0.52
2. 粗砂、砾石	0.25	0.28	0.30	0.33
3. 壤土	0.20	0.22	0.24	0.26
4. 中砂	0.15	0.17	0.18	0.20
5. 细砂	0.12	0.13	0.14	0.16

表 2-14　各种土基水闸设计的允许渗透坡降

地基土质类型	允许渗透坡降		备注
	水平段 J_x	出口 J_0	
粉砂	0.05～0.07	0.25～0.30	(1) 表列数据已考虑到大致相当于 1.5 的安全系数； (2) 如果渗流出口有滤层盖重保护，则表列数据可以适当提高（例如 30%～50%）； (3) 资料来源：毛昶熙《电模拟试验与渗流研究》
细砂	0.07～0.10	0.30～0.35	
中砂	0.10～0.13	0.35～0.40	
粗砂	0.13～0.17	0.40～0.45	
中细砾	0.17～0.22	0.45～0.50	
粗砾夹卵石	0.22～0.28	0.50～0.55	
砂壤土	0.15～0.25	0.40～0.50	
黏壤土夹砂礓土	0.25～0.30	0.50～0.60	
软黏土	0.30～0.40	0.60～0.70	
较坚实黏土	0.40～0.50	0.70～0.80	
极坚实黏土	0.50～0.60	0.80～0.90	

4. 渗控措施设计

堤防渗透变形产生管漏涌沙，往往是引起堤身挫蛰而溃决的致命伤。为此，必须采取措施，降低渗透坡降或增加渗流出口处土体的抗渗透变形能力。目前工程中常用的方法，除了在堤防施工中选择合适的土料和严格控制施工质量外，主要采用“外截内导”的方法治理：

(1) 截水墙。

(2) 临河面不透水铺盖。

(3) 堤背防渗盖重。

(4) 堤背脚滤水设施。

滤水戗台通常由砂、砾石滤料和集水系统构成，修筑在堤背后的表层土上，增加了堤底宽度，并使堤坡渗出的清水在戗台汇集排出。反滤层设置在堤背面下方和堤脚下，它通过拦截堤身和从透水性底层土中渗出的水流挟带的泥沙，防止堤脚土层侵蚀，保证堤坡稳定。堤背后导渗沟的作用与反滤层相同。当透水地基深厚，或为层状的透水地基，可在堤坡脚处修建减压井，为渗流提供出路，减小渗压，防止管涌发生。

六、堤坡稳定分析

当堤身浸润线位置较高而水由背河坡面逸出时，称为散浸。散浸将使堤身下部土壤软化，抗剪力减弱。当水的静压力和渗透流动压力超过了堤内土壤的重力和凝聚力时，背水坡将会发生滑脱，通常称为脱坡。为防止此类险情发生，应进行堤坡抗滑稳定计算。

堤坡稳定性分析的目的在于确定潜在破坏面的安全系数 K，其值等于抗滑力与滑动力之比，两力均沿破坏面作用。显然，当 $K=1$ 时，便意味着相应的剪切面已处于临界滑脱状态。

抗滑稳定计算应根据不同堤段的防洪任务、工程等级、地形地质条件，结合堤身的结构型式、高度和填筑材料等因素选择有代表性的断面进行。

土堤抗滑稳定计算可分为正常情况和非常情况。

正常情况稳定计算应包括下列内容：设计洪水位下的稳定渗流期或不稳定渗流期的背水侧堤坡；设计洪水位骤降期的临水侧堤坡。

非常情况稳定计算应包括下列内容：施工期的临水、背水侧堤坡；多年平均水位时遭遇地震的临水、背水侧堤坡。

多雨地区的土堤，应根据填筑土的渗透和堤坡防护条件，核算长期降雨期堤坡的抗滑稳定性，其安全系数可按非常情况采用。

土堤抗滑稳定计算可采用瑞典圆弧法。当堤基存在较薄软弱土层时，宜采用改良圆弧法。

土堤抗滑稳定计算应符合规范的规定，其抗滑稳定的安全系数不应小于表 2-15 中规定的数值。

表 2-15　　土堤抗滑稳定安全系数

堤防工程的级别		1	2	3	4	5
安全系数	正常运用条件	1.30	1.25	1.20	1.15	1.10
	非常运用条件	1.20	1.15	1.10	1.05	1.05

1. 瑞典圆弧法（图 2-11）

由于对土体抗剪强度计算的方法不同，土堤堤坡稳定计算方法分为总应力法和有效应力法。

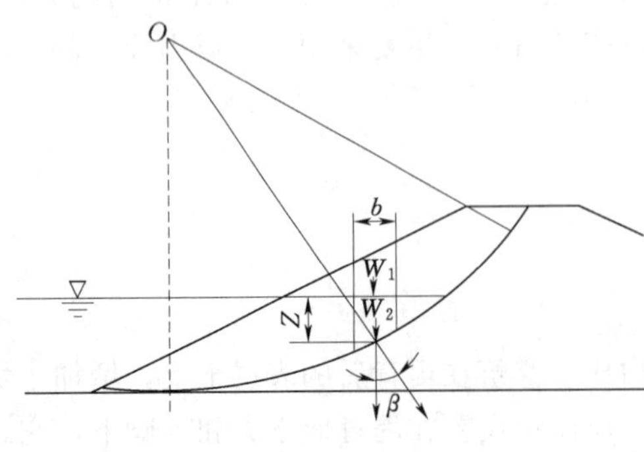

图 2-11　瑞典圆弧法

（1）总应力法。施工期抗滑稳定安全系数可按下式计算。

$$K=\frac{\sum(C_u b\sec\beta+W\cos\beta\operatorname{th}\varphi_u)}{\sum W\sin\beta} \tag{2-38}$$

水位降落期抗滑稳定安全系数可按下式计算。

$$K=\frac{\sum[C_{cu}b\sec\beta+(S\cos\beta-u_i b\sec\beta)\tan\varphi_{cu}]}{\sum W\sin\beta} \tag{2-39}$$

$$W=W_1+W_2+\gamma_W Zb \tag{2-40}$$

（2）有效应力法。稳定渗流期抗滑稳定安全系数可按下式计算。

$$K=\frac{\sum\{C'b\sec\beta+[(W_1+W_2)\cos\beta-(u-Z\gamma_W)b\sec\beta]\}\tan\varphi'}{\sum(W_1+W_2)\sin\beta} \tag{2-41}$$

$$W=W_1+W_2+\gamma_W Zb \tag{2-42}$$

式中　b——条块宽度，m；

W——条块重力，kN；

W_1——在堤坡外水位以上的条块重力，kN；

W_2——在堤坡外水位以下的条块重力，kN；

Z——堤坡外水位高出条块底面中点的距离，m；

u——稳定渗流期堤身或堤基中的孔隙压力，kPa；

u_i——水位降落前堤身的孔隙压力，kPa；

β——条块的重力线与通过此条块底面中点的半径之间的夹角，(°)；

γ_W——水的容重，kN/m^3；

C_u、φ_u、C_{cu}、φ_{cu}、C'、φ'——土的抗剪强度指标，按表2-16确定。

土的抗剪强度指标可用三轴剪力仪测定，亦可用直剪仪测定，采用的试验方法和强度指标见表2-16。抗滑稳定计算时，可根据各种运用情况选用。

表2-16　土的抗剪试验方法和强度指标

堤的工作状态	计算方法	使用仪器	试验方法	强度指标
施工期	总应力法	直剪仪	快剪	C_u，φ_u
		三轴仪	不排水剪	
稳定渗流期	有效应力法	直剪仪	慢剪	C'，φ'
		三轴仪	固结排水剪	
水位降落期	总应力法	直剪仪	固结快剪	C_{cu}，φ_{cu}
		三轴仪	固结不排水剪	

当堤基为饱和黏性土，并以较快的速度填筑堤身时，可采用快剪或不排水剪的现场十字板强度指标。

2. 改良的瑞典圆弧法（图2-12）

$$K=\frac{P_n+S}{P_a} \tag{2-43}$$

$$S=W\tan\varphi+CL \tag{2-44}$$

式中　W——土体$B'BCC'$的有效重力，kN；

C、φ——软弱土层的凝聚力及内摩擦角；

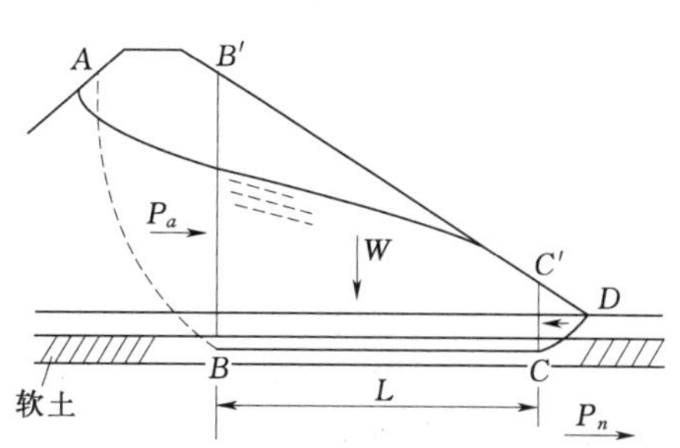

图2-12　改良的瑞典圆弧法

P_a——滑动力，kN；

P_n——抗滑力，kN。

3. 简化毕肖普法

$$K=\frac{\sum\{[(W\pm V)\sec\alpha-vb\sec\alpha]\tan\varphi'+c'b\sec\alpha\}/(1+\tan\alpha\tan\varphi'/K)}{\sum[(W\pm V)\sin\alpha+M_c/R]} \tag{2-45}$$

式中　W——条块重力，kN；

V——垂直地震惯性力，向上为负，向下为正，kN；

v——作用于土条底面的孔隙压力，kPa；

α——条块的重力线与通过此条块底面中点的半径之间的夹角，(°)；

b——条块宽度，m；

c'、φ'——土条底面的有效凝聚力和有效内摩擦角；

M_c——水平地震惯性力对圆心的力矩，kN·m；

R——圆弧半径，m。

运用本公式时，应符合下列规定：

(1) 静力计算时，地震惯性力应等于零；

(2) 施工期，堤坡条块应为实重（设计干容重加含水率）。如堤基有地下水存在时，条块重应为 $W=W_1+W_2$。W_1 为地下水位以上条块湿重，W_2 为地下水位以下条块浮重。采用总应力法计算，孔隙压力应为 $u=0$，c'、φ'应采用 c_u，φ_0。

(3) 稳定渗流期用有效应力法计算，孔隙压力 u 应用$u-\gamma_w Z$ 代替。u 为稳定渗流期的孔隙压力，条块重应为 $W=W_1+W_2$；W_1 为外水位以上条块实重，浸润线以上为湿重，浸润线和外水位之间为饱和重；W_2 为外水位以下条块浮重。

(4) 水位降落期，用有效应力法计算时，应按降落后的水位计算，方法应符合本条第3款的规定。用总应力法时，c'、φ'应采用 c_{cu}、φ_{cu}；分子应采用水位降落前条块重 $W=W_1+W_2$，W_1 为外水位以上条块湿重，W_2 为外水位以下条块浮重，u 应用 $u_l-\gamma_w Z$ 代替，u_l 为水位降落前孔隙压力；分母应采用库水位降落后条块重 $W=W_1+W_2$，W_1 为外水位以上条块实重，浸润线以上为湿重，浸润线和外水位之间为饱和重，W_2 为外水位以下条块浮重。

七、防洪墙稳定分析

1. 防洪墙的抗滑稳定安全系数

应按下式计算：

$$K_c=\frac{f\sum W}{\sum P} \tag{2-46}$$

式中　K_c——抗滑稳定安全系数；

$\sum W$——作用于墙体上的全部垂直力的总和，kN；

$\sum P$——作用于墙体上的全部水平力的总和，kN；

f——底板与堤基之间的摩擦系数。

2. 防洪墙的抗倾稳定安全系数

应按下式计算：

$$K_0=\frac{\sum M_V}{\sum M_H} \tag{2-47}$$

式中　K_0——抗倾稳定安全系数；

M_V——抗倾覆力矩，kN·m；

M_H——倾覆力矩，kN·m。

3. 防洪墙基底压应力

应按下式计算：

$$\sigma_{\max、\min}=\frac{\sum G}{A}\pm\frac{\sum M}{\sum W} \tag{2-48}$$

式中　$\sigma_{\max、\min}$——基底的最大和最小压应力，kPa；

$\sum G$——垂直荷载，kN；

A——底板面积，m^2；

$\sum M$——荷载对底板形心轴的力矩，kN·m；

$\sum W$——底板的截面系数，m^3。

对于非常重要的堤段，筑堤材料可用混凝土或钢筋混凝土。要对堤体进行抗滑、抗倾覆计算。混凝土堤和钢筋混凝土堤的堤底较窄，堤身较重，地基必须有足够的承载能力。为此，有时需要做桩基或进行换土、强夯等地基加固处理。如堤基透水，特别是沙基，则必须做垂直防渗，除采用防渗板、高压旋喷灌浆外，有时也可采用混凝土防渗墙或板桩。在堤趾还可布置排水设施。

混凝土堤和钢筋混凝土堤的设计与一般坝的设计相同，可参照设计。

第五节　堤防工程施工

堤防施工多在河道、湖泊、沿海等水域或岸边进行。常需充分利用枯水期施工，进行施工导流、截流及水下作业。有很强的季节性，要求一定施工强度，比一般工民建、市政工程施工更为复杂，规模也更为宏大，具有强烈的实践性、复杂性、多样性、风险性和不连续性特点。随着水工技术发展，对堤坝施工提出更高要求；而新的施工技术和机具出现与发展，尤其是一些关键施工技术的突破，又进一步促进水工技术的发展。长江三峡水利枢纽及大规模堤防工程顺利建设，标志着我国堤坝施工技术已处于世界领先水平。

一、土堤施工

在我国，土堤占所有堤防的90%，而且历史源远流长，我国堤防世代相继，对土堤的施工，祖祖辈辈积累了不少经验，值得我们借鉴。

1. 土堤施工原则

（1）高质量。

（2）保证工期。

（3）重视环境影响。

（4）注重经济性。

（5）要注意施工过程中的人员、机械等的安全，在修堤段的稳定性，必要时对重点堤段设置观测点。

2. 土堤施工勘察

勘察是土堤规划、设计与施工的基础，勘察主要内容包括：气象、水文、现场踏勘。

3. 土堤施工

（1）施工准备。堤防工程施工前，应对设计文件进行深入研究，并应结合施工具体条件编制施工组织设计。对于1级、2级堤防工程施工可分段（或分项）编制，跨年度工程还应分年编制。开工前，应做好各项准备，首先要把交通道路修通，联结工地内外称为“路通”；接着把生活用水引入工区称为“水通”；并要将生产生活用电接通，称为“电通”；将整个施工场地平整好，以供建设，称为“一平”。如将通信设施包括在内，称为“四通一平”。

堤防工程施工期的度汛、导流，应根据设计要求和工程需要，编制度汛导流施工方案。堤防工程跨汛期施工时，其度汛、导流的洪水标准，应根据不同的挡水体类别和堤防工程级别，按表2-17采用。

表2-17　堤防工程度汛、导流的洪水标准

挡水体类型 \ 洪水标准 \ 工程级别	1级、2级	3级以下
堤防	10～20年一遇	5～10年一遇
围堰	5～10年一遇	3～5年一遇

挡水堤身或围堰顶部高程，应按照度汛洪水标准的静水位加波浪爬高与安全加高确定。当度汛洪水位的水面吹程小于500m、风速在5级（10m/s）以下时，堤（堰）顶高程可仅考虑安全加高。安全加高按表2-18的规定取值。

表2-18　堤防及围堰施工度汛、导流安全加高值

堤　防　级　别		1	2	3
安全加高/m	堤防	1.0	0.8	0.7
	围堰	0.7	0.5	0.5

（2）基础工程施工。堤基施工首先应清理堤基基面，其范围包括堤身、铺盖、压载，边界线应在设计基面边线外50cm。堤基不合格表层土、杂质应该清除，堤基范围内的坑、槽、沟，应按堤身填筑要求进行回填处理。堤基开挖、清除的弃土、杂物、废渣等，均应运到指定场地堆放。

1）软弱堤基。对软黏土、湿陷性黄土、易液化土、膨胀土、泥炭土和分散性黏土等软弱堤基的物理力学特性和抗渗强度以及可能对工程产生的影响应进行分析研究。根据分析研究的结果，对软黏土堤基的处理措施包括：对浅埋的薄层软黏土宜挖除；当厚度较大难以挖除或挖除不经济时，可采用铺垫透水材料加速排水和扩散应力、在堤脚外设置压载、打排水井或塑料排水带、放缓堤坡、控制施工加荷速率等方法处理。垫层、排水井、压载等应进行相应计算。软黏土堤基当采用铺垫透水材料加速软土排水固结时，其透水材料可使用砂砾、碎石、土工织物，或两者结合使用。在防渗体部位，应避免造成渗流通道。在软黏土堤基上采用连续施工法修筑堤防，当填筑高度达到或超过软土堤基能承载的高度时，可在堤脚外设置压载。一级压载不满足要求时可采用两级压载，压载的高度和宽度应由稳定计算确定。软黏土堤基可采用排水砂井和塑料排水带等加速固结，排水井应与透水垫层结合使用。

在软黏土层下有承压水时，应防止排水井穿透软土层。在软黏土地基上筑堤可采用控制填土速率方法。填土速率和间歇时间应通过计算、试验或结合类似工程分析确定。在软黏土地基上修筑重要的堤防，可采用振冲法或搅拌桩等方法加固堤基。在湿陷性黄土地基上修筑堤防，可采用预先浸水法或表面重锤夯实法处理。在强湿陷性黄土地基上修建较高的或重要的堤防，应专门研究处理措施。有抗震要求的堤防，应按国家现行标准《水电工程水工建筑物抗震设计规范》（NB 35047—2015）的有关规定执行。

对于必须处理的可液化层，当挖除有困难或挖除不经济时，可采取人工加密的措施处理。对于浅层的可液化土层，可采用表面振动压密等措施处理；对于深层的可液化土层，可采用振强夯、围封设置砂石桩加强堤基排水等方法处理。泥炭土无法避开且又不可能挖除时，应根据泥炭土的压缩性采取碎石桩、填石强夯等相应的措施，有条件时，应进行室内试验和试验性填筑。

2）透水堤基。为防止堤基透水，可采用黏性土做铺盖或用土工合成材料做防渗体，铺盖分片施工时，应注意接缝处的搭接，一般可采用骑缝碾压方法。另外，对于黏性土的截水槽，应采用明沟排水或井点抽排措施将基底积水排干后方可回填。而截流槽可采用槽形孔、高压旋喷等方法施工，开槽形孔可灌注混凝土、水泥黏土浆等，开槽孔内插埋土工膜；高压旋喷一般采用水泥粉浆等形成截渗墙。对于砂性堤基，可采用振冲法进行处理。北江大堤是广州市和珠江三角洲的防洪屏障，其石角灵洲段为强透水堤基，采取垂直防渗和水平防渗两种防渗措施，垂直防渗措施有混凝土防渗墙和高压喷射灌浆防渗墙等；水平防渗措施有填砂压渗，下游设排水减压井、排水减压沟及排水反滤体等。采取“上堵、中压、下排”的综合处理措施，收到了较好的效果，保证了大堤的安全度汛。

3）其他类型堤基。多层堤基透水的处理措施包括堤防临水侧垂直截渗，堤背水侧加盖重压渗、排水减压沟及减压井等处理措施，也可多种措施结合使用。如果堤基下有承压水的相对隔水层，施工时应该保留设计要求的厚度的相对隔水层。淮南六方堤是由表层黏性土、细粉粒流砂土和半固结泥灰岩组成的三层体系。强风化岩石堤基施工，砌筑石堤或混凝土堤时应撬除松动岩石，且应在基面铺筑 30mm 的水泥砂浆，如果填筑土堤则应在基面涂 3～5mm 黏土浆。对于基岩有裂缝或裂隙比较密集的，应采用水泥固结灌浆或帷幕灌浆进行处理。

（3）天然材料的铺设与碾压施工。为了使基础与填料之间达到更好的结合、避免形成渗漏通道、防止不均匀沉降，需要对基础进行清理。同时，需要在料场对天然材料进行预处理：对于黏土需要使其含水量达到或接近最优含水率，采取的工程措施包括增湿、去湿；对于非黏性土，作为土堤的外壳一般不需进行处理，但对于反滤料需按混凝土骨料标准进行清洗、筛选、掺混（满足级配要求）；对于石料，需要在料场进行破碎满足粒径要求即可。

大规模施工前，先进行生产性试验。碾压试验内容包括：铺料方式、铺料厚度、碾压机械类型及重量、碾压遍数、最优含水量等，以保证经碾压后，土料密实度达到设计要求，需要确定施工的压实参数包括铺土厚度、含水量的适宜范围、碾压机械类型及重量、压实遍数、压实方法等。填筑时，按设计的边线自下而上分层填筑，汽车运土采用进占法卸土，尽量避免重车重复碾压填土面，必要时还应在层之间结合面填土前刨毛，浇水润湿。分层分段施工，相邻施工段的作业面须均衡上升，避免出现陡坎高差。作业面必须做到统一铺土，统一碾压，当天铺筑，当天碾压，确保填筑质量。全部填筑完成以后，须作整坡压实，经过一段时间的固结后，按设计要求进行修整，做到线型流畅，坡面平顺。土方碾压采用满足技术要求的碾压机具，碾压时严格按照操作规程作业，套压宽度为1/3～1/2的履带宽度，行进方向平行于堤轴线，防止出现漏压、欠压。碾压遍数按照碾压试验结果并结合实际情况确定。

为了保证填筑质量，上、下层的分缝位置应错开，相邻作业面的碾迹搭接宽度，平行堤轴线方向不应小于0.5m，垂直堤轴线方向不应小于3.0m，机械碾压不到的部位，应用人工方式铺以夯具夯实，夯实时应采用连环套打法，夯迹双向套压。

若出现局部弹簧土、层间光面、层间夹空、松土层或剪切破坏等质量问题时，应及时进行处理，才准铺筑新土。下一层填筑料按规定施工完毕，经检查合格后才能继续铺筑新料，且在铺筑新料之前，应对压实层表面进行刨毛、洒水等处理，以免形成层间结合不良。对于间隔时间较长的填筑层，在填筑新土前也需在表面刨毛或作清除处理。

在接合面的坡面上，先打梯坎配合填筑上升速度将表面松料铲除，直到压实合格的料层为止。坡面经刨毛处理并保持含水量在控制范围内，然后才能继续铺新料压实。

垂直堤轴线方向和各种接缝，以斜面连接，斜面坡比一般为1∶3～1∶5，碾压时应跨接缝碾压，其搭接长度不少于3m。

对含水量小于最优含水量的土料，铺料后先洒水，后碾压。已铺土料在压实前被晒干时，应洒水湿润。

雨季施工停工按照《堤防工程施工规范》（SL 260—2014）中有关降雨停工标准执行。填筑面略向堤内侧斜以利排除积水。下雨前及时作好填土的压实工作，并采取措施防止雨水下渗，雨后及时排水，晾晒，必要时对表面进行局部处理，待填筑面含水量达到合格后马上恢复施工；雨后复工前，填筑面不允许践踏，且禁止车辆通行；已开挖至施工标高的基面，如遇雨水，亦可采用防雨布覆盖。做好雨情预报，雨前应用载重汽车等快速压实已开挖基面松土，并保持施工面平整，预防雨水下渗，避免积水。

二、堤防护岸工程施工

对于不同的护岸采取的施工方法不同，按护岸的能动性可将护岸分为防御性护岸、进攻性护岸、水上护坡，下面分别介绍这几类护岸的施工方法。

（1）防御性护岸施工。用抗冲材料直接在坡面和坡脚做覆盖层以抵御洪水冲击。在枯水位以下，常采用抛石、沉排或抛石笼、柳石笼等；在枯水位与洪水位之间，采用抛石或砌石、植柳、铺盖草皮等护坡；在洪水位以上，采取平整岸坡、植树、铺盖草皮等以防止地表水的侵蚀。

（2）进攻性护岸施工。措施包括：修建丁坝；修筑顺坝；设主导流装置。这样可以将主流挑离岸或导引底流至岸边以防止河岸冲刷崩退。其实质是保护堤防或岸滩水下的底部土体不失稳，故又称为护脚。

（3）水上护坡施工。防护河沟、堤坝等水上部分的边坡面层免受风浪、雨水和水流破坏的工事，叫护坡。其措施有：用草皮护坡；浆砌片石护坡；浆砌块石护坡；膜袋护坡；混凝土板护坡；生态护坡等。

三、堤防防渗工程施工

如果按对堤身、堤基和它们的结合体与穿堤建筑物来讲，具体的防渗工程包括：①外铺盖；②堤外抽槽黏土齿墙；③平台压浸；④填塘盖重；⑤减压井（沟）；⑥吹填盖重；⑦土工合成材料隔渗层及防渗斜墙；⑧锥探灌浆防渗；⑨劈裂灌浆防渗止水等；⑩垂直防渗墙。我国堤防防渗墙的施工是在1998年大洪水以后，在外铺盖、堤外抽槽黏土齿墙两项常规防渗措施被自然淘汰的另外7项基础上来突出第10项：垂直防渗技术。

就堤身防渗而言，20世纪50—60年代，堤防的防渗止水主要依赖堤后减压井（沟）进行排、压、截控制；80年代逐渐发展为堤后压盖土防渗；90年代以来，尤其是20世纪末，则转入垂直防渗墙进行堤防截渗，其中多半以半封闭截渗墙为主，包括：深搅法、高喷法、注浆法和振动沉模板法、射水法、抓斗法、切槽法（振动切槽法除外）和土工合成材料法等。

（1）深层搅拌水泥土成墙——深搅法。深层搅拌水泥土成墙防渗工程，实际上就是利用深层搅拌机械在堤身/堤基一定深度范围内钻进、搅拌，就地将土体与输入的水泥（或石灰）等固化剂强制充分拌和，使固化剂与土体产生一系列的物理化学变化而凝结成墙体达到防渗目的。

（2）高压喷射水泥浆成墙——高喷法。高压喷射水泥浆成墙防渗工程，是以高压喷射流直接冲击破坏土体，浆液与土以置换凝结为固体的高压喷射注浆法来建造防渗墙。高压喷浆按其喷射方式，可分为定喷、摆喷和旋喷3种；按其喷管数目，可分为单管、二重管、三重管和多重管4种。在单管法基础上，类似气举反循环成槽造墙原理，将气举改为高压水流而演变为分喷法。单管、二重管和三重管法属于半置换法，而多重管及分喷法属于全置换法。高喷法适用于淤泥、淤泥质土、黏性土、粉土、黄土、砂性土、人工填土及碎石土等堤基。作为垂直防渗墙，该法成墙宽度12～20cm，最大墙深40m，该法在长江流域的荆南长江干堤、咸宁长江干堤、武汉市长江干堤、九江市长江干堤、洪湖监利长江干堤、松辽流域的哈尔滨城区堤防和黑龙江省的齐齐哈尔嫩江防洪堤、珠江流域北江大堤、海河流域干流天津市滨海新区堤段等垂直防渗墙中应用很好。

（3）挤压注浆成墙——注浆法和振动沉模板法。从注浆成墙作为堤防的防渗工程，注浆法中的锥探灌浆是我国堤防中由传统的探测堤身隐患而逐步发展起来的一种防渗措施，虽然它不是靠挤压建槽成墙来防渗止水，但它在锥探隐蔽的孔洞并伴随的通过压力注浆作用机理上也可视为挤压注浆成墙防渗。另外，振动沉模板法（含切槽法中的振动切槽挤压注浆成墙）当属其内。

振动沉模防渗板（墙）技术是利用强力振动将空腹模板沉入土中，向空腹注满浆液，边振动边拔模，浆液留在槽内形成单板墙，然后将单板墙连接形成连续的防渗板墙。

振动切槽法防渗墙技术是利用电机带动底部镶嵌有刀片、导向杆和导向翼的钻头向下振动，刀片向下切削与挤压土层，钻杆中空的高压水与气体的混合体沿导向杆两端（翼）喷射以分散削离土体形成槽孔，当连续作业并使振动切削的槽孔达到设计防渗深度时，接着通过钻杆中空开始向槽孔（槽墙）输送浆液，停止提升钻杆直至空口返浆，在提升钻杆达到设计槽孔顶面高程且孔内浆液不沉降为止。为了形成防渗墙，不待浆凝就移动振动切槽机具连续进行上述施工，并让两槽孔有约 10cm 的重叠以搭接成设计的防渗连续墙。

（4）置换建槽成墙——射水法、抓斗法、切槽法和土工合成材料法等。置换成墙防渗工程，实质上是在换填法处理软基的基础上，将堤身（堤基）一定深度内的被置换的土体挖除成槽，再填筑或铺设塑性混凝土等防渗墙体材料并连接成整体的防渗墙。

射水法是利用由造孔机、浇筑机和搅拌机三者组成的射水造墙机，通过射水装置所形成的高速水流的冲击力来淘刷土体、经成型器修整成槽，然后填筑塑性混凝土（混凝土）等防渗材料并使其连续成墙。墙体宽度 22～45cm，最大墙深可达 34m，如图 2－13 所示。

图 2－13　射水法施工

抓斗法包括机械抓斗和液压抓斗两种。机械抓斗是由绳索操纵的带有可更换抓斗和导向装置的抓斗，其成墙宽度 40～120cm，最大深度 100m；液压抓斗主要是指全导杆式液压抓斗，其成墙宽度 50～120cm，最大深度 80m。此外，真正适用于堤防薄型防渗墙的是利用国内外的履带起重机改造配套的薄型抓斗，其成槽宽度 30～50cm，最大墙深 40m。

四、堤防工程补强维护施工

堤防工程补强维护施工，主要是穿堤建筑物，诸如闸泵、涵洞等混凝土、钢筋混凝土及某些预应力混凝土结构的补强维护。

1. 混凝土抗碳化处理

混凝土为多孔隙材料，固化后的混凝土在环境中一般遭受物理化学侵蚀，物理侵蚀导致混凝土出现微小裂隙并为化学侵蚀打开通道，而化学侵蚀导致混凝土碳化——由碱性向中性转化，从而最终导致混凝土结构膨胀、龟裂、疏松、剥离、开裂等。

我国对混凝土碳化处理，一般采用环氧厚浆涂料、环氧沥青厚浆涂料、聚氨酯涂料、氧丁胶乳沥青防水涂料进行人工刷涂或高压无气喷涂。另外，还采用耐蚀类石材、陶瓷和密实混凝土板作防碳化、防氯离子渗透和防水处理。

针对混凝土碳化约占50%的水闸工程现实情况，我国自主创新研制出一批抗碳化新材料，诸如黄河水利委员会的环保型混凝土防碳化涂料、中水北方勘察设计研究有限公司的新型混凝土抗碳化涂料、上海市市政工程研究院的钢筋混凝土桥梁抗碳化系列涂料、江苏省水利科学研究所的HS系列环氧厚浆涂料和苏水MZ聚合物水泥砂浆等，为有效而经济地处治数十万乃至数百万平方米的混凝土碳化工程尽其所能。

2. 钢筋混凝土及预应力混凝土结构的养护

要做好日常养护，其养护措施包括清除表面污垢、修补混凝土缺陷、清除暴露钢筋锈迹恢复其保护层、注意预应力锚固区的修补。对混凝土养护的重点是检查并处理混凝土结构性裂缝，特别是预应力混凝土锚固区裂缝的检查和养护。

第六节　堤防工程新技术和发展方向

江河堤防是我国防洪工程体系的重要组成部分。在长江、黄河等七大江河的中下游地区，堤防是防御洪水的最后屏障。截至2003年年底统计，我国建有各类堤防达26万km，其中主要堤防6.57万km。我国堤防历史悠久，是逐渐形成的。1998年，长江、松花江等大流域发生了百年不遇的特大洪水，2023年海河流域发生了特大洪水，期间沿江堤防经受了严峻的考验，发挥了巨大的作用。但也有堤防暴露了严重的质量隐患，甚至发生溃决，给国家和人民的生命财产造成了巨大的损失。因此，近年来堤防设计和施工中形成了许多新理论、新技术和新工艺，急需加以归纳总结和提高，以适应进步发展要求。

一、垂直防渗技术的发展及其研究现状

防渗加固是处理病险堤坝的主要工程措施，包括堤坝上游的垂直防渗和水平防渗（盖重压渗和反滤导渗）以及堤坝下游的排水减压等。其中，堤坝的垂直防渗是通过置换、填充、挤密、冻结和化学作用等手段在岩（土）层中形成垂直的防渗帷幕或防渗墙，从而达到截水阻水的目的。工程中常用的垂直防渗加固技术主要包括灌浆防渗加固技术和防渗墙加固技术。

1. 灌浆防渗加固技术及其研究现状

灌浆防渗加固技术是利用压力将能固结的浆液通过钻孔注（压）入岩（土）体的孔隙中，从而形成具有一定强度和阻水性能的固化体。浆液固化体可起到充填、压密、黏合和固化作用，达到封堵渗漏通道、增强、补强、锚固和保护的目的。

灌浆法在堤防工程中得到了广泛应用。灌浆成孔方法从手风钻、铁砂或钢粒、硬质合金钻进，发展成人造金刚石和深孔潜孔冲击钻钻进，大大提高了施工效率。水利工程中，灌浆法已广泛用于基坑防渗灌浆、坝基固结灌浆、坝基帷幕灌浆、坝基接触灌浆、坝体接缝灌浆和坝体补强灌浆等。

目前灌浆防渗加固技术得到了很好的发展，例如：高性能浆料和添加剂、微波加热灌浆、纳米颗粒增强、多组分浆料技术、自愈合技术和生物材料灌浆等。这些新技术的应用

旨在提高灌浆防渗加固技术的效能、可持续性和适应性。实际应用可能受到地质条件、工程要求和经济考量等多方面因素的影响。

2. 防渗墙技术的发展及其应用现状

防渗墙源于地下连续墙，欧美称为 Continuous Diaphragm Wall 或 Cut-off Wall，日本称为地下连续壁、连续地中壁或地中连续壁等，我国则称为地下连续墙或地下防渗墙。

在大型水利枢纽中，防渗墙已成为必不可少的一种防渗处理手段。如葛洲坝水利枢纽围堰防渗墙（1981 年）、小浪底水利枢纽上游围堰防渗墙和坝基右侧防渗墙（1993 年）、三峡水利枢纽一期围堰防渗墙（1993 年）和三峡水利枢纽二期上下游围堰防渗墙（1996 年）等。

根据防渗墙体的刚度，防渗墙可分为刚性墙、塑性墙和柔性墙；根据施工工艺，防渗墙又可分为桩柱式和板墙式。

防渗墙施工技术包括深层搅拌法、高压旋喷法、射水法、锯槽法、振动沉模防渗墙技术和机械垂直铺塑。

目前，最新的研究和实践显示，防渗墙技术不断演进，将防渗墙分为刚性墙、塑性墙和柔性墙三类并引入了多项新技术，如智能监测系统、创新的施工工艺以及新型灌浆材料（例如聚合物改性材料、纳米材料等），同时也考虑设计多层次、多功能的防渗帷幕，可以在同一结构中组合多种材料，以提高整体的渗透阻隔效果。这些技术旨在提高防渗墙的效能、可持续性和适应性。

3. 防渗墙厚度及其成墙深度

为了保证堤坝的防渗性，使防渗墙满足强度、变形和稳定性要求，降低工程造价，需要确定防渗墙的合理厚度。合适的防渗墙厚度应根据渗流稳定、强度、变形、地质、施工、墙体材料和墙体薄弱部位等条件确定。防渗墙的成墙深度主要应满足支承条件、允许应力、不均匀沉降、墙底接触面的渗流稳定和降低渗漏量等条件，同时，应便于墙体施工及其与其他防渗措施的协调。

随着防渗墙技术的发展，防渗墙的厚度和成墙深度日新月异。60 年代初期，日本的防渗墙厚度不到 0.5m，成墙深度不到 20m；1970 年，防渗墙厚度达到 2.88m，成墙深度达到 129m；1993 年年底，建成了厚 2.8m、深 136m 的地下连续墙；目前，防渗墙厚度和成墙深度已分别达到 3.2m 和 170m，并完成了厚 20cm、深 170m 防渗墙的生产试验。加拿大则致力于防渗墙的开发研究，建成了成墙深度 131m 的桩柱式防渗墙（马尼克 3 号坝）。由意大利和法国公司建成的 Yacyneta 土坝防渗墙面积达 90 万 m^2（全世界面积最大的防渗墙）。1998 年，我国建成了最大高度为 68m、厚 1.0～1.1m 三峡二期围堰防渗墙。

垂直防渗技术的发展及其研究现状表明：垂直防渗技术是处理病险堤坝的主要工程措施，垂直防渗技术主要包括灌浆技术和防渗墙技术，并已广泛用于各种工程的防渗、土体稳定、土钉墙和锚固等。灌浆技术主要用于基坑防渗、坝基固结灌浆、坝基帷幕灌浆、坝基接触灌浆、坝体接缝灌浆、坝体补强灌浆、河道岩溶裂隙填浆、水库溢流道表面修复、水文地质勘探中的孔隙灌浆、堤防表面修复等。随着防渗墙技术的迅猛发展，已经研发了许多防渗墙新技术、新工艺和新设备。如薄抓斗成槽造墙技术、射水法成槽造墙技术、锯槽成墙技术、液压开槽机成墙技术、高压喷射灌浆成墙技术、多头小直径搅拌桩截渗墙技术、机械垂直铺塑、振动沉模成墙技术、地下连续墙技术、喷射混凝土成墙技术、导墙钻孔成墙技术、地源热泵孔成墙技术、地下墙帷加固技术、聚合物膜覆盖墙技术等。对于大型水利枢纽，垂直防渗技术已成为必不可少的一种处理手段。

二、防渗料的研究及其应用现状

1. 灌浆材料

灌浆材料最早采用的是黏土，后来采用火山灰和生石灰。

水泥浆结石体具有抗压强度高、抗渗性能好、工艺设备简单、操作方便等优点，但水泥浆液是一种粒状的悬浮材料，受水泥粒径的限制，常用于粗砂的加固。

黏土浆是一种半胶体悬浮液，结石强度和黏结力比较低，抗渗压和抗冲蚀的能力差，低水头的防渗工程可采用纯黏土灌浆。

水泥黏土浆具有成本低、流动性好、抗渗性好和结石率高等优点，常用于砂砾石层地基的防渗帷幕。

水泥-水玻璃浆液具有凝结时间短、可灌性好等优点，适用于动水条件下粗砂地基的防渗加固处理。

水泥砂浆适用于较大缺陷部位的灌注，砂粒粒径应小于1.0mm，细度模数应小于2。水泥黏土砂浆适用于静水压力较大情况下大洞穴充填灌浆。

膨润土是一种具有较强吸水膨胀性的土壤，常用于防渗墙的灌浆工程。膨润土吸水膨胀的性质，可以迅速吸收大量水分填充地层中的孔隙，形成致密的帷幕，成本相对低，容易获取，也是其优势之一。

沥青混合物通常用于道路和堤坝表面的防渗处理，其表层具有致密、柔韧、防水的功能，具有较好的耐腐蚀性和抗渗性。

20世纪80年代以来，坝基防渗措施中，日本等采用湿磨细水泥灌浆法取得了良好的效果。湿磨细水泥灌浆法是把普通水泥放入湿磨机内，粉碎水泥，再搅拌成水泥浆，灌入地基岩（土）层内，凝结成防渗体。水玻璃类浆液具有黏度小、流动性好等优点，常用于处理粉、细砂地基。

除此之外还有聚合物改性材料、聚乙烯薄膜、聚氨酯封堵材料等新型材料可用于防渗漏灌浆，每种防渗料都有其适用的特点，选择时应基于具体工程的要求、成本效益和可行性等方面综合考虑。在实际应用中，常采用多种防渗料组合使用，以充分发挥各种材料的优势。

2. 防渗墙墙体材料

防渗墙主要有四种墙体材料：刚性材料、塑性材料、柔性材料和土工合成材料。

刚性材料主要包括混凝土、钢筋混凝土、预应力混凝土、钢板混凝土、黏土混凝土、粉煤灰混凝土和固化剂混凝土等。

对于中、高土石坝和深厚覆盖层下的混凝土刚性防渗墙，由于墙体弹性模量大、极限应变小，上部荷载作用下，墙体与周围土层间的沉降差往往很大（加拿大马克尼3号坝沉降差高达1.4～1.6m），从而增加了墙体的内力和侧壁摩阻力，降低了墙体的抗渗性和耐久性，导致墙体出现裂缝甚至压碎。

工程中，常用的塑性材料主要包括塑性混凝土、水泥砂浆和黏土水泥砂浆等。塑性混凝土由水泥、黏土、膨润土、砂石、粉煤灰和外加剂等多种材料组成。塑性混凝土中水泥用量较小，黏土和膨润土的用量较大，因此，塑性混凝土具有较低的强度、较低的弹性模量和较好的变形适应性。采用塑性混凝土防渗墙成功治理了巴尔德赫德土坝心墙的渗漏问题。

柔性材料主要包括固化灰浆、自硬泥浆、沥青砂浆、水泥黏土（砂）浆、水泥土、水泥浆、黏土和混合料等。由于黏土本身抵抗渗透破坏的能力较小，黏土防渗墙只能用于水头较小且深度不大的防渗墙工程。

随着合成材料和土工织物技术的发展，土工合成材料从堤坝的表层防渗发展到垂直防渗结构，形成了一种超薄型的防渗墙。土工合成材料主要包括普通塑料薄膜、土工膜和复合土工膜等。

三、堤防防渗墙质量无损检测试验研究最新进展

堤防防渗墙质量与人民生命财产安全息息相关。为确保堤防工程的可靠性，人们不断探索新的无损检测方法。目前，主要的检测方法以 CSAMT 法为主，辅以高密度多波列地震影像法（或垂直反射法）。随着科技的不断进步，地震波声学技术、电磁波检测技术、地磁法检测技术、声波检测技术和红外热像技术等新技术的出现，为堤防防渗墙质量无损检测提供了更多选择和可能性。这些新技术的引入，有望进一步提高检测的准确性和可靠性，从而更有效地保障人民生命财产安全。

四、河道堤防抢险新进展

我国大部分地区暴雨洪水集中，每年有一个多发期，形成汛期。长期以来，消除水患、做好防汛，成为各级水利部门的中心任务。在防汛工作中，河道堤防发生险情，常因抢护不及时或方法不当而造成决口、酿成洪水灾害。以往河道堤防抢险多采用量大、笨粗的沙石、柳柴、桩木等材料，需投入大量防汛劳力。近年来，随着人工合成聚合材料和制品的发展，土工合成材料在防汛抢险中已广泛应用，由于这种物料具有施工简便、易于运输、适应性强等特点，在多次抢险中取得了良好效果。

土工合成材料的种类主要有：有纺织物、无纺织物、复合土工膜布。有纺织物的原材料以聚氯乙烯为多，具有较高的强度和较低的延伸率。防汛用的多制成编织袋、加筋编织布、软体排和土枕模袋等。而无纺织物的原材料以涤纶为主，我国用的大部分为针刺形的，在防汛抢险中常作为导滤排水、隔离、护坡以及减压井填料等，以代替砂石滤料。复合土工膜布是土工薄膜和有纺织物的复合体，有一布一膜、二布一膜等。其特点是薄膜防渗，编织物既能排水、排气，强度又高。抢险中主要用于截渗、堵漏和防冲等。

第七节　大兴堡河干流堤防设计实例

一、综合说明

大兴堡河发源于三台子乡小虹螺山，为感潮河道，受潮水影响较大，流域面积为 238.02km^2，河流全长 34.26km，河道比降为 3.274‰。大兴堡河与季家屯河及高天铁路桥交汇的三角带，距锦州湾 2.5km，面积 1.84km^2，流域经锦州月亮岛产业园段时，整体地势较低，没有形成有效的防潮防洪体系，当遭遇潮水和洪水的共同作用时，将会严重

威胁月亮岛产业园人民生命财产安全，需修建大兴堡河干流右岸堤防工程，完善河道的防洪体系。

二、气象水文

（一）流域概况

大兴堡河流域位于东经 120°47′21″～121°7′26″，北纬 40°51′47″～41°0′0″之间，南邻连山河，北邻小凌河支流女儿河。大兴堡河发源于三台子乡小虹螺山，最高点海拔约600m，流域面积为 238.02km²，河长为 34.26km，河道比降为 3.274‰。大兴堡河南侧支流季家屯河发源于盘道沟小虹螺山，流域面积 80.5km²，河长为 25.6km，河道比降为4.835‰。大兴堡河下游支流甜水河发源于王善屯，流域面积为 23.4km²，河长为8.3km，河道比降为 4.603‰，河流自西北向东南与锦州市和葫芦岛市的接壤处高桥乡汇流后注入锦州湾。大兴堡河流域水系如图 2-14 所示。

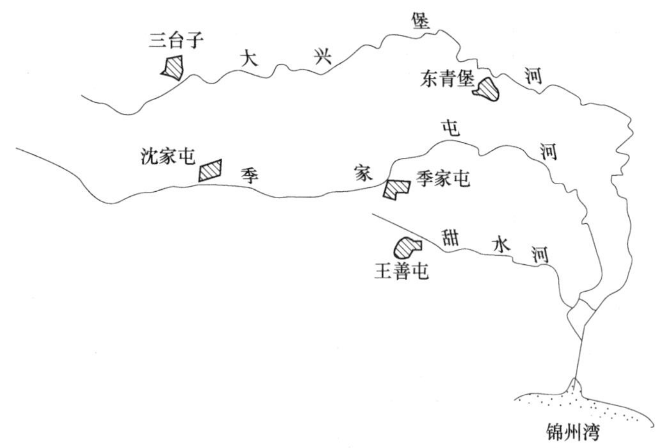

图 2-14　大兴堡河流域水系图

（二）气象

大兴堡河流域属于温带大陆性气候，其特点是冬季多西北风，夏季以西南风为主，温度变化较大，寒暖、干湿变化明显。经统计分析工程区年平均气温 9.3℃，极端最高气温41.5℃，极端最低气温-26.7℃，平均相对湿度在 48%～82%之间，多年平均降水量为607.4mm，多年平均风速为 3.8m/s，最大风速为 35m/s，同时风向为 NNW。

（三）水文

1. 暴雨洪水特性

辽西洪水均有暴雨形成，洪水主要发生在汛期（6—9 月），洪水陡涨陡落，洪峰尖瘦，一次降水即形成一次洪峰，所以流量过程线多为单峰型，一次洪水历时一般为 1～3 天。

2. 设计洪水

大兴堡河位于辽宁省西部锦州市和葫芦岛市交界，流域内没有水文站，大兴堡河设计洪水计算可借用临近流域洪水推求，由于兴城河和大兴堡河降水和洪水特性基本一致，用兴城河的设计洪水按照面积比的 2/3 次方关系来推求大兴堡河洪水；另外，也可按辽宁省中小河流设计暴雨洪水计算方法计算洪水。

3. 设计潮位

根据《堤防工程设计规范》（GB 50286—2013），设计重现期潮位采用频率分析的方法确定。此次计算采用了1965—1994年30年的潮位资料。通过计算，大兴堡河河口100年一遇潮位为2.82m，50年一遇潮位为2.75m，20年一遇潮位为2.66m（黄海高程）。

4. 设计水面线推算

水面线计算采用简化的恒定非均匀流公式，大兴堡河水面线计算成果见表2-19。

表2-19　　大兴堡河水面线计算成果

断面号	累加距	水位/m			备注
		$P=1\%$	$P=2\%$	$P=5\%$	
DXG1	0	2.82	2.75	2.66	河口
DXG3	400	3.02	2.89	2.74	
DXG5	800	3.17	3.00	2.80	
DXG7	1247	3.37	3.16	2.90	
DXG9	1671	3.62	3.36	3.03	
DXG11	2101	3.96	3.65	3.23	
DXG13	2501	4.25	3.89	3.41	
DXZ1	2796	4.42	4.06	3.56	
DXZ2	2996	4.55	4.18	3.66	
DXZ3	3221	4.67	4.30	3.77	
DXZ4	3451	4.83	4.46	3.91	
DXZ5	3697	5.01	4.63	4.07	青浦河公路桥
DXZ6	3897	5.13	4.74	4.17	
DXZ7	4097	5.25	4.85	4.28	
DXZ8	4297	5.33	4.93	4.34	
DXZ9	4497	5.46	5.05	4.45	
DXZ10	4667	5.48	5.05	4.47	高天铁路桥

三、地形和地质

1. 地形地貌

工程区地貌类型为滨海平原，地面高程一般1～4m，总体由岸坡向海湾微倾，地势开阔，较为平坦。受河道采砂影响，采砂坑深度一般2～4m。海岸类型为砂砾质海岸和滩涂，冲刷较为强烈。

2. 工程地质及水文地质

工程地质情况：工程区勘探揭露的地层主要为第四系地层，由上至下依次为填筑土、淤泥、淤泥质土、粉质黏土、砂质黏土、细砂及中粗砂。

水文地质情况：地下水主要为第四系孔隙潜水赋存于冲海积层中，受潮汐影响较大。地下水位埋藏浅，粗砂为强透水土层，黏性土为微透水土层。地下水为高矿化度高的咸水，地表水为低矿化度的淡水。水中游离 CO_2 值均较高，具有对混凝土弱—中等腐蚀性，对普通水泥具有结晶类硫酸盐弱～强腐蚀性。

四、堤防工程的级别及设计标准

依据《防洪标准》(GB 50201—2014)，确定此工程防洪防潮标准为 50 年一遇，相应防洪工程级别为 2 级。

根据穿堤建筑物工程级别不小于防潮防洪堤级别的规定，穿堤建筑物工程的级别按照所属河段堤防工程等级进行选取，与该段堤防工程等级相同。

五、堤防工程布置及设计

1. 堤线布置

综合考虑河道现状、设计流量、河道断面形式、左岸堤防、月亮岛产业园规划等因素后，大兴堡河干流月亮岛段设计堤距 200m，河道设计比降为 0.55‰。

另外由于月亮岛产业园位于国家级经济技术开发区境内，考虑到整个园区的长远规划及景观要求，建议在大兴堡河季家屯河口上游修建拦河建筑物，以形成景观水面。

2. 堤身断面设计

通过对堤防断面方案的综合比选，拟采用碎石土堤干砌石护坡＋格栅笼植生袋护坡方案。

堤身结构为复式断面，堤顶宽 8.0m，堤顶设宽 6.5m 防汛路，两侧设路缘石，迎水侧设铁艺护栏。堤身采用碎石土填筑，迎水侧坡比为 1∶2.5，迎水坡常水位（考虑潮水影响）以下采用 0.4m 厚干砌石护坡，下设 0.2m 厚的砂砾垫层和土工膜防渗；常水位（考虑潮水影响）以上采用格栅笼植生袋护坡，格栅笼植生袋尺寸为 0.85m×0.30m×1.0m，下设 0.2m 厚的砂砾垫层和土工膜防渗。堤防迎水侧常水位以上设宽 2.5m 的人行道，人行道上铺 0.15m 厚混凝土连锁块。护脚防护深度为 1.5m，护脚形式采用抛石防护。背水侧坡比为 1∶2.0，采用草皮护坡。

3. 堤防堤身防渗设计

堤身防渗设计主要考虑采用土工膜防渗与高喷灌浆防渗两个方案。土工膜防渗方案采用土工膜防渗斜墙方案，土工膜采用三布两膜，土工膜设置在迎水侧护坡和砂砾石垫层下侧，向上延伸至堤顶，向下延伸至抛石护脚以下；高喷灌浆防渗方案堤身结构与土工膜防渗方案相同，只是在堤防填筑完成后，在堤防顶部进行高喷灌浆，形成高喷防渗心墙，为单排孔灌浆，孔距 1.0m。

经技术经济综合考虑，土工膜防渗方案节约投资，方案施工简单，工艺成熟，工程实例较多，经验丰富，因此采用土工膜防渗方案。

4. 堤顶高程设计

根据《堤防工程设计规范》(GB 50286—2013)，堤顶高程按设计洪水位加堤顶超高确定，计算见表 2－20。

表 2-20　　堤顶高程计算成果

桩号/m	水位/m（$P=2\%$）	根据《堤防工程设计规范》并参照左岸堤防设计确定堤顶超高/m	根据《堤防工程设计规范》确定堤顶设计高程/m	根据《海堤工程设计规范》复核堤顶设计高程/m	根据《锦州经济技术开发区西海工业园区海防堤改线工程设计》方案确定左岸堤顶高程/m
2796	4.06	1.47	5.53	5.77	5.77
2996	4.18	1.47	5.65	5.77	5.77
3221	4.30	1.47	5.77	5.77	5.77
3451	4.46	1.47	5.93	5.77	5.98
3697	4.63	1.47	6.10	5.77	6.15
3897	4.74	1.47	6.21	5.77	6.26
4097	4.85	1.47	6.32	5.77	6.37
4297	4.93	1.47	6.40	5.77	6.46
4497	5.05	1.47	6.52	5.77	6.50
4667	5.05	1.47	6.52	5.77	6.53

5. 河道清淤

考虑到大兴堡河季家屯河口以下段河道近年发生淤积，左岸堤防已建成以及对岸葫芦岛市的填河侵占，特别是个别河段 DXG9（K1＋671）现状堤距仅为 250m，与规划堤距 300m 相差较大，大兴堡河季家屯河口以上至高天铁路桥段，河道内滩地杂草丛生，河道淤积严重，主槽过流断面狭小。为了确保工程安全，需对该段河道进行清淤，河道设计清滩高程见表 2-21。

表 2-21　　河道设计清滩高程

累加距/m	水位/m（$P=2\%$）	原滩地高程/m	清滩高程/m
0	2.75	−0.54	−0.54
400	2.89	−0.14	−0.30
800	3.00	0.69	−0.10
1247	3.16	1.76	0.20
1671	3.36	0.85	0.40
2101	3.65	1.00	0.60
2501	3.89	1.81	0.80
2796	4.06	1.96	1.00
2996	4.18	2.22	1.12
3221	4.30	2.14	1.24
3451	4.46	2.27	1.36
3697	4.63	2.78	1.48
3897	4.74	3.19	1.60

续表

累加距/m	水位/m（$P=2\%$）	原滩地高程/m	清滩高程/m
4097	4.85	1.91	1.72
4297	4.93	3.02	1.84
4497	5.04	1.77	1.96
4667	5.05	2.71	2.08

大兴堡河季家屯河口以下段位于工程区下游，此段河道清滩量为 11.51 万 m^3，不计入工程投资，但考虑到河道水流的顺直稳定，建议及时清淤或者将河道断面堤距恢复至规划堤距。大兴堡河季家屯河口以上至高天铁路桥段清滩工程量为 10.01 万 m^3，本次考虑计入工程投资。

6. 堤防主体工程量

根据方案比较，锦州经济技术开发区大兴堡河干流高天铁路桥至季家屯河口段右岸海堤工程堤防断面采用碎石土堤＋格栅笼植生袋方案，防渗形式采用土工膜防渗，堤防主体工程量见表 2－22。

表 2－22　　大兴堡河干流堤防工程推荐方案工程量汇总

编号	项　　目	工程量
1	土方开挖/m^3	50674
2	堤身碎石土填筑/m^3	236337
3	抛石护脚量/m^3	8419
4	干砌石护坡量/m^3	5297
5	砂砾石垫层量/m^3	10221
6	碎石挤密/m^3	135604
7	土工膜面积/m^2	40758
8	踏步侧墙混凝土/m^3	17
9	堤顶路乳化沥青油/m^2（0.5kg/m^2）	13522
10	堤顶路乳化沥青油/m^2（1.1kg/m^2）	13522
11	堤顶路 0.2m 水泥稳定层/m^2	13522
12	堤顶路 0.1m 沥青混凝土路面/m^2	13522
13	堤顶路 0.2m 填隙碎石底基层/m^3	2704
14	堤顶路 0.2m 石灰稳定土/m^3	2704
15	格栅笼植生袋/m^3	5408
16	踏步混凝土 C25/m^3	91
17	人行踏步栏杆/m	129
18	堤顶路栏杆/m	2003

续表

编号	项　　目	工程量
19	人行步道栏杆/m	2003
20	河道清淤开挖/m^3	100144
21	路缘石 0.3m×0.2m×0.5m/块	8322
22	草皮护坡/m^2	9644
23	路灯/个	83
24	混凝土连锁块/m^2	4161

六、施工组织设计

1. 施工条件

自然条件：大兴堡河流域属于温带大陆性气候，其特点是冬季多西北风，夏季以西南风为主，温度变化较大，寒暖、干湿变化明显。

工程条件：大兴堡河干流高天铁路桥至季家屯河口段右岸海堤工程堤长 2.02km，月亮岛产业园区域内除局部区域采砂较为严重外，大部分地区地形较为平坦，有利于施工场地的布置和组织施工。

2. 建筑材料来源

本工程所需建筑材料主要是碎石土填筑料和干砌块石，需要外购，根据现场调查，工程区以北杏山镇，上泉眼沟和大壕之间，有砂石料场，填筑料和干砌块石可直接购买，且储量以及材料特性满足本工程需要，运距约 25km；施工区采用商品混凝土，且工程区附近有商品混凝土供应，购买较为方便；土工膜等其他材料均采用外购解决。

3. 施工导流度汛

根据施工进度安排，本工程在非汛期（第一年 9 月至次年 6 月）进行施工。大兴堡河为感潮河道，潮水一般可上溯至高天铁路桥附近，本海堤工程施工主要受潮水影响。为了保证工程施工，需在河道中修建临时建筑物。

堤防工程施工期度汛防潮标准为重现期 10 年，堤身施工期度汛顶高程为重现期 10 年潮水位加 0.8m 安全超高。

围堰防潮标准为重现期 5 年，围堰顶高程为重现期 5 年潮水位加 0.7m 安全超高，围堰采用编织袋土填筑，设计顶宽 1.0m，平均高度 1.5m，边坡 1∶1.5，围堰长度 1500m，围堰工程量为 7678m^3。由于该处地下水位埋深较浅，施工时应注意基坑排水。

4. 施工方法

本工程沿线开挖的地层主要为填筑土、淤泥质土和粉质黏土。

（1）土方开挖：覆盖层用 59kW 推土机推至开挖线边堆存，下部开挖采用 1m^3 反铲挖掘机挖装 10～20t 自卸汽车运至开挖线边堆存。

（2）块石护脚开挖：采用 1m^3 挖掘机开挖，74kW 推土机推至堤后堆放，待工程施工完毕后摊平。

（3）碎块石挤密：挤密材料采用外购方式，用 20t 自卸汽车运至施工场地，运距 25km，74kW 推土机推平，拖式振动碾碾压，场地狭窄部位可用 2.8kW 蛙式打夯机夯实。

(4) 碎石垫层填筑：填筑材料采用外购方式，用 20t 自卸汽车运至施工场地，运距 25km，74kW 推土机推平，2.8kW 蛙式打夯机（人工辅助）夯实。

(5) 土工膜施工：土工膜由汽车运输至作业面，人工铺设。

(6) 碎石土填筑：填筑材料全部采用外购方式，用 20t 自卸汽车运至施工场地，振动碾碾压，运距 25km，场地狭窄部位用 2.8kW 蛙式打夯机夯实。

堤防土方应分层填筑，均衡上升。分层厚度取决于材料、施工方法和地基稳定情况，可采用 0.2～0.5m。另外，本工程堤防填筑料为碎石土，其固体体积率宜大于 76%，相对孔隙率不宜大于 24%，碎石土填筑标准为相对密度不小于 0.65。

5. 施工交通及施工总布置

工程所在地对外交通便利。本工程场内运输任务主要包括土方开挖出渣、土石方回填、堤身填筑料运输、施工工厂及生活区间的物资运输。本工程场内地势平坦，但整体地势较低，个别部位存在由于采砂产生的砂坑，需要修建临时公路 2.0km。施工临建设施建筑面积 650m^2，占地面积 4600m^2。

6. 施工进度

根据工程特点，工程施工安排跨 2 年，总工期为 12 个月，第一年 7—8 月进行工程的前期准备工作，主体工程于当年的 9 月开工，次年 6 月结束。

七、结论

经合理的设计和审查，该堤防设计满足流域所经地区的防洪要求，并形成防洪体系，在堤防保护下，锦州开发区可以进行合理经济开发，对当地经济有很大的促进作用。

思 考 题

2-1 流域治理中堤防工程的作用有哪些？

2-2 规则波和不规则波具有什么特点？它们之间有哪些区别？

2-3 常用堤岸防护工程形式具有哪些特点？

2-4 堤防工程中堤线选择需遵循的原则要求是什么？

2-5 堤防工程中堤顶高程和堤距之间具有什么样的关系？

2-6 渗透变形的基本形式有哪些？

2-7 堤防工程中堤坡稳定分析具有什么作用？

2-8 请简述土堤施工需遵循什么原则。

2-9 土堤施工时针对不同种类的堤基所采取的措施有哪些？

2-10 护岸的施工方法有哪些？

2-11 堤防工程补强维护施工处理方法有哪些？

2-12 防渗墙墙体材料的基本类型有哪些？

2-13 通过举例说明现有堤防工程所存在的缺陷有哪些。

2-14 谈谈在流域治理工程中堤防工程设计与建设的关键是什么。

2-15 谈谈在流域治理工程中堤防工程的未来发展趋势有哪些。

数 字 资 源

资源 2-1 各类堤防介绍

资源 2-2 波浪的基本知识

资源 2-3 防洪标准和堤防护坡

资源 2-4 坡式护岸

资源 2-5 坝式护岸

资源 2-6 墙式护岸

资源 2-7 堤坝防洪标准及堤岸防护工程

资源 2-8 堤防规划的一般规定

资源 2-9 堤防渗流设计

资源 2-10 堤防渗透破坏

资源 2-11 单点渗流破坏

资源 2-12 多点渗流破坏

资源 2-13 堤防稳定设计

资源 2-14 堤防设计的原则与方法

资源 2-15 堤防工程施工（微课）

资源 2-16 堤防工程施工（实拍）

资源 2-17 堤防工程新技术

资源 2-18 堤防工程

资源 2-19 课后习题

第三章 泥 沙 工 程

第一节 泥沙工程概述

自古以来河流两岸就是人类繁衍生息之地。著名的恒河、尼罗河、黄河都是世界各族人民文明的摇篮。河流给人类带来了丰富的水源、便利的交通航运、适宜的气候环境，为社会和经济的发展提供了极为重要的条件。但是处于自然状态下的河流，常常不能满足社会生活和经济日益增长的需要，有时还会给人类带来严重的灾害。一些山区河流，河谷狭窄、水流湍急、险滩众多，不利于航运的发展；而一些平原地区河流，则时有冲淤、河道迁徙多变，容易造成洪水泛滥。要想使河流造福于人类，就必须对河道进行治理，兴水利，除水害；同时应注意，在对河流的自然状态进行一定程度的调整时，必须保持人类与环境系统的平衡与协调。

随着社会经济的发展，水资源的开发利用日渐重要。人民修建了许多以防洪、发电、灌溉、航运以及城市供水为主要目标的水利工程，对工农业生产和城市发展发挥了巨大的作用。但是这些水利工程的大量兴建，改变了河道的自然状态和水沙条件，又会产生一系列新的问题。如建筑物上下游冲淤状态的改变对河道演变和防洪的影响，水库和渠道的泥沙淤积及防治，过流建筑物和水流机械的磨损，港口航道泥沙淤积碍航等问题。这些都会直接影响到水利工程的运行和效益，影响水利工程的可持续发展。产生这些问题的重要原因就在于河流中泥沙沉浮与迁徙，因此必须研究掌握泥沙运动的基本规律，妥善解决水利工程中的泥沙问题。

一、泥沙研究的基本规律

传统的泥沙研究主要是认识水流中的泥沙运动规律、河床演变规律。解决水利工程中的泥沙问题，与人们的治水治沙实践分不开。我国古代李冰父子早在公元前256年左右修筑都江堰引水工程时（图3-1），就已经充分掌握了弯道水流泥沙的运动规律。

（1）修筑鱼嘴分流分沙。小水时流路走弯，较多的水量分入内江；大水时流路走直，较多的洪水通过主河道即外江泄洪，保证了位于内江的宝瓶口始终分得较为稳定的流量和较少的沙量。

（2）利用弯道环流作用。底部粗颗粒泥沙从凹岸向凸岸运动，把引水口布置在弯道的凹岸，减少了进入引水口的泥沙。

（3）在宝瓶口的上游修筑飞沙堰，连通内外江。小水时不过流，大水时分流分沙，使得大洪水时泥沙通过飞沙堰排入外江。此外，由于宝瓶口的壅水作用，大部分泥沙沉积在宝瓶口前，便于在枯水期清理。

（4）鱼嘴、飞沙堰、宝瓶口三者结合一体，使灌区只引进挟沙较少的清水，而岷江挟

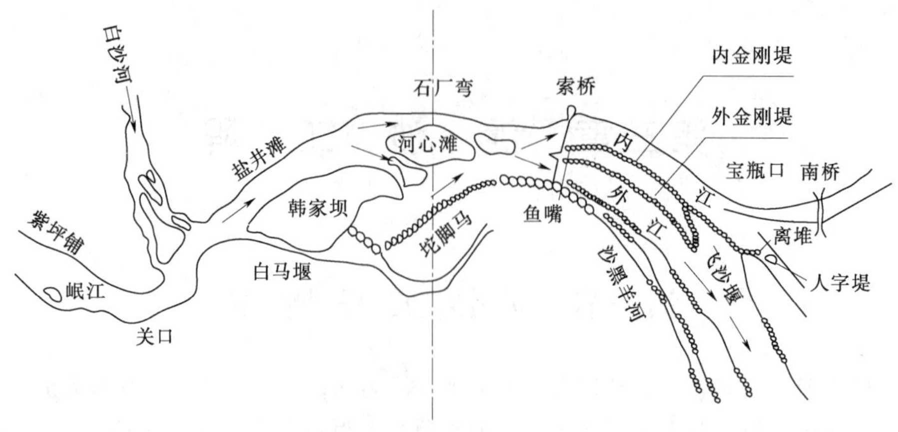

图 3-1 都江堰引水工程图

带的大量沙卵石则由排洪河道的外江宣泄，每年冬末岁修淘淤。

这是都江堰工程一直顺利运行 2000 多年，历久不废的根本原因和基本经验。

二、我国流域治理工程现状

治河工程成就反映在我国对长江、黄河等大江大河的治理上。

长江水利委员会自 1992 年起开展了中下游干流河道治理规划的编制工作。根据规划原则和治理目标，提出长江中下游干流河势控制总体规划和河势控制应急工程方案，并对上荆江、下荆江等 10 个重点河段提出了各河段河势控制和治理工程方案。护岸工程是长江中下游防洪工程的重要组成部分，长江科学院根据天然河道资料对河道崩岸规律、护岸工程效果等进行了分析，利用水槽试验及现场试验研究了塑料土枕等护岸工程新材料新技术，完成长江中下游护岸工程技术要求，对提高长江中下游护岸工程质量保障起到了积极作用。根据河道整治规划，开展了一系列重点河段的整治研究和设计工作，例如中游界牌河段综合治理研究，在大量整治方案试验研究的基础上，选定了枯水双槽整治方案。在深入分析河床演变规律和大量的河工模型试验的基础上，编制了长江中游下荆江的石首河段、熊家洲至城陵矶河段，长江下游安庆河段、马鞍山河段一期和镇扬河段二期整治工程可行性研究报告，为各河段整治及工程设计提供了依据。

长江口水量充沛，又有大量的流域来沙。丰水多沙的流域特征和中等强度的潮汐作用，在广袤的长江下游冲积平原上塑造了规模巨大多级分汊的三角洲河口形态。在径流和潮汐的共同作用下，河口段河床冲淤多变，主槽摆动频繁，大量细颗粒泥沙在由咸淡水交汇形成的河口环流系统中升沉往复，构筑了大尺度河口拦门沙系，成为通海航道的瓶颈。以“导流、挡沙、减淤”为设计指导思想，河床最小活动性原理和潮汐河口等相关性基础理论为布置治导线的依据，从而使长江口深水航道的治理方案建立科学的理念。通过水沙运动、河床演变和航运经济等多方面的比较，确认选择北槽作为治理对象。汊道治理的特殊性主要包括径、潮流的相互作用，河口主要汊道间通过窜沟和滩面的横向水沙交换，以及下游浅滩风浪掀沙的影响等，决定了长江口深水航道的治理，既不同于单一河道的束水攻沙，也不同于一般河流汊道仅需考虑导流导沙的要求。

河道整治是黄河下游河道治理的最主要措施，除了通过开展整治河宽、平面河湾关系式等河道整治规划参数开展科学研究外，还通过大量的比尺模型和自然模型等研究整治工程的布局。例如，为适应水沙变化后的中水流路，河湾工程半径应有所减小；除工程藏头段可设计为直线型外，迎、导、送溜段不一定再强调采用复合曲线型；游荡性河段整治工程布局，河湾半径大小固然重要，但最为重要的是工程布设的方位。“八五”期间，系统研究了河道整治对输水输沙的影响，通过花园口至东坝头河段模型、小浪底水库温孟滩移民安置区河段整治模型、黄河山东十八户控导工程平面布置模型等模型的试验，对治导线进行了检验和修正，并研究了河道整治工程对游荡性河型的影响。为探索游荡型河段的河型转化规律，采用不同材料的模型沙制作了一系列模型小河，连续观测试验表明，通过加密控导工程并采用合理的平面布局，使最后的模型小河具有弯曲的平面形态。就黄河游荡型河段而言，要转化为限制性弯曲河型，两岸有效的控导工程总长度尚需占河道长度的88%以上，丰沙洪水会使限制性弯曲河道转化为非稳定的河型，特别是在遇到大洪水时，漫滩后又会转化为游荡性河型。在大力推行“网罩护根”这一防护根石走失途径的同时，为寻求新的工程结构型式，通过试验研究了铅丝笼土工布沉排和土工织物护联坝两种新型坝体结构。在研究南水北调中线穿黄工程导流建筑物防护试验基础上，同时考虑到几乎所有的不同于传统工程的新结构在黄河上都难以奏效这一现实，提出了能适应大水漫顶需要的工程新结构。其坝体由土工织物防护土胎及块石进行两面裹护，用网罩护块石（网边沿系有网坠）。模型检验结果表明，即使漫顶后工程仍具有较好的控导效果。

随着胜利油田的发展和黄河三角洲的开发，黄河河口的治理已成为新的热点。根据“八五”攻关“黄河口演变规律及整治研究”专题成果，利用河流动力学和海洋动力学的基本理论以及黄河口的工程实践经验，采用资料分析、数学模型及卫星遥感等先进技术相结合，对多沙的黄河河口冲淤演变规律进行了全面、系统、定性与定量相结合的研究，突破了前人认为的黄河三角洲“大循环”“小循环”的传统演变模式，进一步论证了清水沟流路可以使用50年以上；根据径流、潮流、风成流、波浪、多个分潮、絮凝及动床阻力等诸多因素，建立了适用于多沙的黄河河口的平面二维数模；提出了西河口水位抬高原因的新见解；肯定了疏浚在河口治理中的作用；系统研究了海洋动力和河口淤积延伸互相影响的机理；阐明了黄河口拦门沙发生的部位、形成过程、演变特性及对上游河道的影响，建立了黄河口拦门沙演变模式。

珠江是我国南方最大的河流，分经8个口门流入南海，其中东部4个口门分别为虎门、蕉门、洪奇门和横门，同注入伶仃洋。伶仃洋是珠江最大的喇叭形河口湾，属弱潮河口，潮型为不规则半日混合潮。伶仃洋由于泥沙淤积以及未及时控制人为围垦，造成口门淤浅萎缩，浅滩发育迅速，以致口门泄洪不畅，洪涝灾害加剧，通航受阻，影响经济迅速发展，迫切要求治理。为研究治理方案的可行性和合理性，珠江水利委员会采用实测水文泥沙资料分析、物理模型、数学模型和遥感技术应用等多种途径进行工作，认清复杂河网的水沙运行规律，达到防洪、河道治理等目的。珠江口治理研究的技术进步在于较早建立了河口整体模型，包括河道和海区两部分。整体模型规模较大，面积超过4万m^2。模型较好地解决了潮流模拟技术难题。通过模型试验论证了治导线、跨海大桥、通航等问题。除了整体模型外，还建立起珠江口复杂河网的水沙数学模型。

内河航道整治也属于流域治理工程的内容。通过进行大量内河航道整治工程研究，并先后进行了长江、西江、汉江、湘江、黔江、郁江、红水河等河流航道整治工程的试验研究，为这些河道上的险滩整治工程方案提供了科学依据，涉及的问题及取得的相应成果也是多种多样，如汉江航道整治研究，提出了游荡型河道上航道整治的理论和工程方案；湘江航道整治研究提出了兼顾两岸航运及满足河道防洪要求的人工分汊工程方案。对西江等西南航道，则主要进行了分汊石质急滩和变动回水区复杂滩治理的试验研究，另外还针对有关桥渡区航道的流态问题、船舶安全航行问题进行了河工模型试验研究或数值计算分析，以及船舶模型试验研究和内河航道船行波及堤防保护工程措施方面的研究工作。

第二节　河床演变的一般问题

一、河流的分类及其一般特性

自然界的河流千姿百态，不同地区各有特色。即使在同一条河流的不同河段，河床形态及演变特点也会有很大差异。因此按一定的方法将河流划分为不同类型，对于河流的认识和治理都是非常必要的。

河流分类的方法很多。从工程角度考虑，根据河床边界条件的可动性，可以划分为冲击性河流和非冲击性河流；根据河流所在的地理位置又可将其分为山区河流和平原河流两大类型。对于大、中型河流，往往其上游为山区河流而下游则为平原河流。山区河流和平原河流在许多方面有较大差异。

1. 山区河流的一般特性

山区河流处于山高坡陡、地质构造复杂的山区，其河谷形态受地壳构造运动和水流侵蚀作用的双重影响。陡峻的河谷地形使得山区河流的暴雨径流形成快；汇流时间短。洪水猛涨猛落，流量变幅极大。如嘉陵江北碚水文站测得该处河流的 $Q_{max}/Q_{min}=180$，有的河流最大与最小流量的比值甚至可上千。

山区河流的推移质多为卵石及粗砂。由于河流纵比降大、流速高、含沙量常不饱和，因此山区河流多处于侵蚀下切状态。河道纵剖面陡峻且常有台阶形，而河道平面摆动不大。河谷断面一般呈 V 形或 U 形，断面比较窄深，中水河床与洪水河床之间没有明显的分界线，如图 3－2 所示。

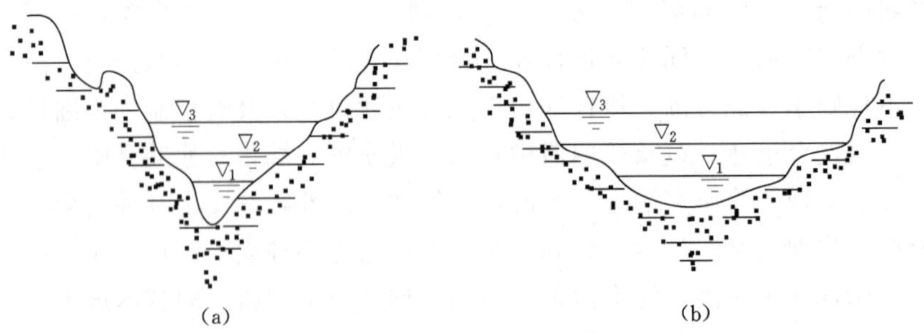

图 3－2　北盘江典型河谷断面

(a) V 形河谷；(b) U 形河谷

∇_1—枯水位；∇_2—中水位；∇_3—洪水位

山区河流的河谷地貌及水文条件，使得河道沿程急滩与缓流相间，河床起伏很大。在河谷较为开阔的缓流段，往往非汛期淤积而汛期又被洪水冲走；台阶状的河床纵剖面使局部河段的险滩形成流速很高的急流或瀑布，一些急弯石梁、卡口造成的急滩还产生较强的横向缓流及水面横比降。总之，山区河流的河床形态极不规则，常有泡漩、回流、跌水、剪刀水等流态出现，流向极为紊乱、险恶。

一般山区河流含沙量不大，但在水土流失严重的地区，山洪暴发会使河道每立方米水中含沙量高达数百乃至上千公斤。有时支流下泄的泥石流或岸边山体滑坡甚至在极短时间内将河道堵塞，使其上游、下游形成壅水和跌水，从而造成局部河床剧烈变化。

2. 平原河流的一般特性

平原河流流经地势平坦、土质疏松的平原地区。由于水流对泥沙的搬运、堆积作用，形成冲积层。冲积层可达数十或数百米厚，且自下向上有较明显的分选特征：夹沙卵石-粗沙-中沙-细沙。河流就在自身堆积的沉积层中流过，因此具有这种河床周界条件的河流通常又被称为冲积性河流。

平原河流的河谷发育完整，一般都具有河槽及广阔的河漫滩，如图 3 - 3 所示。

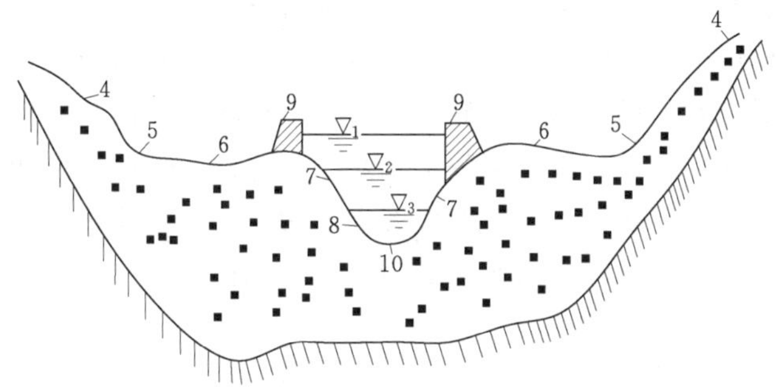

图 3 - 3　平原河流的河谷形态

∇_1—洪水位；∇_2—中水位；∇_3—枯水位；4—谷坡；5—谷坡坡角；6—河漫滩；7—滩唇；8—边滩；9—堤防；10—冲击层

洪水期水流淹没河漫滩，而中、枯水期水流则被限制在主河槽内。由于漫滩洪水挟带的泥沙较细，所以河漫滩表层沉积物较为松软且多为细沙、黏土或黏壤土。在中水位以下的河流主槽中，由于水流与河床的不断相互作用，还会形成一系列的泥沙堆积体。在河岸相接、枯水时出露水面的沙滩称边滩（岸滩）。位于河槽中部、滩面低于中水位的沙滩称为江心滩，而发生洪水时才被淹没的称为江心洲（江心岛）。边滩与边滩，边滩与心滩或江心洲，常有沙埂相连。边滩中向下游延伸插入江中的狭长部分称为沙嘴，如图 3 - 4 所示。这些泥沙堆积体在水流作用下不断地移动、变形，相应也使整个河床处于不断的变化运动之中。

平原地区的地势平缓，沙质河床使得平原河流的纵剖面一般为没有台阶状变化的下凹曲线。但从局部看，也常呈现出深槽与浅滩相间的波状起伏形式。

平原河流的水文水力特性表现在：集中面积大，坡度平缓，回流时间长。因此与山区河流相比，洪水涨落比较平缓，持续时间较长；流量较大而流量及水位变幅相对较小，水面比降及流态均比较平缓；在弯曲河段，环流作用强烈，引起泥沙及河床的横向运动。

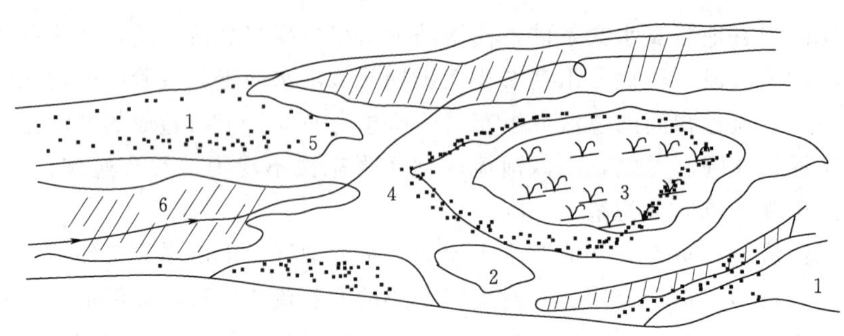

图 3-4 平原河流中的泥沙堆积体

1—边滩；2—心滩；3—江心滩；4—沙埂；5—沙嘴；6—深槽

平原河流的含沙量因地域不同有很大差异。由细沙和黏土组成的悬移质输移量要远比中、细沙组成的推移质输移量大，而且悬移质中的床沙质大多处于饱和状态。

平原河流在一定的来水来沙及河床边界条件下，经过水流与河床长期的调整（若无人干扰），多数会达到相对稳定的所谓平衡状态。平原河流的河床形态是水流与河床相互作用的产物，它们既有共性也有各自的特性。地质地貌条件的不同，水沙条件的相异，会使由水流与河床相互作用下形成的河床形态形形色色、千差万别。但是从河床演变的特点以及相应的河流平面形态看，仍有较强的规律性。一般可将平原河流的河型分为顺直（边滩平移）型、弯曲（蜿蜒）型、分汊（交替消长）型和散乱（游荡）型四种基本形式。每一种形态的前一个命名是按静态特征即平面形态划分的，后一个命名则是按动态特征即演变规律确定的。这四种河型相应的河流典型横断面也可概括为抛物线形、不对称三角形、马鞍形、多汊形四类，如图 3-5 所示。

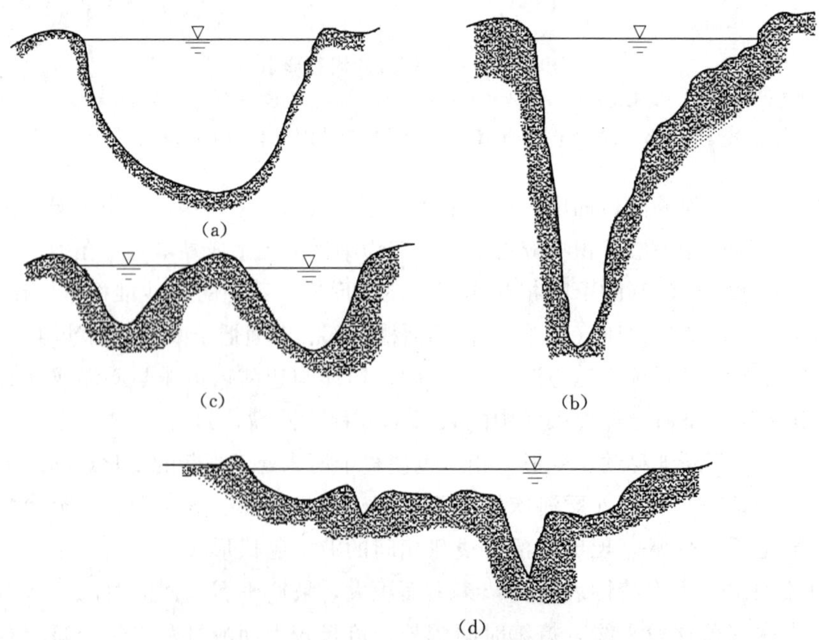

图 3-5 平原河流不同河段的河流典型横断面段

(a) 抛物线形；(b) 不对称三角形；(c) 马鞍形；(d) 多汊形

平原河流的纵坡较小，水面比降一般都在（10～1）×10^{-4}以下，流态也较为平缓。但由于河流多处于冲积层之上并从上游挟带大量泥沙，因此水流与河床之间以泥沙为媒介相互作用形成的河床演变，反而比山区河流更丰富、剧烈、复杂。以下主要针对平原冲积河流，讨论其河床演变特点与规律问题。

二、河床演变的基本原理及其分析方法

1. 河床演变的基本原理

河床演变的具体原因尽管千差万别，但根本原因可归结为输沙不平衡。例如，当上游来沙量与本河段水流挟沙力不适应时，本河段整个河床都将发生变形。当上游来沙量大于本河段水流挟沙力时，水流无力将上游来沙全部带走，会产生淤积，使河床升高；当上游来沙量小于本河段水流挟沙力时，则来沙量不能满足水流挟带的要求，会产生冲刷。这是由河床决定的纵向水流条件与纵向来沙不适应所引起的纵向变形。又如在弯道内，由于离心力作用形成横向环流，表层含沙量较小的水流流向凹岸，底层含沙量较大的水流流向凸岸，产生横向输沙不平衡，造成凹岸冲刷，凸岸淤积，这是由河床决定的横向水流条件与横向来沙不适应所引起的横向变形。再如，在河身突然扩宽处或在盲肠河段内，由于水流的离解作用和清浑水的重率差异，将形成汇流及异重流，使泥沙源源不断地进入回流区及异重流区落淤。这是由河床和其他一些因素所决定的汇流及异重流水流结构与局部来沙不适应所引起的局部变形。凡此种种，虽然冲淤机理迥然不同，但均可归结为由输沙不平衡引起的水流与河床不相适应的产物。

2. 河床演变的分析方法

河床演变过程是一种极为复杂的现象，影响因素极其错综复杂，要作出精确的定量分析，现阶段仍有不少困难；但作出定性分析和对某些问题的粗略的定性分析，还是有可能的。

实践中通常用以下几个基本方法对河床演变进行分析研究：

（1）对天然河道的实测资料进行分析。

（2）运用泥沙运动的基本理论和河床演变的基本原理，对河床变形进行理论计算。

（3）运用模型试验的基本理论，通过河工模型试验，对河床演变进行预测。

（4）利用条件相似河段的实测资料进行类比分析。

对于分析研究具体河段的河床演变，以上方法可以单独运用，也可以联合运用，相互比较，以求得较为可靠的认识。一般对于重要河流的重大问题，有条件时都尽可能运用各种方法进行分析研究；对于次要问题，则往往仅采用上述基本方法中的（1）、（2）两个进行分析研究。

三、实测资料的分析研究

河床变形计算和河工模型试验合称河流模拟，另有专著详细介绍。这里着重介绍对实测资料的分析研究方法，但对河床变形计算的基本原理也略加陈述。这是因为，这一基本原理在分析实测资料探讨河床演变规律时也要常常用到。

1. 河床变形计算基本原理

河床变形计算所依据的基本原理为输沙平衡原理，即流入某一河段或某一区域的沙量

与流出该河段或该区域的沙量之差，应等于河段或区域内河床床面淤积或冲刷的沙量，写成数学表达式应为

$$G_1\Delta t-G_0\Delta t=\rho' BL\Delta y_0 \tag{3-1}$$

式中　G_0、G_1——流入及流出该河段或该区域的输沙率；

Δt——历时；

B、L——河段或区域的宽度和长度；

Δy_0——在时段 Δt 内的河床冲淤厚度，正为淤，负为冲；

ρ'——淤积物的干密度。

要具体利用这一公式进行计算，须先求 G_1 与 G_0，对不同性质的河床变形，有不同的计算方法。对于一般挟沙水流的河床冲淤变化，通常是先运用水力学公式（水流连续方程式和水流运动方程式）计算进出口的水力因素，再据以计算出口的水流挟沙力。如采用饱和输沙模式，取实际含沙量等于水流挟沙力即可算出 G_1（进口含沙量已事先给定），如采用非饱和输沙模式，则应根据非饱和输沙的出口含沙量与进口含沙量及河段水流挟沙力的关系式求出出口含沙量，再计算 G_1。

需要说明的是，上面所介绍的只是一种最简单的计算模式，在解决复杂问题时可能要采用比这复杂得多的模式，但所遵循的输沙平衡原理则是完全一致的。

2. 实测资料分析方法

对实测资料进行分析的具体方法是很多的，视资料的具体情况和所要回答的问题的不同，可以采用各种不同的方法，并在分析研究中创造性地提出新方法。下面仅举现阶段工程实践中常采用的一般分析方法及研究内容，以供参考。

（1）现场查勘，调查研究。当接受一项河道演变或整治任务后，除对现有书面资料进行收集和熟悉外，应进行现场查勘，调查研究。要对河道的现状和它的历史以及它的未来发展趋势有确切的认识，对河道进行深入、广泛的调查，并据以进行认真的分析，是极为重要的。长年累月生活在河道两岸的老农民、老渔民和老船工，对河道的实际情况及变化规律有较丰富的感性认识。在进行现场查勘时，必须带着要解决的问题，深入实际，深入群众，从河道的现状、历史以及可能发展趋势和影响河道演变的因素等多方面的问题，向群众进行广泛的调查研究。一方面进一步收集资料，更重要的一方面是增加感性认识，取得实践经验。这对正确地认识河道演变的规律具有十分重要的意义。

（2）资料分析。如前所述，河道演变是挟沙与河床相互作用的产物，影响河道演变的主要因素有来水来沙、河谷地质地貌情况等。因此，在分析河道演变规律时，应紧紧抓住以上各因素，找出其相互联系和内在规律，主要包括河道平面变化、河道纵向变化及冲淤量估算、来水来沙资料分析、河床地质资料分析，在分析了以上诸方面资料后，再由此及彼，由表及里地进行综合分析，找出河床演变规律及影响演变的主要因素，据此就可预估该河段河床演变的发展趋势，提出合理的治理措施。

应该指出，上面介绍的限于对实测资料的常规分析方法，对具体河床演变问题，还可以有不同的具体分析方法。这就要求科学工作者对泥沙运动和河床演变规律有深刻的理解和对具体实测资料的深思熟虑，丰富理论知识，积累实践经验。

第三节　河道整治规划

一、河道整治的一般原则

河道整治的内容非常广泛，不同的整治目标对河流有不同的整治要求。

为满足防洪的需要，要求河道过流顺畅无过分弯曲和卡口（缩窄）段，具有足够的泄洪断面和堤防高度，以保证通过设计洪水流量和承受相应的洪水位；同时还必须保证河床相对稳定和堤防安全。从航运角度看，主要是要求水流平顺，没有险恶流态，深槽（航线）稳定，保证枯水期通航水深和流速。而引水工程和桥渡建筑物，虽然都要求河道稳定，但前者注重引水口附近不能有严重的淤积或冲刷，引水保证率要高；而后者主要考虑避免形成严重的折冲水流冲刷河床，危及桥墩安全。涉及河流环境质量时，则是要考虑控制最小流量，保证水环境容量。整治的目的不同，相应采取的整治方法和措施也是有很大不同的。

河流治理涉及面广、影响时间长，所以必须有正确的指导思想和整治原则，这样才能制定出经济合理、切实有效的河道整治规划。一般河道整治必须遵循的基本原则可以归纳为 16 个字：全面规划，综合治理，因势利导，因地制宜。

我国地域辽阔，地形复杂，不同地区的河流形态、特性差异很大，就是同一条河流的不同河段也往往有很大差别。因此，无论是整治措施、整治建筑物的结构和布置形式都应根据当地情况相应选择，不能生搬硬套。

二、河道整治规划的基本内容

基本内容主要包括河道演变及特性分析、河道整治方案的确定和方案比较及论证三个部分。

河道特性主要包括河道自然地理及地质地貌情况、水文泥沙特性、河床演变特性及过去的整治情况等。目前，水利科学工作者通过周密细致的调查研究，收集资料，对河流特性进行分析研究。另外除资料分析外，还常通过河流模拟（数值模拟或河工模型试验）的手段，寻找整治河段河床演变的规律性。当河道上修建有调节径流的建筑物时，这些建筑物对水文泥沙及河床演变的影响必须予以重视和分析。

河道整治要满足有关部门对河道治理规划的基本要求。根据整治规划原则，确定有关设计参数和采用的工程措施，其中包括总体工程布置、局部建筑物结构形式及治理程序。整治工程的布置和设计一般应达到满足均衡意义上的河线（河宽）稳定并具经济合理性，据此编制规划设计报告和整治工程的投资概预算报告。近代河工的一种极具挑战性的任务，就是在进行河道治理规划时要预估河流反应，并根据可能出现的河流反应修改完善河道整治的设计方案。在规划设计中，还要进行有关环境影响的评价。下面是河道整治工程规划设计主要步骤的流程框图，可作参考，如图 3-6 所示。

由于治理指导思想、侧重点和整治措施的不同，整治设计方案往往不止一个。这就要对不同的方案进行分析比较，论证评价每一方案的工程效益，经济效益和社会效益。通常可以借助河工模型试验结果与专家系统进行论证，从中选择最优整治方案。

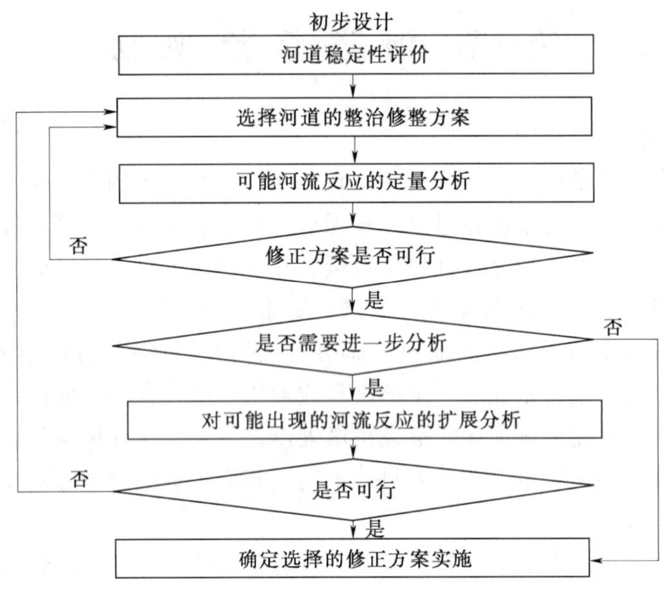

图 3-6 河道整治工程规划设计流程

（一）顺直型河段的河床演变及整治

从几何形态上看这类河段的中水河槽比较顺直，两侧河岸常依附有犬牙交错的边滩，如图 3-7 所示。纵向河床面成波状，即沿程深槽与浅滩相间。判断顺直型河段的主要标志是所谓的曲折系数 T_S。它是一个河段深泓线长度与其进出口间直线距离之比，又称为河流曲折率。顺直河段的 T_S 多在 1.15 以下。

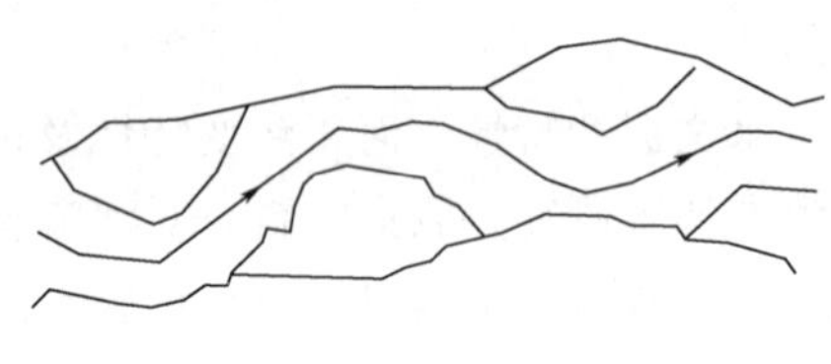

图 3-7 顺直型河段平面形态

此类河段演变的最主要的特征是犬牙交错的边滩会逐渐顺流向下移动。在水流作用下，边滩迎水坡不断冲刷而背水面不断淤积，从而使整个边滩不断向下游蠕动随着两岸边滩下移，推移质不断运动，河道中部深槽、浅滩以及深泓线的位置也因此不断地变化，整个河势缓慢平行下移。

顺直河段河槽中浅滩的阻水作用导致深槽和浅滩冲淤交替发生。枯水期浅滩水面比降大，因而浅滩冲刷并导致下边的深槽淤积；洪水期水位高比降影响小且深槽流速大，因而深槽冲刷并导致下边的浅滩淤积。

河道两岸边滩的下移发展，不断改变两岸边界条件。在边滩间迂回流动的河流可能呈现周期性的展宽与缩窄现象。一般而言，顺直河段的河势并不稳定，主要位置经常变化，所以对航运和灌溉引水不利。为稳定河势，通常需要采取适当的稳定边滩治理措施。

（二）蜿蜒型河段的河床演变及整治

这是一种最常见的河型，河岸的抗冲性相对较强。河道通常具有蜿蜒曲折的平面外形，曲折系数 T_S 一般大于1.15。渭河下游和长江中游有“九曲回肠”之称的下荆江河段等。

在分析河道主流变化（即河势）时，通常把纵向水流沿程各断面最大垂线平均流速处的连线称为水流动力轴线或主流线。沿这条线水流动量最强，对河床的影响最大。因此实际观测工作中，往往根据汛期河流大溜（浪花翻滚，水流湍急，集中的部位）的走向，确定主流线。观测资料表明：在弯曲河段，弯道进口段附近主流线偏靠凸岸；而进入弯道后，主流线则向凹岸偏移。至弯顶稍上部，主流线才偏靠凹岸。从主流逼贴凹岸的位置，即顶冲点以下相当长一段弯道内，主流仍贴凹岸而行，然后又逐渐脱离。弯道内的水流动力轴线还具有“低水傍岸，高水居中”、俗称“低水走弯，高水走滩”的特点。这显然是与洪枯水期水流的动量（惯性作用）不同有关。与此相应，顶冲点的位置在弯顶附近也有“低水上提，高水下挫”的变化特点。

弯道横向环流与纵向流动合成为螺旋流，它直接影响着弯道河段的泥沙运动。表层流速较高、含沙量较小的水流冲向凹岸、潜入河底，并且从凹岸携带大量泥沙（多为推移质）斜向凸岸输移，引起凸岸泥沙堆积，形成弯道河段横向输沙不平衡。

1. 河床演变特征

横向输沙不平衡，是引起弯曲河段各种演变的根本原因。一般情况下河床演变主要表现在以下几点。

（1）横断面凹岸的崩退和凸岸的淤长。在横向环流作用下，凹岸不断受到冲刷后退形成陡岸深槽，相应凸岸不断被淤积前进形成平缓边滩。整个断面侧向移动，但凸岸淤积量与凹岸崩退量长期基本持平。沿河道纵向，弯道段与过渡段具有冲淤交替的特点，表现为弯道段洪冲枯淤，而过渡段则相反。因此从长时段看，弯曲河道基本保持纵向输沙平衡。

（2）平面弯曲发展，河线蜿蜒蠕动。一方面凹岸崩退和凸岸淤长使得弯道率不断增大，河弯不断发展；另一方面由于螺旋流作用，使得弯顶不断向下游蠕动。河弯发生平面扭曲，从而整个河线向下游呈缓慢蜿蜒蠕动。

（3）裁弯取直，弯道消长。当河弯发展成急剧变化的河环，即形成同向弯相距很近的狭颈时，如遇大水漫滩，便有可能将狭颈冲开，发生突变性的自然裁弯现象。而后老河逐渐淤废，形成牛轭湖；裁直的新河则逐渐发展壮大成主河道。同时新河又重新向弯曲方向演进，进入河弯演变的下一循环周期。通常这是一个较长时期的循环过程。对于曲率半径很小的急弯，在较大流量下有时还会发生撇弯（淤凹岸）、切滩（冲凸岸）的特殊演变现象。这主要是由于流量较大时，水流惯性作用加强，导致水流弯曲半径和急弯半径不一致、流路发生改变所致。

2. 蜿蜒型河段的整治

根据河段现状可分为两大类：一类为稳定现状，防止其向不利的方向发展；另一类为改变现状，使其朝有利的方向发展。稳定现状的措施，主要是保护弯道凹岸，以防止弯道的继续恶化。只要弯道的凹岸稳定了，过渡段也可随之稳定。至于改变现状的措施，其规模有大有小。小规模的整治主要是对弯道和过渡段的现状加以改善。例如在弯道内切除凸嘴，调整弯曲半径，扩大水面宽度；在过渡段束窄局部河道等。大规模的整治则是根本改变河道现状，例如进行人工裁弯取直等。

（三）分汊型河段的河床演变及整治

分汊型河段是冲积平原河流中常见的一种河型。我国各流域内都存在这种河型，例如珠江流域的北江、东江，黑龙江流域的黑龙江、松花江，长江流域的湘江、赣江、汉江等。特别是长江中下游这种河段最多，在全长1120km的城陵矶至江阴河段内，就有大的分汊型河段41处，长817km，占区间河长的78%。

分汊型河段由于水流分成两股或多股，泥沙也随之分股输移，这样的水、沙状况往往是难于稳定的，容易引起汊道的变化，给国民经济各部门带来一些不利影响。就防洪而言，汊道的横向发展会造成河岸的坍塌，危及堤防、交通线及城镇的安全。就港口和取水工程而言，当汊道趋向萎缩时，将遭受严重淤积，甚至淤废；而当汊道趋向发展时又会受到严重冲刷。就航运而言，汊道入口处，常因壅水落淤而形成浅滩。因此，为了使分汊型河段能满足国民经济建设的要求，研究其特性及演变规律，以便有效地进行整治，是一项很重要的工作。

1. 河床演变

虽然分汊河道的江心洲相对比较稳定，河床冲淤基本平衡，但从长时期看仍有如下演变特点：

（1）洲滩的移动与分合。江心洲的洲头在水流冲顶作用下，不断地刷坍后退，而洲尾则因汇流引起的两股螺旋流作用，使泥沙在汇流区不断沉积，洲尾向下游延伸，从而使江心洲缓慢下移。两汊的冲此淤彼也会使江心洲横向摆动，两岸产生相应的崩退、淤长，使岸线向弯曲发展。有时在大水切割、流路改变的作用下，还会使江心洲发生合而分或分而合的变化。

（2）汊道的兴衰与交替。江心洲的移动以及分流处水流条件的改变，往往引起分水分沙状态的变化。弯曲汊道常因为分流比小、分沙比大而逐渐趋向衰微；直汊道则相反，趋于发展。虽然一汊道发展总伴有另一汊道的衰微，但各股汊道都经历着周期性的兴衰交替过程。各汊道的消长主要取决于汊道进口的分水分沙情况。

2. 整治

（1）分汊型河段的固定。当分汊型河段的发展演变过程处于对国民经济各部门有利的状态时，可采用整治措施把这种有利状态固定或稳定下来。为了达到这种目的，可在分汊型河段上游节点处、汊道入口处和弯曲汊道中局部冲刷段以及江中心洲首部和尾部分别修建整治建筑物，如图3-8所示。

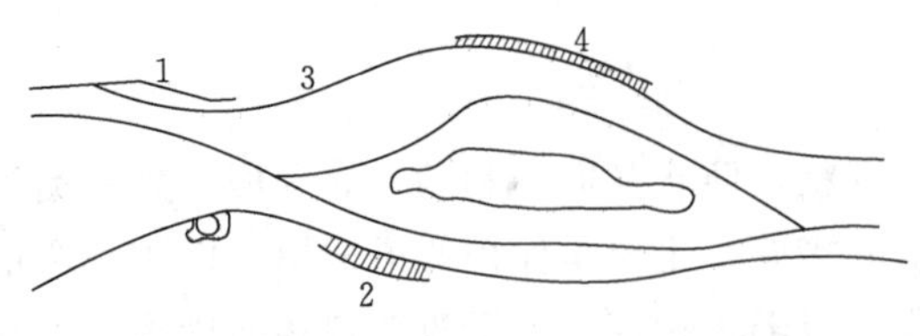

图3-8　固定分汊型河段工程措施示意图
1—节点控导；2—汊道进口护岸；
3—护滩；4—稳定弯道工程

节点控导及稳定弯道可采用平顺护岸建筑物，汊道出口处的控制可视具体情况选择建筑物的类型。例如为了维护边滩，可采用植树护滩措施；为了防止崩岸，可采用平顺护岸工程等。

（2）分汊型河段的改善。当分汊型河段的发展演变过程出现与国民经济各部门的要求不相适应的情况，而又不可能或不允许通过塞支强干来加以根治时，应采用改善汊道的整治措施。

改善汊道的整治措施包括调整水流与调整河床两方面。前者如修建顺坝与丁坝，后者如疏浚与爆破等。采用这种整治措施时，首先应分析该分汊型河段的演变规律，根据具体情况采取工程措施。例如，为了改善上游河段的情况，可在上游节点修建控导工程，以控制来水来沙条件；为了改变两汊道的流量和沙量分配比例，可在汊道入口处修建顺坝或挑水丁坝；为了增加浅滩上的水深，可修建丁坝以束水攻沙，或进行疏浚爆破工程；为了改善江心洲尾部的水流流态，可在洲尾修建导流顺坝等。

(3) 堵汊工程。在一些分汊型河段中（主要是中小河道），有时两汊道流量相差不大，而通航汊道需要增加较多流量才能满足通航要求时，可考虑采取塞支强干整治措施，将枯水流量全部集中于通航汊道。有时为了满足工农业要求，也往往将支汊堵塞，使江心洲或江心滩转化为边滩，作为工农业用地。

堵塞汊道时，应分析该分汊型河段的演变规律，尽可能选择逐渐衰退的汊道加以堵塞，这样可收到事半功倍的效果。一汊堵塞后，另一汊将展宽与加深。堵塞汊道的措施，视具体情况不同，可采用修建挑水坝、锁坝或编篱建筑物等多种。在含沙量较大的河流上，可在被堵一汊的进口处，修建编篱建筑物，将含沙量较小的表层水流导向被保留的汊道，而含沙量较大的底层水流则导入被堵塞的汊道，从而导致该汊道淤塞。当被堵塞的汊道有明显的衰亡趋势。而另一汊道正处于发展阶段时，为了节省工程费用，宜在被堵塞汊道的进口上游修建挑水坝（顺坝或丁坝），将主流更加逼向发展的汊道，以加速其发展，而被堵汊道的进口，因而在挑水坝下游，由于回流落淤而将逐渐淤死。用丁坝和顺坝堵塞汊道，常常比锁坝的效果好，因为丁坝和顺坝不但能封闭汊道进口，起到锁坝的作用，同时还能起束窄通航汊道水流的作用。图 3-9 为利用顺坝封闭汊道，并与下游丁坝配合将江心滩转化为边滩的例子；图 3-10 为利用丁坝堵塞非通航汊道，将江心洲转化为河漫滩的例子。

图 3-9　顺坝封闭汊道

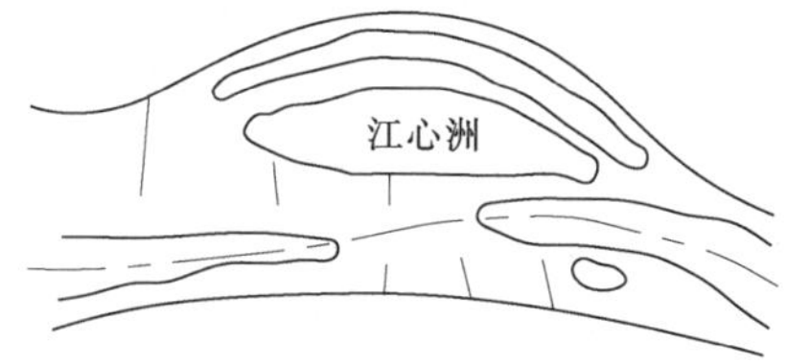

图 3-10　丁坝封闭汊道

在中小河流上（特别是山区河流），当两汊道流量相差不大，必须堵死一汊才能满足另一汊的通航要求时，多采用锁坝堵汊。但在平原河流上，特别是大江大河，采用锁坝堵汊时，应慎重进行分析研究。这是因为锁坝堵汊会引起两汊道流量和沙量的重新分配，河道将发生剧烈变化，稍有不慎，就会带来不利后果。

在含沙量较大的河流上，锁坝可以采用沉树、边篱等透水坝，以起缓流落淤的作用，既节省工程费用，又提高淤塞汊道的效果。在含沙量较小的河流上，则采用实体坝堵汊，实体坝一般都修建得比较低，中、枯水期不过水，洪水期分泄部分洪水。

（四）游荡型河段的河床演变及整治

游荡型河段在我国各流域都有一定的分布，如黄河下游孟津—高村河段和永定河下游卢沟桥—梁各庄河段都是典型的游荡型河段。又如汉江丹江口—钟祥河段和渭河的咸阳—泾河口河段，也属游荡型河段。

游荡型河段的特性、演变规律、形成条件及其整治措施，相对于蜿蜒型河段和分汊型河段而言，研究得还不够深入，这是因为游荡型河段各方面的问题都相当复杂，实践经验也不足，故继续研究这方面的问题无论在理论上和实践上都具有重要意义。

其演变规律主要有以下几点：

（1）纵剖面变化特征。游荡型河段在年内具有滩槽冲淤交替的往复变形规律。汛期由于洪水流速较高，水流集中的主槽往往被冲刷，而大水漫滩后，滩地因水缓滞沙多为淤积。非汛期水流归槽走弯，则出现淤积主槽、冲刷滩唇的现象。从多年平均看，由于受上游来水少来沙多的水文特征和宽浅的河床边界条件的影响和制约，游荡型河段的河床多是逐年不断淤高，呈单向抬升的变形趋势。

（2）平面变化规律。“宽、浅、散、乱”的河道特性，决定了游荡型河段河床变形具有强度大、速度快的特点。其主要表现为主流摆动不定、河势变化剧烈。

（3）藕节状河形的影响。游荡性河道宽窄相间的河型，使窄段水流有条理、控制下游宽河段河势的作用。水流进入宽段后，挟带大量泥沙的水流自主槽漫上滩地，在广阔的河漫滩上泥沙落淤，改造洲滩。自宽段再进入窄段时，较清的水又重新归槽。汛期这种滩、槽泥沙的横向交换现象不断将主槽泥沙搬上滩地，延伸较长距离。而非汛期主槽则淤积，这样能使滩槽高差长期保持动态稳定。由于河漫滩为行洪落沙提供了广阔的空间，因此它成为游荡型河道不可缺少的依托。

总之，游荡型河段易冲易淤，善变善徙，河道演变异常剧烈、复杂，使得河床变形的控制和预测十分困难。这正是治理游荡型河段的症结所在。

游荡型河段整治的总要求是把宽浅散乱、主流多变的游荡型河段整治成比较窄深归顺的河道，使之有利于防洪、取水、航运等国民经济各部门。我国治理黄河、永定河等游荡型的实践表明，要彻底治理好游荡型河段，应采取综合治理措施，这些措施主要是水土保持、修建水库、发展淤灌和河床治理。

游荡型河段在自然情况下整治的主要任务是控制河势，只有河势得到一定的控制，主流才能比较稳定，游荡的程度才会有所减弱。控制河势的措施主要是护岸、护滩工程，此外还涉及堤防工程。

控制河势最主要的目的是控制主流，固定险工位置，以保护堤岸。为此，必须修建护岸工程。游荡型河段护岸工程的布置，与蜿蜒型河段有所不同，蜿蜒型河段因主流比较稳定，顶冲部位的变化较小，故需要护岸的部位比较容易确定。而游荡型河段，在自然情况下，由于主流摆动频繁且缺乏一定的规律性，难于估计其顶冲部位，一般是根据汛后变化了的河势，实地查勘，运用以往经验来预估可能发生的变化，然后确定需要护岸的部位。游荡型河段的护岸工程在黄河上积累了比较丰富的经验，下面以黄河为例，介绍有关护岸工程的一些问题。

我国在游荡型河段上游兴建的水库，主要有黄河的三门峡水库、永定河的官厅水库和汉江的丹江口水库。这些水库已运转多年，其下游的游荡型河段都发生了一些变化。如永定河在清水下泄的3～4年内河床即已完成粗化，10年内河床只冲深1～2m。如汉江，在清水下泄后的约10年内，丹江口-太平店河段原为卵石夹沙的主槽和洪水滩面已完全粗化为卵石床面，黄家港已下切甚多，河段比降由原来的2.7‱调平到2.49‱。在发生冲刷的同时，有可能出现河型转化，这在很大程度上与河床的地质条件有关。

对冲刷下切所受限制较小的河道，河床横断面可能随着河床的下切面而向窄深发展，有利于水流归槽，而水流归槽反过来又有利于冲刷下切，使横断面越向窄深发展，最终形成一条与来水来沙相适应而断面比较窄深的河段。与此同时，由于河床下切，比降将逐渐减小，这时尽管水深加大，流速仍将因比降的显著减小而降低，相应河床的演变强度也逐渐减弱，河道就有可能由演变过程很强的游荡性河型向其他演变过程较弱的河型转化。究竟向哪一类型转化，虽很难作出准确的判断，但大体上可以根据每一河段的具体条件作些预估。例如汉江丹江口水库下游黄家港-碾盘山河段，建库前为游荡型的分汊河段，建库后下泄流量调平，洪峰大为消减，枯水流量加大，在相当长的河段内含沙量及输沙率普遍大幅度降低，水流流路比较固定，主槽普遍刷深，逐步形成了比较稳定的中枯水河槽，深泓逐渐固定，并且从上游逐渐向下游发展。而原来的分汊河段，由于下泄流量调平，支汊过流的机会大为减少，非汛期支汊河床上的植物生长，汛期过水时滞留落淤，河床逐年抬高以致衰废。主汊由于常年过流，来沙量又少，便进一步得到发展。这样，原来游荡不定的分汊河道大都逐渐发展成比较稳定的单一河槽，具有从游荡型向非游荡型转变的特征。至于今后的变化尚难判断，有可能向稳定的微弯型河段发展，也可能向蜿蜒型河段发展。

对冲刷下切受到很大限制的河道，由于河床冲刷下切不多，比降减小甚微，流速仍然较大。这样流速较大的水流，由于下切受到限制，势必向两侧摆动，冲刷滩地，取得泥沙补给，以满足其挟沙要求。滩地的大量冲失，使河床变得更加宽浅，河床越宽浅，则水流越散乱，这类河段的游荡特性不可能发生根本性的改变。永定河在官厅水库建成后的若干年内即属于这种情况。明确了河型转化的趋向性以后，就可以针对河型转化情况和整治目的进行整治。

第四节　浅滩的演变及整治

在冲积平原河流上，总有各种不同形式的淤积体，而联结两岸上、下边滩，隔断上、下深槽的沙埂是常见的泥沙成型堆积体之一，其水深常比邻近水域的水深小，通称浅滩。视航道所要求的航深不同，有的浅滩水深虽然较小，并不碍航，可称为不碍航浅滩；有的水深不能满足航行要求，则称为碍航浅滩。随着水运事业的发展，对航深的要求会逐步提高，原来的不碍航浅滩，有可能成为碍航浅滩，所以浅滩碍航与否，只具有相对意义。

一、浅滩的特性及其类型

1. 正常浅滩

正常浅滩的主要特点是：边滩和深槽左右上下对称分布，边滩较高，上、下深槽不交错，浅滩脊与枯水河槽的交角不大，鞍凹明显，水流从上深槽过渡到下深槽的流路比较集中、平顺，冲淤变化不大，平面位置也比较稳定。这类浅滩一般对航行阻碍较小，常称为平滩或过渡性良好的浅滩（图3-11）。

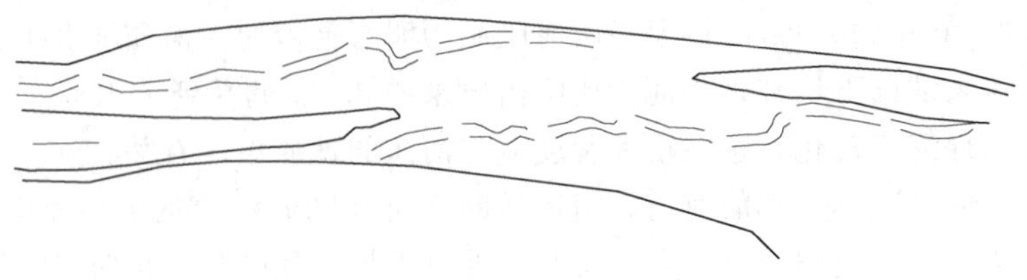

图 3-11　正常浅滩

正常浅滩多出现于河身较窄的微弯型河段，或蜿蜒型河段中长度适当的过渡段内。

2. 交错浅滩

交错浅滩的显著特点是：上下深槽相互交错，下深槽的首部为窄而深的倒套，浅滩的滩脊宽而浅，鞍凹则既浅又窄，且位置经常变动，有时甚至无明显的鞍凹；浅滩冲淤变化很大，航道极不稳定，航行条件也差。这类浅滩又称为坏滩或过渡性不良的浅滩。这类浅滩又可分为两个亚类：一类沙埂较宽，缺口较多，其动力轴线的摆动一般是随着上边滩的下移而逐步下移，达到一定程度后，突然大幅度上提；另一类沙埂窄长并与河岸基本平行，往往无明显的鞍凹，其动力轴线一般是随上游河岸崩坍变形和上、下边滩的发展变化而左右摆动。图 3-12 表示长江中下游这两种类型的交错浅滩。

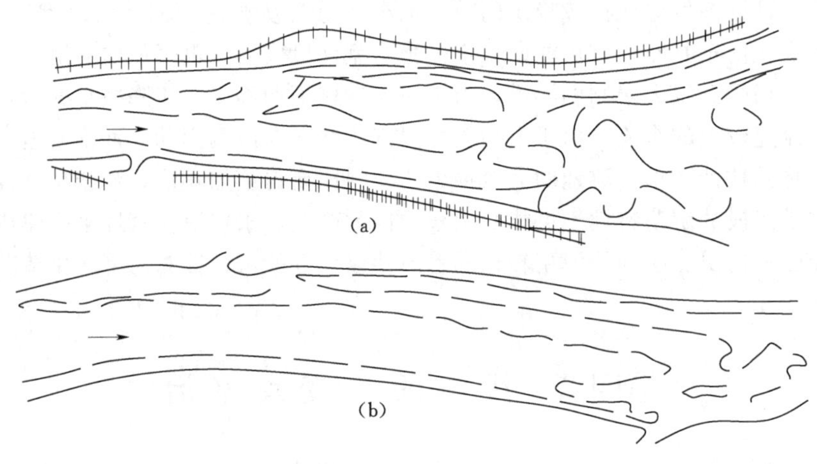

图 3-12　交错浅滩

(a) 宽形沙埂；(b) 窄形沙埂

交错浅滩的水流特点是具有强烈的斜向水流，如图 3-13 所示。

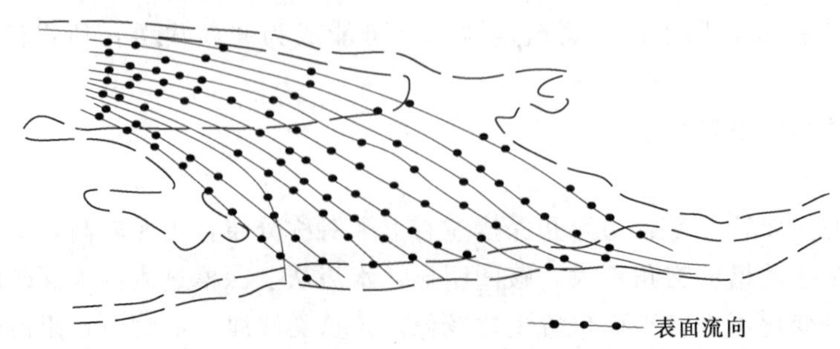

图 3-13　交错浅滩水流

由图可知，水流自上深槽下部急剧地横斜而向下深槽流动，状似扇形，故常称为扇形水流。产生斜向水流的主要原因是下深槽倒套的存在。在倒套内，水深很大，水流阻力相对较小，故水面比降很小，甚至接近水平，而上深槽的下部，由于上边滩水下沙嘴的壅水作用，水面较高，且有一定的纵比降。因此，不仅上、下深槽存在着横向比降，且越靠上部，横向比降越大。横向比降的存在自然会引起横向水流，这就是交错浅滩产生横向水流的原因。同时由于横向比降是沿程减小的，故横向水流的强度也相应沿程减弱，这就是横向水流成为扇状的原因。

交错浅滩的这些特点给航行带来了严重影响，主要表现为航深不足。枯水期水流经过浅滩脊时，上深槽的一部分水量早已从滩脊上部横向流入倒套，于是上深槽的流量沿程减小，只剩下一部分流量流经浅滩鞍凹，其结果是水深减小，而更主要的则是水流输沙能力降低，无法冲刷前期洪水时淤下的全部泥沙，最终表现出鞍凹水深不足，妨碍航行。

交错浅滩多出现在河身宽浅、边滩宽且高程低的微弯型河段上。在蜿蜒型河段上，如果上、下弯道的弯曲半径很小，而过渡段又很短，也容易出现这种交错浅滩。

3. 复式浅滩

复式浅滩是由两个或多个相距很近的浅滩所组成的滩群，其主要特点是：两岸边滩和深槽相互交替分布，上、下浅滩之间，有着共同的边滩和深槽，它们对上游的浅滩而言，是下边滩和下深槽，对下游的浅滩而言，则是上边滩和上深槽。两岸边滩一般高程较低，或不太明显，中间深槽较小，这样的浅滩彼此相距很近，相互影响较大而且敏感。在洪水上涨期，由于泥沙首先在上游浅滩淤积，减少了下游浅滩的来沙量，可能使下游浅滩发生冲刷。而在洪水降落期，由上游浅滩冲刷下来的泥沙，有一部分就淤在下游浅滩。在一次洪峰过程中，上游浅滩表现为涨淤落冲，而下游浅滩则可能表现为涨冲落淤。所以这种浅滩的冲淤变化比较频繁，常出现航道不稳、航深不够的碍航局面。这种浅滩一般多出现在比较长的顺直型河段或蜿蜒型河段的长过渡段内。图 3 - 14 为长江的一个复式浅滩。

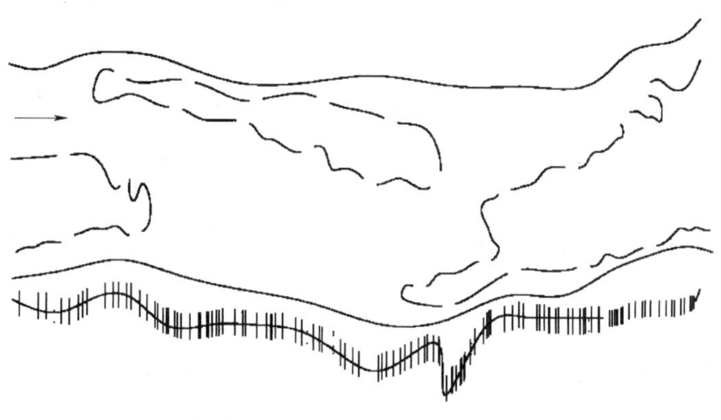

图 3 - 14 复式浅滩

4. 散乱浅滩

散乱浅滩的主要特点是：没有明显的边滩、深槽和浅滩脊，在整个河段上，十分零乱地散布着各种不同形式和大小的江心滩、潜洲，水流分散，航道曲折且极不稳定，水深很小，碍航严重。这种浅滩多出现在河槽比较宽阔的河段上；在河道突然放宽处，在出现周期性壅水的区段内以及在游荡型河段上，也常出现这类浅滩。图 3－15 为长江中游在切割上边滩后所形成的散乱浅滩。

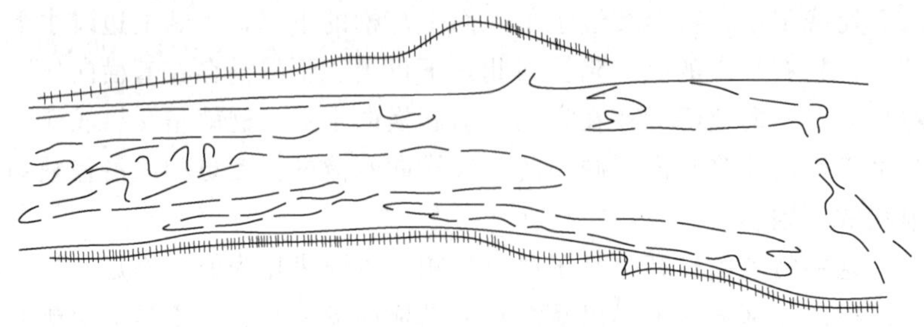

图 3－15　散乱浅滩

二、浅滩的演变规律与整治

1. 浅滩演变的基本规律

浅滩演变是河床演变的一个组成部分，属于局部性的河床演变。就其演变形式来说，也有纵向变形和横向变形、单向变形与复归性变形之分。但主要表现形式为复归性变形，即随河道水文过程而呈周期性的变化；在一定时期内，浅滩处于淤积变形阶段，在另一时期内，则处于冲刷变形阶段，在经过一定时期后，浅滩又处于淤积变形阶段，如此周期性交替往复变化。浅滩的涨淤落冲规律，与深槽的冲淤规律有极为密切的关系，根据水流挟沙力表达式从理论上分析了深槽与浅滩在涨水期和退水期的冲淤关系，归结为涨水期深槽冲刷，浅滩淤积；退水期深槽淤积，浅滩冲刷。这种冲淤规律，一个水文年内是如此，比较长系列的水文年内，在没有特殊的情况下，仍然是如此。

滩鞍凹平面位置年内周期性变化，根据实测资料分析，主要取决于浅滩河段水流动力轴线的变化，也就是决定于水流动力轴线通过浅滩脊的方向和位置。影响浅滩动力轴线变化的因素很多，主要是水流动力因素和河床形态特征。当河床形态特征一定时，水流动力因素是随来水条件变化的，而来水条件在一个水文年内又具有周期性变化规律，因而浅滩河段水流动力轴线和鞍凹平面位置的变化，在年内也具有周期性变化规律。

浅滩的多年变化主要与特大洪水的出现有关，在通常的水文系列内，由于水流的造床作用，在浅滩河段上形成一定形式的边滩、江心滩、沙埂等成型堆积体，尽管各年水沙有一定差异，但浅滩的基本形态不会发生根本性的变化。但遇到某一特大洪水年，原有浅滩的形态如边滩、心滩、沙埂等，将重新调整，甚至会出现新的成型堆积体，使原来浅滩状况完全改观，乃至出现新的浅滩。从上述浅滩演变分析可知，浅滩既有活动性的一面，又有相对稳定性的一面。所谓活动性，系指浅滩经常处于活动状态之中，诸如浅滩鞍凹高程和平面位置的变化，上、下深槽的萎缩和发展，上、下边滩的淤高或降低以及水流动力轴线的变化等，这是由来水条件、水流状态以及来沙条件与浅滩段的输沙能力所决定的。所谓相对稳定性，是指浅滩总是在一定的河段内出现，而不会自行消失。国内外长期观测资料表明，过去存在浅滩的河段在相当长的时期内仍然存在浅滩，很少发现浅滩自行消失的情况。长江自有资料记载以来的几十年内就没有发现过浅滩自行消失，例如长江下游张家洲浅滩，五六十年前就是严重的碍航的浅滩，现在仍是严重的碍航的浅滩，只是浅滩位置和碍航程度各年有所不同而已。由此可知，凡是具有形成浅滩条件的河段，浅滩是必然存在的，但如果浅滩所在河段的河床形态发生了根本性变化，浅滩就有可能消失。例如蜿蜒型河段在人工裁弯或自然裁弯后，原来过渡段的浅滩就被裁掉了；展宽河段内的浅滩在采取工程措施将河槽束窄后也会消失。

2. 浅滩整治

浅滩整治是在碍航的浅滩上修建整治建筑物，以改善其通航条件，整治对象主要限于枯水河床。浅滩整治一般包括下面一些内容。

（1）通航保证率。通航保证率是指在规定的航道水深下，一年能够通航的天数与全年天数之比。常用百分率表示。通航保证率与河流的大小及其所承担的运输任务有关。大河流的运输任务比较繁重，所要求的保证率高些，小支流则要求低些。当浅滩不能达到规定的保证率时，就需要进行治理。治理的措施或为整治，或为疏浚，或二者结合起来进行，使之达到规定的航深和保证率。正因为如此，所以保证率要定得比较恰当。如果保证率定得过高，则整治的工程量和投资就较大，定得过低，则河流的利用率不高。故保证率应根据河流实际可能通航的条件和航运的要求，以及技术的可能性和经济的合理性来确定，它是确定航道设计水位的依据。我国颁发的通航标准，对通航保证率规定见表 3-1。

表 3-1　天然河道试行航道保证率

航道等级	一级	二级	三级	四级	五级	六级	七级
浅滩最小水深/m	＞3.2	2.5～3.0	1.8～2.3	1.5～1.8	1.2～1.5	1.0～1.2	0.8～1.0
通航保证率/%	98～99	93～97	90～95	85～95	80～93	80～90	75～90

（2）航道尺度。在设计水位下，航道水深、航道宽度、航道曲率半径称为航道尺度。它是保证船队安全、顺利航行的航道最小尺寸。航道尺度的选定涉及船型、船舶编队方式、航速等有关因素。正确选定航道尺度是一件十分重要的工作。这里我们要明确的是，航道只是河道水域的一部分，船舶只能在连续达到航道尺度的水域内航行。

1）航道最小水深。航道最小水深是航道最基本的尺度，它是关系到船只能否自由悬浮于水中的关键条件，对于一般中小河流，它主要是根据河道经过整治后可能达到的水深来确定的。

航道最小水深为

$$h_{min}=t+\Delta h \tag{3-2}$$

式中　h_{min}——航道最小水深；

t——允许航行船舶最大吃水深度；

Δh——富裕水深。

富裕水深的作用是：保证船舶舵效，达到操纵安全和灵敏度；防止船舶航行时船尾下沉及因风浪颠簸而触及河底；避免船舶搁浅及机动船螺旋桨触及河底而损坏；减少水流对船舶的阻力等。上述各种需要增加的水深，并不要求累加在一起，航道富裕水深通常是根据航深及河底土质等因素来决定的，可参考表 3-2。

表 3-2　航道富裕水深　单位：m

航深	河床土质	
	沙质	石质
＜1.5	0.1	0.2
1.5～3.0	0.15	0.25
＞3.0	0.2	0.3

2）航道宽度。河流上水深不小于最小航深的带状水域称为航道，在允许船舶对开的双线航道中，航道的最小宽度（简称航宽，图 3-16）应为

$$B_{min}=2(b+b_1) \tag{3-3}$$

式中　b——允许航行船队的最大宽度；

b_1——船与船和船与航道边线的间距，其取值按单个中等船的宽度决定。

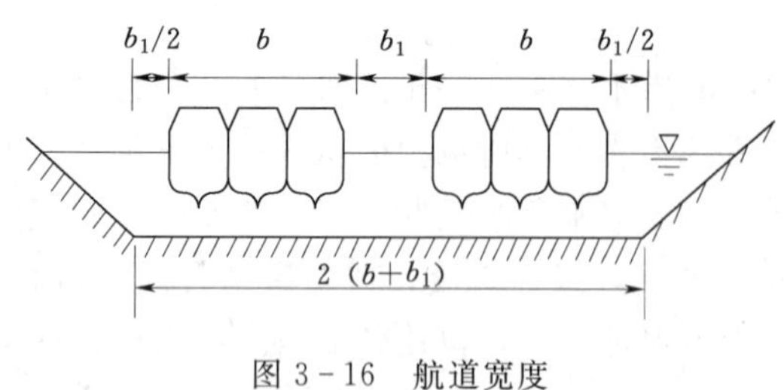

图 3-16　航道宽度

根据国内外的试验研究，认为航宽以不小于 5 倍船宽来校核，是比较合适的。由于河流宽度较大，航道最小宽度的条件一般较易得到满足，对航行条件不起控制作用，在个别不能达到这一条件的地方，可以采取整治措施，或者规定为单线航道而设置通行信号站。

航深和航宽对船舶航行的影响，从力学角度看，主要反映在水流对船舶的阻力上。在同样条件下，船舶在窄浅航道上所遇到的水流阻力大于在宽深航道上所遇到水流阻力。因此，在规划中、小河流的航道时，应结合航深和航宽来考虑阻力的大小。控制的参数是航道断面系数，此系数为航道横断面面积与船舶或船队浸水最大横断面面积的比值，一般不小于 5～6，总之，航道横向尺度应结合航深、航宽和航道断面系数三者综合考虑决定。

3）航道曲率半径。航道曲率半径是指航道弯曲处轴线的圆弧半径。一般要求船舶通过弯曲航道时，转弯不能过急，以免撞及河岸或搁浅，因此航道的曲率半径的最小值应保证最长的下行船队能安全通过弯曲段。曲率半径的大小主要根据船队的最大长度来确定，此外，还应考虑流速、流态、船队转向的灵活度和河岸形式的影响，一般应符合如下要求。

$$R_{min}=(3\sim6)l \tag{3-4}$$

式中　R_{min}——航道最小曲率半径；

l——最大船队长度。

为了合理地确定 R_{min} 而又符合实际情况，可以进行现场试验，选用标准船队在典型浅滩上试航，以求得不同水流和不同船型条件下的最小曲率半径，最后综合比较，确定一个较合理的 R_{min} 作为设计依据。

航道中两反向弯曲段之间的直线连接段的长度，一般取为最大船队长度的 1～2 倍，以便船队转向灵活。

除以上三方面外，航行对水流速度和河道的稳定情况，也有一定的要求。

4）设计水位。根据通航标准要求达到航道尺度的起算水位，称为航道的设计水位。因为能否满足航道尺度，主要决定于枯水位的高低，所以设计水位与枯水位关系甚为密切。

确定设计水位必须有水位资料，当浅滩河段有较长系列的水位资料时，可直接据以确定设计水位；但浅滩河段一般没有水位站，在确定浅滩河段设计水位时，则先确定邻近河段基本水位站的设计水位，然后再推求浅滩河段的设计水位。河流在自然状态下确定设计水位的方法通常有下面几种。

平均法：将各年最低水位的算术平均值作为设计水位，这样可以概括该水文系列各种

水文年的情况，机遇均等。为了避免因丰水年过多导致设计水位偏高，可在水文系列中先选出枯水年，然后取各枯水年的最低水位，求其算术平均值作为设计水位。平均法要求的水文系列较长，否则，误差较大，同时受特殊枯水年的影响大。

保证率法：将基本水位站多年的水位资料，从高水位至低水位依次进行统计，然后作出水位保证率曲线，按规定的通航保证率在该曲线上查得的水位，即为设计水位。此法考虑了全部水位，比较合理，但也要求有较长的水文系列，否则，误差也较大。

保证率频率法：利用水文系列中每一年的水位绘出保证率曲线，根据规定的水位保证率，查出各年相应的水位，然后用经验频率公式 $P=\frac{m}{n+1}\times 100\%$ 计算该水位的频率值，见表 3-3。

根据要求的重现期，查出相应的水位，即为设计水位。

表 3-3　　水文站历年枯水位及其计算

年份	最枯水位 /m	保证率 95%的水位 H /m	H 按大小次序排列 /m	经验频率 $P=\frac{m}{n+1}$
1952	9.9	9.91	10.2	4.8
1953	9.96	9.99	10.16	9.5
1954	9.96	9.97	10.12	14.3
1955	10.05	10.08	10.09	19
1956	9.91	9.93	10.08	23.8
1957	9.88	9.91	10.07	28.6
1958	9.7	9.72	10.06	33.3
1959	10.01	10.04	10.04	38.1
1960	9.88	9.91	10.04	42.9
1961	9.98	10	10	47.6
1962	10.05	10.09	9.99	52.4
1963	10.01	10.06	9.97	57.1
1964	10.08	10.12	9.94	61.9
1965	10.1	10.2	9.93	66.7
1966	9.91	9.94	9.91	71.4
1967	10.03	10.07	9.91	76.2
1968	10.11	10.16	9.91	81
1969	10.01	10.04	9.9	85.7
1970	9.86	9.9	9.89	90.5
1971	9.86	9.89	9.72	95.2
平均	9.96	10	10	

基本水位站的设计水位求出后，可采用水位相关、瞬时水面线内插等办法，确定设计河段或浅滩上的设计水位。设计水位是进行航道工程规划、设计和施工的基本依据，不仅

关系到航道尺度的保证程度和航道工程量的大小，而且还涉及维护航道尺度的方法和效果以及经济上的合理性。因此，合理地确定设计水位，应该从实际情况出发，既要考虑运输的需要，又要考虑航道整治所能达到的程度，此外，也应结合船型和船队的编组方式进行研究、慎重决定。

5）整治水位。与整治建筑物头部高程相同的水位称为整治水位。当水位降落到整治水位时，建筑物开始明显地起到束导水流冲刷河床的作用，在其降落到设计水位过程中，航道尺度应始终都能达到预期的要求，显然，整治水位应高于设计水位。整治水位的确定通常有下面几种方法。

经验数据法：根据各河流航道整治工程的实践经验，从中总结出经验数值来确定，或参考浅滩所在的优良河段边滩高程来确定。这一办法因系建立在整治成功的基础上，比较可靠，常为航道部门所采用。整治水位一般比设计水位高出 0.7～1.5m。

造床流量法：根据马卡维也夫计算造床流量的办法，选用 $a=f(Q^m Jp)$ 关系曲线中与第二 $Q^m Jp$ 峰值相应的流量 Q 值的水位，作为整治水位，大约相当于流量保证率为 24%～25%时的水位。但此法所得水位往往偏高。

3. 整治线

浅滩整治的主要任务，是在妨碍航行的河段上修建整治建筑物，以改善通航条件，必要时辅以疏浚。整治的目的大致可以分为 5 个方面，即稳定航道，增加航深、航宽和航道的弯曲半径，改善水流条件。浅滩整治主要是整治枯水河床，但与整个河段的河势有着密切的关系。因而在确定整治线时，应着重考虑下面几个问题。

(1) 确定浅滩所在河段的上、下游控制段。控制段的条件应相当稳定，在河床演变历史上，不管浅滩曾经发生过怎样的变化，控制段都没有太大的变化。整治线只有与这样的控制段连接起来，才能有效地控制浅滩河段的变化，整治线的方向应尽可能地与主导河岸方向一致。

(2) 注意整治线方向与流向的关系。浅滩整治最主要的目的是增加枯水期的航深。演变分析表明，浅滩在枯水期航深不够，往往是洪水期或中水期造成的。因此，在确定整治方向时，应以中、洪水流向为主，适当照顾枯水流向，这样可以减轻中、洪水期航道上的淤积，同时也有利于退水期浅滩的冲刷。

(3) 注意整治线越过浅滩脊的位置。为了使浅滩脊在水位较高时就能得到冲刷，必须使规划的航线通过浅滩脊上的最大流速区，但当滩脊宽浅或上、下深槽交错时，各级水位的最大流速区域是不同的。因此，在确定整治线时，应事先根据实测资料确定最大流速变化的区域，将整治线限制在这一区域，如果最大流速的变化太大，宜以中、洪水或造床流量时的最大流速区为依据。

(4) 整治线的走向和大致位置确定后，就要确定整治线的宽度。确定的办法有经验法和理论计算方法两种。经验法就是在本河道或演变类似的河道上选取优良河段作为模拟对象，使整治后的浅滩也能达到所要求的水深和宽度。具体做法是绘出所选优良河段的过渡横断面图，然后求出整治水位时的水面宽和规定航宽内的最小水深，把各过渡断面的水面宽和相应的水深绘制出 $B=f(h)$ 关系曲线（图 3-17），然后根据最小通航水深 h_{min}，在曲线上查出相应的宽度 B，作为整治线宽度。

理论计算法是根据水沙平衡原理，按浅滩整治前后的流量、输沙率必须相等的条件来确定整治线宽度。联解水流连续公式 $Q=BhU$，悬移质水流挟沙力公式 $S_*=\beta U^3$ 或推移质单宽输沙率公式 $gk=\alpha U^4$，都可得到整治后整治线宽度为

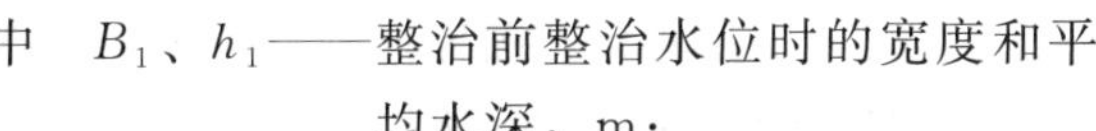

$$B_2=B_1\left(\frac{h_2}{h_1}\right)^{4/3} \tag{3-5}$$

式中　B_1、h_1——整治前整治水位时的宽度和平均水深，m；

B_2、h_2——整治后整治水位时的宽度和平均水深，m。

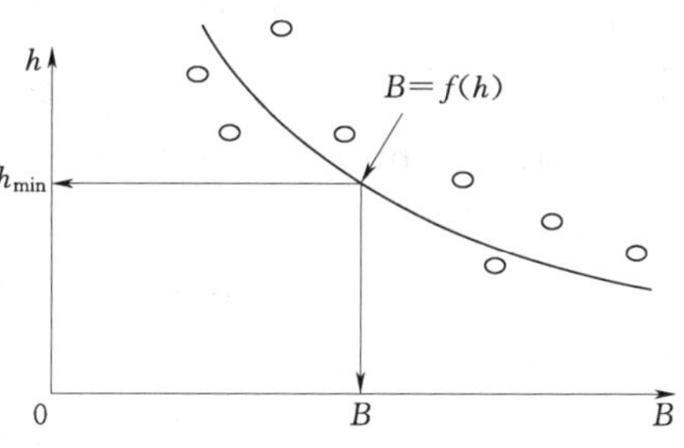

图 3-17　优良河段的 $B=f(h)$ 曲线

第五节　水库淤积及其防治

一、水库淤积现状

中国水库泥沙淤积严重，例如黄河三门峡水库因淤积库容损失 57%，青铜峡水库损失 78%，大渡河龚嘴水库损失 80%，汾河水库损失 45%，全国水库因淤积总库容损失达 40%。因此在多沙河流上修建大型水利枢纽工程，水库泥沙淤积问题是面临的关键技术问题，甚至决定着工程的成败。这方面的经验教训是非常深刻的。黄河干流的三门峡水库，设计时以防洪发电为主，没有认识到泥沙淤积的重要影响。水库运行两年后，泥沙在库区大量淤积，潼关高程急剧抬升，使得汇入库区的支流渭河尾闾水位不断抬高、泄水不畅，八百里秦川遭受洪水和盐碱化的严重影响，不得不对工程进行大规模改建，增加排沙洞排沙。在水库运用方式上，放弃了“蓄水拦沙”，采用“蓄清排浑”的运用方式。改建和调整运行方式保证了水库部分效益的发挥。三门峡工程的经验表明在多沙河流上修建水利枢纽工程首要任务是解决好泥沙问题。后来在长江干流上修建第一座大型水利枢纽工程——葛洲坝时，泥沙问题受到足够重视，多家单位进行联合攻关研究，通过大尺度比尺模型实验，提出“静水通航、动水冲沙”的运行方式，成功地解决永久通航建筑物泥沙淤积问题。葛洲坝工程泥沙问题的解决标志着我国泥沙物理模型实验技术的成熟，为以后解决大型工程泥沙问题奠定了基础。

已建成的三峡工程和小浪底工程，泥沙问题都被作为工程关键技术问题。三峡工程泥沙问题是争论最大，也是我国工程泥沙研究投入力量最大的课题，先后修建了十几座大尺度物理模型进行泥沙问题研究。其中重要的坝区泥沙淤积和通航建筑物泥沙问题，由多家单位进行坝区泥沙模型的平行试验研究。长江科学院、南京水利科学研究院和清华大学分别建有 1∶150、1∶200（垂向 1∶100）、1∶180 三座大尺度模型。为了对比和充分论证，三家单位同时从三峡总公司签领科研任务，又同时提交科研成果。对比不同泥沙模型试验结果表明，尽管三家模型采用不同的比尺、模型沙和实验技术，还是取得了比较一致的试验成果，受到泥沙专家组的肯定，成果被三峡工程设计所采用。小浪底工程泥沙问题也同样受到重视。

目前我国围绕大型水利工程开展的水库泥沙研究代表该领域的世界领先水平。通过对

水库淤积与河床演变（特别是坝下游河床演变）做长期研究。在水库淤积方面基本完成了将其由定性的描述到定量研究的过渡，研究内容广泛深入，包括水库淤积的机理、水库泥沙运动规律、淤积形态和形成条件的定量表达、三角洲及锥体淤积纵剖面方程、横剖面塑造特点、异重流淤积及倒灌、变动回水区冲淤、推移质淤积、回水抬高、淤积物随机冲填时干容重确定、混合沙及其密实过程中干容重变化、淤积过程中糙率变化等。此外在水库淤积控制和调度方面，如水库长期使用的理论、变动回水区航道控制措施等也有出色成果。修建水库一般会引起坝下游河床发生较大变形。初期的蓄水拦沙会引起坝下游较长河段发生自上而下的普遍冲刷、含沙量显著降低、河床粗化明显、断面形态与河床纵比降的重新调整，甚至引起下游部分河段河型的转化。三门峡水库、官厅水库修建后下游河道发生的一般冲刷现象都较为显著。应当指出，引起坝下游河道一般冲刷的主要原因不是下泄水流的含沙量减小，而是含沙量级配的沿程变细。

在水库异重流方面，根据官厅水库的实测资料与室内试验，得出了水库异重流的潜入条件与异重流排沙的计算方法，同时给出了异重流泥沙淤积的分析。我国学者已经初步揭示了异重流运动规律，基本遵循一般明渠水流运动规律，只是在形成机理与水库异重流排沙表现出特殊的一面。关于异重流的应用方面主要体现在利用异重流的运动特性进行浑水排沙，减少水库的泥沙淤积，在官厅水库、三门峡水库及小浪底水库的运用中都得到较好实践。近期，在黄河首次调水调沙试验中，发生了 3 次含沙量较高的洪水，均在小浪底库区形成异重流，对异重流的潜入条件、传播过程、流速及含沙量分布、清浑水交界面变化过程、综合阻力、悬沙粒径变化及分组排沙比等参数都进行了系统的观测。异重流潜入条件的测量结果与事前试验的预报结果基本一致，反映出异重流研究当前的水平。2022 年 6 月 19 日至 7 月 13 日，黄河中游通过联合调度万家寨、三门峡和小浪底水库，实施了汛前调水调沙。为最大限度增大排沙效果，小浪底水库最低运用水位按照 215m 控制，最大下泄流量为 4400m^3/s，花园口站在 7 月 6 日达到最大流量 4980m^3/s。持续 20 年的调水调沙，使黄河下游河道主河槽的过流能力由 2002 年汛前的 80m^3/s 提高到 5000m^3/s，河道主河槽平均下切了 2.6m。这对黄河下游中常洪水调控创造了有利条件，有效地稳定了下游游荡性河道河势。

二、水库淤积规律

水库的泥沙淤积主要表现在以下 5 个方面。

1. 有效库容被泥沙淤积侵占，减少水库寿命

泥沙淤积使水库有效库容不断减小，兴利效益逐年下降，使防洪、发电、灌溉、供水等兴利指标不能实现，甚至导致水库淤满报废或溃坝失事。

表 3-4 是我国部分水库淤积情况的统计资料。从表中可以看到，在华北、西北和东北西部的河流多为流经黄土高原的多泥沙河流，这些河流上的水库泥沙淤积问题十分严重。据 1983 年陕西省调查资料统计，全省建成的 314 座水库，总库容 40.48 亿 m^3，泥沙淤积量达 7.67 亿 m^3，其中 43 座水库淤满报废。榆林、延安两地区水库泥沙的淤积量分别占总库容的 74.6%和 88.3%。山西省对 1958 年以后兴建的 43 座大中型水库进行调查，到 1974 年底泥沙淤积约 7 亿 m^3，占总库容的 31.5%。内蒙古曾调查 19 座 100 万 m^3 以上的水库，淤积量占总库容的 31.4%。黄河上游的盐锅峡水电站，运用 9 年损失库容

76%；青铜峡水电站运用4年，损失库容86%。三门峡水库的泥沙问题更为突出。我国水利工作者正是从三门峡水库泥沙淤积所造成的危害，才开始认识到水库泥沙问题的严重性，并加以认真研究。我国南方河流虽然含沙量低，但径流量大，泥沙总量也相当可观。随水库运用时间的延长，淤积问题也不容忽视。

表3-4　　我国部分大中型水库库容淤损情况

序号	水库名称	省（自治区）	河流	控制流域面积/km^2	原始库容/亿m^3	统计年数	总淤积量		每年淤积量	
							绝对量/亿m^3	占总库容的百分数/%	绝对量/亿m^3	占总库容的百分数/%
1	三门峡	河南、山西、陕西	黄河	688421	77.00	7.5	33.91	44.0	4.250	5.37
2	红山	辽宁	老哈河	24486	25.60	15	4.40	17.20	0.293	1.15
3	官厅	河北	永定河	47600	22.70	24	5.53	24.40	0.233	1.01
4	汾河	山西	汾河	5268	7.00	17	2.39	34.20	0.141	2.01
5	青铜峡	宁夏	黄河	285000	6.07	5	5.27	86.90	1.055	17.40
6	刘家峡	甘肃	黄河	172000	57.20	8	5.22	9.11	0.652	1.14
7	丹江口	湖北、河南	汉水	95217	160.00	15	6.25	3.91	0.417	0.26
8	大伙房	辽宁	浑河	5437	20.10	16	0.29	1.45	0.018	0.09
9	岗南	河北	滹沱河	15900	15.58	17	1.85	11.90	0.109	0.70
10	丰满	吉林	松花江	42500	107.80	27	1.42	1.32	0.053	0.05
11	巴家嘴	甘肃	蒲河	3020	2.57	13	1.58	61.40	0.121	4.72
12	盐锅峡	甘肃	黄河	173000	2.20	4	1.50	68.20	0.375	17.00
13	新桥	陕西	红柳河	1327	2.00	14	1.56	75.00	0.110	5.50
14	张家湾	宁夏	清水河	8000	1.19	5	1.01	84.50	0.201	16.90
15	三盛公	内蒙古	黄河	314000	0.80	11	0.44	54.90	0.040	5.00
16	镇子梁	山西	浑河	1840	0.36	15	0.29	80.00	0.019	6.70
17	柘溪	湖南	资水		27.30	12	0.78	2.83	0.065	0.24
18	长岗	江西	激水		2.51	3	0.04	1.69	0.014	0.56
19	新安江	浙江	新安江		178.00	16	0.20	0.11	0.012	0.01

2. 抬高坝上游河床和水库周围的地下水

受水库蓄水的影响，水流进入库区后，所带泥沙在水库回水末端淤积并逐步向上游发展，形成抬高库区尾水位的“翘尾巴”现象。“翘尾巴”不仅使上游河道的防洪能力降低，通航条件恶化，还会引起两岸农田的淹没、浸渍或盐碱化，威胁城镇、厂矿和铁路交通的安全。山西雁北镇子梁水库建成十几年，淤积上延3km多，赔偿损失达70多万元。

3. 影响枢纽建筑物的正常使用

闸孔附近泥沙的淤积，增加了泄水孔口闸门的荷载。在汛期泄洪时，淤沙会造成闸门超载无法开启，产生严重后果。所以多沙河流上的水库，通常采用间歇提闸放水排沙，才能减少闸前的泥沙淤积。泥沙的淤积还会增加坝体的荷载，危及坝体的稳定和安全。

4. 坝下游河道发生新的变化调整

水库修建后，改变了下游河道的水沙条件。水库运用初期，清水下泄，冲刷下游河道，淘刷引水口、桥梁和防洪工程的基础；当水库排沙时，又使下游回淤，影响河流比降、糙率及河道行洪能力，使下游河道发生剧烈的变化，给河道整治及两岸引水工作带来许多新问题。

5. 造成水力机械和泄流设施磨损

泥沙对水轮机、水泵及其他泄流建筑物过流面的磨损，会影响机械效率，缩短水力机械寿命，增加材料损耗和维修时间，加速工程的老化损坏。如 1970 年黄河盐锅峡水电站水轮机磨损严重，曾因此被迫停机补修。4 号机组大修，仅焊补水轮机叶片消耗不锈钢焊条重达 5.6t。由此可知，在多沙河流上修建水库，进行水库规划设计时，必须对水库泥沙问题给予足够的重视，认真研究，作出评价，制定对策。在水库建成后，还要加强对库区泥沙运动和淤积过程的观测，检验规划设计的合理性，积累资料，不断总结经验教训，有效地控制和利用水库泥沙。同时也应注意库区水质与生态环境问题。

三、水库泥沙的防治

国际上早期修建的水坝均属低坝，泄洪能力甚大，汛期洪水敞泄，泥沙被带往下游，水库淤积问题并不严重，只是到了 20 世纪 20 年代前后，水资源利用程度越来越高，不少水库采用蓄水运用方式，汛期的大量泥沙被拦截在库中，水库淤积问题才成为坝工建设中的主要问题之一。针对水库淤积问题，一些自然条件优越而经济实力又较强的国家，在其上游修建更多更大的水库，把泥沙淤积问题留到比较遥远的将来去解决。在水库规划设计中预留死库容作为堆沙库容，在某种程度上就是从这种指导思想出发的。这自然不失为解决问题的一种途径，甚至是现实可行的途径。但是，来沙无尽，库容几何？对于多沙河流来说，库容损失速度尤为惊人。单纯依靠水库拦沙，毕竟并非长久之计。积数十年与水库淤积作斗争的经验，概括起来，不外“拦”（上有拦截，就地处理）、“排”（水库排沙，保持库容）、“挖”3 方面的措施。

第六节　坝区及其下游河道泥沙问题及其防治

修建水利枢纽，除了库区泥沙淤积会带来许多问题之外，坝区泥沙淤积也往往会造成严重后果。例如，船闸引航道内及其口门的淤积往往影响通航；电站进水口的淤积将使通过水轮机水流的含沙量增大，泥沙粒径变粗造成水轮机叶片的严重磨损，以致停机检修，被迫停电；灌溉进水闸前的淤泥将造成大量泥沙入渠，甚至口门被堵死等。为了避免这些现象，在规划设计水利枢纽和管理运用时，应十分注意处理好泥沙问题，否则将带来难以挽回的损失。

实践表明，尽管水利枢纽防沙问题较为复杂，但只要认真进行科学实验研究，在规划设计时，合理布置建筑物的位置，慎重决定泄水建筑物和排沙底孔的高程，在管理运用时，全面考虑，合理调水调沙，是可以取得很好的防沙成效的。我国不少水利枢纽，在这方面已经积累了很多宝贵经验。

一、通航建筑物的防沙措施

1. 引航道的淤积现象

在综合利用的水利枢纽上，往往设有通航建筑物（船闸、升船机或升船滑道等），以满足航运的要求，通航建筑物的上下游，还设有引航道、靠船墩、导航墙等附属设备。

进入船闸的船只必须保持极慢的流速，才能确保安全。因此，船只一进入引航道，就必须降低速度，得到允许入闸的信号后，缓缓驶入闸室。如果船只不能立即进闸，须在靠船墩处等待，也必须降低速度，缓缓靠墩。对于大型船队来说，更应如此。这样，就要求上下游引航道内具有缓慢的纵向流速，并避免出现旋流及横流。也就是说，船只在进入通航建筑物（如船闸、升船机等）之前，必须在几乎是静止的水流中缓慢航行，因此在船闸上、下游一般都设有导航墙一类的建筑物，将引航道与流动的水隔离开来。

在几乎是静水的引航道里，表面看来水流平静，实际上，水流并未停止运动，而是以回流和异重流的形式出现。

回流一般出现在引航道口门处，也就是动水与静水的交界处。导航墙外是具有一定流速的水流，导航墙内则是静水，后者受到前者的拖曳作用，产生就地旋转的竖轴环流，这就是回流，强度不大的回流运动往往引起泥沙的大量淤积，淤积部位正处在引航道上下游进出口，形成拦门坎。

异重流出现在引航道内部。在引航道口门回流区的浑水与内部静水区的清水之间存在着重率差异，回流区的浑水在一定条件下，便会以异重流形式向静水区潜入，带进的细颗粒泥沙将在引航道内长距离落淤，形成片状的异重流淤积。

2. 引航道的防淤措施

对引航道泥沙淤积的防治，除了应在河道选择及枢纽布置上作一些考虑外（这一方面的问题已在本章第一节中述及），还可以采取一些工程措施减淤增冲，并改善水流条件，来更好地满足通航要求。根据具体情况，可以采取如下一些工程措施。

（1）修建独立的引航道，以改善水流条件，并破除回流和异重流，减少淤积。

（2）在引航道导墙或导堤头部开孔，以进一步改善水流条件，并破除回流，减少淤积。在引航道导墙或导堤头部开孔，可以吸收一部分水流进入上引航道，从孔口排出。

（3）疏浚及设置拉沙闸。如果来沙量甚少或来沙已经基本得到控制（例如上游干支流修建有水库群的情况），如果坝区水流条件也比较好，引航道可以做的比较短，比较窄。

（4）在邻近船闸的引航道外侧设置底部高程较低的用于泄洪的深水闸门，对于掣引主流靠近引航道，并降低引航道口门的淤沙高程是有利的。对于枯水流量较小的低水头枢纽，将常年引水的建筑物（如电站、灌溉闸）布置在引航道一侧也是很有利的。这些也属于一种工程措施。

二、水电站的取水防沙措施

在河流上修建水利枢纽后，水库终将淤到相对平衡状态，此时，出库泥沙不仅量增多了，而且颗粒也加粗了。这给电站水轮机部件带来严重的磨损，并引起拦污栅堵塞等一系列问题。因此，对水电站枢纽来说，如何进行粗泥沙过机，就成为一个枢纽布置和合理调水调沙，以减少过机含沙量，并尽量避免对水轮机危害较重的迫切应解决的问题。泥沙磨损对水轮机造成的破坏作用是很大的，它可以使水轮机转轮叶片表面大面积地磨损成鱼鳞坑，将叶片磨成锯齿状形，根部磨出深沟槽。此外，水轮机的导水机构（如导叶凸面）也会磨成鱼鳞状，转轮及导水机构之间的止漏环间隙也会由于磨损而增大。因磨损而停机检修造成的电能损失是很大的。至于大修所耗费的人力物力就更不用说了。泥沙对水轮机过流部件的磨损机理，目前还不是很清楚。一般认为，既有泥沙对水轮机部件的冲击磨损作用，也有气蚀的破坏作用，而且两者是相互联系的。就影响水轮机过流部件磨损的泥沙因素来说，实验表明，含沙量越大，粒径越粗，泥沙矿物质硬度越大，则磨损越严重。

要减少泥沙对水轮机的破坏，一方面是从改善枢纽布置及合理调度运用着手，尽可能减少进入水轮机的沙量，特别是粗颗粒泥沙的含量；另一方面是从改善水轮机过流部件的抗磨性能着手，尽可能减少泥沙对这些过流部件的破坏作用。后者可能采取的措施是选择合适的水轮机过流部件线型，使用抗磨性能良好的金属材料，提高加工的精度和加工的光洁度等。这些已经不属于本书的讨论范围，下面只介绍第一个方面可能采取的措施。

为了减少粗沙过机，工程实践中已经积累了丰富的经验。有关工程措施虽然多种多样，但从运用泥沙运动基本规律的角度来看有以下几个方面：

（1）利用泥沙沿垂线分布上稀下浓、上细下粗的特点，尽量引取表流，而将底流通过排沙底孔、排沙廊道等排走，或修建导沙坝将底流引向冲沙闸。

（2）利用弯道环流表流和底流方向不一致的特点，或者直接利用天然弯道，或者修建导流墙形成人工弯道，将取水口布置在弯道顶点下游凹岸一侧，形成正面引水、侧面排沙的形势。

（3）为了加强排沙廊道或冲沙槽的输沙能力，人工制造有利于导走低沙的螺旋流结构（或称涡流结构），以利排沙。

（4）预留沉沙区或设置沉沙池形成低流速区，以拦截进入取水口以后的泥沙；而沉积下来的泥沙，则通过定期冲洗或连续冲洗排走。

上述措施通常是配合使用的，但根据枢纽具体情况的不同，可能有主有从。至于过机的有害粒径及有害含沙量，迄今无明确规定。苏联 1955 年水工手册沉沙池设计中规定，粒径大于 0.25mm 的泥沙，不允许进入水轮机，或者将其含沙量限制在 0.2kg/m^3 以下。而根据原水电部第十一工程局科研所的试验成果，泥沙粒径小于 0.05mm，磨损强度较小；而大于 0.05mm 后磨损强度便逐渐增大，特别是 0.1～0.5mm 的粒径，磨损强度显著增大。因此有害粒径拟定为 $d \geqslant 0.05$mm 为宜。

三、水利枢纽下游河床的冲刷及其防治

1. 一般冲刷现象

关于水利枢纽下游河床一般冲刷的现象和规律，由于目前尚缺乏系统的观测资料，因而对其形成机理及演变规律的认识还不够深入。从现有资料和运用实践来看，下面一些现象是比较普遍的。

（1）河床自上而下普遍冲刷。在清水下泄的条件下，水利枢纽下游河床将发生自上而下的普遍冲刷；当水库淤满后下泄浑水时，则将发生自上而下的普遍淤积，这是枢纽下游河床演变的一个普遍现象。

（2）含沙量显著降低。水库下泄清水后，下游河道的含沙量将出现显著的降低。例如官厅水库自 1956 年蓄水以后的 3 年内，永定河下游的含沙量普遍减少到不及建库前的 1/10；

三门峡水库的黄河下游和丹江口水库的汉江下游，也都普遍出现含沙量较建库前大幅度的减小。

（3）河床显著粗化。枢纽下游河道的冲刷，将引起河床粗化。这是由于沙质河床经下泄水流冲刷后，较细颗粒被冲走，留下的是较粗颗粒，致使河床组成逐渐变粗。河床粗化过程随原河床组成的不同而有不同的特点。

（4）断面形态和纵比降的调整。枢纽下游河道的一般冲刷，将使河道断面形态和纵比降显著地进行调整。就断面形态而言，冲刷发展过程存在着下切、展宽和下切展宽同时出现等3种情况。当河道两岸为不能冲刷的物质组成时，河道称为冲刷下切；当河底为不能冲刷的物质组成时，河道将为冲刷展宽；当河底和河岸均可冲刷时，河道的冲刷将为下切、展宽同时存在。

（5）河型的转化。河道上修建大型的水利枢纽后，长期下泄清水改变了下游河道的水流泥沙条件，引起河道断面形态、纵比降和河床组成重新调整，这样便有使下游河道发生河型转化的可能性。可见，影响水利枢纽下游河道发生河床变形的因素是错综复杂的，其主要因素可以概括为水库下泄水量和沙量的大小及其过程、河底和河岸的地质条件以及下游冲刷基点的位置等。所谓冲刷基点是指限制河床冲刷发展的控制点，冲刷到达此处后便将停止，河流上常见的这种冲刷基点有：下游水工枢纽的正常蓄水位、湖泊的某种固定水位和由基岩或卵石层所构成的河床局部高程或其相碰水位等。当冲刷基点的位置和高程一经确定之后，就将限制冲刷所能到达的极限范围。显然，最后一种冲刷在来沙不变条件下，只能限制其上游河段的冲刷发展，而并不能限制其下游河段的冲刷变化。

在上述影响因素中，起决定性作用的往往是下泄水量和沙量的大小及其过程。只要河床是由可冲物质组成的，枢纽下游河道的冲刷强度和形态以及能否回淤，就主要取决于下泄水量和沙量的大小及其过程，而这个因素又主要取决于水库的运行方式。由此可见，水库的运行方式不仅是决定水库淤积量和淤积形态的关键因素，同时也是决定下游河道变形强度和形态的关键因素，构成水利枢纽上游库区冲淤和下游河道冲淤的诸多矛盾中的主要矛盾。我们在分析水利枢纽上下游河道演变时，应重视这个主要矛盾。

2. 下游河床变形的防治

目前，对水利枢纽下游河道进行系统的整治工程还不多，除官厅水库的永定河下游和三门峡水库的黄河下游曾进行规模较大和比较系统的整治工程外，其他大、中型水利枢纽的下游河道，基本上未广泛地进行整治。因此，实测资料和经验总结都较少。今后随着我国水利水电建设和国民经济的迅速发展，枢纽下游的河床整治问题将日益迫切地被提到日程上来，这方面的工作无疑将会相应地得到迅速发展。

在进行水利枢纽下游河床变形的防治时，一般应采取以下的整治措施。

（1）认真研究河型转化问题，采取有效的整治措施，促使下游河道朝稳定的河型转化。

（2）必须在下游河道长距离内采取护岸措施，及时控制坍岸的发展。

（3）必须在下游河道长距离内修建护滩工程，保护滩地免受冲失。

（4）必须在下游河道的引水口、桥梁和其他建筑物的附近局部范围内采取局部的整治措施，防止建筑物遭受冲刷破坏，以确保工程的安全和正常运用。

（5）必须分析研究枢纽下游河道的冲淤特性，主流变化和河道摆动的规律，采取有效的整治措施，确保防洪安全。枢纽下游河道不论是冲刷还是淤积，都可能对防洪带来不利影响。因为，下游河道的冲刷或淤积，都可能引起主流发生改变，甚至河道发生摆动，使原有堤防和险工丧失作用，而原无堤防或险工的处所则可能受到威胁。

3. 局部冲刷现象

拦河坝的泄水建筑物兴建以后，由于泄流宽度远较原河道的宽度为窄，单宽流量势将急剧增加。同时上游水位壅高形成了很大的上下游水位差，使水流的巨大位能转换为高速水流集中向下游冲射。虽经消能措施，但紧靠建筑物下游附近的局部单宽流量和流速仍然很大，水流的紊动强度也很大，因而造成下游河床的剧烈冲刷，形成巨大的冲刷坑。这种现象称为水利枢纽下游河床的局部冲刷。

影响水利枢纽下游河床局部冲刷的因素十分复杂，其中主要有：海漫末端的单宽流量及其分布；水流衔接形式和流态；河床组成及上游来沙情况。单宽流量及其分布为影响冲刷的最主要因素。在可动河床上，单宽流量越大，分布越不均匀，冲刷越严重。水流衔接形式和流态对冲刷的影响也很大，淹没水跃、远驱水跃、自由跌落的冲刷情况各不相同。就淹没水跃而言，有消能良好，海漫末端具有正常流速分布的；有消能不良，海漫末端不具有正常流速分布的；海漫末端为面流或底流的等。在不同情况下，其冲刷也互不相同。其次，床沙组成对冲刷有着决定性的影响，石质河床不易冲刷，沙质河床易于冲刷；床沙组成越粗或黏性越大越不易冲刷，组成越松散则越易冲刷。至于上游来沙情况对冲刷的影响则表现在控制冲刷条件上，如果上游没有床沙质下泄，则河床将冲刷到流速等于形成粗化层的起动流速时才会终止，如果上游有床沙质下泄，则河床只要冲刷到水流的输沙能力等于来沙量时就可终止。

4. 局部冲刷的防治

水利枢纽下游河床局部冲刷的防治问题，主要是消能与防冲问题。前者在于合理地确定下泄水流的单宽流量、消能形式、护坦和海漫的长度等。后者在于对护坦、海漫以及建筑物与河岸衔接处采取加固措施，以抵御水流的冲刷。

还应指出，为了减轻局部冲刷，应尽可能使下泄水流不产生大的回流，更不能产生折冲水流。为此，除布置水工建筑物要适当之外，还应合理地启闭泄水建筑物闸门，使下泄水流流出海漫后均匀扩散，水流平顺。此外，在护坦或海漫末端，应清除卡口、乱石等，避免乱石在高速水流作用下产生滚碾和撞击等破坏作用，并使出流顺畅。

第七节　河流泥沙研究理论与新进展

一、河流泥沙运动力学理论及河流模拟

研究表明，都江堰工程在设计与布置中都巧妙地利用了水流泥沙运动特性，完全符合现代泥沙运动力学原理。尽管国内外河道治理不乏成功的例子，但是泥沙学科体系的建立还是 20 世纪的事情。早在 19 世纪末期，就提出推移质运动的拖曳力理论。在 20 世纪初通过水槽试验研究推移质泥沙的运动规律，最早建立了推移质运动的模式和计算公式。20 世纪 30 年代初通过类比分子扩散理论，导出了著名的悬移质泥沙浓度分布公式，至今还

在广泛地应用。

泥沙运动既是确定的也是随机的，20 世纪中期通过用统计方法研究悬移质输沙率和推移质输沙率，从而导出泥沙挟沙力的计算公式。特别突出的是该计算公式能进行非均匀输沙的计算。另外，冲泻质和床沙质的概念得以定义，冲积河流阻力划分与计算方法得以提出。同时水利科学工作者还注重泥沙运动的物理本质，用基本物理概念和物理过程描述方法来研究泥沙运动规律，基于对泥沙运动物理过程的深刻理解建立的推移质输沙率、悬移质输沙率计算公式，物理概念明确、理论分析合理，具有较高的计算精度。特别是关于颗粒作用的同心圆筒试验研究，揭示了随着颗粒浓度的增加逐步从黏性作用转向惯性（碰撞）作用的机理，深刻地揭示了颗粒作用的实质。这一试验成果不仅对泥沙研究起到了重要的推进作用，而且也是 20 世纪 80 年代兴起的快速颗粒流研究的基础。

随着 50 年代以来大江大河治理的推动，我国的泥沙专家逐步发展与完善了泥沙学科体系，在学科体系上体现中西贯通的特色。他们掌握了当时国外的最新进展，结合中国大江大河开发与治理的具体实践，把我国的泥沙研究推向黄金时代。在理论研究上取得了国际领先水平的成果，如非平衡输沙理论、高含沙水流运动理论、水库泥沙控制理论等；在应用上成功地解决了许多重大工程泥沙问题，如长江葛洲坝工程、三峡工程和黄河小浪底工程中的泥沙问题。特别是在老一代科学家的培养和带领下，泥沙学科人才辈出，成为水利诸学科中最活跃的学科之一。

1. 基础理论

泥沙运动力学基本理论。挟沙水流属于固液两相流的范畴，因而固液两相流理论是研究泥沙运动的基础。在现代两相流理论建立之前，泥沙运动力学独立地发展着。扩散方程是进行输沙计算的基本方程。在现代两相流理论中，扩散模型只是宏观连续介质理论的一种简单的近似模型，更一般的模型是双流体模型。两相流中关于固液两相流的基本方程、作用力分析及其应力本构关系的理论成果，极大地促进了泥沙运动力学理论的发展。将更为基础的两相流理论的基本观点和研究方法，引入到泥沙运动力学的研究中，将会给泥沙运动力学的研究提供新的视角，并有助于其体系的严密与完善。

泥沙运动理论与实践结合紧密的特点，使得泥沙运动理论有别于固液两相流理论，它的内容更丰富，更独具创新性。悬移质、推移质、水流挟沙力、动床阻力等等都是一般两相流理论中没有的概念。这些概念是泥沙运动力学理论体系的基础，使得泥沙运动力学理论比固液两相流理论更生动，更便于在生产中应用。悬移质输沙理论、推移质输沙理论、水流挟沙力、非平衡输沙理论、动床阻力等是泥沙运动力学基础理论研究的重要内容。

2. 泥沙的基本特性

（1）泥沙的沉降特性。

（2）泥沙的起动特性。

（3）挟沙水流运动特性。

（4）推移质运动规律。

（5）水流挟沙力。

（6）非平衡输沙。

3. 高含沙水流的理论体系主要内容

高含沙水流是指含沙量高达200～300kg/m^3 以上的挟沙水流。我国黄河干支流经常发生，最高含沙量达1600kg/m^3，世界上所有河流无出其右。

我国早在20世纪60年代就建立起高含沙水流运动的理论体系。以黄河泥沙治理为例，研究的主要内容如下：

(1) 黄河下游泥沙来源区的研究。

(2) 高含沙水流产汇流特性的研究。

(3) 高含沙水流流变特性的研究。

(4) 层移质运动的研究。

(5) 黄河高含沙水流运动规律及造床作用研究。

(6) 高浓度物料的管道输送研究。

(7) 泥石流与颗粒流研究。

(8) 高含沙水流运动研究。

4. 河流的演变

河流分为顺直、弯曲、分汊、游荡4种类型。这种分类不仅是对每一种类型河流平面形态的直观理解，更重要的是包括了对不同类型河流演变规律的深刻描述。例如长江中下游河道属于分汊型，而黄河下游属于游荡性，表现出不同的演变规律。

除了河型分类外，河流演变的主要进展包括不同河型的演变规律、河相关系、河流的自动调整作用、河流的稳定性指标、各种类型河流的形成、水库上游泥沙淤积与下游河道的冲刷规律、河床变形计算、河口演变规律。

河流演变的研究方法主要依靠对天然河流的观测及模拟。目前在该方面的研究中面临新的挑战。一方面，洪水灾害频繁发生，呈现"小水大灾"的新特点。这种洪水灾害的形成机理，充分说明"水沙共同致灾"的关系，泥沙淤积降低河道的行洪与调洪能力，抬高河床高程，加剧洪水灾害。同时，由于河流上较多建坝，造成水沙变异，降低河道适应能力。另一方面，黄河频频断流，使得下游水沙条件发生重大变化，这种间歇性高含沙河流的河道演变规律及其治理对策是亟待解决的新课题，已经引起人们的高度关注，开展研究并取得了初步成果。

5. 河流的模拟

河流模拟包括实体模型与数学模型两大类。

(1) 实体模型试验是研究河流在自然情况下及修建水工建筑物后预测水沙运动和河床演变的重要手段之一。特别对一些三维性较强的问题，理论计算困难甚大，通过模型试验的方法进行求解则更为有效。

(2) 河流数学模型的发展始于20世纪60—70年代以后逐步成熟，能够应用来解决生产实际问题。目前，一维、二维泥沙数学模型已比较成熟，三维模型也能应用来解决一些具体问题。特别是近些年来，数学模型在理论研究和生产实践中发挥了越来越重要的作用。

泥沙数学模型的研究内容包括了水沙运动基本规律、数值计算方法以及模型验证与应用等多个方面。泥沙运动的基本规律是泥沙数学模型的理论基础。

相对于实体模型试验，数学模型的最大优点在于可以模拟大范围的问题，这是今后系统研究和解决工程问题重要的途径和手段。近年黄河水利委员会提出了“模型黄河”的概念，并开展了“模型黄河”工程规划与建设，这必将会大大促进实体模拟理论与技术的发展。

二、河流泥沙研究新进展

河流泥沙工程主要是研究泥沙在流体中的冲刷、搬运和沉积规律，将自然现象和生产应用中的各种泥沙运动作为研究对象，它涉及的范围很广泛，包括了泥沙运动力学、河床演变学、工程泥沙、航道与港口治理、水土流失与治理、高含沙水流与泥石流等多方面的内容，涉及水文学、水力学、地理学以及环境与生态学、沉积学等多种学科；因此泥沙工程问题比较复杂，目前数学模型的建立基本以一维数学模型为主，对于平面二维挟沙水流的运动规律还缺乏深入研究，使得该问题的研究成果甚少，多数二维数学模型的挟沙力直接用一维挟沙力公式或经过改进后的公式进行计算，可喜地看到最近在泥沙工程研究方面取得很多突破性的进展。

1. 流域模型-数字河流系统

在我国大中型水利水电工程中数学模型越来越发挥着重要作用，为工程设计和决策提供了重要的依据。

（1）河流泥沙数学模型的优点是基础理论坚实、专业性强，得到大量实际资料的验证及工程应用。

（2）缺点是模型的前后处理技术、可视化技术的水平较低，使得模型的通用性较差。

数学模型的建立、发展主要依赖于泥沙运动的基础理论，也离不开日益发展的计算机信息技术。基于数字信息平台的数学模型的研制和开发逐渐成为新的热点。近年来数学模型的发展趋势之一便是与“RS、GPS、GIS”技术结合集成为能实时监测、计算、预报、调度、决策的河流信息系统。目前国际上关于数字地球战略计划的提出和实施更是促进了这一进程。在实施数字地球战略计划中，数字河流或更具体的数字黄河系统将是首选的样板。数字黄河是通过黄河的数字化信息服务平台，对黄河的治理开发和管理提供科学决策支持系统。

2. 环境泥沙生态学

河流是一个与河道形态和水流运动特性密切相关的生态系统，河道的形态特征和水流运动特性决定了河流及其两岸生物群落的多样性和完整性。人们为了自身的安全和利益，通常兴修水利工程和进行河道整治，结果导致河流的长度缩短，浅滩和深潭消失，沿河的洪泛平原和湿地及岸边植被减少。河流地貌形态和水力特性的这些变化，进而改变河流原有生态系统的能量交换和物质循环过程，改变系统内各个要素之间的有机联系，破坏系统的稳定性，造成河流生态环境的退化。

水污染问题越来越严重地威胁着人类的生存和健康。工业的快速发展和不合理布局使我国许多河流都面临严重的污染问题。河流水流挟带污染物质的运动，包含着物理、化学、生物等复杂的过程，比河流水流单纯挟带泥沙的运动复杂得多。由于环境问题日益受到人们的关注，人们对河流水流挟带污染物质的运动机理的研究有了长足的进步，建立了许多水质模型。近年来，越来越多的人已意识到泥沙问题对生态环境产生影响。弄清楚泥沙在污染物吸附、迁移和降解中的作用及吸附的污染物与水的相互作用是控制污染、发展水环境科学的重要课题之一。流域的水土流失、河道中泥沙的输移及底泥再悬浮以及河口、海湾区域泥沙的沉积，伴随着泥沙侵蚀、搬运和沉积的全过程。在这个过程中，流域土壤的侵蚀、河道泥沙冲淤伴随的污染物的吸附与解吸、附着于泥沙的重金属在运动过程中的相变、被污染的泥沙沉积后造成的二次污染、与泥沙运动过程伴随的污染物的迁移转化及其对生态环境的影响都成为亟待解决的问题。

湿地生态系统与海洋生态系统和森林生态系统并称为地球上三大生态系统。保护湿地、维持生物物种的多样性，已成为国际社会的共识。近年来，随着全球变化与可持续发展研究的进行，我国对湿地的研究与保护工作日益得到重视，已有许多研究成果。将来，湿地研究除了在湿地评价，湿地与流域生态环境变化的关系，湿地保护、恢复与重建等方面进行以外，还需要深化对泥沙运动与湿地生态之间的关系的研究，通过对泥沙冲淤的模拟进而实现对湿地发育、演化过程的模拟，并对泥沙运动所引起的湿地内环境质量变化进行评价。

3. 流域管理

近年来，随着人口和经济的发展，我国江河流域水沙资源、水沙环境和水沙灾害三方面矛盾日益突出，成为我国水科学发展和流域开发的重要制约因素。

流域的土壤侵蚀、水库和河道及河口的泥沙淤积作为自然生态系统的一部分，已不仅是单纯的泥沙工程技术问题，还必须考虑流域开发与生态环境和社会经济的协调发展，是一个涉及多个学科的综合管理问题。

对于水库泥沙进行管理，通常来说，传统的水库设计和运行都是以有限使用周期为前提的，这种使用周期通常都小于100年，水库最终将会由于泥沙淤积而失去其利用价值。很少考虑水库由于泥沙淤积而报废后，去哪里建造新的水库，更没有考虑在水流中含有泥沙不可避免的条件下，如何保持水库的永续发挥效益，而是寄希望于将来人们会找到解决问题的办法。针对现有水库设计和管理方法中存在的问题，水利科学工作者提出了可持续水库泥沙管理的概念，建议新建水库要考虑至少1000年的永续利用，对于已建水库应采取有效措施来保持进出库沙量的平衡，以使水库在尽可能长的时间内发挥其效益。因此，水库可持续利用的泥沙管理方式就成为一个迫切需要研究的问题。

就我国的现状来看，生态环境恶化主要是以土壤侵蚀或水土流失严重为主要特征的。从长江上游到黄河中游，从东北松辽河上中游、东中部淮河上游、西南珠江上游到西北沙漠化地区，突出问题是水土流失。造成水土流失的原因，既有不可抗拒的自然力量，也有大量的人为因素。要实现人口、资源和环境的协调发展，就必须在研究水土保持新技术、新方法的同时，探讨多学科、多部门和多目标的流域小区现代化参与式综合管理规划。

三、黄河泥沙治理新进展

受全球气候变化、人类活动及区域自然禀赋条件等影响，近几十年来我国江河治理与保护遇到诸多问题与挑战。黄河和长江是我国两大主要河流流域，河流干流长，流域面积广，尤其是黄河流域泥沙问题突出。河流的泥沙状况，不仅关系到河流本身的发展演变，也反映了流域的环境特性、水土流失程度及人类活动的影响。

（一）黄河泥沙特点

黄河干流河道全长5464km，流域面积79.5万km^2，是我国的第二大河，也是孕育中华文明的母亲河。黄河流域特定的水文、气象和地形、地质条件，使黄河具有以下主要特点：

（1）水少沙多，以高含沙率闻名于世。黄河水少沙多，单位水体含沙量高，是世界上著名的多沙河流。全河多年平均天然年径流量580亿m^3，仅占全国河川径流总量的2%，位居长江、珠江、松花江之后，列我国七大江河的第四位。流域平均年降水量466mm，由东南向西北递减。黄河上中游流经世界上最大的黄土高原，这里土质疏松、植被稀少，每遇暴雨水土大量流失，水土流失面积45.4万km^2，其中年平均侵蚀模数大于5000t/km^2的面积约为14.65万km^2，由于水土流失，大量泥沙汇入黄河，黄河高含沙量在世界大江大河中名列第一。

（2）水沙异源，水沙的时空分布不均。黄河汛期水量约占全年的60%，汛期沙量占全年的85%以上。水沙的时空分布不均，表现为高含沙暴雨洪水，并相应带来十分复杂的诸如水库淤积、引水泄水口堵塞、流道泥沙磨蚀、河床演变等非常突出的工程泥沙问题。

（3）下游地上悬河，洪灾隐患突出。黄河年平均输沙量16亿t，约1/4淤积在下游河床，致使河床平均每年抬升10cm。河床升且大堤长，形成了罕见的地上悬河。目前下游786km河道靠两岸1400km堤防约束行洪，一般高出地面3～5m。黄河下游灾多害重，洪灾波及范围北抵天津，南至江苏夺淮入海，波及面积达25万km^2。

（二）黄河泥沙的形成

黄河泥沙的形成既有自然因素也有人为因素。

1. 自然因素

黄河流经区域特殊的地质条件和自然因素是形成泥沙的主要原因。治沙的前提是要了解黄河泥沙的形成机制。黄河分为上中下游三段。河源至内蒙古自治区托克托县的河口镇为上游，途经青海、四川、甘肃、宁夏、内蒙古五省（自治区），河道长3471.6km；河口镇至河南省郑州市的桃花峪为中游，途经山西、陕西、河南三省，中游河段长1206.4km；桃花峪至入海口为下游，途经河南、山东两省，河道长785.6km。地上悬河主要出现在下游河段，而治沙主要集中在中、上游两段。

黄河泥沙来源比较集中，并有“水沙异源”的特点。从各省来沙量的分布看，陕西省来沙量最多，约占全河沙量的41.7%；甘肃省次之，占25.4%；山西省占17.3%，居第三位。因此，黄河治沙重点在中游地区和陕西、甘肃、山西三省。黄河自发源地穿过青藏高原时，水是清澈的，在流经甘肃兰州西时，有一些河流密集发育，源于祁连山北麓的湟水、大通河、庄浪河等和发源于秦岭北侧的大夏河、洮河等都汇集到黄河，而这些河流中有湟水、大通河、洮河、庄浪河流经黄土区，经河水的冲刷，携带大量泥沙，使得河水开始变黄、变浊，泥沙含量增大。此外，发源于甘肃省通渭县华家岭北坡的祖厉河，年均入黄水量仅占1.46%，但年均入黄泥沙量却占甘肃入黄总沙量的39.58%，属于黄河流域水少沙多、水土流失最为严重的河流之一；而清水河是黄河宁夏段最大的一级支流，其水文特点也是水少沙多，且是宁夏水土流失最严重的河流，每年输入黄河的泥沙约占宁夏入黄总沙量的49%。以上是黄河上游泥沙含量大，水土流失最为严重的一些支流。因此，新一轮的黄河治沙工程可从这几个支流开始。而黄河中游来沙量最大，支流纵横，是治沙的重点和难点；黄河下游来沙量很小，如三门峡以下的洛河、沁河来水量占10%，来沙量仅占2%。黄河治理及治沙要根据不同区段的特点进行针对性的治理，而治沙工程主要集中在黄河的中上游，下游来沙量非常小，主要措施是改善生态环境系统。中上游治沙，在改善自身生态环境的同时，可解决下游的泥沙拥堵和水患问题，上下游均是受益地区。

2. 人为因素

除了黄河流域特有的自然和地质条件形成大量泥沙淤积之外，人为因素也是泥沙增多不可忽视的因素。人为因素主要是人们对黄河沿岸地区的过度经济开发。各种经济开发活动以及对土地的不合理利用，破坏了地表植被，造成了严重的水土流失，增加了黄河的泥沙含量。具体来说，经济开发过程中的毁林毁草、陡坡开荒对地表植被破坏较为严重，而开矿、修路等基本建设和工业活动过程中忽视环境保护和水土保持，也是造成水土流失和泥沙增多的原因，且废土废渣随意向河道倾倒也形成新的泥沙来源。由于历史上黄河流域经济相对落后，人们迫于改善生计而加强经济开发，但过度的经济开发又导致环境恶化、水土流失。水土流失导致土壤侵蚀、耕地减少、土壤肥力下降，从而造成农作物减产。越是减产，人们就越要多开垦荒地，越多垦荒，水土流失就越严重。在这个恶性循环的过程中，黄河中的泥沙也就越来越多。长期以来，高强度的人类活动已经导致黄河流域生态系统退化、水土流失严重、支流水质污染、河口三角洲湿地萎缩等生态问题，这严重制约着区域经济发展，可见，黄河流域生态治理与保护工作任重而道远。但是，近年来黄河中上游的植树造林、水土保持治理已经对环境的改善产生了效果。人为因素只要实行人类行为自我约束、保持适度经济开发与环境的协调是可以有效解决的，而关键的是自然因素形成的巨量泥沙，治理上的技术难度挑战极大。

（三）黄河泥沙治理

治黄百难，唯沙为首。黄河区别于其他江河的最大特点之一，就是沙多水少，水沙关系不协调。黄河多年平均径流量580亿m^3，但输沙量却达16亿t，是世界上含泥沙最多的河流。在漫长的治黄历史中，水利工作者逐步了解了黄河“害在下游、病在中游、根在泥沙”的问题。

1. 治黄初期“蓄水拦沙”

20世纪50年代初期，提出了用“蓄水拦沙”方法达到综合性治理的治河思想。三门峡水库是治理黄河的第一期工程，但建成投入运用后，很快就出现问题，水库淤积严重，而且淤积部位向库区末端发展，潼关河段高程抬高4.5m；同时黄河下游河道发生强烈冲刷，由于河道整治工程不完善，坍塌滩地约300km^2，给滩区人民的生产和生活带来很大困难。实践表明，三门峡水库“蓄水拦沙”运用确实从流域大尺度范围实现了调控黄河泥沙的分布，是人类实现黄河泥沙资源优化配置的伟大尝试，而且从防洪减灾的角度出发，三门峡水库“蓄水拦沙”治理黄河的方向也是正确的，但具体实施规划却脱离了当时社会、经济和技术的发展实际，对水土流失的客观现状和规律认识不足，对水土保持的前景过于乐观，对泥沙问题认识不足，因此，规划决策失误造成的被动局面在所难免。

2. 20 世纪 60 年代“上拦下排”

在总结“蓄水拦沙”经验教训的基础上，1964 年，治黄工作者提出了“上拦下排”的黄河治理方向。一方面，黄河水利委员会组织相关人员对黄河中游进行大规模的现场查勘，积极开展“上拦”工程的探索实验，另一方面对黄河下游进行大量的调查研究，提出应该在三门峡水库“滞洪排沙”运用期间，进行黄河第二次大修堤，工程重点是对黄河下游薄弱堤段进行加高帮宽，对危险河段开展河道整治工程建设，以达到加大黄河下游河道排洪输沙能力的目的。但令人遗憾的是：此期间实践的重心仍然是“上拦”，如在 1964 年提出的《关于近期治黄意见的报告》，其中建议重点修建 8 座干支流大型拦沙水库，而对增强下游河道排沙能力没有提出具体措施。

3. 20 世纪 70 年代“蓄清排浑”

1973 年 11 月，三门峡水库开始采用“蓄清排浑”，即在非汛期以蓄水为主，到了汛期，尤其是洪水期，降低水位，将非汛期淤积在水库的泥沙泄排出库。实践证明，三门峡水库“蓄清排浑”运用是成功的，基本上实现了库区的冲淤平衡，保持了有效库容，也未增加下游河道的淤积。“蓄清排浑”运用成功的原因是枢纽具备了足够的泄流能力及灵活的启闭设备，潼关以下库区形成了高滩深槽的地形条件；运用方式符合黄河来水来沙特点；较好地利用了黄河下游河道“汛期多排、非汛期少排”“大水排大沙”的输沙规律。但是，这种运用方式也有局限性，受到了调沙库容小和来水来沙条件的限制，1986 年以来，在连续出现的汛期洪水小、含沙量大的不利水沙条件下，潼关以下库区出现了累积性淤积，潼关河道高程升高，汛初时有小水强迫排沙，增加了下游河道的淤积。尽管如此，“蓄清排浑”运用方式为多沙河流的治理提供了宝贵的经验。

4. 20 世纪末至今“综合利用”

20 世纪末，经过历代治黄工作者多年的实践和探索，黄河泥沙综合利用的治理思想已现雏形。黄河泥沙综合利用的措施主要包括“拦、排、调、挖、放”。“拦”是黄河泥沙处理的基础，必须长期不懈地抓下去，任何时候都不能动摇。“排”“调”是具有黄河特色的泥沙处理措施，必须是在充分把握黄河泥沙输移规律的基础上才能发挥作用。调水调沙，就是在现代化技术条件下，利用工程设施和调度手段，通过水流的冲击，将水库的泥沙和河床的淤沙适时输送入大海，从而减少库区和河床的淤积，增加主槽的行洪能力。根据黄河干支流水沙条件、水库蓄水情况和工程调度原则，黄河水利委员会于 2002—2004 年进行了 3 次调水调沙原型试验，总结提出了基于小浪底水库单库调节为主、空间尺度水沙对接以及干流水库群联合调度 3 种调水调沙运用模式。2005 年转入生产运行后，至 2015 年又进行了 16 次调水调沙生产运行。2018 年以来，结合黄河流域来水偏丰的有利条件，至 2020 年连续 3 年开展了“一高一低”水沙调度实践。自实施以来，黄河调水调沙共涉及黄河中游干流万家寨、三门峡、小浪底水库，支流陆浑、故县、河口村等水库以及上游的龙羊峡、刘家峡等水库。目前，由于对黄河泥沙输移规律认识尚不深入，对于怎样开展黄河“排”“调”泥沙处理措施，学界仍存在较大争论，需要开展充分的前期科研工作。黄河泥沙量巨大，而“挖”“放”泥沙处理措施所需的工程投资巨大，技术难点较多，所以依据目前的人力财力水平，黄河“挖”“放”泥沙处理措施仅为处理黄河泥沙的辅助措施，但也有学者提出：在黄河下游水资源日趋紧张的情况下，对黄河下游窄河道实施挖河疏浚、吹填固堤是一项不可替代的治河措施。

进入21世纪，黄河水沙条件发生了深刻变化，黄河水沙调控体系初步建成。特别是随着综合国力的提升和国家区域经济协调发展战略、生态安全战略的推进，黄河流域“防洪安全—社会经济发展—生态环境改善”之间的关系亟待平衡与协调。在此背景下，黄河泥沙调度应在空间上覆盖全流域、功能上覆盖全维度，时间上覆盖短、中、长期，以实现黄河流域全河“行洪输沙—社会经济—生态环境”多功能协同发展为目标，建立全流域完整的泥沙动态调控理论、技术与工程体系。鉴于此，我们应对黄河流域进行系统治理，应用系统论思想方法，开展黄河流域水沙联合调控系统理论与技术，黄河下游河道与滩区综合治理提升工程与技术，基于水库长期有效库容维持的泥沙资源利用关键技术与装备等方面研究。

在21世纪，伴随着计算机信息技术的飞速发展、人类对自身生存环境的关注以及其他相关领域的不断进步，泥沙学科将在传统理论的研究、工程泥沙上取得巨大进展的同时，与其他学科交叉所生成的边缘学科也将进入全新的发展阶段。可以相信，泥沙学科在解决人类发展所面临的环境、资源、人口问题及可持续发展方面将有一个更加辉煌的未来。

思 考 题

3-1 阐述顺直型河段演变和蜿蜒型河段演变的主要特征。

3-2 虽然分汊河道的江心洲相对比较稳定，河床冲淤基本平衡，但从长时期看有什么演变特点？

3-3 交错浅滩的冲淤变化为何很大？

3-4 阐述通航保证率的重要性。

3-5 阐述水库泥沙淤积的主要表现。

3-6 对引航道泥沙淤积的防治，除了应在河道选择及枢纽布置上作一些考虑外，还可以采取什么工程措施减淤增冲改善水流条件，来更好地满足通航要求？

3-7 为了减少粗沙过机，工程实践中已经积累了丰富的经验。有关工程措施虽然多种多样，但从运用泥沙运动基本规律的角度来看有哪几个方面？

3-8 简述水利枢纽下游河床一般冲刷的现象。

3-9 阐述山区河流与平原河流在泥沙运动特性上的差异，并讨论这些差异对河流治理的影响。

3-10 阐述河床演变的主要影响因素，并讨论这些因素如何影响河床的演变过程。

3-11 根据河道整治的一般原则和河道整治规划的基本内容，分析一个弯曲型（蜿蜒型）河段在规划整治时应考虑哪些主要因素，并阐述其整治的主要目标。

3-12 阐述游荡型河段的河床演变特点，并讨论在整治游荡型河段时可能面临的挑战和采取的策略。

3-13 阐述浅滩演变的周期性规律，并讨论这种周期性规律对于航道通航的影响及整治措施。

3-14　在设计水利枢纽时，考虑通航和水力发电两种主要功能，如何综合布置枢纽以最大限度地减少泥沙淤积对通航和水电站运行的影响？

3-15　都江堰工程在设计时如何巧妙地利用水流泥沙运动特性，来确保其长期有效的水利功能？请结合泥沙运动力学的基本原理进行分析。

数　字　资　源

资源 3-1 流域泥沙治理工程现状

资源 3-2 山区河流和平原河流

资源 3-3 河床演变的基本原理

资源 3-4 河道整治规划

资源 3-5 几种常见的河流几何形态

资源 3-6 HBH 流域治理工程

资源 3-7 河道整治规划

资源 3-8 浅滩的演变与整治

资源 3-9 水库的淤积与防治

资源 3-10 水库及水库淤积

资源 3-11 水库淤积及其防治

资源 3-12 大坝泄流过程中对下游河床的冲刷

资源 3-13 黄河泥沙治理进展

资源 3-14 黄河泥沙工程

资源 3-15 泥沙工程

资源 3-16 课后习题

第四章　水环境与水生态

人类历史都是以水为中心的，是在人类与水的相互作用、相互影响中谱写而成的，人类的生存与发展依赖于水的可获取性以及对水的控制。可见，水资源是人类生存不可或缺的自然资源。然而，水环境与人类依赖的生态环境之间的密切关系是最近才被人们认识到的。水资源管理中开始重视生态环境保护，并不是政治家们的真知灼见所引导，也不是科学家们的知识普及和学术倡导所致，而是在生态环境系统的水资源状态受到严重破坏、生态环境问题日益严峻并严重危及社会经济健康发展的历史背景下产生出来的，属于驱动性问题。显然，妥善处理好水资源与社会经济之间的协调关系，对于新时期的水资源管理乃至社会经济的可持续发展都具有重要意义。

第一节　水环境与水生态的基本关系

一、水环境

水是地球上分布最广的物质，是地球环境的重要组成部分。水的总量约为 14 亿 km^3，覆盖了地球 70.8%的表面。其中 97.5%的水是咸水，无法直接饮用。在余下的 2.5%的淡水中，有 89%是人类难以利用的极地和高山上的冰川和冰雪。因此，人类能够直接利用的水仅仅占地球总水量的 0.26%。到目前为止，人类淡水消耗量已占全世界可用淡水量的 54%。

从环境学的基本含义可知，某中心事物确定后，与它相关的事物称为环境。水环境是指自然界中水的形成、分布和转化所处空间的环境，是围绕人群空间及可直接或间接影响人类生活和发展的水体，其正常功能的各种自然因素和有关的社会因素的总体。也有的指相对稳定的、以陆地为边界的天然水域所处空间的环境。水在地球上处于不断循环的动态平衡状态。天然水的基本化学成分和含量，反映了它在不同自然环境循环过程中的原始物理化学性质，是研究水环境中元素存在、迁移和转化和环境质量（或污染程度）与水质评价的基本依据。水环境主要由地表水环境和地下水环境两部分组成。地表水环境包括河流、水库、湖泊、海洋、池塘、沼泽、冰川等，地下水环境包括泉水、浅层地下水、深层地下水等。水环境是构成环境的基本要素之一，是人类社会赖以生存和发展的重要场所，也是受人类干扰和破坏最严重的领域。水环境的污染和破坏已成为当今世界主要的环境问题之一。

根据粗略统计，每年全球陆地降雨量约 9.9 万 km^3，蒸发水量约 6.3 万 km^3，江河径流量约为 4.3 万 km^3，流入海洋的约 3.6 万 km^3。从世界范围来说，我国的水资源总量丰富，居世界第 6 位，位于巴西、俄罗斯、加拿大、美国和印度尼西亚之后，约占全球河川径流总量的5.8%。但是，我国人口众多，已占世界陆地面积7%的土地，生活着占世界22%的人口，人均水资源量非常少，是世界人均水量的1/4。按1997年人口计算，我国人均水资源量为2220m^3。预计到2030年，人口增加至16亿时，人均水资源量将降到1760m^3，用水总量将达到7000亿～8000亿m^3/a，人均综合用水量将达到400～500m^3/a。按照国际标准，人均水资源量少于1700m^3时，属于用水紧张的国家。可见，我国是用水紧张国家，水制约着我国社会经济发展。

我国水汽主要从东南和西南方向输入，水汽出口主要是东部沿海，陆地上空水汽输入量多年平均为18.2万亿m^3，输出总量为15.8万亿m^3，年净输入量为2.4万亿m^3，约占输入总量的13%。输入的水汽在一定条件下凝结，形成降水。我国平均年降水总量为61889亿m^3，其中的45%转化为水资源，而55%被蒸发散发。降水中的大部分经东北的黑龙江、图们江、绥芬河、鸭绿江、辽河，华北的滦河、海河、黄河，中部的长江、淮河，东南沿海的钱塘江、闽江，华南的珠江，西南的元江、澜沧江以及台湾省各河注入太平洋；少部分经怒江和雅鲁藏布江等流入印度洋。降水径流中的一部分还形成水库，还有一部分渗入到地下土壤和岩石孔隙。

我国多年平均年径流量约为27115亿m^3，是我国水资源的主体，约占我国全部水资源总量的94.4%。但是，我国地表水资源分布极不均匀，南方河多水多，北方河水径流小，西北大部分地区河系稀少，水量非常小，是最干旱的区域。

二、水生态

水生态是指环境水因子对生物的影响和生物对各种水分条件的适应。生命起源于水中，水又是一切生物的重要组分。生物体不断地与环境进行水分交换，环境中水的质（盐度）和量是决定生物分布、种类的组成和数量，以及生活方式的重要因素。生物体内必须保持足够的水分：在细胞水平要保证生化过程的顺利进行，在整体水平要保证体内物质循环的正常运转。

生物的出现使地球水循环发生重大变化。土壤及其中的腐殖质大量持水，而蒸腾作用将根系所及范围内的水分直接送回空中，这就大大减少了返回湖海的径流。这使大部分水分局限在小范围地区内循环，从而改变了气候和减少水土流失。因此，不仅农业、林业、渔业等领域重视水生态的研究，从人类环境的角度出发，水生态也日益受到更普遍的重视。

太阳辐射能和液态水的存在是地球上出现生命的两个重要条件。水之所以重要，首先因为水是生命组织的必要组分；呼吸和光合作用两大生命过程都有水分子直接参与；蛋白质、核糖核酸、多糖和脂肪都是由小分子脱水聚合而成的大分子，并与水分子结合形成胶体状态的大分子，分解时也必须加入相应的水（水解作用）。

1. 水的物理化学特性

水具备一些对生命活动有重要意义的物理化学（理化）特性。

（1）水分子具有极性，所以能吸引其他极性分子，有时甚至能使后者离子化。因此，水是电解质的良好溶剂，是携带营养物质进出机体的主要介质，各种生化变化也大都在体液中进行。

（2）因水分子具有极性，彼此互相吸引，所以要将水的温度（水分子不规则动能的外部表现）提高一定数值，所要加入的热量多于其他物质在温度升高同样数值时所需的热量。这点对生物的生存是有意义的。正因水的比热大，生物体内化学变化放出的热便不致使体温骤升超过上限，而外界温度下降时也不会使体温骤降以至低于下限。水分蒸发所需的热量更大，因此植物的蒸腾作用和恒温动物的发汗或喘气，就成为高温环境中机体散热的主要措施。

（3）水分子的内聚力大，因此水也表现出很高的表面张力。地下水能借毛细管作用沿土壤颗粒间隙上升；经根吸入的水分在蒸腾作用的带动下能沿树干导管升至顶端，可高达几十米；一些小昆虫甚至能在水面上行走。

（4）水还能传导机械力。植物借膨压变化开合气孔或舒缩花器和叶片；水母和乌贼靠喷水前进；蠕虫的体液实际是一种液压骨骼，躯干肌肉施力其上而向前蠕行。

（5）水的透明度是水中绿色植物生存的必要条件。

（6）冰的比重小于液态水，因此在水面结成冰层时水生生物仍可在下面生活。否则气温低于0℃时，结成的冰沉积底部，便影响水生生物的生存。

水在陆地上的分布很不均匀，许多地区降雨量相差悬殊，而且局部气温也影响水分的利用。气温过高则水分的蒸发和蒸腾量可能大于降雨量，造成干旱；气温过低则土壤水分冻结，植物不能吸收，也形成生理性干旱。如果水中所含矿质浓度过高（高渗溶液），植物也不能吸收，甚至会将植物体液反吸出来，同样形成生理性干旱。海水中氧气、光照和一般营养物质都较陆地贫乏，这些是决定海洋生物分布的主要因子，但生物进化到陆地上，水却又变成影响生物分布的主要生态因子。降雨量由森林经草原到荒漠逐渐减少，生物也越来越稀少。

2. 植物与水分

（1）土壤水。组合到植物体内的水体积与通过植物蒸发的量相比是极小的。水合作用是有机体内进行代谢反应的必需条件；水是介质，代谢反应发生在其中。对于陆生植物，水主要来源于土壤，土壤起了蓄水池的作用。当下雨或雪融化时，水进入蓄水池，并流进土壤孔隙。土壤水不是总能够被植物所利用。这取决于土壤孔隙的大小，土壤孔隙储水是通过毛细管作用力抗地心引力。如果孔隙宽，像在沙质土壤中，大量的水向下排走，穿过土壤剖面直到它到达不能渗透的岩石，然后积聚成为一个上升的水平面，或者排走，最后进入溪流或江河。通过土壤孔隙抗重力所蓄积的水被称为土壤的田间持水量（field capacity）。田间持水量是土壤储水能力的上限，为植物生长提供可利用的资源。其下限是由植物竭尽全力从很窄的土壤孔隙中吸取水的能力所决定的，称作永久萎蔫点（permanent wilting point）——土壤水含量在这个点上，植物枯死，不能恢复。图4-1显示了土壤水状态和土壤孔隙大小之间的相互关系。在植物物种间，在永久萎蔫点上土壤水含量在植物物种间没有明显的差异。土壤溶液中的溶质增加了属于毛细管作用力的渗透力，植物从土壤吸水时，吸水力和渗透力必需匹配。这些渗透力在干旱环境的盐溶液中变得更重要。此时，大量的水从土壤到大气向上移动，盐升到表面，产生渗透性的致死盐田。

（2）根对水的吸收。根从土壤中捕获水有两种方式。水可能穿过土壤向根移动，或者根生长穿过土壤向水移动。当根的表面从土壤孔隙吸取水时，在它的周围产生了水耗竭区。这决定了在互相连接的土壤孔隙间水的潜在梯度。水在这些毛管孔隙（capillary pore）中流动，按照梯度流进已耗竭的空隙，更进一步地给根供水。然后水穿过根的表皮

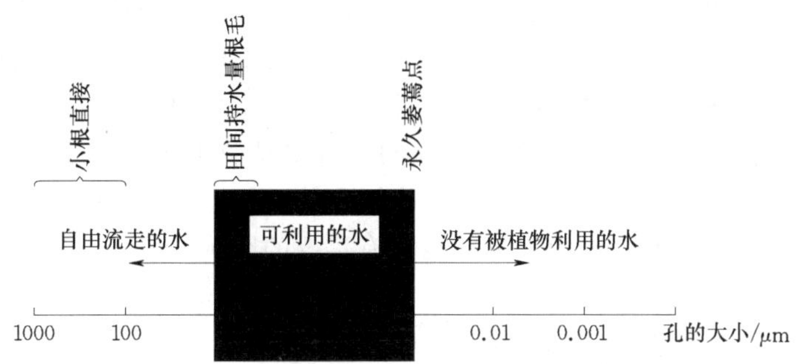

图 4-1　土壤中的水状态以保持水的土壤空隙直径来表示

进入植物，并越过皮质部，进入中柱，最后流进木质部导管到达茎轴系统。水从根到茎和叶的运输是由压力驱动的。这个简单过程的形成是很复杂的，因为根周围的土壤水耗竭越多，水流动的阻力越大。当根开始从土壤中吸水时，首先得到的水来自较宽的空隙中，这是由于这些空隙的水具有较弱毛细作用力。余留下能够流动水的是较窄的毛管孔隙，因而增加了水流的阻力。因此，当根从土壤中迅速吸水时，资源耗竭区（resource depletion zone）急剧地形成，水只能很慢地穿过它移动。由于这个原因，迅速蒸发的植物在含有丰富水的土壤中也有可能枯萎。穿过土壤的根系分支的精细度和程度，在决定植物接近土壤储水上是重要的。这意味着同一个根系的不同部分在土壤中进一步向下走时，可能遇到具有不同力的水。在干燥地区偶然降雨时，土壤的表层可能达到了田间持水量，而下层处于或低于萎蔫点。这是潜在的危险，因雨后植苗在潮湿的土表中可能生长，但土质不能支持它进一步生长。生活在这样的栖息地的物种，出现了各种特殊适应的休眠终止机制，防止它们对不足的雨水有过快的反应。

大多数根向侧面生长之前已伸长，这确保了探测出现在吸水之前。分支根生长通常出现在主根的半径范围内，次生根从这些初级根上辐射生长，三级根从次生根上辐射生长。这些生长规律最大地探测了土壤，从而阻止两类分支根相互进入耗竭区的偶然性。植物在它的发育过程中，早期生长的根系能够决定它对未来事件作出的响应。发育早期被水浸泡过的植物，具有浅薄的根系，此根系的生长受到抑制，不能进入缺氧的、充满水的土壤部分。在短期供水的季节之后，这些植物可能遭受干旱，是由于它们的根系没有生长到更深的土壤层。在主要供水来自偶然降雨的干燥环境中，生长了早期直根系统的植苗，它们几乎没有从随后而来的阵雨中得水。相反，在有一些大阵雨的环境中，直根系统的早期发育将确保在干旱期能继续接近水。根吸收水的效力，部分应归于在发育过程中根适应的能力。这和茎轴的发育成明显的对比。图 4-2 描绘了这一点，并显示小麦植株根通过沙质土壤中浸透水的黏土层时，根是如何生长的。

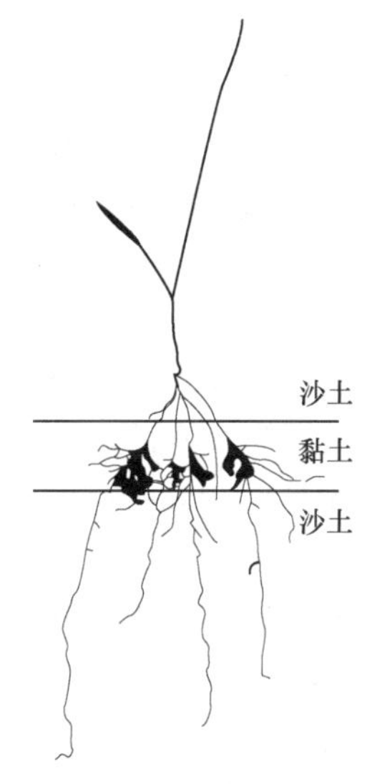

图 4-2　小麦植株的根系统

(3) 水生植物与水。水环境中，就水的可利用性而论不是一个问题。然而，在淡水或咸淡水的栖息地中有个趋向，即通过渗透作用水从环境进入植物。在海洋环境中，大量的植物与它们的环境是等渗的，因而不存在纯的水流动。然而，在这个环境中有些植物是低渗透性的，以致水从植物流出来进入环境，使它们与陆地植物处于相似的状态。因此，对很多水生植物来说，体内液体的调节是生死攸关的，经常是耗能的过程。水生环境的盐度对植物的分布和梯度可能有重要的影响，特别是像河口这样的地方，有一个位于海洋和淡水栖息地之间的明显的梯度。

盐度对沿海陆地栖息地中的植物分布也能有重要的影响。植物物种对盐度的敏感性有很大的差异。鳄梨树对低盐浓度敏感（20～50mol/L），而某些红树林能够耐受10～20倍大的盐浓度。这些植物种在它们的土壤溶液中遇到的是高渗透压，因而面对的是摄取水的问题。很多这样的盐生植物在它们的液泡中累积些电解质，但在细胞质和细胞器中，这些浓度是低的。这些植物以这种方式维持了高渗透压，从而避免了受损伤。

3. 动物与水平衡

在动物水生态方面，水生动物的呼吸器官经常暴露在高渗或低渗水体中，会丢失或吸收水分；陆地动物排泄含氮废物时也总要伴随一定的水分丢失；而恒温动物在高温环境中主要靠蒸发散热来保持恒温，这些都要通过水代谢来调节。

大多数无脊椎动物的体液渗透势随环境水体而变，只是具体离子的浓度有所差异。其他水生动物特别是鱼类，其体液渗透势不随环境变化。海生软骨鱼血液中的盐分并无特殊，但却保留较高浓度的尿素，因而维持着略高于海水的渗透势。它们既要通过肾保留尿素，又要通过肾和直肠腺排出多余的盐分。但因为渗透势较海水略高，所以不存在失水的问题。海生硬骨鱼体内盐分及渗透势均低于海水。其体表特别是鳃，透水也透离子，一方面是渗透失水，一方面离子也会进入。海生硬骨鱼大量饮海水，然后借鳃膜上的氯细胞将氯及钠离子排出。淡水软骨鱼的体液渗透势高于环境，其体表透水性极小，但不断有水经鳃流入。它靠肾脏排出大量低浓度尿液，并经鳃主动摄入盐分，来维持体液的相对高渗。某些溯河鱼和逆河鱼出入于海水和淡水之间，其鳃部能随环境的变动由主动地摄入变为主动地排出离子，或反之。

具有湿润皮肤的动物（如蚯蚓、蛞蝓和蛙类）经常生活于潮湿环境，当暴露于干燥空气时会经皮肤迅速失水。在陆地上最兴旺的动物应属节肢动物中的昆虫、蜘蛛、多足纲和脊椎动物中的爬行类、鸟类、哺乳类。昆虫、蜘蛛的肤质外皮上覆有蜡质，可防蒸发失水，含有尿酸的尿液排至直肠后水分又被吸回体内，尿酸以结晶状态排出体外。它们在干燥环境中可能无水可饮，食物内含水及食物氧化水便是主要水源。某些陆生昆虫甚至能直接自空气中吸取水分。很多爬行动物栖居干旱地区，它们的外皮虽然干燥并覆有鳞片，但经皮蒸发失水的数量仍远多于呼吸道的失水。它们主要靠行为来摄水和节水，例如栖居于潮湿地区，包括荒漠地区的地下洞穴。爬行类和鸟类均以尿酸形式排出含氮废物，尿酸难溶，排出时需尿液极少，从而减少失水。鸟和哺乳类因恒温调节需要更多的水分供应。除某些哺乳动物为降温而排汗外，鸟和哺乳类的失水主要通过呼吸道。某些动物的鼻腔长，呼气时水分再度凝结在温度较低的外端的鼻腔壁上。它们也主要靠行为来节水，这包括躲避炎热环境。

三、河流生态系统

受地理位置、气候及下垫面的影响，自然生态系统各式各样。一般来说，河流生态是水生态的一种，了解河流生态的特点及其生态结构对于有效进行流域治理有重要意义。

在地球上散布着大小、方圆、深浅不一的淡水水域，面积共约4500万km^2，只占水域总面积的2%～3%。虽然面积不大，但它在整个生物圈中占有重要的地位。自古以来，人类傍水而居，世代相传，淡水生态系统通常是相互隔离的，它包括湖泊、池塘、河流等。流水生态系统又可进一步分为急流的和缓流的两类。急流的水中含氧量高，水底没有污泥，以防止被水冲走。

河流生态系统的特点之一是流水生态。河水流速比较快，冲刷作用比较强。生物为了在流水中生存，在形体结构上相应地进化。河流中存在不同类型的介质，包括水本身、底泥、大型水生植物和石头等，从而为不同类型的生物提供了栖息场所。河流中的杂物、碎屑等提供了初级的食物。这些基本条件造就了河流生物的多样性。

河流生态系统另一个显著的特点是其很强的自我净化作用。河流流水特点使得河流复氧能力非常强，能够使河流中的各种物质得到比较迅速的降解；河流的流水特点也使得河流稀释和更新的能力特别强，一旦切断污染源，被破坏的生态系统能够在短时间内得到自我恢复，从而维持整个生态系统的平衡。河流生态结构如图4-3所示。

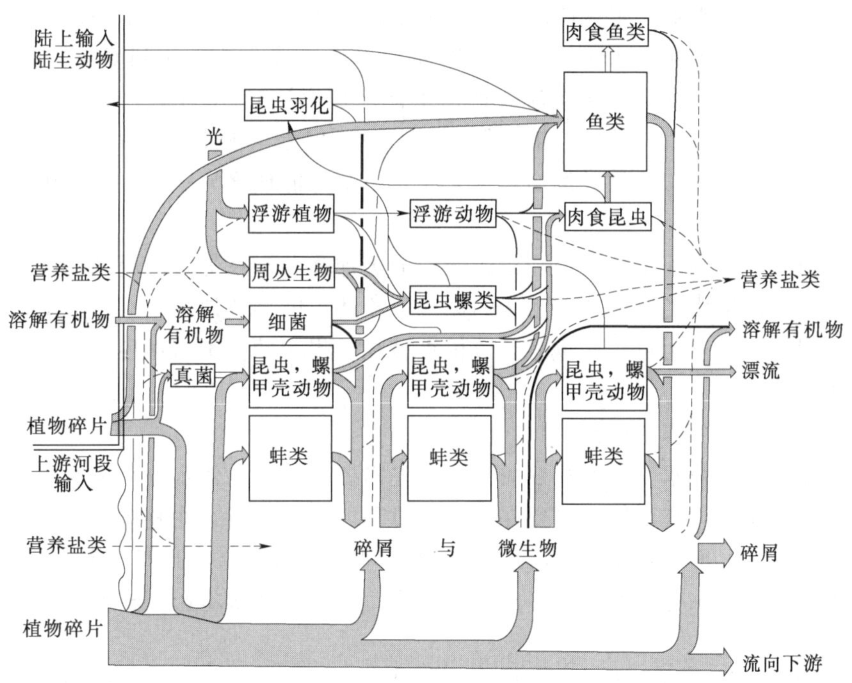

图4-3　河流生态结构示意图

（1）大型水生植物。分为浮游类和根生类，最常见的是水草，有根生且全部淹没在流水的水草；有根生但是叶子漂浮在水面，常出现于浅水河流；也有完全悬浮漂游的水草，常见于流动比较缓慢的河流。其他主要的植物包括苔藓、地衣和地线。这些植物虽然没有根，但是长有头发状的根须（类似于根），能够渗透缠绕在河床石头的裂缝隙之间，适合于流水环境。

（2）微型植物最常见的是藻类，单体肉眼看不到，一般在1～300μm，生长机制比较简单，但是形态特征多种多样。藻类能够生长在任何适合生长的地方，可以附着在河床石头等介质，可以附着在桥墩、电缆和船舶外体等，甚至能够附着大型植物表面，呈现单体、线状或者片状等。由于流水比较急，藻类无法像在水库静态水体中那样进行迅速繁殖而形成“水华”。即使偶尔发现一些，也是曾经附着而受冲刷作用脱落下来的。藻类是河流中一些动物的食物来源。

（3）河流动物主要包括软体动物、蠕动动物、甲壳类动物、昆虫、鱼类等以及微型动物，微型动物主要是原生动物，以腐生细菌和腐生物质为食物。河流动物的形体一般呈现流线以尽量减小流水中的阻力；有的生物具有吸盘状或者钩状的结构，能够附着在光滑的石头表面。

（4）细菌和真菌。细菌和真菌微生物生长在河流中任何地方，包括水流、河床底泥、石头和植物表面等。细菌和真菌在河流中起着分解者的角色，将死亡的生物体进行分解，维持自然生态循环。河流有各种自养微生物，主要的自养细菌包括铁细菌、硫细菌、硝化和反硝化细菌等。

（5）河岸生态。河岸生态是河流生态的重要组成部分。河岸植被包括乔木、灌丛、草被和森林等。两岸植被能够阻截雨滴溅蚀，减小径流沟蚀，提高地表水渗透效率和固定土壤等作用，从而大幅度减少水土流失。一般而言，当植被覆盖率达到50%～70%，就能够有效地减少水流侵蚀和减少土壤流失；当植被覆盖率达到90%以上，水沙就能够完全控制住了。另一方面，茂盛的岸边植被保护了河岸，但是可能为河床的下切创造了条件。在河床本身，如果生长有植物，例如被树干壅塞，则可能加强河水的侧蚀作用，使河流变宽，以致逐渐消亡。

如果植被减少，则河水的侵蚀和搬运能力显著加强，水系上游的侵蚀程度增大，而在中游和下游的泥沙堆积随之增加。河床的泥沙堆积还可能导致地下水水位下降，从而影响中下游河流附近的植被生存，严重时导致植被破坏。岸边的树木植被还能够为河中的鱼类提供隐蔽所和食饵。

四、水环境与水生态的关系

要弄清楚水环境与水生态的相互关系，首先需要介绍生物体水分平衡机理。生物体内必须保持足够的水分，在细胞水平要保证生化过程的顺利进行，在整体水平要保证体内物质循环的正常运转。而且，水分与溶质质点数目间必须维持恰当比值（渗透势），因为渗透势决定细胞内外的水分分布。在多细胞动物中，细胞内缺水将影响细胞代谢，细胞外缺水则影响整体循环功能。

生物体内的水分平衡取决于摄入量和排出量之比。生物受水分收支波动的影响还与体内水存储量有关；同样的收支差额对存储量不同的生物影响不同：存储量较大的受影响较小，反之则较大。对水生生物来说，水介质的盐度与体液浓度之比，决定水分进出体表的自然趋向。如果生物主动地逆浓度梯度摄入或排出水分，就要消耗能量，而且需要特殊的吸收或排泌机制。对陆地生物来说，空气的相对湿度决定蒸发的趋势，但液体排泌大都是主动过程。大多数生物的体表不全透水，特别是高等生物，大部分体表透水程度很差，只保留几个特殊部分作通道。在植物，地下根吸水，叶面气孔则是蒸腾失水的主要部位，它的开合可调节植物体内的水量。在较高等动物，饮水是受神经系统控制的意识行为，水与食物同经消化道进入体内，水和废物主要经泌尿系统排出。生物体的某些水通道也是其他营养物质出入的途径，例如光合作用所需 CO_2 也经叶面气孔摄入。因此光合作用常伴有失水。相比之下，陆地动物呼吸道较长，进出气往复运动，这使一部分水汽重复凝集于管道内。不过水生动物的鳃却经常暴露在水中，在高渗海水中倾向失水，在淡水中则摄入大量水分。

研究表明，生物发源于水，志留纪以后，植物和动物先后进化到陆地上来。它们上陆后面临的首要问题是水分相对短缺。低等植物的受精过程一部分要在水中进行，因此它们只能生长在潮湿多水的地区。高等植物有复杂的根系可从土壤中吸水，有连续的输导组织向枝干供水，传粉机制出现后受精过程可以不用水为媒介。但与动物相比，植物仍有不利处，因为大气中仅含 0.03%的 CO_2（0.23mmHg），它经气孔向内扩散的势差极小，而水分向外扩散的势差却比它大百多倍（24mmHg），所以植物进行光合作用吸收 CO_2 时经常伴有大量的水分丢失。动物呼吸时，外界空气含 21%的氧（159mmHg），氧气经气孔向内扩散的势差比水分向外的势差大 6 倍多，因此动物呼吸时的失水问题较小。很多昆虫的幼虫仍栖息水中，两栖类的幼体也仅生活于水体内。不过，陆生动物的体内受精解决了精卵结合需要液体环境的问题。动物还可借行为来适应环境，这包括寻找水源、躲避日晒以减少失水等等。总之，植物水分生态和动物水分生态除有共性外，还各有特点。

由此可见，水环境与水生态的关系体现在两个方面：生态系统的生态环境功能与水资源对生态系统的重要作用。

生态系统的生态环境功能包括：①涵养水源；②调蓄洪水；③保育土壤，防止自然力侵蚀；④调节气候；⑤降解污染；⑥有机物质的生产。

水资源对生态系统的重要作用体现在：①水资源对陆地自然植被的重要性；②水资源对湿地生态系统的重要性。

第二节　河道中污染物的迁移转化

由于河水的流动特性，河流生态比较容易受到外来污染的影响。一旦发生污染，很容易波及整个流域。河流生态被污染以后的后果比较严重。会影响周围陆地的生态，影响周围地下水的生态，影响流域水库的生态，也会影响其下游河口、海湾、海洋的生态系统。因此河流生态系统的污染，其危害远比水库等静态水体大。

例如，2004 年 2 月，四川某化工厂将大量高浓度氨氮废水排入沱江支流毗河，导致沱江严重污染，这是新中国成立以来少有的特大污染事故。近百万民众生活饮用水中断，鱼类大量死亡，大批企业被迫停产，直接经济损失 2 亿多元人民币。根据有关方面的估计，全世界外流河每年输运进入海洋的溶解性物质达到数百亿吨左右。

河流污染来源主要是包括：①工业化造成的，工业化过程需要大量的水，而水将大量污染物质带入河流；②城镇生活，初期城镇功能不完善，大量雨水、生活污水和垃圾进入河流，导致河流的污染；③现代农业开发也导致河流污染，因为农业使用大量农药和化肥等，大量化肥流入可能导致河道植物大量生长，导致水体富营养化，农药则可能对水生生物造成短期和长期的危害，污染还包括牲畜养殖屠宰等粪便、污水、垃圾等；④水库高位蓄水与电厂循环水可能造成水温污染。

掌握不同水环境中污染物的迁移转化规律，对于水污染控制和水环境治理具有重要意义。本节主要介绍河道中污染物的迁移转化规律，包括泥沙对污染物的传输、有机物的迁移转化、河床底泥化学变化过程、重金属离子污染物的迁移转化、河流活性金属元素铁的变化、营养盐的累积输送和释放、浮游藻类植物的迁移转化等内容。

一、泥沙对污染物的传输

河水中大部分污染物都与胶体和颗粒物结合在一起，结合率通常大于50%。所以，吸附作用是决定河水系统中的污染物分布和归宿的一个主要控制机制。吸附作用也涉及其他的化学过程，例如沉淀、共沉淀、凝聚、絮凝、胶化和表面络合等。

河流能够挟带大量的泥沙和溶解性物质，进行远距离搬运输送。泥沙和溶解物质的产生和搬运的特征可以归纳为大小、时间、历时和频率等方面。洪水对泥沙的作用是突发性的，一次洪水在几天之内所输送的泥沙可能超过几年内所输送的泥沙数量。

悬移式泥沙对河流污染物的传输起着决定性的作用。细颗粒的泥沙吸附能力比较强，能够吸附大量有机污染物和营养盐。细颗粒的泥沙容易随着河水传输比较远的距离。因此，一个颗粒实际输运迁移的距离是非常重要的信息，但是受许多因素的影响。细小悬浮颗粒平均输送距离是10000m/a，沙子是1000m/a，卵石是100m/a。

河底积泥也对污染的储存、迁移和转化起着重要的作用，而且受许多因素的影响。外在因素包括流域地质条件、地貌、土壤类型、气候变化、土地开发，以及河流管理调度等。内部因素包括颗粒尺寸、河床结构、河岸材料、植被特征、河边植被、河谷坡度、河道形态、沉积泥沙的形态。

尽管沉积物也迁移输送，但相对来说，沉积物处于沉降状态的时间比其迁移的时间长得多。因此，在长期暴露或者发生风化以及生物作用下，与沉积物结合的污染物可能会释放进入环境。

二、有机物的迁移转化

有机物的变化包括：浓度变化，沿程动态变化，输送特征，流动通量，以及与流域面积的关系等。有机物作为载体和配位体，对许多无机污染物和有毒有害有机物的输送迁移起着重要的作用。有机污染物与沉积物颗粒之间存在一个动态相互作用关系，主要包括分配过程、物理吸附和化学吸附过程等，从水相转移至沉积物固相中。当水体条件发生改变时，例如化学条件或者生物反应，沉积物相的有机物可能重新释放进入水相，造成二次污染。降雨能够导致河流有机物含量增加：①降水通过地表漫流将地表污染物冲刷进入河流；②降水径流形成侧向淋溶将土壤表层的水溶性有机物冲进河道。尽管河水对河流具有一定的稀释作用，但在大多数情况下，有机物浓度都呈升高变化，尤其在每年的前几场降雨期间，有机物负荷比较大。

有机物在水体与沉积物之间的平衡关系通常采用分配系数表示，如下式所示：

$$K_d=\frac{C_s}{C_l} \tag{4-1}$$

式中　K_d——有机物分配系数；

C_s——有机物在固相沉积物中的浓度；

C_l——有机物在水相中的平衡浓度。

由于有机物的吸附分配主要受有机质的含量控制，设有机质含量用 f_{OC} 表示，则有机污染物分配系数表示为

$$K_{OC}=\frac{K_d}{f_{OC}} \tag{4-2}$$

其中 K_{OC} 和 f_{OC} 都以有机碳为质量单位。

有机污染物的分配系数可以通过摇瓶实验法直接测定，或者通过其与有机物辛醇-水分配系数（K_{OW}）的相关关系进行估算，金相灿通过研究获得如下关系式：

$$\lg K_{OC}=0.944\lg K_{OW}-0.485 \tag{4-3}$$

其中辛醇-水分配系数 K_{OW} 能够从常见的化合物性质手册中查得。

在好氧状态下，有机物会被好氧微生物逐渐降解，分解转化为无机物。降解过程需要消耗河水中的溶解氧。如果河水复氧速率小于氧的消耗速率，则水体中溶解氧将逐渐降低。当溶解氧耗尽后，水体将转为厌氧状态。在厌氧状态下，有机污染物受厌氧微生物作用，转化产生有机酸、甲烷、二氧化碳、氨、硫化氢等物质，导致河流水体变黑变臭。

三、河床底泥化学变化过程

河流底泥是污染物的载体，被吸附的污染物在条件改变后可能重新释放，因此又是重要的内源性污染物源。底泥污染直接影响底栖生物质量，从而间接影响整个生物食物链系统。

沉积物与污染物例如重金属、有毒有机物和氮磷化合物等在固-水两相界面进行着一系列的迁移转化过程，例如吸附-解吸作用、沉淀-溶解作用、分配-溶解作用、络合-解络作用、离子交换作用以及氧化还原作用等，其他过程还包括例如生物降解、生物富集和金属甲基化或者乙基化作用等。

底泥主要由矿物成分、有机组分和流动相组成。矿物成分主要是各种金属盐和氧化物的混合物；有机组分主要是天然有机物例如腐殖质和其他有机物等；流动相主要是水或者气。沉积物中的自然胶体发挥着最为重要的作用，它们是黏土矿物、有机质、活性金属水合氧化物和二氧化硅的混合物。

有机质性的沉积物具有对重金属、有机污染物等进行吸附、分配和络合作用的活性作用。有机质中的主要成分是腐殖质，占70%～80%。腐殖质是由动植物残体通过化学和生物降解以及微生物的合成作用形成的。腐殖质以外的20%～30%的有机质主要是蛋白质类物质、多糖、脂肪酸和烷烃等。

腐殖质化学结构主要是羧基（CO—OH）和羟基（OH）取代的芳香烃结构，其他烷烃、脂肪酸、碳水化合物和含氮化合物结构都直接或者通过氢键间接与芳香烃结构相连接，没有固定的结构式。腐殖质能够通过离子交换、表面吸附、螯合、胶溶和絮凝等作用，与各种金属离子、氧化物、氢氧化物、矿物和各种有机化合物等发生作用。

有机质虽然只占沉积物的很小一部分，约2%。但是，从表面积来看，有机质占据了约90%。因此，有机质在沉积物与周围环境的离子、有机物和微生物等相互作用中起着主要的作用。例如，氧化铝颗粒吸附有机质后，其等电点pH值从9下降至5左右。这说明沉积物表面的负电荷与有机质的阴离子基团相关。

四、重金属离子污染物

重金属离子具有比较强的生态毒性，对河流生态影响比较大，重金属离子的来源主要有：①地质自然风化作用；②矿山开采排放的废水和尾矿；③金属冶炼和化工过程排放的废水；④垃圾渗滤液等。

重金属在沉积物中主要以可交换态、有机质结合态、碳酸盐结合态、（铁、锰和铝）氧化物结合态以及其他形式存在。重金属离子在输送过程中存在着几个过程：吸附与解吸、凝聚与沉积、溶解与沉积等。计算输送通量时，需要考虑具体过程和对应边界条件。

水体中的金属离子以多种形态存在。研究表明，黄河中99.6%的重金属以颗粒态存在。不同颗粒形态对重金属的影响各异，颗粒粒径分为大于50μm、大于32μm、大于16μm、大于8μm、大于4μm、小于4μm等，结果表明，颗粒粒径越小，金属含量越大，大于50%的金属吸附小于4μm的颗粒表面上。

对于重金属，吸附-解吸是其在沉积物和土壤中一个非常重要的迁移转化过程。大量研究表明，当重金属浓度比较高时，金属的沉淀和溶解作用是主要的，而在浓度比较低时，吸附作用是金属污染物由水相转为固相沉积物的重要途径之一，此时，金属污染物在水体中溶解态浓度往往很低。各种环境因素例如pH值、温度、离子强度、氧化还原电位和土壤沉积物粒径和有机质含量等会程度不同地影响重金属的吸附和解吸过程。尤其是有机质，由于其分子含有各种官能团，对重金属的吸附产生重大影响。

根据情况，重金属的吸附-解吸过程可以采用以下两种模型进行定量描述。

Langmuir模型：

$$\frac{x}{m}=\frac{bKC}{1+KC} \tag{4-4}$$

Freundlich模型：

$$\frac{x}{m}=KC^n \tag{4-5}$$

式中　$\frac{x}{m}$——单位沉积物的吸附量；

b——饱和吸附量；

K——吸附系数；

C——平衡浓度；

n——吸附指数。

重金属污染物进入天然河流水体后，很快迁移至底泥沉积物中。因此，底泥是重金属污染物在河流中迁移输送的主要载体，也是主要归宿。悬浮物粒度越细，输送距离越长。不同深度的底泥中其重金属含量不同，其分布曲线能够反映重金属污染和积累的历史。

重金属离子在一定条件下，能够从底泥中重新释放出来。在重金属从底泥释放过程中，伴随着各种类型的生物化学反应，主要是生物氧化还原反应和有机物络合反应。微生物在厌氧-兼氧-好氧状态之间进行转换，导致重金属离子氧化还原状态发生变化，由沉淀状态转化为溶解状态；同时，厌氧过程产生具有比较强的络合能力的有机物酸分子，pH值下降，氢氧化物重新溶解；另外，有机酸通过络合作用使非溶解态的重金属离子转变为溶解性的形式。微生物还能够直接以金属离子为电子共体或者受体，改变重金属离子的氧化还原状态，导致其释放。释放出来的金属离子，在一定条件下，重新进行氧化、络合、吸附凝聚和共沉淀等，从而使溶解态的重金属离子浓度再度下降。因此，在释放过程中，水相存在重金属离子的浓度峰值，重金属离子的释放浓度由低逐渐升高然后再由高逐渐降低，直至达到平衡。其他因素，例如水力学冲刷、底泥疏浚，以及某些地区发生的酸沉降等都会程度不同地影响重金属离子的形态和转化。

五、河流活性金属元素铁的变化

铁和锰称为河流中活性金属元素，其浓度随着河流条件变化而变化。通常在雨季流量比较大，而在旱季流量比较小。在高流量情况下，溶解氧浓度比较高，铁浓度比较低但含量比较高。例如，洪水季节，河流中铁的含量甚至占一年中的65%以上，而且主要由腐殖质所携带。河水中铁的浓度在旱季比较高。部分原因是底泥中的富含铁的孔隙水溢流出来所致。

铁在含氧水中主要由腐殖质所携带。铁倾向于与溶解性的高分子相结合。在天然水中，离子铁的浓度通常是非常低的。但是，水中溶解性的三价铁离子浓度比根据溶解平衡所预测的高许多，这主要是由于三价铁和有机物形成有机络合物所致。有机物含有羧基和羟基官能团，能与铁络合。除增加溶解性铁的浓度外，这些络合物还可能抑制铁氧化物的形成和铁与磷之间的反应。这些都会影响铁、与铁相关的微量金属和磷的浓度、反应活性和迁移过程。

在底泥孔隙中，以厌氧状态为主，铁离子主要以亚铁离子形式存在。而好氧/厌氧边界区接近于底泥表面，尽管是一个比较薄的层区，却是有机铁胶体形成的最重要的地方，也是物质化学转换和循环的关键地方。

有机物中铁的含量同样也影响到有机物的命运。铁在细菌分解代谢有机物过程中发挥着重要的作用。有机铁络合物亦容易吸收紫外光而发生光化学反应。较高的含铁量也能够促进腐殖质的絮凝和沉淀。后者被认为是河床截留有机物的一个主要途径。因此，关于有机铁胶体的形成、迁移和归宿方面尚需要更多更深入的研究。

微生物也影响着河水和河底积泥孔隙水中的铁及其他物质的浓度。微生物的活性在温度比较高的夏季达到高峰。此时，河床中有机物被氧化，同时消耗了底泥中的溶解氧，导致厌氧状态，引起铁氧化物和锰氧化物的离解。在冬季，温度比较低，细菌活性降低，底泥重新回到氧化状态。

尽管河底积泥主要来自河水中悬浮物质的沉淀，但是，铁在积泥的含量可能与悬浮物质中铁含量差别很大，主要是由于水生植物和微生物的生长和代谢分解，以及不溶物质的进一步沉淀和一些物质的离解等所致。

六、营养盐的累积输送和释放

磷在沉积物中主要以有机态磷和无机态磷存在，无机磷主要包括钙、镁、铁、铝形式的盐，有机磷主要是以核酸、核素以及磷脂等为主，此外还有少量吸附态和交换态的磷。磷的形态影响到磷的释放特性和生物有效性。在河流水体中，一般以铁磷浓度比较高，钙磷浓度其次，铝磷浓度最低。沉积物中磷和氮化合物的迁移转化过程主要包括各种化学反应和物理沉淀过程，反应包括吸附、生物分解和溶出过程，物理过程主要是沉淀、分配和扩散等过程。沉积物是磷迁移的载体、沉积的归宿和转化的起点。

我国在滇池的监测表明：①6—9 月的降雨量占全年降雨总量的 70%～75%；②绝大部分污染物包括 BOD_5、COD、氨氮、泥沙等是径流负荷总量的 85%～89%，可溶性的磷占 65%，暴雨期间，径流侵蚀非常严重，磷的浓度是平时的 100 倍以上；③滇池周围泥沙携带大量氮和磷，总氮的平均浓度为 1.47kg/t，占径流总氮的 22%，泥沙携带的总磷的平均浓度是 0.7kg/t，占径流总磷的 66%。河流中大部分由洪水输出的磷为颗粒状态，占 80%以上。

沉积物能够从水中吸附可溶性磷酸盐和多磷酸盐，主要机理是胶体表面的正电荷金属阳离子例如钙、铝和铁离子与溶液中各种磷酸根结合形成不溶性的盐沉淀吸附在颗粒表面。被吸附的磷和氮以悬浮物的形式长途输送，并沉淀在水库水体中。

但是，水体环境发生变化时，积累在沉积物的氮和磷会重新释放出来，加剧水体富营养化现象。氮和磷释放的机制是不同的，氮的释放主要与沉积物表面的生物降解反应程度相关，含氮有机物被微生物分解为氨态氮，或者在好氧条件下转变成为硝酸态氮。而磷的释放取决于不溶性磷酸盐（主要是钙盐、铝盐和铁盐）重新溶解的环境条件，一旦条件具备，磷就开始被释放。厌氧环境能够促进磷的释放，尤其是当铁盐是主要成分时，厌氧磷释放速率可以达到好氧条件磷释放的 10 倍以上。而对于铝盐，pH 值的影响是主要原因。过低的 pH 值将促使铝盐溶解，导致磷酸根释放。钙盐态的磷虽然不容易释放，但是可以通过植物本身的吸附转化和代谢而被吸收和释放，同样可能促进水体的富营养化。

从河床沉积物中被释放出来的营养盐首先进入沉积物的孔隙水，然后逐渐扩散至沉积物与水的交界面，进而向水体其他部分混合扩散。河床积泥孔隙水的成分与河水流量有关。在河水流量比较高时，孔隙水与河水交换速度快，孔隙水中各种物质的浓度与其他季节相比较低。在小河中，河底积泥孔隙水在较短的时间内与河水达到平衡。河底积泥孔隙水成分与河床组成和形态有关。因此，水体的扰动能够加快营养盐的扩散过程。孔隙水也受到地下水的影响。在旱季，地下水可能变为河水补给的主要源泉。

七、浮游藻类植物的迁移转化

浮游藻类植物是水生态系统的主要初级生产者，由于浮游植物具有个体小，生活周期短，繁殖速度快，易受环境中各种因素的影响而在较短周期内发生改变的特性，因此常被用来指示水质环境的变化。在河流中的能量流动与物质循环过程中发挥着不可忽视的作用，其初级生产力是维持水域生态系统功能的基础，河流水质变化的重要依据之一就是数量和种类的变化。

藻类在河道中的迁移转化规律是一个相互关联的动态过程，受到多种因素的综合影响。理解这些规律对于有效管理水体健康、防止赤潮和藻华等问题至关重要。影响浮游藻类在河道中行为的关键因素包括：水体流动、光照条件、养分浓度、水质等因素。水体流动对浮游藻类的分布和传输起着至关重要的作用，水体的流速和流向影响着浮游藻类的运移方向和速度，强流速可能导致浮游藻类被迅速冲走，而较缓慢的流速可能使其在水体中悬浮较长时间。光照是浮游藻类进行光合作用的能源来源，因此光照条件直接影响其生长和繁殖，水体中的透明度和光照强度决定了浮游藻类在水体中的垂直和水平分布，浮游藻类对水体中的营养物质，特别是氮、磷等养分的浓度非常敏感。水体深度决定了光的穿透深度，从而影响浮游藻类在不同水深的分布，浅水区域更容易受到光照的影响，而深水区域的光透射可能受到限制。养分浓度如高浓度的养分有可能引发浮游藻类的过度生长，导致赤潮或藻华的形成。水体中的污染物、重金属和有机物等对浮游藻类的健康和生存也产生影响，某些污染物可能对浮游藻类产生毒性效应，影响其生态系统角色。综合考虑这些因素，科学家可以使用水文学模型、实地监测和实验研究来深入了解浮游藻类在河道中的行为，以更好地管理水体生态系统和应对潜在的环境问题。

第三节　河流及水库水质模型

水质是河流修复中最关键的因素，也是河流修复是否能够成功的标志。河流中水质受各种物理、化学、生物和生态因素的影响。水质模型描述污染物质在水中的物理、化学、生物作用过程的规律以及影响因素之间关系，已经成为研究河流修复和管理不可或缺的工具，而这些模型是建立在诸如推流方程、混合方程、扩散方程、沉淀方程、吸附方程、氧化方程、碳化方程、硝化方程、厌氧方程的基础之上。它可用于水体水质的预测、研究水体的污染与自净以及排污的控制等。

一、河流水质模型

水质模型的种类很多，常用的水质模型有零维水质模型、一维水质模型、二维水质模型、三维水质模型，水质模型的维数是相对于空间方向 x、y、z。零维是空间完全均匀混合水体，只考虑物质在时间轴上的变化；一维是指河流纵向，即 x 向的浓度变化，湖和水库指 z 方向，即垂直向上的浓度变化；二维是指 x 和 y 方向。若河流流量和污水量之比在 10～20 之间，则一般只考虑稀释，不考虑降解，视河水与污水完全均匀混合，为零维；若考虑沿河道的污染物衰减和沿程稀释倍数的变化时，用一维；考虑排放口混合区范围时，用二维。本章主要介绍均匀混合水质模型、一维水质模型、二维水质模型、溶解氧模型。

1. 均匀混合水质模型

当污染物进入河段后，假设完全混合均匀，根据物质平衡原理，可建立水质模型基本方程：

$$V\frac{\mathrm{d}C}{\mathrm{d}t}=Q(C_0-C)-KCV \tag{4-6}$$

式中　V——河段水体体积；

C_0——起始断面污染物浓度；

C——所求断面污染物浓度；

Q——河流流量；

K——污染物衰减系数。

稳态情况：当污染物进入河段后，其浓度不随时间变化而变化时，呈均匀混合的稳态情况，即

$$\frac{\mathrm{d}C}{\mathrm{d}t}=0$$

将此条件代入式（4-6），即为

$$C=\frac{QC_0}{Q+KV} \tag{4-7}$$

如果是联系河段，则第 i 河段模型为

$$C_i=C_0\left(\frac{1}{1+K\frac{\Delta x}{u}}\right)^i \tag{4-8}$$

2. 一维水质模型

如果污染物进入河段后，其浓度只沿水流方向（x 轴向）变化，在垂直于水流方向的 y、z 轴向上浓度是均匀的，且污染物的降解服从一级反应，这时河流污染物可用一维水质模型描述。河流一维水质模型基本方程为

$$\frac{\partial C}{\partial t}=E_x\frac{\partial^2 C}{\partial x^2}-u\frac{\partial C}{\partial x}-KC \tag{4-9}$$

对难降解的污染物，$K=0$，则基本方程为

$$\frac{\partial C}{\partial t}=E_x\frac{\partial^2 C}{\partial x^2}-u\frac{\partial C}{\partial x} \tag{4-10}$$

3. 二维水质模型

在宽浅河流上，排入河中的污染物，在水深方向（z 轴向）可以认为混合均匀，在水平面的纵向（y 轴向）和横向（x 轴向）形成混合区，且污染物的降解服从一级反应，这时河水的水质需用二维水质模型描述。在稳态情况下二维水质模型基本方程为

$$u\frac{\partial C}{\partial x}+v\frac{\partial C}{\partial y}=E_x\frac{\partial^2 C}{\partial x^2}+E_y\frac{\partial^2 C}{\partial y^2}-KC \tag{4-11}$$

式中　C——污染物浓度；

x——沿河水流向的坐标；

y——垂直 x 轴的横向坐标；

u——河水纵向流速；

v——河水横向流速；

E_x、E_y——纵向和横向离散系数；

K——污染物衰减系数。

二维水质模型基本方程，一般只能用数值法求解。在最简单的情况下，才有解析解。

二维水质模型最简单的情况是在无限宽的河段中 $x=0$ 及 $y=0$ 处有一单个点源-无限边界单点源模型；此外还有河岸影响的点源模型等。

4. 溶解氧模型

此外还有溶解氧模型，河水中的溶解氧数量是反映河流污染程度和水质环境质量的一个重要的指标。同时，溶解氧与水污染和水环境质量的许多参数密切相关。因此，溶解氧模型得到广泛应用和发展。溶解氧模型是用于描述水体中溶解氧（DO）浓度随时间和空间变化的数学模型。这些模型通常基于质量平衡和水体动力学原理，以理解和预测水体中的氧气溶解过程。溶解氧对水体中的生物和生态系统至关重要，因此对其进行建模有助于

进行水质管理、生态保护和环境监测。

一般来说，溶解氧模型的基本形式是一组微分方程，其中包括影响溶解氧浓度的各种过程。溶解氧模型基本方程为

$$\frac{\mathrm{d}Do}{\mathrm{d}t}=I-O-Rx=0 \tag{4-12}$$

式中　$\frac{\mathrm{d}Do}{\mathrm{d}t}$——表示溶解氧浓度随时间的变化率；

I——氧气的输入项，如大气氧气交换或水体中其他源的输入；

O——氧气的输出项，可能包括生物呼吸、氧气的挥发和其他氧气的损失；

R——生物消耗氧气的速率，通常与水体中的生物量和生物活动有关。

溶解氧模型适用于描述较短时间尺度和均匀混合的水体。实际上，溶解氧模型可以更加复杂，包括更多的过程，如生物分解、底栖生物的氧耗、水体温度对溶解氧的影响等。目前，溶解氧模型得到广泛应用和发展。综上，水质模型大致分为以上四类。

二、水库水质模型

（一）完全混合水质模型

对于面积小，封闭性强，四周污染源多的小水库，污染物入库后，在库流和风浪的作用下，与库水混合均匀，水库各处污染物浓度均一。

对完全混合型的水库，根据物质平衡原理，某时段任何污染物含量的变化等于该时段流入总量减去流出总量，再减去元素降解或沉淀等所损失的量，建立数学方程如下：

$$\frac{\Delta M}{\Delta t}=\rho-\rho'-KM \tag{4-13}$$

对难降解的污染物为

$$\frac{\Delta M}{\Delta t}=\rho-\rho' \tag{4-14}$$

$$\Delta M=M_t-M_0 \tag{4-15}$$

式中　M_t——时段末水库内污染物总量；

M_0——时段初水库内污染物总量；

M——时段内水库平均污染物总量；

Δt——计算时段；

ρ、ρ'——时段内平均流入、流出水库污染物总量速率；

K——污染物衰减率。

1. 水库营养物积存过程的水质模型

营养物积存过程的水质模型

$$C(t)=\frac{W_0}{\alpha V}[1-\exp(-\alpha t)]+C_0\exp(-\alpha t) \tag{4-16}$$

$$\alpha=\frac{Q}{V}+K$$

式中　V——水库容积；

Q——流入水库的流量；

K——营养物降解和沉积率；

C、C_0——库水营养物的浓度和初始浓度；

W_0——营养物入流量。

当营养物入流量 $W(t)$ 不同时，则 $C(t)$ 也不一样。

当 $W(t)$ 为常量时，即 $W(t)=W_0$，则

$$C(t)=\frac{W_0}{\alpha V}[1-\exp(-\alpha t)]+C_0\exp(-\alpha t) \tag{4-17}$$

当 $W(t)$ 呈线性变化时，即 $W(t)=W_0\pm\omega t$，则

$$C(t)=\frac{W_0}{\alpha V}[1-\exp(-\alpha t)]\mp\frac{\omega}{\alpha^2 V}[1-\exp(-\alpha t)-\alpha t C_0\exp(-\alpha t)] \tag{4-18}$$

当 $W(t)$ 呈指数变化时，即 $W(t)=W_0\exp(\pm\omega t)$，则

$$C(t)=\frac{W_0}{(\alpha\pm\omega)V}[\exp(\pm\omega t)-\exp(-\alpha t)]+C_0\exp(-\alpha t) \tag{4-19}$$

当 $W(t)$ 呈极限型变化时，即 $W(t)=W_0[1-\exp(-\omega t)]$，则

$$C(t)=\frac{W_0}{\alpha t}\left\{[1-\exp(-\alpha t)]-\frac{\alpha}{\alpha-\omega}[\exp(-\omega t)-\exp(\alpha t)]\right\}+C_0\exp(-\alpha t) \tag{4-20}$$

2. 出入库水量相等的水质模型

当出入库水量相等，在单位时间内，水库内污染物蓄量变化方程为

$$\frac{\mathrm{d}C}{\mathrm{d}t}=\frac{Q}{V}(C_1-C) \tag{4-21}$$

库水污染物浓度模型为

$$C(t)=C_0+[1-\exp(-t/T)](C_1-C_0) \tag{4-22}$$

式中　T——滞留时间，$T=\dfrac{V}{Q}$；

V——水库容积；

Q——出入水库流量；

C_1、C_0——入库水中污染物浓度和库水初始污染物浓度。

3. 出入库水量不相等的水质模型

当出入库水量不相等时，则单位时间内，水库污染物蓄量变化方程为

$$V\frac{\mathrm{d}C}{\mathrm{d}t}=QC_1-Q'C \tag{4-23}$$

库水污染物浓度模型为

$$C(t)=C_0+[1-\exp(-t/T)](RC_1-C_0) \tag{4-24}$$

$$R=\frac{Q}{Q'}$$

式中　Q、Q'——流入和流出水库的流量；

其他符号意义同前。

4. 水库蓄盐量的水质模型

$$M_2=M_1+QC_1-Q'C-S \tag{4-25}$$

式中　M_1、M_2——计算时段末和初水库内蓄盐量；

Q、Q'——入库和出库水量；

C_1、C——入库和出库水中离子浓度；

S——水库内蓄盐量的衰减量。

5. 水库溶氧模型

库水中溶解氧变化为入库水量增氧，空气复氧增氧和各种因素耗氧、减氧的总和，水库溶氧平衡方程为

$$\frac{\mathrm{d}C}{\mathrm{d}t}=\frac{Q}{V}(C_1-C)+K_2(C_S-C)-R \tag{4-26}$$

式中　C——库水溶氧浓度；

C_1——入库水中溶氧浓度；

C_S——饱和溶氧浓度；

V——水库容积；

Q——入库流量；

K_2——库水复氧系数；

R——水库内生物和非生物因素耗氧总量。

（二）非完全混合水质模型

对于水域宽阔的大水库，当污染物流入水库后，污染仅出现在排污口附近的水域。这时需要考虑污染物在库水中稀释、扩散规律，采用不均匀混合水质模型描述。

1. 水库扩散的水质模型

如图 4-4 所示，对难降解污染物，当排污稳定，且边界条件为 $r=r_0$ 时，$C=C_0$，则得

$$C=C_0-\frac{1}{\alpha-1}(r^{1-\alpha}-r_0{}^{1-\alpha}) \tag{4-27}$$

$$\alpha=1-\frac{q}{DH-\varphi}$$

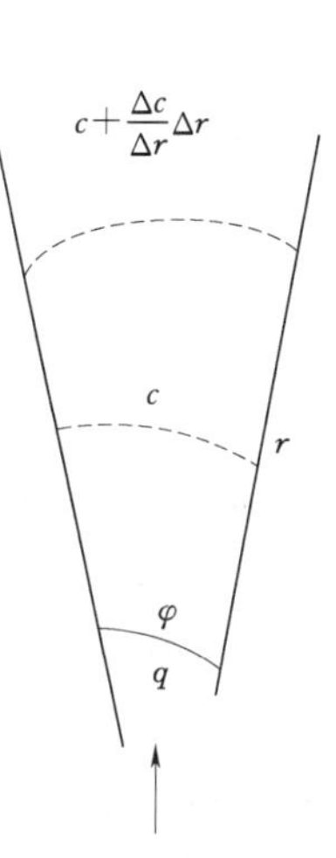

图 4-4　污染物在库水中扩散示意图

式中　r——距排污口距离；

q——入库污水量；

C——r 处污染物浓度；

H——污染物扩散区平均库水深；

φ——污染物在库水中的扩散角，如排污口在平直的库岸，$\varphi=180°$；

C_0——距排污口 r_0 处污染物浓度；

D——库水紊动扩散系数（因水库中风浪的影响）。

D 的计算公式为

$$D=\frac{\rho H^{2/3}d^{1/3}}{fg}\sqrt{\left(\frac{uh}{\pi H}\right)^2+\overline{U}^2} \tag{4-28}$$

式中　ρ——水的密度；

d——库底沉积物的颗粒直径；

f——经验系数；

g——重力加速度；

u——流速；

h——波高；

$\overline{U}$——风生流和梯度流合成的平均流速。

2. 水库自净的水质模型

当忽略扩散项，排污是稳定的，库水中污染物浓度递减。

当 $r=0$ 时，$C=C_0$，则得水库自净的水质模型

$$C=C_0\exp\left(-\frac{K\varphi Hr^2}{2q}\right) \tag{4-29}$$

式中　K——污染物自净速率常数；

C_0——排污口污染物的浓度；

其他符号意义同前。

3. 水库氧亏模型

水库氧亏模型为

$$D=\frac{K_1BOD_0}{K_2-K_1}[\exp(-nr^2)]+D_0\exp(-mr^2) \tag{4-30}$$

其中
$$n=\frac{K_1\varphi H}{2q},m=\frac{K_2\varphi H}{2q}$$

式中　D——距排污口 r 处的库水的氧亏量；

K_1——耗氧速率常数；

K_2——复氧速率常数；

BOD_0——排污口的 BOD；

D_0——排污口的氧亏量。

第四节　生物多样性及水利工程生态学效应

一、生物多样性

生物多样性包括遗传基因的多样性、生物物种的多样性、生态系统的多样性以及生态景观的多样性 4 个方面。生态系统的多样性主要包括地球上生态系统组成、功能的多样性以及各种生态过程的多样性，包括生境的多样性、生物群落和生态过程的多样化等多个方面。其中，生境的多样性是生态系统多样性形成的基础，生物群落的多样化可以反映生态系统类型的多样性。可见，生物多样性是指一定范围内多种多样的有机体（动物、植物、微生物）有规律地结合所构成稳定的生态综合体。随着全球物种灭绝速度的加快，物种丧

失可能带来的生态学后果备受人们关注，生物多样性与生态系统功能的关系成为当前生态学领域内的一个重大科学问题。大量实验结果表明，多样性导致更高的群落生产力、更高的系统稳定性和更高的抗入侵能力。但是对生物多样性的形成机理目前国际上尚无统一的认识，有关生物多样性形成机制的相关理论研究基本上还处在提出假设并对假设进行论证的阶段。

20 世纪 90 年代起开始采用理论、观察和实验等综合手段对生物多样性开展系统的研究。进入 21 世纪以来，关注的重点主要集中在以下几个方面：

（1）长时间尺度上的物种多样性-生态系统功能关系。

（2）非生物因素与多样性-生产力的交互关系。

（3）营养级相互作用对于多样性-生态系统功能关系的影响。

（4）物种共存机制在多样性-生态系统功能关系形成中的作用。

由于生态效应的长期性，针对以上 4 方面问题所开展的研究要取得重大突破还有赖于观测资料的长期积累。

河流生态系统指河流水体的生态系统，属流水生态系统的一种，是陆地与海洋联系的纽带，在生物圈的物质循环中起着主要作用。河流生态系统水的持续流动性，使其中溶解氧比较充足，层次分化不明显。主要具有以下特点：

（1）具纵向成带现象，但物种的纵向替换并不是均匀的连续变化，特殊种群可以在整个河流中再出现。

（2）生物大多具有适应急流生境的特殊形态结构。表现在浮游生物较少；底栖生物多具有体形扁平、流线性等形态或吸盘结构；适应性强的鱼类和微生物丰富。

（3）与其他生态系统的相互制约关系非常复杂。一方面表现为气候、植被以及人为干扰强度等对河流生态系统都有较大影响；另一方面表现为河流生态系统明显影响沿海（尤其河口、海湾）生态系统的形成和演化。

（4）自净能力强，受干扰后恢复速度较快。生态效应的逐渐显现使水利工程的长期生态环境影响受到高度重视。

二、水利工程的生态效应

水利工程包含防洪工程、灌溉工程、输水引水工程、水力发电工程等，但最多且有代表性的是筑坝蓄水以进行防洪、灌溉和发电的工程。水利工程产生的生态效应主要体现在两个方面：①对水生态系统中的环境产生影响；②对水生态系统中的生物产生影响。这些影响既有正面影响，也有负面影响。

1. 环境效应

水利工程建设和运行将会形成水文效应、湖沼效应和社会效应。由此产生水生物栖息地的直接改变和水文、水力学要素等方面的变化以及上述变化所导致的对环境的间接影响等。

（1）水文效应：在河流上筑坝截水，改变洪水状况，削减洪峰，降低下游洪水威胁，保障人民的生命财产安全；但另一方面也会改变河流的水文状况和水力学条件，从而导致季节性断流，或增加局部河段淤积，或使河口泥沙减少而加剧侵蚀，或咸水上溯，污染物滞流，水质也会因之而有所改变。

（2）湖沼效应：筑坝蓄水形成人工湖泊，会发生一系列湖泊生态效应。淹没区植被和土壤的有机物会进入库水中，上游地区流失的肥料也会在库水中积聚，库水的营养物逐渐增加，水草就会大量增加，营养物就会再循环和再积聚，于是开始湖泊的富营养化过程；富营养化导致藻类大量繁殖，形成水华，导致生态平衡被破坏。一些藻类会产生藻毒素，危害水生物，人食用被污染的水产后也会中毒。水华造成生物死亡后，生物遗骸的分解将消耗大量溶解氧，进一步危害水生生物；河流来水中含有的泥沙逐渐在水库中沉积，水库于是逐渐淤积变浅，像湖泊一样“老化”；水库的水面面积大，下垫面改变，水分蒸发增加，会对局部地区小气候有所调节。我国学者曾对辽宁石佛寺水库的温度、湿度做过定量计算，认为石佛寺水库温度影响距离为5km，平均日温度影响值为－2.0～－3.0℃，湿度变幅为10％～20％，水库水面蒸发量增加还可能增加降雨量。若增加的水汽与外来水汽加合，产生的增雨效果则更显著一些。水库调度会引起水位的变化，当水位升高时，周围的陆地被淹没，而当水位下降时，原本被淹没的陆地暴露出水面。这一过程会形成一个在水位变化范围内周期性出现的带状区域，被称为消落带。消落带是动态的，对于周边的生物多样性和生态平衡具有重要影响。在低水位时，消落带可能成为陆地生态系统的一部分，为植被和野生动物提供栖息地；而在高水位时，消落带则成为水域生态系统的一部分，为水生植物和水生动物提供生存空间。植物在消落带的作用至关重要，其具有固土护岸、拦沙截污、调节径流、维持生物多样性等诸多生态功能。水库蓄水后，水面大幅抬升，淹没原本自然形成的库岸带。新形成的库岸带由于未经正常的演替过程，不能适应周期性的水淹，无法形成稳定的植物群落。同时，水库调度通常为冬季蓄水，夏季排洪，具有反季节的特征。这些原因使得库岸带生物多样性下降，地表裸露。同时，水库蓄水后，由于库岸带两侧岩土周期性地浸泡在水中，浸泡软化作用和浮力作用导致岩土抗剪强度降低，引起岩土自重及动、静水压力变化，加上库区风成浪和船行波形成的涌浪对库岸不间断冲刷淘蚀，使两岸坡地稳定性减弱。在水文情势改变与生态退化的共同作用下，库岸坍塌，水土流失问题时有发生。

（3）社会效应：水库水坝工程都会造福一方或致富一群（人）。水力发电代替火力发电，减少CO_2的排放量，降低温室效应，净化了空气。例如，三峡水利枢纽工程如与同等装机容量火电机组相比，三峡电站每年发出的电能，相当于少消耗5000万t燃煤，减排1亿t二氧化碳。灌溉改变了灌区的生态条件，大多数灌区已成为鱼米之乡，显然是对生态的改善。大多数拦流闸坝枢纽形成了新的生态与环境，成为区域性的景观工程。供水直接为人的生存服务，引水至村镇内，也为村镇内居住环境的改善起到了明显的作用。带有小型水电站的拦河坝，也可起到以电代柴和以水电代火电的作用。但其另一方面更不容忽视。首先，大型水利工程往往会造成成千上万的人口搬迁，大都是因失去土地而必须迁居他乡的农民。这些人迁往哪里，会对那里的环境造成什么样的影响，他们的生计如何，往往是一个有始无终的问题。有报道说，我国新中国成立后兴修水利造成的移民问题真正解决好的并不是很多，有很多人在迁出一段时间后，又都回迁到原籍，于是开始没有了平地就开垦坡地，没了耕地就砍伐山林的新活动方式。其结果，不仅这些人生计艰难，而且造成的水土流失等问题严重威胁水利工程的效益和安全。其次，水利工程改变区域的生产与生活方式。会使区域社会经济生活发生很大变化，如人口的更新迁移与聚集，城镇兴起与发展，土著居民生产生活发生变化等。尤其是水利工程因重新分配了用水权、用水方式，无论怎样平衡，都会使有的受益、有的受损，因此引发的社会矛盾问题有时还会十分激化。

以著名的阿斯旺大坝为例，阿斯旺大坝对生态和环境确有一些正面作用，大坝建成前，随着每年干湿季节的交替，沿河两岸的植被呈周期性的枯荣；水库建成后，水库周围5300～7800km的沙漠沿湖带出现了常年繁盛的植被区，这不仅吸引了许多野生动物，而且有利于稳固湖岸、保持水土，对这个沙漠环绕的水库起了一定的保护作用。但是，大坝建成后仅20多年，工程的负面作用就逐渐显现出来，并且随着时间的推移，大坝对生态和环境的破坏也日益严重。这些当初未预见到的后果不仅使沿岸流域的生态和环境持续恶化，而且给全国的经济社会发展带来了负面影响，主要包括以下几点：

1）大坝工程造成了沿河流域可耕地的土质肥力持续下降。大坝建成前，尼罗河下游地区的农业得益于河水的季节性变化，每年雨季来临时泛滥的河水在耕地上覆盖了大量肥沃的泥沙，周期性地为土壤补充肥力和水分。可是，在大坝建成后，虽然通过引水灌溉可以保证农作物不受干旱威胁。但由于泥沙被阻于库区上游，下游灌区的土地得不到营养补充，所以土地肥力不断下降。

2）修建大坝后沿尼罗河两岸出现了土壤盐碱化。由于河水不再泛滥，也就不再有雨季的大量河水带走土壤中的盐分，而不断的灌溉又使地下水位上升，把深层土壤内的盐分带到地表，再加上灌溉水中的盐分和各种化学残留物的高含量，导致了土壤盐碱化。

3）库区及水库下游的尼罗河水水质恶化，以河水为生活水源的居民的健康受到危害。大坝完工后水库的水质及物理性质与原来的尼罗河水相比明显变差了。库区水的大量蒸发是水质变化的一个重要原因。另一个原因是，土地肥力下降迫使农民不得不大量使用化肥，化肥的残留部分随灌溉水又回流至尼罗河，使河水的氮、磷含量增加，导致河水富营养化，下游河水中植物性浮游生物的平均密度增加了，由160mg/L上升到250mg/L。此外，土壤盐碱化导致土壤中的盐分及化学残留物大大增加，即使地下水受到污染，也提高了尼罗河水的含盐量。这些变化不仅对河水中生物的生存和流域的耕地灌溉有明显的影响，而且毒化尼罗河下游居民的饮用水。

4）河水性质的改变使水生植物及藻类到处蔓延，不仅蒸发掉大量河水，还堵塞河道灌渠等等。由于河水流量受到调节，河水浑浊度降低，水质发生变化，导致水生植物大量繁衍。这些水生植物不仅遍布灌溉渠道，还侵入了主河道。它们阻碍着灌渠的有效运行，需要经常性地采用机械或化学方法清理。这样，又增加了灌溉系统的维护开支。同时，水生植物还大量蒸腾水分，据埃及灌溉部估计，每年由于水生杂草的蒸腾所损失的水量就达到可灌溉用水的40％。

5）尼罗河下游的河床遭受严重侵蚀，尼罗河出海口处海岸线内退。大坝建成后，尼罗河下游河水的含沙量骤减，水中固态悬浮物由1600ppm降至50ppm，浑浊度由30～300mg/L降为15～40mg/L。河水中泥沙量减少，导致了尼罗河下游河床受到侵蚀。大坝建成后的12年中，从阿斯旺到开罗，河床每年平均被侵蚀掉2cm。预计尼罗河道还会继续变化，大概要再经过一个多世纪才能形成一个新的稳定的河道。河水下游泥沙含量减少，再加上地中海环流把河口沉积的泥沙冲走，导致尼罗河三角洲的海岸线不断后退。

2. 生物效应

一方面，水利工程对生物的影响是使建设地及上、下游的环境发生了变化，部分影响或打破了原有的生态平衡，而逐渐产生了新的生态平衡。这种变化具有双重性，即正面影响和负面影响。水利工程具有保护生态的替代效应。拦河闸坝建设后出现新的深水区和浅流区，替代了原河道的深潭和浅滩，会产生新的水生生物物种；过坝水流的掺氧净水作用也有利于鱼类等水生物的生长。例如美国科罗拉多河在修建格伦峡谷大坝后，8 种本地鱼种有 3 种消失，但又增加了另外 2 种新鱼种。水利工程对鱼类最直接的不利影响是阻隔了洄游通道。这对生活史过程中需要大范围迁移的鱼类种类往往是灾难性的。洄游通道的阻断，使鱼类的生长、繁殖、摄食等行为受到阻碍，影响河流上下游鱼类种群的迁入和迁出。河道的阻隔使渔业资源大量下降，甚至一些物种因此灭绝。阻隔还可能影响不同水域群体之间的遗传交流，导致种群整体遗传多样性丧失，鱼类物种的活力下降。

没有加装防护措施的引水设施会将水生生物卷入引水口中，被称为“夹带”（entrainment）。与水电设施相关的夹带或撞击造成的鱼类伤害和死亡可能会对鱼类种群造成严重后果。如鱼类下行时会被吸引到水电站进水隧道，鱼类穿过水轮机及其他工程结构会受到多种方式造成的伤害：一方面水轮机叶片的机械撞击会造成伤害和死亡；另一方面，在通过溢洪道或涡轮机部件时，由于整个身体长度上的水流速度不同而产生的湍流和剪切力也会造成伤害。

底栖动物作为水生态系统的重要组成部分，种类多样，生态幅宽，对不利因素回避能力弱。研究表明：河道形态（浅滩、急流）以及水力形态（流速、水深）的改变都会对底栖动物群落结构产生影响。并且，外界干扰导致的冲击和影响在小尺度的水生态系统中表现得尤为明显，小流域系统在受到外界影响时退化速度较快。水利工程建设后，流速、底质、水深等指标发生剧烈变化，直接或间接影响底栖动物的生存。有学者对红水河水利开发后的底栖群落变化进行了研究，流域梯级成库后，库区大部分水域水体相对静止，底栖动物种类组成变化较明显，主要表现为静水型生物所占比重有所增加，流水型生物所占比重下降。河道底质作为底栖动物的主要生存场所，底质颗粒结构的改变对底栖动物有较大影响，底栖动物多样性会随底质粒径的减小而发生明显的递减。水位变化对底栖动物群落结构影响较为明显，尤其对大型软体动物的数量分布影响较大。

另一方面，水利工程无论是用于防洪、发电、供水还是灌溉都趋于使水文过程均一化，改变了自然水文情势的年内丰枯周期变化规律，这些变化无疑影响了生态过程。首先是大量水生物依据洪水过程相应进行的繁殖、育肥、生长的规律受到破坏，失去了强烈的生命信号。例如由于河流的动荡，河水的温度和化学组成的变化，以及符合鱼类生活特性的自然生活环境和食物来源的改变，都有可能对鱼的种类、数量产生影响，某些鱼种有可能因无法适应新的环境而数目骤减。长江的四大家鱼在每年 5—8 月水温升高到 18℃以上时，如逢长江发生洪水，家鱼便集中在重庆至江西彭泽的 38 处产卵场进行繁殖。产卵规模与涨水过程的流量增量和洪水持续时间有关。如遇大洪水则产卵数量很多，捞苗渔民称之为“大江”，小洪水产卵量相对较小，渔民称为“小江”。家鱼往往在涨水第一天开始产卵，如果江水不再继续上涨或涨幅很小，产卵活动即告终止。其次，某些依赖于洪水变动的岸边植物物种受到胁迫，也可能给外来生物入侵创造了机会。水库水体的水温分层现象，对于鱼类和其他水生生物都有不同程度的影响。由于三峡大坝下泄水流的水温低于建坝前的状况，这将使坝下游的“四大家鱼”的产卵期推迟 20d。此外，扩大灌溉面积和输水距离，有可能使水媒性疫病传播区域扩大。

三、水利工程负面效应的补偿途径

大部分水利工程对生态的正面效应是主要的。当设计者对水利工程的负面影响不注意、不重视，且没有去认真地解决时，就会造成不少遗留问题。水利工程负面效应的补偿途径有两条：①对于已建工程，研究和开发受损水域生态修复的方法和技术；②对于新建工程，研究和开发因工程建设、运行而对水生态系统造成胁迫所应采取的补偿工程措施。

对于已建工程，生态水利工程技术主要针对河流生态系统的修复，而且主要是小型河流。按照技术布置的位置可分为河道修复、河岸修复、土地利用修复等。

（1）河道修复。河道修复常采用河流治理生态工法（ecological working method），也称为多自然型河流治理法（project for creation of rich in nature）。所谓生态工法是指当人们采用工程行为改造大自然时，应遵循自然法则，做到“人水和谐”，是一种“多种生物可以生存、繁殖的治理法”。该方法以“保护、创造生物良好的生存环境与自然景观”为建设前提，但不是单纯的环境生态保护，而是在恢复生物群落的同时，建设具有设定蓄泄洪水能力的河流。

（2）河岸修复。河岸修复主要采用土壤生物工程技术。它按照生态学自生原理设计，采用有生命力植物的根、茎（枝）或整体作为结构的主体元素，通过排列插扦、种植或掩埋等手段，在河道坡岸上依据由湿生到水生植物群落的有序结构实施修复。在植物群落生长和建群过程中，逐步实现坡岸生态系统的动态稳定和自我调节。例如，深圳市西丽水库以入库受损河流生态系统为对象，在确保河岸力学稳定性的前提下，对河流护岸工程结构进行生态设计，修复创建与生态功能相适应的河岸植物群落结构，并对其恢复动态进行连续跟踪观测和评价。研究结果表明，构建后的实验河流河岸植被得到了良好的恢复。经过 2 年的演替后，与对照区相比，实验河流河岸植物群落的物种数和生物多样性有了很大的提高，其物种数新增加了 14 种，而对照区仅增加了 4 种；实验区的植被覆盖率增加到 95％以上，而对照区仅为 55％。

土壤生物工程是融现代工程学、生态学、生物学、地学、环境科学、美学等学科为一体的技术工程。应用时应注意研究：①影响边坡稳定性的地质、地形、气候和水文条件等自然因素及适宜的坡面加固技术；②不同地区和地点边坡乔灌草种的最佳组合及可能限制或促进植物工程物种存活的生物和物理因素，以建立稳定的坡面植物群落。

植物修复是消落带生态系统进行恢复与重建最为有效的治理途径之一，水库消落带植被修复或重建成功的关键是清楚地了解植物的抗逆生理机制，科学筛选出可以耐受水淹和干旱胁迫条件的两栖性物种。如有学者指出三峡库区消落带适宜种植牛鞭草、狗牙根等植物。

仅恢复植被难度较大，成果有限，还应以工程措施作为辅助。工程措施在生态系统恢复与重建中发挥重要作用，尤其是在治理滑坡、崩塌和泥石流等方面，不受季节限制，建好即能起作用，可以拦截、分流雨水，保证植被措施在初期有立足之地并更快更好地发挥生态效益、经济效益和社会效益。已有学者探讨了许多可行的工程措施，包括生态袋、自锁定消浪植生型生态护坡、串珠式消落带柔性护坡等。

（3）土地利用修复。土地利用修复主要采用植被恢复技术。植被恢复技术主要是指在因水利工程建设活动再塑的地段，及其他废弃场地上，通过人为措施恢复原来的植物群落，或重建新的植物群落，以防止水土流失的水土保持植物工程。植被恢复技术包括多个方面，首先要注重植被恢复场所的立地条件分析评价。立地条件是指待恢复植被场所所有与植被生长发育有关的环境因子的综合，包括气候条件（太阳辐射、日照时数、无霜期、气温、降水量、蒸发量、风向和风速等）、地形条件（海拔、坡向、坡度、坡位、坡型等）和地表组成物质的性质（粒级、结构、水分、养分、温度、酸碱度、毒性物质等）。立地条件的分析评价可为植物生长限制性因子的克服和制定相应的措施提供科学依据。其次是植物种选样。植物种选择是植被恢复技术的关键环节，应从生态适应性、和谐性、抗逆性和自我维持性等方面选择适合于当地生长的植物种。

从生态系统安全、亲水和景观等多视点系统地研究水生态修复技术，已经成为水利学和生态学研究者必须共同面对的重要课题。与国外相比，我国的河流生态修复常常忽视对受损河岸植被群落和河流生态系统结构、功能的修复，以及对修复过程中的生态学过程和机理研究。探索基于水利学与生态学理论的水生态修复理论与技术是今后的重要发展趋势。例如研究水文要素变化对生物资源的影响机制。在宏观上对比长时间和大空间跨度的水文要素变化和生物资源的消长规律，研究水利工程建设所造成的水文情势变化及泥沙冲淤变化的程度和方式及其对生物资源的影响；微观则根据不同生物对水力学条件的趋避特点，研究水利工程建设所形成的水力学环境（流速、流态、坝下径流调节等）对重要生物资源的影响，探讨水利工程作用与重要生物资源的生态水文学机制。

流域生态修复是我国水生态修复的一个重要发展方向。流域是一个完整的水循环系统，生态修复需要水，合理的水资源配置有助于生态修复；同时不考虑生态的水工程建设和流域水资源配置，又极易导致区域生态系统恶化，造成某一地区相对干旱或少水、地下水位下降、湿地消失、湖泊萎缩、植物干枯等。因此，从流域的空间尺度开展水生态的修复，综合考虑流域水、土、生物等资源，把生态修复、水工程建设、水资源配置紧密结合起来，是我国水生态修复的发展方向。进一步地，还应该注意到生态修复在一定时间和空间上对人类心理生态、社会生态、文化生态、经济生态等更深层次上的作用和影响，需要工程技术人员和管理人员共同协作，达到水生态恢复的良好效果。

对于在建工程，不仅仅限于因项目建设对自然环境所产生的破坏影响进行补偿与修复，还包括以保护为主的所有缓解生态影响的措施。其补偿措施应该贯穿于建设项目的立项、规划、设计、施工和运行整个过程。

在建设项目的立项和规划阶段，停止建设项目的全部内容或部分内容，以回避对生态系统整体影响的可能性，称为“回避”。例如，为了达到防洪的目的，不一定需要建坝，可以采用设立行洪区和滞洪区或拓宽河道等方法。即使需要建坝，在有多条支流或多个地点可以作为坝址选择时，应当逐条河流和逐个地点对建坝后的生态影响进行评价，选择影响最小的河流和河流中的某一断面筑坝。在同一河流进行梯级开发，不能仅仅考虑水能的最大利用价值，还应考虑梯级电站之间河道潜在的自然恢复能力，在梯级电站之间留有充裕的河段使水生生物休养生息。

在建设项目的设计阶段，将受到工程影响的环境或水生生物栖息地通过工程措施进行

“补偿”或将其置换到其他地方，以此来代替和补偿所受到的影响。例如，为了减轻冷水下泄，将单层进水门设计成多层进水门，使不同温层的水体混合后再泄至下游。为了补偿大坝对洄游通道的阻隔影响，应增加鱼道、鱼梯或升鱼机等附属设施。

1. 过鱼设施

过鱼设施作为筑坝河流上下游的连接通道，在协助鱼类洄游、促进上下游水生物基因交流、保持河流连通性方面发挥了重要的作用。常见的过鱼设施有鱼道、升鱼机、集运鱼船等。常见鱼道形式见表4-1。

表4-1　　常见鱼道形式

鱼道形式	特　　点	适用情况	工程实例
丹尼尔式	槽壁槽底设计有阻板和底坎；流量较大，改善了下游吸引鱼类的条件	适用于游泳能力较强的鱼类	芬兰 Isohaara 鱼道
竖缝式	能同时适应栖息于表层和底层的鱼类洄游需求；能适应较大水位变化	一般用于通过大、中型鱼类	藏木鱼道
仿自然鱼道	模拟天然河流河床和水流流态	可满足多种鱼类的需求	岷江航电龙溪口枢纽仿自然鱼道
溢流堰式	过鱼口位于隔板顶部表面，水流下泄时呈现溢流堰流态	适用于过表层、喜跳跃的鱼类	英国奥特河鱼道
淹没孔式	靠水流扩散来消能，孔口布置在鱼道的中低层	适用于需要一定水深的中、大型鱼类	广西长洲鱼道（竖缝式与淹没孔式结合）
鱼梯	由一系列的台阶、池室或斜坡构成；对流量要求严格	适用于善于跳跃的鱼类	青海湖鱼梯

鱼道进口设置是否合理是鱼道设计和建设的关键。流速是过鱼设施设计和研究中最重要的指标，鱼类能否在宽阔的河道中顺利找到鱼道进口，关键在于进口是否存在明显的吸引流、区别流以及鱼类顺水流上溯的水流条件。

升鱼机可以理解为鱼的电梯，专门设计用来帮助鱼类越过水坝等较高的障碍物，以便它们能够继续上游迁徙或完成洄游。对于低水头大坝通常建设鱼道，而高水头闸坝，升鱼机更具优势。我国贵州省北盘江流域的马马崖一级水利枢纽就使用了升鱼机。

集运鱼船即“浮式鱼道”，可移动位置，适应下游流态变化，移至鱼类高度集中的地方诱鱼、集鱼。集运鱼船通常由集鱼船和运鱼船前后挂接而成。工作时，集鱼船在适当地点抛锚固定，让水流从舱道中流过，并利用补水机组增加流速，促使鱼类游入集鱼舱道。集鱼完成后把集鱼船所集之鱼驱入运鱼船。两船脱钩后，运鱼船通过船闸过坝卸鱼于上游水域。集运鱼船具有机动灵活的特性，能实现高坝大库及梯级闸坝过鱼，但需要配合船闸才能发挥作用。

2. 鱼类生境营造

鱼类栖息地，或称生境，通常包括产卵场、索饵场、越冬场和洄游通道。对栖息地恢复技术进行分类的其他方法包括静态和结构性方法，如投放人工结构；与过程相关的方法，如河流恢复中的洪水脉冲概念。在国外，常见的产卵栖息地恢复或改善措施包括增加溪流结构，如大型枯木、巨石、卵石、原木堵塞物和稻草束。例如，人工措施添加的砾石为鲑鱼提供了合适的产卵生境，并提高了鲑鱼仔鱼的存活率。这些结构不仅为幼鱼提供了有利的栖息地，还能拦截和储存砾石，这对偏好砾石底质的鱼类有利。此外清除沉积物、疏浚河道、利用洪水冲刷河床、营造河湾等方式也能改善部分鱼类的栖息地。低矮水坝、导流板等结构可以抬高水位，被广泛用于为鱼类创造深潭生境。爱尔兰科克郡道格拉斯河（douglas river）安装原木坝后，深潭、漩涡和枯水区不断增加，形成了合适的栖息地，因此在有原木堵塞的河段，褐鳟的数量明显增加。

国内，人工鱼巢等措施也被证明对鱼类增殖起到了显著作用。人工鱼巢通常由植物、塑料等材料制作，为产黏性卵的鱼类提供鱼卵附着介质，同时还能为鱼类提供庇护所。如有学者在黑龙江连环湖投放人工鱼巢，成功增殖鲤、银鲫、红鳍原鲌和麦穗鱼 4 种鱼类。

在建设项目的施工阶段，把工程建设对生态的影响"最小化"或进行"矫正"，称为"减轻"。对因水利工程建设而遭受影响的环境进行修正、修复，从而使环境恢复的行为，称为"修复"。我国溪洛渡水电站在建设施工道路时采用隧洞、垂直挡土墙等，使地表植被的破坏程度最小化。对于库区及其建筑物造成的自然生态永久性破坏，则在其周边地区恢复自然，形成比建坝前更丰富，更高质量的生态环境。为了减轻工程施工的影响，尽可能采用先进的施工工艺。如江苏常州防洪工程浮体闸采用工厂建造，水上浮运，现场拼装和水下混凝土施工等工艺，减轻对闸址处周边生态环境的影响。

在建设项目的运行阶段，通过改善水利工程调度来避免和挽回工程对自然环境和河滨社区的潜在危害，修复已丧失的生态功能或保持自然径流模式，称之为"生态补偿"。该方式中通过确立大坝建设与水库（电站）运行的基本生态准则，包括最小下泄生态流量确定的理论与方法，建立适应河流生态恢复的生态水文调度，以及基于生态水文与工程调度相结合的新型水库调度准则等，防止河道萎缩和生态退化以及库区的淤积等。

四、长江鱼类生态补偿案例

长江是仅次于亚马孙河和尼罗河的世界第三长河流，长江上游沱沱河由南而北出唐古拉山，至切苏美曲口，平均比降大于 10.8‰。上游江水出三峡后，进入中游，在宜都纳清江。自宜昌至江苏省镇江间的 1561km 平原河段，平均比降 0.02‰。长江干流各段名称不一：源头至当曲口（藏语称河为"曲"）称沱沱河，为长江正源，长 358km；当曲口至青海省玉树区境的巴塘河口，称通天河，长 813km；巴塘河口至四川省宜宾蜗江口，称金沙江，长 2308km；宜宾岷江口至长江入海口，约 2800 余 km，通称长江，其中宜宾至湖北省宜昌间称"川江"（奉节至宜昌间的三峡河段又有"峡江"之称），湖北省枝城至湖南省城陵矶间称荆江，江苏省扬州、镇江以下又称扬子江。

长江，曾被誉为"鱼类基因宝库"，是中国特有的千种珍稀鱼类的主要栖息地。根据最新公布的调查数据，长江流域蕴藏有水生生物 1100 多种，其中鱼类 370 余种。在这当中包括国家一级、二级重点保护水生野生动物 14 种，其中，白鱀豚、中华鲟、白鲟、江豚和胭脂鱼等都是我国的特有种类，然而目前这些长江珍稀水生动物的种群数量正在逐步减少，其中一部分濒临灭绝的边缘。有水中大熊猫之称的白鱀豚，处于极度濒危状态；淡水鱼之王白鲟已被宣告灭绝；闻名遐迩的长江鲥鱼更是绝迹多年；水中化石中华鲟数量急剧下降，并有继续减少的趋势。久负盛名的四大家鱼，鱼苗发生量也从 2003 年开始锐减。

1. 长江鱼类资源锐减成因

长江鱼类资源锐减的原因是多方面的，污水排放、大量挖砂、航运发展以及过渡捕捞是直接的危害。但不可否认，长江干流和支流上修建的众多水利枢纽也是严重影响长江鱼类资源锐减的原因之一，因为众多工程的兴建给长江鱼类生存环境带来了巨大变化。

(1) 长江中很多鱼类属于洄游性鱼类，大量的水坝堵住了它们的洄游通道，洄游路线缩短。

(2) 水利枢纽挡住了上游营养物质向下游的传输，减少了鱼类的食物，甚至造成食物链中断。

(3) 长江四大家鱼在5—6月汛期水位上涨时产卵，而水库一般在汛期蓄水，枯水期放水，改变了长江流态和季节变化规律，使刺激鱼类产卵的信号紊乱；同时使洲滩过早显露或推迟淹没，影响栖息地食物丰富度。

(4) 大多数长江上游特有鱼类繁殖要求的最低水温在16～18℃，高水位蓄水后，大坝底层的水下泄时，水温会有所降低。最近3年中华鲟的产卵时间推迟了半个月，原因是坝下水温在中华鲟的繁殖季节发生了变化。

(5) 高坝流下的水溶解了空气中大量的氮气，而水体氮气过饱和对鱼类影响比较大，导致鱼类患气泡病，造成血液循环的障碍。

(6) 水库蓄水后上游的流速变缓，水变清，引起了库区鱼类种群结构的变化。

2. 生态补偿措施

针对长江干流和支流水利工程对重要生物资源的负面影响，国家有关部门和高校开展了大型水利工程对重要生物资源不利影响的补偿途径研究，采取了一系列生态补偿措施。

(1) 径流调节补偿措施。径流调节补偿包括人造洪峰、下泄水温调节与径流调节技术等。中国长江三峡工程开发总公司立项开展“大型水利工程生态调度情报研究”，对国际上有关生态调度研究的理论、应用技术、实践及其他相关研究和应用进行全面的了解，概括出国际上成熟技术和发展方向、国内研究和应用差距、三峡工程生态调度可应用的实用技术，从而指导三峡工程生态调度研究方向和目标的制定。

(2) 鱼类栖息地补偿措施。1981年1月葛洲坝水利枢纽截流后，长江中华鲟被阻隔在葛洲坝坝下江段。中国科学院水生生物研究所连续多年开展中华鲟产卵场的调查，调查显示葛洲坝下游的中华鲟仍能自然繁殖，并形成新的比较稳定的葛洲坝坝下产卵场。1996年湖北省政府在葛洲坝下建立了“长江宜昌中华鲟自然保护区”，保护区长80km，其中靠近葛洲坝的30km是核心。2002年以后，中国科学院水生生物研究所等单位对葛洲坝坝下产卵场流场又进行了更详细的量测，获得大量水文、水力测量数据，为中华鲟保护区建设提供有力的理论支撑。2005年4月，经多方论证，国家兴建了长江上游珍稀、特有鱼类国家级自然保护区。保护区具体范围由向家坝横江口开始，向下游延伸至重庆马桑溪，包括赤水河干流、岷江下游等河段。保护区面积33000hm^2，河流类型丰富，为不同繁殖类型的鱼类提供了适宜的生活空间。

(3) 休渔和增殖放流措施。长期以来，对长江的过度开发和粗放利用使其承受了沉重的负担，导致流域生态系统功能逐渐退化，珍稀特有鱼类数量急剧减少，尤其是位于长江生物链顶端的珍稀物种——中华鲟和长江江豚，面临着严峻的生存威胁。同时，重要的经济鱼类资源也面临着枯竭的危险。我国于2021年1月1日起实行暂定为期10年的常年禁捕，期间禁止天然渔业资源的生产性捕捞。共计退捕上岸渔船11.1万艘、涉及渔民23.1万人。长江主要经济鱼类性成熟期通常需要3～4年时间。实施为期10年的禁渔政策将为大多数鱼类争取到2～3个繁衍世代，从而缓解目前长江渔业资源稀缺的困境。这项政策也为保护长江江豚等多个旗舰物种提供了希望。因此，这一举措对于长江生态系统的保护具有历史性意义。

增殖放流是一种重要的生态保护和渔业资源恢复手段，通过将人工繁育的鱼类投放到自然水域中来重建种群或增加现存的种群数量。1981年开始，中华鲟研究所开始向长江放流人工繁殖的中华鲟，长江水产科学研究所也从1983年起放流中华鲟。2024年农业农村部将组织流域放流中华鲟100万尾以上，为历年来放流数量之最。此后也将加大中华鲟保护力度，扩大中华鲟人工繁育力度和放流规模。放流的中华鲟被植入多种标记，如背后的"T型标记"、PIT射频标签、声呐标记、卫星标记等，通过这些标记可以对增殖放流的效果进行科学评估。除放流中华鲟、圆口铜鱼、胭脂鱼等保护物种外，还放流了青鱼、草鱼、鲢、鳙等经济鱼类，以恢复长江渔业资源。

（4）鱼类过坝措施。水利工程建设阻断了鱼类洄游路径，过鱼设施的建设可以帮助鱼类过坝，完成其生活史。乌东德水电站是金沙江下游河段乌东德—白鹤滩—溪洛渡—向家坝四级开发的最上游梯级。为保护金沙江水生生物，促进乌东德水电站区域珍稀特有鱼类洄游迁移，完成生活史与遗传交流，乌东德水电站建设了集运过鱼系统，成功解决了鱼类过坝问题。集运过鱼系统是通过一定的方法诱集鱼类进入船舱或其他箱体中，然后通过船只或车辆将鱼类运输过坝的一种过鱼方式，主要应用于中高水头大坝或鱼类需要连续翻越若干个梯级的工程。圆口铜鱼、长鳍吻鮈、短须裂腹鱼、长薄鳅、长丝裂腹鱼等79种有过坝需求的鱼类因此工程受益。

总体来说，20世纪90年代以来，随着大坝生态环境效应的逐渐显现，"建坝与生态系统的安全"逐渐成为人类与生态环境领域的中心议题之一。我国作为全球水电建设大国，水利工程的生态环境影响近年来在水生态与水环境领域也成为最热门研究内容之一，研究呈现出由单学科转向多学科交叉、由局部转向流域整体、由短期效果转向长期效果的发展趋势。

第五节　河流生态修复

河流系统功能健康的恶化主要表现为水中的养分、水的化学性质、水文特性和河流生态系统动力学特性等的改变，以及因此对原水生生态系统和原物种造成的巨大压力。从20世纪70年代始，对河流生态系统进行综合修复成为一种先进的治河理念。生态修复旨在使受损生态系统的结构和功能恢复到受干扰前的自然状况。河流生态修复有多种方法，生态系统修复是使受损河流恢复其功能健康的根本途径。

本节从河流健康诊断、河流治理与修复的阶段、河流生态修复的技术等方面进行阐述。

一、河流健康诊断

借鉴国外经验，结合我国国情，本教材以"可持续利用的生态良好河流"作为对河流健康的定义。其概念包含双重含义：一方面，要求人们对于河流的开发利用保持在一个合理的程度上，保障河流的可持续利用；另一方面，要求人们保护和修复河流生态系统，保障其状况处于一种合适的健康水平上。它既强调保护和恢复河流生态系统的重要性，也承认了人类社会适度开发水资源的合理性；既划清了与主张恢复河流到原始自然状态、反对任何工程建设的绝对环保主义的界线，也扭转了“改造自然”、过度开发水资源的盲目行为，力图寻求开发与保护的共同准则。

“可持续利用的生态良好河流”作为管理工具，主要提供一种评估方法，既评估在自然力与人类活动双重作用下河流演进过程中河流健康状态的变化趋势，进而通过管理工作，促进河流生态系统向良性方向发展；又评估人类利用水资源的合理程度，使人类社会以自律的方式开发利用水资源。可持续利用的生态良好河流概念，把在自然系统中讨论保护和修复河流生态系统的理念进一步拓宽，把自然系统与社会系统有机地结合起来。不仅要使河流为人类造福，也要保护和修复河流生态系统；不仅要以河流的可持续利用支持社会经济可持续发展，也要保障河流生态系统的健康和可持续性。

对河流各项功能状况（或受损程度）和河流系统健康的科学诊断是开展河流系统生态修复的基础。具体可以根据河流系统健康指标体系（图 4－5）进行判断。

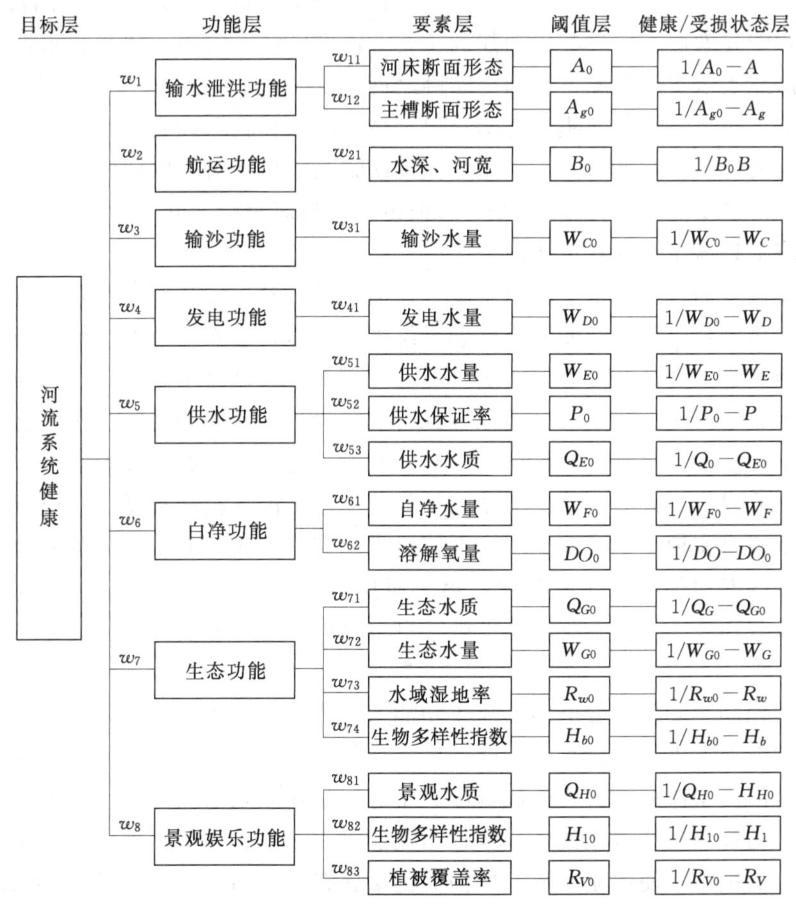

图 4－5　河流系统健康指标体系

图 4-5 中 w_i 表示各项功能对河流健康的权重，一般随河流治理修复阶段的不同而有所变化。w_{ij} 表示各要素对相应功能的权重，一般固定不变。阈值层中各功能指标阈值，用带下标的字母组合表示。状态层中各式为各项功能指标的无量纲化处理，用亏值（即实际值与目标值的差值）的倒数表示。这样，各项功能指标的无量纲值就被限定在 0～1 之间。功能指标无量纲值越接近 0，偏离平衡阈值的程度越高，满足功能要求的程度越低，河流系统健康状况可能越差。反之，功能指标值越接近 1，偏离平衡阈值的程度越低，满足功能要求的程度越高，河流系统健康状况可能越好（图 4-6）。

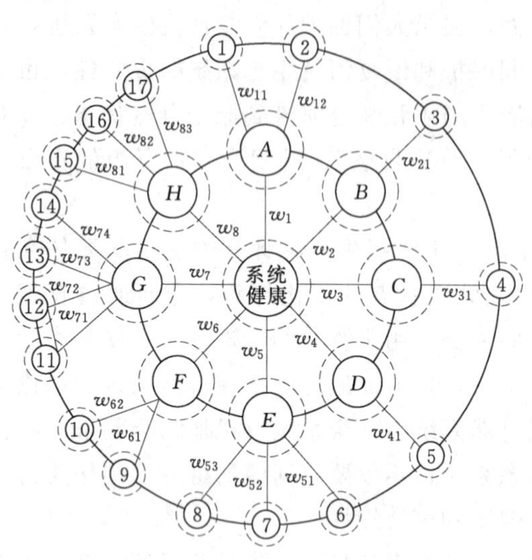

图 4-6　河流系统健康诊断分析

图 4-6 中，第一圈层为核心层，是河流各项功能健康的综合反映，也是河流系统整体健康的集中体现。第二圈层为功能层。第三圈层为功能要素层，反映各项功能的主要方面和特征。其中，实线表示理想的平衡或健康状况，虚线表示实际状况，虚圈与实圈之间的距离表示实际值与期望值的偏离程度。距离越远，偏离越大。线条的粗细表示重要程度，线条越粗，该要素（功能）对上一层次的影响（或重要性）作用就越大。根据河流系统诸功能偏离对应阈值的情况（即各项功能需求的满足程度或功能受损程度），便可对河流系统健康进行诊断。

二、河流治理与修复的几个阶段

受损河流修复的核心并不简单地意味着使河流恢复到原始状态，而是使河流受损功能恢复到接近期望的理想状态，使河流生态系统恢复健康，进而在遵循河流自身发展规律的条件下持续地满足人类社会发展的需要。然而，河流生态修复不能脱离人类和河流关系的发展阶段。人类与河流的关系可分为原始纯自然阶段、工程控制阶段、污染治理阶段和生态修复 4 个不同阶段，每个阶段河流治理与修复的理念和任务有很大不同。

原始自然阶段作为人类与河流关系的最初阶段虽未因人类活动受损，但对于河流历史而言，这一阶段真实地记录了河流生态系统追求动态“平衡”的轨迹，从而为生态修复研究留下了宝贵的参照体系。在该阶段，第一圈层的功能项主要为泄洪、输沙、供水、自净、生态和景观功能。河流系统总体上处于自然健康状态，各层只有实线存在，各项功能基本满足。

河流工程控制阶段标志着更多的河流功能为人类所认识和开发。人类从被动转向主动利用河流的功能，泄洪功能、航运功能、供水功能、发电功能得到扩展。在该阶段，由于大坝、水库对河流水体的拦蓄，造成输沙、生态、景观娱乐功能所需水量不足，以及河床形态的改变、植被和生物多样性的减少。河流泄洪、输沙、供水、生态、景观娱乐功能均受到不同程度的损害，使河流系统开始偏离健康状态，见图 4-6 中虚线所示部分。

河流污染治理阶段的重要标志是河流的严重污染。由于水质恶化，使得除泄洪、航运和发电功能以外的其他大多数功能受到损害，并直接影响到河流生态系统的健康和存亡。

河流系统生态修复阶段标志着人类对河流认识的飞跃。在饱尝因河流不当开发造成的恶果后，如何持续维护健康的河流已成为当今重要的治河理念。在该阶段，河流的生态功能、输沙功能、景观娱乐功能受到更多关注，将河流作为生态系统进行综合修复成为主要特点。

河流治理和修复必须与所处“人类-河流”关系的相应阶段相适应，必须具备相应的条件。河流污染治理目标远低于生态修复阶段的目标。在尚未完成污染治理阶段目标以前，不可能有效地再造生物的栖息环境、招来本土生物和增加系统生物多样性。例如，莱茵河生态修复计划明确地使大马哈鱼回到河流作为其标志；英国泰晤士河修复将大马哈鱼、蝉鱼、鳗鱼等的回迁作为河流生态修复的重要成效指标；德国众多河流的生态修复也都把河流系统中的各种生物回迁放在十分重要的位置，将水体重建、河流的水文循环恢复、使鱼类和底栖无脊椎动物回到河流以实现河流生态系统完整性作为目标。德国 Isar 河的生态修复甚至将在河流中安全游泳、洗浴作为修复目标。我国的大部分地区在目前尚无法实现此类修复目标。

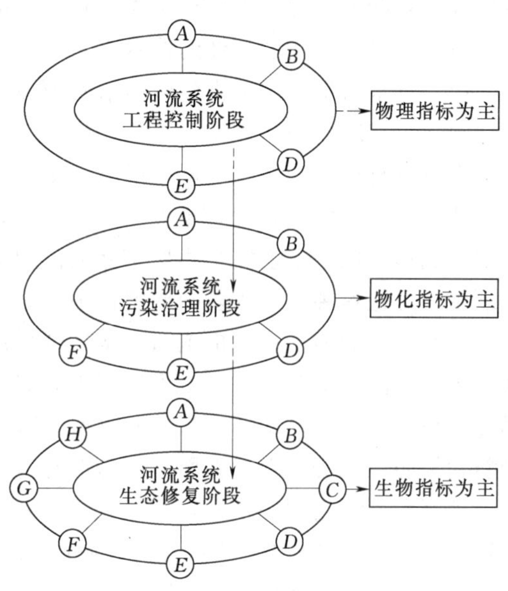

图 4－7　河流治理与修复的三阶段关系

人类干预条件下河流治理和修复的三个阶段关系可由图 4－7 简单表述，A、B、C、D、E、F、G、H 分别表示河流的输水泄洪功能、航运功能、输沙功能、发电功能、供水功能、自净功能、生态功能和景观娱乐功能。右侧表示每个阶段关注的主要河流指标。人类对河流系统及其功能的认识和适应是一个逐步完善和深入的过程。

三、河流生态修复技术

河流生态修复规划的指导思想是：以可持续发展理念为指导，评估河流的生态状况，确定河流开发与保护的适宜程度，提出改善河流生态系统结构与功能的工程措施和管理对策，促进人与自然和谐相处。河流生态修复规划的原则是：①河流修复与社会经济协调发展原则；②社会经济效益与生态效益相统一原则；③流域尺度规划原则；④增强空间异质性的景观格局原则；⑤生态系统自设计、自我恢复原则；⑥提高水系联通性原则；⑦负反馈调节设计原则；⑧生态工程与资源环境管理相结合原则。河流生态修复的目标不可能“完全复原”到某种本来不清楚的原始状态，也不可能“创造”一个全新的生态系统，应该立足于我国江河现状，在充分发挥生态系统自我恢复功能的基础上，适度进行人工干预，保证河流生态系统状况有所改善使之具有健康和可持续性。

我国现阶段河流修复中的首要任务是遏制流域内引起生态系统退化的污染，并在合理论证的基础上采取必要的修复措施。对于规划、评估、监测这些不同的任务，其工作对象的空间尺度可能是不同的。监测和评估工作可以在流域甚至是跨流域的尺度上进行。规划工作的尺度可以是流域或河流廊道。至于河流修复工程项目的实施，一般在关键的重点河段内进行。

我国河流生态修复工程的规划设计应在满足防洪等传统工程目标的前提下，使工程适应自然生态系统的要求。河流修复的规划和设计应采用系统方法，遵循自然规律，不仅能适应有固定边界条件的河流，也能适应可变边界条件的河流，而且要能保证在同一个工程目标下，不同工程技术人员能做出相似的设计方案，系统方法是一个多次反复的过程。河流生态修复工程的目标应是部分地恢复河流的自然地貌、水力和生态功能。

我国大多数河流都建有堤防工程，河流地貌不可避免要受到堤防工程的影响。从恢复自然环境功能但同时又能发挥防洪工程效益的角度出发，需要改进完善现有堤防的设计和建设方法，提出一些创新性的技术方法。

(1) 洪水后退。这项措施包括清除河漫滩内的所有结构物，把河道恢复到历史状态。设计河道形态时要使河流泥沙不会产生严重的冲刷和淤积现象，并能恢复到天然形态。河流形态可以自由蜿蜒，洪水可以漫滩，平均漫滩频率为一年或两年。从现实来看，这一理念在我国的应用将受到社会经济发展的制约，对大多数已经建有堤防工程的河道而言，要实现河流形态的完全恢复是不切实际的。但对于尚未建造堤防工程的河段，在未来的防洪规划中，可把这种非工程防护措施作为一个主要的待选方案。

(2) 堤防后靠。这项措施与洪水后退措施在本质上是一致的，但河漫滩洪水被限制在两岸堤防之间。堤防在布置上不应侵占蜿蜒带，从而使河道在地貌变化活跃的廊道区域内仍可以摆动。这项措施符合当前的洪水管理理念，但在很大程度上受经济条件的制约。对于新建堤防，在堤线布置方面，应遵循宜宽则宽的原则，处理好河道行洪和生态保护要求与土地开发利用之间的矛盾，河槽和河漫滩不仅要能满足设计洪水的行洪要求，还要保持一定的浅滩宽度和植被空间，为生物的生长发育提供栖息地，既可发挥河流的自净化功能，又有利于地表和地下水的联通。

(3) 两级河道。两级河道实质上是大河道内套小河道，即上部河道主要用于行洪，枯水河道主要用于改善栖息地质量和提高泥沙输移能力。上部河道可设计成公共娱乐场所或湿地型栖息地，枯水河道可设计成蜿蜒形态。

(4) 行洪河道。把现有河道恢复到原来的形态，同时建设一条行洪河道或大流量河道以满足行洪需求。恢复的河道主要是为了修复栖息地，而行洪河道则可设计成湿地或低洼栖息地，或开发为旅游休闲地，其作用就如同一个分离的河漫滩。

(5) 加强河道内栖息地结构。通过在河道内增加砾石、翼型导流设施（侧堰）、堆石堰和鱼巢等结构，可以增强河道栖息地功能。但在设计中，必须考虑这些结构对河道过流能力和泥沙输移能力的影响，以保证防洪工程的可靠性。

(6) 岸坡防护。在河道岸坡防护工程中引入乔木和灌木类植被，不仅能提供良好的生物栖息地环境，而且还可以增加审美情趣。这类措施对防洪工程的改变最小，因此最容易实施，并强调在多孔性防护结构底部设置反滤层和垫层。此外，河岸植被将增进河道糙率，因此需进行详细的水力学分析来评价这种影响。针对冲刷侵蚀严重的河段，国内一些专家开发了一些岸坡防护结构和产品，包括棕纤维生态垫、柔性护岸排、鱼巢护岸砌块、净水石笼、水箱护岸砌块等。

（7）水生植物、湿地修复技术。利用水生植物，如互花米草、苦草、香蒲等，来稳定河床、提高水体透明度、降低营养盐含量。水生植物的根系有助于防止水土流失、提供栖息地，并吸收水体中的养分和有机物。通过湿地修复和湿地创建，模拟自然湿地的生态功能，包括水质净化、栖息地提供和洪水控制。湿地是自然的过滤系统，能够有效地去除污染物，提高水体质量。

（8）人工岛屿和生物工程技术。利用人工岛屿、人工湿地和生物工程结构，提供栖息地、防治泥沙侵蚀、改善水质。这些结构可以创造新的栖息地、增加生物多样性，同时在河流中引导水流，有助于防止河床侵蚀。

（9）遥感和无人机技术。利用遥感和无人机技术进行监测和评估河流的生态状况，包括水质、植被覆盖、栖息地状态等。这些技术提供了高分辨率的数据，使管理者能够更全面地了解河流生态系统的变化，有助于科学决策和实施生态修复措施。

（10）基因修复技术。针对受损或受污染的水体，利用生物学和基因工程技术，研发具有抗污染和生态修复能力的生物体。这种技术可以在提高水体自净能力、降解有害物质方面发挥作用，但也引发了一些生态伦理和风险评估的问题。

以上这些方法很好地利用堤防结构、河道自身特点、生态基因技术以及信息科技等，对河道进行了有效的修复。

第六节　河流生态系统健康评价及生态环境影响评价

随着人类文明的不断发展，人口的迅速增加，人类对水资源的需求及对河流影响越来越大。表现为许多河流因过度开发而面临枯竭、河流水体严重污染、水土流失严重、河岸植被破坏等，导致河流生态系统功能受损、服务功能退化。如何正确评价河流生态系统健康状况、保护和修复系统功能，使之维持健康状态，已成为河流流域经济、社会及环境可持续发展的关键所在。为了科学合理地评价河流生态系统健康状况，本节首先介绍河流生态系统健康的内涵，在此基础上进一步分析评价的原则、指标体系，最后阐述评价理论与方法。

一、河流生态系统健康的内涵

生态系统健康系指生态系统的综合特征，包括系统的活力、稳定性和自我调节能力等。对于河流生态系统健康的含义，由于专业的不同，理解认识的不同，国内外学者还未就此达成共识。

从普遍意义的角度讲，健康的河流生态系统应具有较好的弹性和较强的稳定性。如果系统内任何一种指示物的变化超过正常的范围，就表示系统的健康受到了损害。同时，系统的健康的另一重要指标为系统弹性，表现在系统对外界干扰的抵御能力、适应能力及恢复能力。Holling 认为系统弹性是一个系统在面对干扰保持其结构和功能的能力。系统弹性越大，则系统越健康。Karr 等人认为河流生态系统健康是指河流生态的平衡、完整及适应性。Simpson 把河流原始状态作为健康状态。Bormann 等认为生态系统健康是一种程度，是生态可能性与当代人需要之间的重叠程度，强调健康河流生态系统不仅要维持系统自身的结构和功能，还应满足人类的社会需求。Norris 等则认为，河流生态系统健康的判断应考虑人类的社会需要。

从以上论述可以看出，河流生态系统健康是与人类的生存和社会的需求密切相关的。

二、河流生态系统健康评价的原则、指标体系

1. 评价的原则

(1) 动态性原则。生态系统总是随着时间变化而变化，并与周围环境及生态过程密切联系。生物内部之间、生物与周围环境之间相互联系，使整个系统有畅通的输入、输出过程，并维持一定范围的需求平衡。生态系统这种动态性，使系统在自然条件下，总是自动向着物种多样、结构复杂和功能完善的方向发展。因此，在进行河流生态系统健康评价时，应随时关注这种动态，不断地进行调整，才能适应系统的动态发展要求。

(2) 层级性原则。系统内部各个亚系统都是开放的，且各生态过程并不等同，有高层次、低层次之别；也有包含型与非包含型之别。系统中的这种差别主要是由系统形成时的时空范围差别所形成的，在进行健康评价时，时空背景应与层级相匹配。

(3) 创造性原则。系统的自我调节过程是以生物群落为核心，具有创造性。创造性是生态系统的本质特征。

(4) 有限性原则。系统中的一切资源都是有限的，对生态系统的开发利用必须维持其资源再生和恢复的功能。

(5) 多样性原则。生态系统结构的复杂性和生物多样性对生态系统至关重要，它是生态系统适应环境变化的基础，也是生态系统稳定和功能优化的基础。维护生物多样性是河流生态系统评价中的重要组成部分。

(6) 人类是生态系统的组分原则。人类是河流生态系统中的重要组成部分，人类的社会实践对河流生态系统影响巨大。

2. 指标体系

根据国内外主要江河水生态与水环境保护研究成果，在分析研究重要河流健康评价实践基础上，综合考虑河流生态系统活力、恢复力、组织结构和功能以及河流生态系统动态性、层级性、多样性和有限性，从河流水文水资源状况、水环境状况、水生生物及生境状况、水资源开发利用状况等方面确定评价指标，具体如图 4-5 所示。

三、评价理论与方法

1. 评价理论

生态系统健康是生态系统特征的综合反映。由于生态系统为多变量，其健康标准也应是动态及多尺度的。从系统层次来讲，生态系统健康标准应包括活力、恢复力、组织、生态系统服务功能的维持、管理选择、外部输入减少、对邻近系统的影响及人类健康影响八个方面。它们分别属于不同的自然、社会及时空范畴。其中，前三个方面标准最为重要，综合这三方面就可反映出系统健康的基本状况。生态系统健康指数（Health Index，HI）的初步形式可表达为

$$HI=VOR \tag{4-31}$$

式中　HI——系统健康指数，也是可持续性的一个度量；

V——系统活力，是系统活力、新陈代谢和初级生产力的主要标准；

O——系统组织指数，是系统组织的相对程度 0～1 之间的指数，包括多样性和相关性；

R——系统弹性指数，是系统弹性的相对程度 0～1 之间的指数。

河流作为生态系统的一个类别，其健康程度同样可用上述 3 项指标来衡量。鉴于河流具有强大的服务功能，可单独作为一项指标。其系统健康指数（River Ecosystem Health Index，REHI）可表达为

$$REHI = VORS \tag{4-32}$$

式中　$REHI$——河流生态系统健康指标；

S——河流生态系统的服务功能，是服务功能的相对程度 0～1 之间的指数。

从理论上讲，根据上述指标进行综合运算就可确定一个河流生态系统的健康状况，但在实际操作中是相当复杂的。原因主要为：①每个河流生态系统都有许多独特的组分、结构和功能，许多功能、指标难以匹配；②系统具有动态性，条件发生变化，系统内敏感物种也将发生变化；③度量本身往往因人而异。每个研究者常用自己熟悉的专业技术去选择不同方法。

2. 评价方法

河流生态系统主要由水质、水量、河岸带、物理结构及生物体 5 类要素组成，这 5 类要素相互依存、相互作用、相互影响，有机组成完整的河流生态系统。因此，对河流生态系统健康进行评价，也必须围绕着 5 个方面展开。

目前，河流生态系统健康评价的方法很多。从评价原理角度可分为两类：

(1) 预测模型法。该类方法主要通过把一定研究地点生物现状组成情况，与在无人为干扰状态下该地点能够生长的物种状况进行比较，进而对河流健康进行评价。该类方法主要通过物种相似性比较进行评价，且指标单一，如外界干扰发生在系统更高层次上，没有造成物种变化时，这种方法就会失效。

(2) 多指标法。该方法通过对观测点的系列生物特征指标与参考点的对应比较结果进行计分，累加得分进行健康评价。该方法为不同生物群落层次上的多指标组合，因此能够较客观地反映生态系统变化。

从评价对象角度也可分为两类：

(1) 物理-化学法：主要利用物理、化学指标反映河流水质和水量变化、河势变化、土地利用情况、河岸稳定性及交换能力、与周围水体（水库、湿地等）的连通性、河流廊道的连续性等。同时，应突出物理-化学参数对河流生物群落的直接及间接影响。

(2) 生物法：河流生物群落具有综合不同时空尺度上各类化学、物理因素影响的能力。面对外界环境条件的变化（如化学污染、物理生境破坏、水资源过度开采等），生物群落可通过自身结构和功能特性的调整来适应这一变化，并对多种外界胁迫所产生的累积效应作出反应。因此，利用生物法评价河流健康状况，应为一种更加科学的评价方法。生物评价法按照不同的生物学层次又可划分为以下 5 类：

1) 指示生物法：就是对河流水域生物进行系统调查、鉴定，根据物种的有无来评价系统健康状况。

2) 生物指数法：是根据物种的特性和出现的情况，用简单的数字表达外界因素影响

的程度。该方法可克服指示生物法评价所表现出的生物种类名录长、缺乏定量概念等问题。

3）物种多样性指数法：是利用生物群落内物种多样性指数有关公式来评价系统健康程度。其基本原理为：清洁的水体中，生物种类多，数量较少；污染的水体中生物种类单一，数量较多。该方法的优点在于确定物种、判断物种耐性的要求不严格，简便易行。

4）群落功能法：是以水生物的生产力、生物量、代谢强度等作为依据来评价系统健康程度。该方法操作较复杂，但定量准确。

5）生理生化指标法：应用物理、化学和分子生物学技术与方法研究外界因素影响引起的生物体内分子、生化及生理学水平上的反应情况。可评价和预测环境影响引起的生态系统较高生物层次上可能发生的变化。

（3）遥感和地理信息系统（GIS）：高分辨率卫星图像：利用高分辨率卫星图像进行河流和周围地区的监测，提供详细的地理信息，用于评估河流形态、植被覆盖等。

地形和水文建模：使用 GIS 和地形数据进行水文建模，模拟河流的水动力学过程，帮助了解河流形态的动态变化。

（4）DNA 元数据和环境 DNA（eDNA）技术：DNA 元数据：利用河流水样中的环境 DNA 来检测水体中的物种多样性，提供一种高效的生物监测方法，可以检测到微生物、植物和动物的存在；eDNA 技术：利用环境 DNA 技术监测水体中的特定物种，为水生生物的调查提供高效、灵敏的手段。

澳大利亚学者近期采用河流状况指数法对河流生态系统健康进行评价，该评价体系采用河流水文、物理构造、河岸区域、水质及水生生物五个方面的二十余项指标进行综合评价，其结果更加全面、客观，但评价过程较为复杂。

河流健康评价方法种类繁多，各具优势，在具体的评价工作中，应相互结合，互为补充，进行综合评价，才能取得完整和科学的评价结果。同时，评价的可靠性还取决于对河流生态环境的全面认识和深刻理解，包括获取可靠的资料数据，对生态环境特点及各要素之间内在联系的详细调查和分析等，均是评价成功的关键。

此外，在河流生态系统健康评价中应注意以下几点：

（1）河流生态系统健康是河流生态系统的综合特征，是一个集生态价值、经济价值和社会价值于一体的综合性概念，其评价及管理的目标必须建立在公众期望与社会需求基础上。

（2）影响河流生态系统健康的因素众多，而流域作为河流生态系统的外环境，对河流生态系统的影响举足轻重。流域的自然环境条件及经济社会发展状况均对河流的物理、化学、生物特征产生直接或间接的影响，有什么样的流域就有什么样的河流。因此，我们在河流生态系统健康评价中，不应仅考虑河流本身，而应着眼于全流域，将河流作为流域这一大系统中的重要组成部分，高度重视流域的整体性和协调性。

（3）有关河流生态系统健康方面的研究，目前尚处于探索与发展阶段。随着可持续发展水利战略的实施，维持河流生态系统健康必将成为河流管理的重要目标，迅速建立科学的、适合于我国河流的健康评价体系，已成为经济、社会及环境可持续发展的必然要求。

第七节　水环境与水生态新技术与展望

一、我国水生态与水环境的技术进展

我国在水生态修复方面的起步相对较晚，自21世纪以来，才在这一领域取得突飞猛进的发展。近年来涌现出了许多创新的水生态治理技术，这些新技术包括鱼类洄游通道修复技术、消落带治理技术、边坡生态修复技术等。通过这些技术的应用，为水生态系统的修复和水域生态环境的可持续发展奠定了坚实的基础。这些水生态技术不仅在国内得到了广泛应用，为生态环境的恢复和保护做出了卓越的贡献，也获得了国际社会的关注和认可，并且在该领域赢得了良好的声誉。

1. 鱼类洄游通道修复技术

由于水利工程中大坝对河流的阻隔影响着鱼类的洄游迁徙，对于鱼类而言，适宜的上溯条件能够帮助其上溯产卵，完成洄游生活史。常见的过鱼设施包括鱼道、升鱼机、集运鱼船等。鱼道作为鱼类等水生生物克服河流物理屏障最重要的设施，其合理的结构与运行方式能够减缓水利工程对河流生态的负面影响。但早期鱼道设计不够合理，导致鱼类上溯效率不高。其中，鱼道内水体的水力学特征是影响鱼道效率的关键因素之一。鱼道的水力优化设计主要聚焦在以下几个方面：①鱼道进口附近的水流流态和流速分布，进口水力坡降的改善，进而保障鱼类的上溯；②鱼道内部沿程流态、流速和水深的控制，问题池室的诊断；③鱼道出口附近的流态及流速分布，适应不同库水位的鱼道出口。在过鱼监测中发现，鱼类在鱼道内连续、长时间上溯所遇到的水流条件会影响其游泳行为的转变，因此解决对鱼道内水体的水力学优化是保证过鱼效果的关键。

为解决问题池室带来的水流条件不佳、诱鱼水流不集中以及流速不适等问题，常采用计算流体力学对问题池室的流场进行模拟。目前通过鱼道结构优化和流量调控，使鱼道的水力学特征更加符合鱼类上溯需求。计算流体力学在鱼道水力学的应用中起到了关键作用，为鱼道结构优化提供了有效工具，对河流生态恢复有着重要意义。

2. 消落带治理技术

蓄水后水位季节性大幅波动给消落带带来了极大的环境胁迫进而导致一系列生态环境问题。过去对三峡水库消落带的生态修复研究多注重耐淹植物的筛选、土壤侵蚀与面源污染防治等方面。大多数研究忽略了三峡水库蓄水后消落带的自然变化，已有的生态修复及研究缺乏对生物多样性的关注和整体生态系统设计理念。面对如此复杂问题，基于自然的解决方案（nature - based solution，NBS）关注生态系统的整体设计、综合管理和动态调控，强调人与自然的协同共生，是解决消落带问题的重要途径。

针对季节性水位变化，通过对三峡库区澎溪河消落带开展湿地修复示范研究，用NBS进行消落带适生植物物种筛选及种源库建立、近自然植物群落构建、多功能基塘修复、复合林泽修复、多维湿地修复、地形-底质-植物-动物协同修复，并进行修复成效评估，以期为具有季节性水位变化的大型湖库消落带湿地生态系统修复提供科学依据。通过持续10多年的消落带湿地生态系统修复实践，创新性地构建了大型水库消落带生态系统修复技术体系，为大型湖库消落带湿地生态修复提供了可推广、可复制的技术方法及实践模式，拓展和创新了逆境生态设计和生态系统修复理论，优化了三峡库区人居环境质量。

3. 边坡生态修复技术

水利工程建设经常会开挖大量的边坡，这些边坡如果不及时进行治理，会引起生态环境破坏，造成水土流失和土壤肥力减退，甚至导致地质灾害频繁发生。对于高陡边坡的生态修复治理，由于大部分高陡边坡为岩质边坡，生境条件恶劣，种子很难附着其上，加之受坡面温差变化、日照、降水等外界因素影响，坡面力学性质不稳定，进行生态修复时较难实现长久的复绿效果。

植被混凝土生态护坡技术（简称CBS技术），将边坡工程防护与生态修复有机结合，既达到了工程防护要求，又实现了工程创面生态结构与功能的重建。其最大特点是在植生基材中加入了常规硬性材料水泥，使其强度更高、抗冲刷能力及附着能力更强。该技术能营造植被生长环境，促进植被群落形成与演替。植物根系的“加筋锚固”效应，使得基材力学性能得到增强，有利于基材的长期稳定性。实现了在修复受损创面自然生态环境的同时具备显著的浅层防护作用，具有良好的工程效应、生态效应和景观效应。这种边坡生态修复方法已在福建永泰抽水蓄能电站、河南洛宁抽水蓄能电站等工程应用，获得了良好的恢复效果。

二、水生态与水环境的发展趋势

1. 关键生境营造

在高坝深库的梯级电站间修建鱼道、集运鱼船等设施，虽能一定程度上打通河流连通性，但不能解决栖息地破坏问题。应当进行生态修复、自然保护区建设和管理，为水生生物提供新的栖息地。

营造生境应当遵循生态功能持续化、经济代价合理化、保护活动规范化三个原则。新建生境的关键是确保其能够实现与原生境相似的生态功能和价值，为了保护不同层次的生物多样性，在重点保护目标物种的基础上还要兼顾保护生态系统的完整性，同时进行多样化的栖息地营造，为水生生物提供完成生活史过程所需的不同生境。生境保护与修复需要综合考虑河流连通状况、底质、水质、水文等指标，必要时采取工程措施对支流进行治理，如拆除支流上的某些已有工程设施，或建设一些设施改善水质、调节生态水文过程、营造人工产卵场等。在进行栖息地营造时应当注重生态过程，建设可自我维持的生态系统。关注营养复杂性、随机干扰和扩散三个自然生态系统动力学的关键组成部分。恢复这些过程及其相互作用可以提高生态系统的自我可持续性，提高栖息地质量和稳定性。

2. 建设水环境与水生态监测网络

水生态监测与评价是水生态系统管理、保护和可持续利用的基础。目前我国流域水环境质量监测与评价的指标主要以传统的物理化学监测指标为主，缺乏指示水生态状况变化的水生生物、栖息地等指标，单一的水质改善已经无法满足水生态环境好转这一长远目标。部分地区水生态监测点位覆盖面较窄，缺乏流域尺度上的系统规划和整体布局；相关的监测与评价技术体系没有搭建完成，技术方法规范性有待提升，水生态监测评价工作基础薄弱，基础研究、数据积累不足，各级监测能力建设亟待加强。应整合生态环境、水利、国土资源、农业、中国科学院等各级水生态监测网络，数据公开、共享，形成健全统一的水生态监测技术体系和质控体系，实现数据可比，全国一盘棋。建立最科学有效的指标，以及具有流域特色的监测、评价指标和评价标准。统筹国家和地方层面监测点位设置，国家层面以厘清流域总体水生态系统状况为目标，重点关注社会影响力大、水生态功能价值高的水体；地方层面在国家水生态监测点位基础上，还需要说清水生态问题、阐明水生态现状及其变化成因。建立“国家-流域-分区-省份”四级水生态监测实验室网络，建设全国水生态环境监测技术平台，促进水生态监测技术能力的整体提升。

3. 学科融合

随着人类对自然利用的加深，水生态系统问题日益复杂。传统的单一学科已经不能满足治理需求，因此需要与时俱进，突破学科固有结构，加强学科交叉，整合各个学科的优势，以应对复杂的挑战。水生态综合治理涉及多个学科领域，包括生物学、生态学、工程学、力学、计算机科学、地理学、社会学和管理学等。近期地貌学和景观生态学对于河流修复的影响受到了广泛的关注；计算机及人工智能的发展也为水生态治理提供了新的可能，通过建立数学模型可解析水环境与水生态系统过程，为深入认识生态系统结构和功能的响应机制提供支持；将社会与自然视作整体，对自然-社会-经济耦合的复合生态系统进行研究，有助于提高对相关生态系统治理的有效性；融合传播学等，做好水生态环境科研成果公众化。通过绘本、画册、短视频等多媒体介质，建立覆盖从幼儿、青少年到成人的科普网络，全方位提升公众的环保意识，推动我国水生态的公众化。

丰富和完善河流生态修复理论，提高整体修复效果。在不久的将来通过多学科的融合使河流生态的修复理论得到进一步提高，使修复效果更加显著。

思　考　题

4-1　河流污染来源主要包括哪些方面？

4-2　水利工程包含哪些部分？水利工程产生的生态效应主要体现在哪两个方面？

4-3　河流生态系统主要具有哪些特点？

4-4　长江鱼类资源锐减成因有哪些？

4-5　什么是休渔和增殖放流措施？

4-6　什么是鱼类过坝措施？

4-7　河流生态系统健康评价的方法很多，从评价原理角度和评价对象角度可分为哪几类？

4-8　河流生态系统健康评价生物评价法按照不同的生物学层次可划分为哪五类？

4-9　阐述生物多样性的几个层次，并分别举例说明其重要性。

4-10　进入21世纪以来，生物多样性系统研究关注的重点主要集中在哪几个方面？

4-11　阐述浮游藻类植物是如何迁移转化的。

4-12　为什么要了解水环境与水生态的相互关系，需要首先介绍生物体水分平衡机理？

4-13　为什么说悬移式泥沙对河流污染物的传输起着决定性的作用？

4-14　为什么说水质是河流修复中最关键的因素，也是河流修复是否能够成功的标志？

4-15　为什么说流域生态修复是我国水生态修复的一个重要发展方向？

数 字 资 源

资源 4-1
水环境水
生态简介

资源 4-2
河流生态
系统

资源 4-3
部分河流
污染现状

资源 4-4
常用的河流
水质模型

资源 4-5
河流及水库
水质模型

资源 4-6
水利工程
生态效应

资源 4-7
过鱼系统

资源 4-8
YQH 水环境
治理工程
实例

资源 4-9
河流生态
修复效应

资源 4-10
河流生态
修复

资源 4-11
河流生态
系统评价

资源 4-12
水环境与
水生态

资源 4-13
课后习题

第五章 水 土 保 持

第一节 概 述

一、水土流失

1. 水土流失含义及现状

水土流失是指在陆地表面由外营力引起的水土资源和土地生产力的损失和破坏。

地球表面形态的形成是内营力（主要指地壳运动）和外营力（指地球表面接受太阳能和重力而产生的各种作用）相互制约和促进的综合发展过程。内营力形成地面的隆起和下降，而外营力则将隆起部分的物质剥离、搬运和堆积在相对低洼的地方，因而外营力也常称之为夷平作用。这是在地球上出现生物之前，贯穿地球形成和发展过程的自然现象。地球上出现了生物之后，进而为人类的发生和发展提供了条件，但同时自然的发展总难尽如人意，当其发展对人类的生产和生活形成不利影响，即对水土资源和土地生产力造成损失和破坏时，则称之为水土流失。

我国是世界上水土流失最严重的国家之一，土壤侵蚀遍布全国，而且强度高，成因复杂，危害严重，尤以西北的黄土、南方的红壤和东北的黑土水土流失最为强烈。侵蚀主要有水蚀、风蚀、冻融侵蚀等类型。据水利部遥感中心 1990 年调查统计，全国土壤侵蚀面积达 492 万 km^2，占国土面积的 51%，其中轻度以上水蚀面积 179 万 km^2，风蚀面积 188 万 km^2，冻融侵蚀面积 125 万 km^2。至 2021 年，水利部发布的《2021 年度水土流失动态监测成果》，全国水土流失面积 267.42 万 km^2，占国土面积（未含香港、澳门特别行政区和台湾省）的 27.96%，较 2020 年减少 1.85 万 km^2，减幅 0.69%。各强度等级水土流失面积中，轻度、中度、强烈及以上等级侵蚀面积分别为 172.28 万 km^2、44.52 万 km^2、50.62 万 km^2，其中强烈及以上等级面积占全国水土流失面积的比例下降到 18.93%，与 2020 年相比下降 0.55 个百分点。

2. 水土流失的发展趋势

水土流失，除自然因素外，主要原因是人类不合理的活动造成的。经过几十年综合治理，取得了一定的成效，但由于人口膨胀、粮食和能源紧缺导致的毁林开荒等难以有效制止，加上一些经济建设部门开矿、修路和基本建设不注意水土保持，侵占耕地破坏植被等情况不断增长。因此，我国的水土流失面积强度、程度在局部地区近期有增大加剧的趋势。

3. 水土流失的危害

水土流失在我国的危害已达到十分严重的程度，它不仅造成土地资源的破坏，导致农业生产环境恶化，生态平衡失调，水旱灾害频繁，而且影响各业生产的发展。具体危害如下：

（1）破坏土地资源，蚕食农田，威胁群众生存。土壤是人类赖以生存的物质基础，是环境的基本要素，是农业生产的最基本资源。年复一年的水土流失，使有限的土地资源遭受严重的破坏，地形破碎，土层变薄，地表物质“沙化”“石化”，特别是土石山区，由于土层殆尽，基岩裸露，有的群众已无生存之地。据初步估计，由于水土流失，全国每年损失土地约 133 万 hm^2。

（2）削弱地力，加剧干旱发展。由于水土流失，使坡耕地成为跑水、跑土、跑肥的“三跑田”，致使土地日益瘠薄，而且土壤侵蚀造成的土壤理化性状的恶化，土壤透水性、持水力的下降，加剧了干旱的发展，使农业生产低而不稳，甚至绝产。据观测，黄土高原多年平均每年流失的 16 亿 t 泥沙中含有氮、磷、钾总量约 4000 万 t，东北地区因水土流失损失的氮、磷、钾总量约 317 万 t。资料表明，全国多年平均受旱面积约 2000 万 hm^2，成灾面积约 700 万 hm^2，成灾率达 35%，而且大部分在水土流失严重区，这更加剧了粮食和能源等基本生活资料的紧缺。

（3）泥沙淤积河床，加剧洪涝灾害。水土流失使大量泥沙下泄，淤积下游河道，削弱行洪能力，一旦上游来洪量增大，常引起洪涝灾害。新中国成立以来，黄河下游河床平均每年抬高 8～10cm，目前已高出两岸地面 4～10m，成为地上“悬河”，严重威胁着下游人民生命财产的安全，成为国家的“心腹大患”。近几十年来，全国各地都有类似黄河的情况，随着水土流失的日益加剧，各地大、中、小河流的河床淤高和洪涝灾害也日益严重。由于水土流失造成的洪涝灾害，全国各地几乎每年都不同程度地发生，不胜枚举，所造成的损失，令人触目惊心。

（4）泥沙淤积水库湖泊，降低其综合利用功能。水土流失不仅使洪涝灾害频繁，而且产生的泥沙大量淤积水库湖泊，严重威胁到水利设施效益的发挥，初步估计，全国各地由于水土流失而损失的水库、山塘库容累计达 200 亿 m^3 以上，相当于淤废库容 1 亿 m^3 的大型水库 200 多座，按每立方米库容 0.5 元计，直接经济损失约 100 亿元，而由于水量减少造成的灌溉面积、发电量的损失以及库周生态环境的恶化，更是难以估计其经济损失。

（5）影响航运，破坏交通安全。由于水土流失造成河道、港口的淤积，致使航运里程和泊船吨位急剧降低，而且每年汛期由于水土流失形成的山体塌方、泥石流等造成的交通中断，在全国各地时有发生，据统计，1949 年全国内河航运里程为 15.77 万 km，到 1985 年，减少为 10.93 万 km，1990 年，又减为 7 万多 km，已经严重影响着内河航运事业的发展。

（6）水土流失与贫困恶性循环，同步发展。我国大部分地区的水土流失，是由陡坡开荒，破坏植被造成的，且逐渐形成了“越垦越穷，越穷越垦”的恶性循环，这种情况是历史上遗留下来的。而新中国成立以后，人口增加更快，情况更为严重，水土流失与贫困同步发展。这种情况如不及时扭转，水土流失面积日益扩大，自然资源日益枯竭，人口日益增多，群众贫困日益加深，后果不堪设想。

4. 水土流失的分类

水土流失分类的标准和样式很多，例如根据侵蚀营力、形式、运搬强度、侵蚀现象的发展按不同地类上的侵蚀土壤、侵蚀残余物、沉积物质及侵蚀土地都可以进行分类。

在我国水土流失的范围很大，各地条件不同，水土流失的形式更为复杂多样，而且还需将水的损失也包括在内，所以以主要侵蚀营力（外力）和典型的水土流失形式相结合作为分类的基础较为合适。

5. 水土流失的形式

(1) 以水的损失为主的水土流失形式。主要包括空气干旱和旱风、坡地干旱、坡地土体渗漏损失、垂直侵蚀和肥力侵蚀这五类。

(2) 以降水为主要营力的水土流失形式。主要包括土壤结构的破坏和土壤养分的流失两类。

(3) 以坡面径流为主要营力的水土流失形式。主要包括层状面蚀（片蚀）、细沟状面蚀、鳞片状面蚀和沙砾化面蚀四类。

(4) 以集中股流为主要营力的水土流失形式。主要包括沟蚀和山洪侵蚀两类。

(5) 以重力为主要营力的水土流失形式。主要包括坠石、陷穴、山剥皮、坐塌、滑坡、山崩和堰塞侵蚀七类。

(6) 以水力和重力共同形成的水土流失形式。泥石流是水土流失危害最严重的形式，也是全流域内水土流失发展进入严重阶段的标志，其特点是固体径流处于超饱和状态的洪流。根据固体径流物质不同，可分为两类：石洪和泥流。

(7) 以空气流动为主要营力的水土流失形式。主要包括害风、风蚀、风沙流、积沙和流动沙丘四类。

综上所述，我国的水土流失是相当严重的，已经给群众生产生活环境和国民经济发展带来了巨大危害，必须尽快加强水土流失区综合治理。

二、水土保持基本理论

水土保持是防治水土流失，保护、改良与合理利用（山区、丘陵区和风沙区的）水土资源，维持和提高土地生产力，以利于充分发挥水土资源的经济效益和社会效益，建立良好生态环境的综合性科学技术。

水土保持学是研究水土流失形成：发生的原因和规律，阐明水土保护的基本原理；据以制定规划并组织运用综合措施，防治水土流失、保护、改良和合理利用水土资源，维护和提高土地生产力；为发展农业生产、治理江河与风沙，建立良好的生态环境服务的一门应用技术科学。它的主要任务是研究水土流失形式、发展原因和发展规律、控制水土流失的基本原理、治理规划、综合性技术措施及其效益等，以达到保护、改良与合理利用水土资源，为发展农业生产、治理江河与风沙建立良好的生态环境服务。

水土保持原理是研究水土流失发生的原因和规律，水土保持的基本理论，以组织综合措施，防治水土流失，维护和提高水土资源和土地生产力，从而有利于发展生产，合理利用水土资源，改善环境条件和自然面貌的一门以综合性为其特点的应用技术科学，如图 5-1 所示。

水土流失形式虽然是多种多样的，但其发生和发展都是在不同的具体条件下，外力的破坏力大于土体抗力的结果。外力的破坏力和土体抵抗力双方都受环境因素的综合影响和制约，因而有意识地通过人力力所能及的手段，改变一部分环境因子，促使外力的破坏力减小，土体抵抗力增强，终将使外力的破坏力小于或等于土体的抵抗力，就控制了水土流

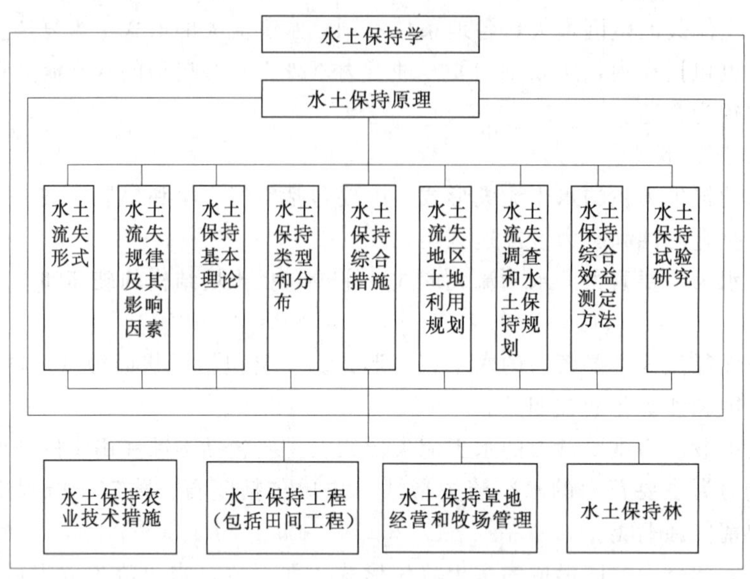

图 5-1 水土保持学科体系图示

失，也消除了水土流失对生活和生产上的危害，进而可以保护改善和合理利用水土资源，维护和提高土地生产力，建立良好的生态环境，达到有益人类生活和生产的目的，这是水土保持科学最根本的理论基础。

新中国成立以来，我国的水土保持工作，由重点试办到全面发展，取得了很大成绩。由于国内政治经济形势变化的影响，水土保持曾经走过几起几落的曲折道路。在 1980 年以前的 30 年中，许多地方开展水土保持的时间大约只有一半左右，有的地方甚至基本没有开展。进入 20 世纪 80 年代以后，我国的水土保持进入了一个全面持续发展的一个新阶段。经过 40 年的治理，到 1990 年年底，已完成水土保持综合治理面积约 53 万 km^2，其中修梯田 760 万 hm^2，坝地 156hm^2，营造水保林 3133 万 hm^2，经济林果 337 万 hm^2，种草保存面积 340 万 hm^2，同时还兴建了大批小型水土保持工程。到 2022 年，水土流失率降至 6.57%，森林覆盖率提高到 80.31%，森林蓄积量提高到 1779 万 m^3，我国水土流失面积已下降到 265.34 万 km^2，水土保持率提高到 72.26%，与 20 世纪 80 年代高峰期相比，水土流失面积减少了 100 万 km^2，水土流失状况明显改善。上述各项治理措施在减轻水土流失，在提高农业生产、改善群众生活、保护生态环境、减少河流泥沙等方面，都起到显著作用。许多水土保持搞得比较好的县、乡、村都有效地控制了水土流失，改善了生态环境，改变了贫困面貌，开始走上生态、生产与社会经济良性循环的道路。实践证明，水土保持对发展国民经济、改善生态环境具有重要意义。其具体表现在以下几点：

（1）保护土地资源，增加耕地，为农业持续发展创造条件。

（2）改良坡耕地，提高抗旱能力，促进农业高产稳产。

（3）发展山区经济，解决温饱问题，促进山区脱贫致富。

（4）改善河流水文状况，减轻洪涝灾害，保护人民生命财产。

（5）减少河流泥沙，改善水质，提高水利工程效益。

（6）保护工矿、交通、促进航运事业。

第二节　水土流失的影响因素

作为自然规律，当外营力大于土体的抵抗力就必然引起水土流失。而外营力的破坏力和土体的抵抗力，其形成是所有自然因素相互影响和制约的综合结果，其中气候、土壤、地质、地貌、水文和生物等方面的各因子关系就更为密切。

外营力——水、风、重力、温度的变化是形成破坏力的根源；而土体，即土壤、母质及浅层基岩是在水土流失过程中被破坏的对象；土地所处的位置则是形成外营力破坏力和土体抵抗力的关键。生物，尤其是绿色植物，可固持土体、形成和改善土壤，对水土流失起到缓冲和控制的作用。

所以，在影响水土流失的自然因素中，气候、土体和土地所在的位置是引起水土流失必须同时具备的自然因素，但只是潜在的因素。因为气候、土体和土地的位置条件具备，是否产生水土流失却还决定于生物，尤其是绿色植物因素。以下分别加以说明。

一、气候因素

所有的气候因素都对水土流失有相应的影响，其中与降水的关系最为密切，降水是陆生生物（尤其是人类）生存和繁衍时刻难离的淡水来源；也是干旱、水力侵蚀的物质基础，进而也间接制约着风蚀、重力侵蚀、冻融侵蚀（包括融雪）的发生和发展，何况降雨由于雨滴的击溅直接就可以造成溅蚀。所以对降水就要作较为全面的说明。

降水量是以落到地面上水层的深度计算的，单位用 mm。

一般是年降水量越大，水土流失就越严重。我国在西北黄土高原建站最早的天水水土保持科学试验站多年的观测区试验的资料也确实如此，见表 5－1。

表 5－1　　年降水量与年径流量、冲刷量 1945—1956 年统计表

年份	年降水量/mm	年径流量		年冲刷量		备注
		m^3/hm^2	%	t/hm^2	%	
1945	498.8	150.2	10.7	16.79	9.5	四级坡度 12 个小区的算术平均值
1946	513.2	19.2	1.4	3.36	1.9	
1947	623.7	543.99	38.9	65.57	37.1	
1948	151.1	10.6	0.8	0.12	0.1	
1949	675.5	303.41	21.6	46.1	26	
1950	463.9	221.44	15.8	28.86	15.2	
1951	566.7	64.3	4.6	144.4	8.1	
1952	533.7	0.83	0.1	0.02	—	
1953	479.2	85.95	6.1	3.53	2.1	
1954	588	44.89	6.5	1.95	12.5	
1955	461.1	110.07	16	4.54	29.1	
1956	628.3	533.01	77.5	9.12	58.4	
合计	6473.2	2089.87	100	192.36	100	
平均	539.4	174.16		16.03		

在影响水土流失的气候因素中降雨是一个最活跃和重要的因子，也正因如此，百多年来世界各地从各方面对此进行了探索和分析。可以看出：降雨的侵蚀力（R）、暴雨雨强（H_{max}）、一次降雨的雨型和前期降雨的条件是密切关联和制约水土流失的因子。

经研究表明除降雨的侵蚀力之外，其余每一项都是形成水土流失的间接因子，尽管降雨是重要和活跃的气候因子，但是它还需通过蒸发蒸腾、下渗和形成径流，才能直接影响水土流失。何况降雨所形成的侵蚀力，虽属在力学上的直接因子，但其结果还决定于地面组成和土壤性质。所以，在水土保持工作中，在分析气象因素对水土流失的影响时，首先应该分析有充分前期降雨之后，再遇强度大的暴雨也正是引起水土流失最为严酷的气象条件。要在严酷的气象条件下保持生活和生产的安全，也正是水土保持科学和工作所面临的艰巨性考验的一个侧面。

由上可见，降雨是形成水土流失的重要气象因子，暴雨雨强、雨型和前期降雨的影响更为突出，近百年国内外从多方向进行了多方面的探讨，以期求得降雨与水土流失之间的数量或数量级上的关系；随研究工作的深入，逐步明确了除雨滴溅蚀是降雨作为外营力直接形成水土流失的动能之外，其余的所有方面，降雨均属对水土流失的间接影响因素，都是要降落在地面，经过再分配作用之后，以蒸发和蒸腾、径流和下渗水分来影响水土流失的。

二、土壤和地质因素

水土流失总是由地面最表层开始，而地球陆地表面绝大部分覆被着各种各样的土壤，所以，首先遭到损失和破坏的是具有不同肥力的土壤层。

当水土流失继续不断发展，土壤层全部受到破坏之后，水土流失就将进而涉及下层的成土母质。母质可以由基岩的换质和风化而形成，但也常成于未胶结的岩层，或以上两者经过塌积、洪积或冲积而成。

进而，在地质年代中形成的坚固的岩石当其接近地面，也将在外营力的影响下逐步换质和风化，日趋细碎，有利于作为母质形成具有各种相应肥力的土壤，但随原有的大块性的消失也易于遭受外力的破坏。

为此，在这里将分别阐述土壤、母质和浅层基岩的性质对水土流失的影响。前章论述的水土流失是外营力对土体的损失和破坏，所谓的“土体”就不仅指土壤及其母质，而且也包括浅层基岩。

1. 自然土壤和水土流失的关系

正如前节所述，地球表面水热条件不同，于是就形成不同的土壤。自然土壤一旦形成，就和母质不同，开始出现土壤的发生层次，亦称自然土壤剖面。

中纬度半干旱条件下土壤的形成过程主要受钙化作用的影响。本来土壤发育层次的形成受气候条件的控制。土壤水分在重力作用的影响下，向深层移动；因水是属广谱的溶剂就必然携带相应的可溶性物质渗移至深层。此种随水向下层移动的现象被称为淋溶作用，于是就形成土壤中普遍存在的发生层次，即淋溶层（A 层）。但是土壤中各种可溶性物质的溶解度不同，也还受土壤中胶体等影响，常将某些物质在渗流途中，集聚在土壤剖面某一层次上，称之为淀积作用，形成的层次称之为淀积层。在较为干燥的气候条件下，或在干旱季节，土壤水分被毛细管缓慢地从土壤底层带到表层而淀积，最常见的是碳酸钙（$CaCO_3$）的化合物，常被称为覆钙作用。再遇土壤水分丰沛被淋溶至淀积层而淀积，形成明显的钙积层，称之为钙化土壤。在世界上黑钙土、栗钙土、红色栗钙土、棕钙土等均属之；在我国还有黑垆土、褐土也是钙化土壤。

在自然土壤中首先提出中纬度半干旱条件下形成的各种类别的钙化土壤，不仅在于说明其形成过程中，具有一定特点的气候条件在起着主导作用；而更在于从土壤水分收支上，水分的一定的亏缺（即一定程度的干旱），反而有利于土壤腐殖质和矿物营养物质的积累和供应。钙化土壤最有利于形成高生产性能的农业土壤，如果说黑钙土是世界的“粮仓”，我国东北的黑钙土也是我国的“粮仓”之一，内蒙古华北的栗钙土、西北高原的黑垆土、北方的褐土等不论在历史上和今后也都是具有高生产能力的农业土壤，于是作为地带性的自然土壤就将与水土流失，尤其是耕作土地上的水土流失有着更密切的关系。这将涉及我国北方荒漠以外大部分在东亚季风气候制约下的土地。

当水分条件更为亏缺，即属荒漠及半干旱荒漠气候条件，土壤的形成则钙化作用占主导地位。由于降水量小，土壤表层发育浅薄，其下由钙化作用积累大量的碳酸钙，石膏是另一种普遍存在的钙化物质。由于光热的影响从寒漠的灰漠钙土、灰棕漠钙土、棕漠钙土到热带荒漠的红色漠钙土，水分条件严重亏缺，常不能满足绿色植物生长的需要，只有少数耐旱、抗旱和避旱植物稀疏分布而且生长缓慢，甚至形成大面积裸露的沙漠和戈壁，不仅干旱和风力作用处于主导地位，而且常是周围地区干旱和风沙危害的策源地。

我国西北地处欧亚大陆的腹心，突出在大陆性气候控制下，青海柴达木盆地属寒漠的灰漠钙土，温带的灰棕漠钙土，新疆部分地区热量较高分布着大面积的棕漠钙土。而在我国南部亚热带和热带因受夏季东亚季风和西南印度洋气候影响，水分条件较为优越，在自然条件下没有热带荒漠的典型红色漠钙土。

当处于低纬度潮湿的条件下，温度将在土壤形成中起显著的作用，也常称之为砖红壤化作用。在温热的条件下，土壤细菌和其他微生物将能迅速彻底分解被归还给土壤的有机残体，还原成水和 CO_2 而消失。在这样的条件下氧化铁和氧化铝将积累在土壤层中，下渗的水分将溶脱其他大多数盐基阳离子而损失，导致土壤层内供植物生长的营养元素不能积累，用于培植农作物时，肥力将迅速枯竭。而在土层中积累的铁、铝的三氧化物，对弱酸性的土壤水是非常稳定的，而在湿热条件下，甚至相对稳定的氧化硅也被所谓脱硅作用而被淋失。铁、锰的三氧化物、二氧化物本身具有赭红的颜色，使此类地带性土壤均具有鲜明的赭红色，例如热带雨林下的暗红壤、典型红壤等。而当砖红壤化作用不十分强烈时脱硅作用被削弱，温度较低，机械组成不致过分黏重时，土壤中铁化合物以三氢氧化铁占主要成分时，则形成黄壤。

我国秦岭以南，雨热条件较为丰足，而且雨热同期，因而钙化作用除不同程度反映在富钙母质（含钙丰富的石灰岩及其变质岩，其他富钙的水成岩等）上形成的土壤（例如红色石灰土、黑色石灰土、各种紫色土等）外，因受东亚季风气候的影响，黄壤分布的面积较大，东南大部和世界各国一样，绿林红土对比明显，土壤的形成均在砖红壤化作用（亦称富铝化作用）的控制之中，并沿江河溯源深入西南高山的腹心之地，例如四川盆地丘陵、金沙江、澜沧江、怒江河谷以至西双版纳。

在优越的气候条件下自然形成的土壤，只能依靠其上生长的植被本身的凋落物迅速分解释放产生的营养物质维持生长繁育和演替，难于在土壤中积累营养物质，因而就土壤本身而言反而是贫瘠的。但也正因气候条件优越，水热条件丰足，不仅适合于多种粮食作物，而且重要的是适合于多种特用经济植物的栽培，例如：橡胶、茶、咖啡、可可、胡椒等。一旦改变了原始植被之后，土壤肥力将很快耗竭，在大雨和暴雨的条件下水土流失将迅猛发展。

在高纬度，光热条件不足，植物生长季节短，冬季严寒，土壤结冻时间长，只能在夏季有一个短暂的植物生长活动时期。年降水量虽有差别，但相对而言，常年低温，耗水量小，水分条件并不亏缺。在如上水热条件下，植物的枯落物积累在土壤表层，分解缓慢，主要是由土壤细菌来完成，在形成腐殖质的过程中产生一定量的有机酸，随以下行渗透水分为主的土壤水溶液将淋溶层内 SiO_2 以外的大部分淋洗和化学溶蚀（有机酸对铁和铝化合物）而移积至淀积层中。有时在淀积层中集聚的钙、铁、铝等盐基盐类与腐殖质胶体形成坚实的“硬盘”。与淋溶层的下部（A_2），被称为“灰化层”（草灰色）对比鲜明，呈褐棕色并多有锈斑或新生体。与砖红壤化作用相同，都是由土壤内下行水分为主所形成，但以其在寒冷气候条件下进行，其化学溶蚀则与“脱硅作用”相反，将 SiO_2 绝大部分残留在淋溶层，特称为“灰化作用”。由研究土壤的先驱者把高纬度森林地带形成的具有如上特点的土壤称之为灰化土（或称灰壤）。

纬度再高，例如北冰洋的边缘地区，光热条件更差，终年无夏，土壤温度常年在零度以下，仅上层数寸土地在短暂的高温季节融解。土壤水分集聚在土壤表层而且难于下渗排出，加上土壤冻结和解冻，破坏土壤结构，化学反应受到很大限制，因而不能形成明显的土壤层次。只有苔藓和少数极为耐寒耐湿的小灌木可以生长，在短暂的高温季节呈现出特有的“苔原”面貌。此种在苔藓气候条件下形成的土壤称之为草甸土和冰沼土。

由上可见，自然土壤的形成气候条件起着主导作用，在相应的气候条件下土壤水分的丰亏及其性质决定自然土壤各自相应具有明显特点和性质的土壤。于是自然土壤的形成是生活在土壤中和土壤上生物长期作用的结果，生物尤其是绿色植物的残体是土壤有机质的来源，受细菌等微生物的作用，形成腐殖质；而且也是土壤中各种营养矿物盐补给，保持和再次循环利用的共同基础，只是在各种气候条件下，尤其是土壤水分丰亏和性质的影响才形成鲜明特点。

当人类利用土壤时，不同程度影响着自然土壤的形成过程，甚至引起意想不到的变化。而当其变化导致形成土壤及其母质的损失和破坏时就成为水土保持需要研究和处理的范畴。正由于自然土壤各自显明的特点，利用不合理时将发生不同形式、程度和强度的水土流失，因此自然土壤是影响水土流失和地质条件的基础因素。

2. 耕作土壤及土壤的可蚀性

土壤是水土流失的对象，而耕作土壤则是主要对象。一旦自然土壤上原有植被清除，代之以土壤耕作而栽培作物；表层土壤发生层次即被反复耕翻扰动，形成较为疏松的耕作层，较长时间维持裸露的土面；也正是多次犁耕的结果，在耕作层下形成紧密坚实的犁底层；再下则为心土层。此种变化相应地削弱了植被保护土壤的作用，有利于水土流失的发生和发展。

不论耕作土壤的可蚀性，或土壤对侵蚀的抵抗力都决定于土壤种类和使用方法中多种复杂因子的变量，迄今仍是难于确切评定的。这不仅是受在不同水热条件土壤的形成和发育的影响和制约，即在同一种类的土壤上，也是所有土壤因子都对水土流失有各自相应的作用。

（1）土壤的透水性及影响因素分析。自然土壤一旦被耕作之后，原来植被即被彻底消除，表面被反复多次翻耕，在作物不能覆被地面时，直接承受降雨的击溅，表土结构也受直接损失，进一步常易于形成地表径流，促使面蚀、细沟侵蚀和原生沟蚀的发生和发展。一般耕作土壤的透水性较强时，有利于削弱地表径流，则有利于水土保持。土壤的机械组成、土壤结构、腐殖质和胶体的作用以及土壤孔隙的性质和数量等因子都密切制约着土壤的透水性。

总之，质地疏松并有良好结构的土壤，透水性强，不容易产生径流或产生的径流较小；而构造坚实的土壤，透水性低，就容易产生较大径流及冲刷。因此，水土保持工作中必须采取改良土壤质地、结构的措施，以提高土壤的透水性及持水量。

（2）土壤抗蚀性。土壤的抗蚀性是指土壤抵抗径流对它们的分散悬浮的能力。其大小主要取决于土粒和水的亲和力。亲和力越大，土壤越易分散悬浮，团粒结构也越易受到破坏而解体。同时引起土壤透水性的变小和土壤表层的泥泞。在这样的情况下，即使径流速度很小，机械破坏力不大，也会由于悬移作用而发生侵蚀。

土壤中比较稳固的团聚体的形成，既要求有一定数量的胶结物质，又要求物质一经胶结以后在水中就不再分散，或分解性很小，抗蚀性较大。腐殖质能够胶结土粒，形成较好的团聚体和土壤结构。由于腐殖质中吸收复合体为不同阳离子所饱和，使土壤具有不同的分散性。很多研究表明，土壤吸收复合体若被钠离子饱和，就易于被水分散；若为钙离子饱和，则土壤抵抗水分散的能力就显著提高，因为钙促使形成较大和较稳定的土壤团聚体。

土壤抗蚀性的指标有分散率、侵蚀率、分散系数等。

（3）土壤抗冲性及影响因素。土壤的抗冲性是土壤对抗流水和风等侵蚀营力的机械破坏作用的能力。土体在静水中的崩解情况可以作为土壤抗冲性的指标之一。因为当土体吸水和水分进入土壤空隙后，倘若很快崩散破碎成细小的土块，那么它就容易为地表径流推动下移，产生流失现象。对西北黄土区一些土壤的研究表明：土壤膨胀系数越大，崩解越快，抗冲性越弱；如有根条缠绕，将土壤固结，可使抗冲性增强。

此外，如果我们拿各小区的土壤侵蚀量和土壤抗冲性、抗蚀性进行对比，可以看出，土壤侵蚀量的大小和土壤抗冲性的强弱显著相关，而与土壤抗蚀性关系不太明显。这就表明，在一定条件下，水土流失与抗冲性的关系更为密切。因此着重提高土壤抗冲性能，对于防治水土流失具有重要意义。

三、地形因素

地球表面在内外营力的作用下，始终不停地在变化。虽然变化的过程一般较为缓慢，而在悠长的地质时期中将形成造山成海、海陆变迁等巨大的变化，陆地上表面的起伏不平也正是此种作用的结果。

在地貌形成的外营力中，水的作用是非常显著的。早在人类出现之前，降水落在地面上也总是避高就低汇流而下，最后流入海洋或积聚成湖泊。每当地球上气候由寒冷的冰期逐渐转暖，陆地上的冰雪将大量融解，于是产生了在现代难于想象的巨量流水，条件合适时也将造成十分严重的水土流失，但以当时尚无人类生活，所以不管其如何严重也无从影响人类社会，只是对原有地形起到相应的塑造作用而已。突出表现在对原有水路的开拓，例如我国主要江河的峡谷和北方大平原的形成都远非现代河川流量所能建造。

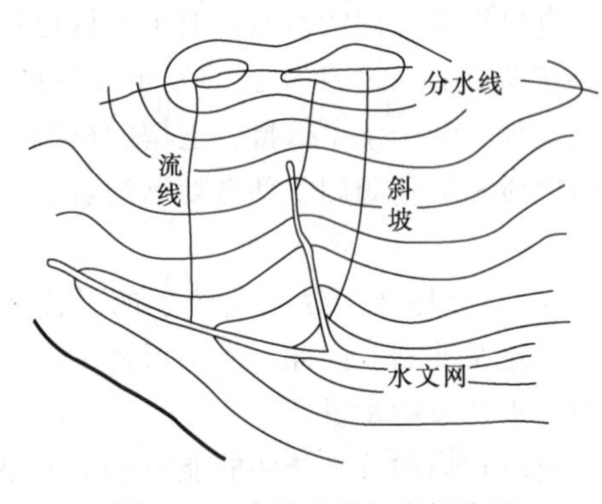

图 5-2 自然地形组成部分图

现在地球上的地形轮廓就是在最后一次冰期之后，受大量融冰水的侵蚀和塑造，其后逐渐生长繁殖了植物和其他生物的影响下完成的。当人类出现在地球上之后，长期形成的原始地形就成为人类赖以生存的基地，同时也是水土流失发生和发展的基地。作为基地的每处地面的具体位置，即经度和纬度是固定不变的。高程的变化也很缓慢。这就促使原始地形复杂多样，就陆地而言，就有高原、山地、平原和盆地，仅就山地又有高山、中山、低山和丘陵。地球的变化首先反映在地面的高程，高山一部分在雪线以上，雪线以上还是冰天雪地；即使在中山，由于高程的影响，上下条件也有涉及本质的变化。尽管如此，作为地形却总是由分水线、斜坡和水文网系统 3 部分组成的（图 5-2）。

由此可见，地形中各个因素都与水土流失有密切的关系，但所有地形因素的形成都由于地面起伏不平所引起；换句话说，也就是地面有了坡度所引起的。所以在地形因素中坡度是最基本的，也是最重要的因素。在水土保持工作中，也以坡度的具体数据作为划分某些具体工作的指标。例如，常用 2°～3°作为可以采用耕作方法控制水土流失的限界，也常用 23°～25°作为垦耕的限界和崩塌的指标。但是，坡度不是决定水土流失的唯一因素，这是因为水、土、坡三方面因素同时具备了形成水土流失的条件，但是否形成水土流失还决定于其他因素，尤其是生物的作用，其中突出的是植被因素。所以，气象、土壤和土体、地形只能是水土流失必须同时具备的自然因素，其中坡度是关键性的因素，但气象、土壤和土体、地形只能是形成水土流失的潜在因素，这是因为水、土、坡同时具备，是否形成水土流失还决定于其他因素。

四、生物因素

地球的历史远长于生物历史，早在生物出现在地球上之前，地球表面形态的基本轮廓早已形成。在生物出现之前，地面形态是悠长的地球历史岁月中，由内营力的造山运动和外营力的风与水的夷平作用相互作用相互影响的结果。

但在地球上出现了生物之后，作为外营力是风和水的夷平作用和生物作用相互影响相互制约的相对平衡状态，才是原始地貌的基础，这个基础是人类赖以生产的基地，也正是水土流失发生发展的基地。

基岩一旦裸露地表，随其换质和风化的同时，就有低等生物定居，因其不需很多的营养物质，所以一般可以生长在地面的所有坡度上。

正由于这些低等生物的生长和繁育，就开始形成和积累下少量的土壤，为植物着生和生长创造条件。一旦有植物定居后，由它的根系和躯体固持一部分土壤，并将为降水冲走一部分土堆积到斜坡上合适的地方积累起来，并为种子植物定居创造了条件。

连续不断的植物世代生长和演替，在形成土壤的同时，以其具有的覆被地面，防止雨滴击溅，积聚枯枝落叶及其形成的物质，改变了地表径流的条件和性质，促进下渗水分的增加，并以其根系直接固持土体作用，与风、水所具有的夷平作用相制约、拮抗、平衡的结果，就形成了相对稳定具有各种坡度的土地，其中部分坡地的坡度远大于土体的摩擦阻力，但却处于相对稳定状态。在这些坡地上，形成水土流失的水、土、坡三方面因素是同时存在的，但是并没有水土流失的发生。

生物，尤其是植物，在控制水土流失上起着决定性作用。首先是改变降水的性质，植被对降水有一定的截持作用，但此作用对影响水土流失而言仅限于降水的初期，所起的作用也有一定限度。更主要的是对降水性质的改变，尤其是对雨滴性质的改变。植物生长在地面上，其枝叶多层遮蔽着地面，而且植物的枝叶都具有不同的弹性和开张角度，遇有降雨时对雨滴起到很突出的分散和消力作用，有时也形成很大的水滴，但落下的高度很小，击溅的能力不大；即使在具有高大体躯的乔木，以其林下地面为草灌地被所覆被，积累的枯枝落叶所阻挡，从而可以较为彻底地防止雨滴击溅地面的作用，而且是在降雨全过程始终有效的。在自然草类和森林生长的地面上常有枯落物覆盖，这层枯落物将进一步改变降雨的性质，已被植物分散消力的雨滴辗转落到地面的枯落物上，多不能立即接触土面，而是形成大小不同的水滴，往复串溜在枯落物之间，最后才与土面接触立即散成水膜覆盖住土面，然后渐渐流下或渗入土中。地面植物对降雪也有一定的抑留作用，但主要的是可以将降雪均匀地被覆在地表，融雪也将与土壤解冻同时缓慢进行，就可以基本上消灭由融雪水造成的水土流失。

进一步，由于坡面上生长着自然植被，就改变了地表径流的性质。一般正常生长的草地和森林，在地面都覆盖着一层枯枝落叶层。表面的一层基本上维持着原来的状态，其下逐步细碎、腐烂、分解，最下是以腐殖质状态与土面相接。这层分解与未分解的植物残骸与在其中生长的苔藓等低等生物的吸水力是很大的，根据多数测定结果表明，按干重计算可达本身重量的 2～8 倍，与植物截持和抑留水量在一起起到一定的缓冲地表径流的作用，但总有一定限度。所以从水土保持的效能来看，就更着重在调节地表径流和改变地表径流性质方面的作用。在生长正常的自然植物被的坡面，除很少的一部分由低矮的密丛草类（如苔草）在暴雨时有明显的地表径流外，凡是其他具有枯枝落叶层的草地和林地，即使在暴雨中，也不能即时下渗雨水，只是非常缓慢地在枯落物层顺坡流动，而且反复受枯落物的阻拦，偶或进入一些枯落物及其半分解物质和土粒，也不断由下方的枯落物所滤积，直至流入洼地也只是潺潺清流，称为植被调节和滤过地表径流的作用。这种改变地表径流为枯落物层下流是其他措施所不能代替的。枯落物层越厚，分解的越好，堆积的越疏松则此种有利作用越突出。

生物的水土保持有利作用还不止于此，由于枯落物的不断积累和分解，与土体中动物（主要是蚯蚓）不断由底层通过体腔排泄到地表，在表层形成良好的水稳性团粒，同时又在土体中形成大型孔道。另一方面，由于植物根系的死亡和更新，在其腐烂分解过程中，也将在土体中形成下渗水的通道，其结果就使土体有很大的渗透能力。

另外，在生物小循环的过程中，自然植被不断由土体吸收各种养分，然后又以枯枝落叶及根系更新所形成的残体归还给土壤，低等生物、土壤中生活的动物以及地面上生活的动物也都直接或间接地参加了这一过程。其结果就形成了各自相应的土壤，形成了自然肥力，并且不断得到更新和改良，这也正是自然植被形成土壤和改良土壤的作用。植物，尤其是高等植物的生长繁育都需有一部分土壤，经过长期环境条件的影响，植物也都具有各自相应的保护土体和固持土体的能力，突出的是根系的固持土体的能力，甚至经过多年栽培的作物根系也还都有网结和固持土体的能力。在水土保持工作中，植物固持土体的有利作用就很重要。

以上着重说明了植被，尤其是森林在水土保持方面的作用，目的在于阐述清楚水土流失的发生和发展，水、土、坡是必须同时具备的三方面自然因素，是否形成水土流失，还决定于植被条件。目的也在于说清楚自然植被作为外营力在地貌形成过程中起到它应有的作用。在它占据的土面上形成相对稳定状态，形成各自相应的土壤，基本上控制了水土流失。一旦破坏了原有植被，也就消除了植被在保持水土方面的作用，在水、土、坡同时具在的条件下，必然要引起不同形式的水土流失。而更重要的是，在自然植被的控制下相对稳定状态的土地，并不能完全满足今天我们生产和生活日益增长的需要。

在山区实现农业现代化，做好水土保持工作是基础和先决条件。防治水土流失，要做好水土保持工作保障和发展生产，尤其是农业生产和根除水旱等自然灾害。因此在水土流失地区，应该大面积造林种草，作为生产事业发挥其经济收益，而且也是以林促牧、以林支农的生产事业，尤其应该发挥森林的防护效益，从根本上防止水土流失的发生，保障水利等建设事业。但这并不意味着水土流失土地都用来造林种草，从某种意义上来看，反而应力求以最小的造林种草面积发挥其最大的水土保持作用，腾出更多的土地用作农业、牧业或其他生产事业基地。

五、人为活动因素

自从人类在地球上出现之后，人类的活动也就成为影响水土流失生物因素的组成部分。在人类发展的初期，主要是利用自然条件维护生存和繁衍后代，对水土流失的影响尚不显著。但人类和其他生物不同，会劳动而且通过劳动学会思索，能有意识地积累和总结经验教训，在掌握用火、饲养家畜、建筑房屋和农耕栽培之后，对自然的影响就越来越大，尤其是伴随着科学的迅速发展，人类对自然的影响也日益显著和突出。

但由于历史上社会发展和科学发展所决定，剥削制度土地私有和对自然规律认识不深入、肆意破坏土地和不合理利用土地的后果，在有坡的土地上就引起水土流失，耗竭和破坏土地，降低和破坏土壤肥力，终将导致难以挽回的生态灾难。

正如前述，当水的破坏力大于土体的抵抗力时，必然发生水土流失，这是不能用人力左右的自然规律。但是，影响水土流失发生发展和被制止的有关因素的改变都会影响水的破坏力和土体的抵抗力之间的消长。为此，以上几点将影响水土流失的自然因素进行了必要的分析。在现阶段气候条件仍不易受人力控制，但对降水的性质、地表径流和下渗水分的状况是可以由人力左右的。大面积改造地形虽有困难，但改变局部坡度，尤其是控制地表径流的流线坡度和缩短坡长是力所能及的。土体是水土流失过程中被破坏的对象，在自然状态下其抵抗力有限，但土体被冲状态和加固完全可以由人来决定。尤其是地面上的植物覆被和生长状况是在水、土、坡同时具备的条件下是否形成水土流失的决定性因素，而这个因素完全可以用人力改变和改造。其结果是人力可以通过改变这些力所能及的因素，促使水土流失的发生和发展；同时，也可以有意识地用人力改变或改造这些力所能及的因素，促使水土流失向水土保持方面转化，使自然面貌按我们的意愿方向发展，这就是在水土保持工作中人的作用。

人类开始清除地面上的自然植物，种植上农作物。掌握了耕作技术，在人类发展史上是划时代的成就。但是这种方法用于有坡的土地上，尤其是用于坡度较陡的土地上，就破坏了原始坡地的相对稳定和平衡，必然引起相应的水土流失。其结果就造成了“三跑田”。但是，如果有坡的土地，甚至是较陡的坡地，只要我们能修成水平梯田，而且将田坎修筑的坚固，再修上必要的排水沟，这样我们就用人力改造了田面的坡度，缩短了坡长。而且控制了原来的坡面径流使之按规定的流路流走。结果就在坡地上创造了农田，同时也控制了水土流失，就在有水土流失潜在危险的坡地上，用人力创造出“三保田”，打下了在水土流失地区农田基本建设的基础。

一般在山区和丘陵地区垦耕指数远小于平原，有很大一部分土地可以用于其他的生产事业。就农业发展的需求来看，首先需要考虑的是畜牧事业。在山区和丘陵地区有坡度的土地上进行放牧将破坏原有植被，引起水土流失。但是如果我们能划定合适的牧区，保护和改造坡地上的原有植被，一方面使其更适合于畜牧事业的要求，另一方面充分发挥其防止水土流失的作用，并使载畜量合理，改良品种和饲养方法，在水土保持综合措施的保护下适当放牧，由于粪便的积累，反而有利于牧地土壤的更新和改良。

也正由于山区和丘陵地区垦耕指数小，就可以有一定面积的土地用于发展林业，不仅是生活上的需要，也是社会主义建设中一项重要的生产事业。外营力应该包括自然植被在内，一旦破坏了原有的森林和草地，必然将引起相应的水土流失。可以用人力改造或建立森林使其发挥最大的水土保持作用。如果安排适当，不仅可以消灭林占土地上的水土流失，而且可以保障其他生产事业的安全生产。其中有一部分土地还能用于发展果树和经济林木。

其实，有水土流失的山区丘陵，土地生产潜力仍适于多种经营。除农、林、牧、果等生产事业都有两种不同发展前途外，还有小秋收、药材和特产烧柴等林特产品。同样，如果是“杀鸡取蛋”，就必然促进水土流失。有计划合理经营都可相互促进，不仅可控制水土流失，而且还可以达到保持水土、发展生产、改善山区面貌的目的。

如上所述，在山区和丘陵地区有坡的土地上，进行农、林、牧、“特”等生产活动时都存在着截然不同的后果，一种是人为地造成各项生产事业间的矛盾，引起水土流失，最终导致破坏了各项生产事业；另一种是同时发展了各项生产事业，而各项生产事业相互促进，不仅不造成水土流失，而土地生产力越来越高，河山面貌越来越好。问题很明显，如何改造这些有坡的土地，关键在于是掠夺土地的生产力还是合理利用土地。到处乱砍滥伐、烧山垦坡，广种薄收，到处蹚坡乱牧、刮山皮、刨树根等，都会引起水土流失、掠夺和破坏生产力。搞好农田基本建设，全面发展，因地制宜，因害设防，做好水土保持综合治理工作，就可以在山区和丘陵地区，甚至是在水土流失严重的土地上同样可以作为农业生产全面发展的基地，各项生产事业互相促进，不仅不形成水土流失，而且土地生产越来越高，河山面貌越来越好，所以在水土流失地区所谓合理利用土地必须将水土保持作为指导思想。当然在另一方面，必须在水土流失的土地上发展各项生产事业时，要密切注意预见水土流失的发生和发展，运用综合措施防治水土流失，保障和提高各项生产事业。做好水土保持工作，旨先在于全面规划，具体要求就是在水土资源综合利用和农业区划的基础上，进一步因地制宜做好以土地利用规划为中心的全面规划。而在水土流失地区，要想做好以土地利用为中心的全面规划，就要以水土保持作为指导思想。

一旦土地利用规划具体落实到地块上之后，就要进一步分析这块土地按规划的生产方向利用时，将会产生水土流失的潜在的危险性，然后因害设防地规划出相应的水土保持措施。力求用相应的水土保持措施来保障在水土流失土地上建成和发展各项生产事业。

保持水土只是手段而不是目的，防治水土流失和保持水土的目的在于保障发展生产、改善气象水文条件和自然面貌。正因如此，除受自然条件的制约之外，更重要的还要由经济条件决定。因而应以最小的人力物力，掌握和运用自然规律，除害兴利，变害为利，做好水土保持工作。为此就要求运用综合措施，所谓综合措施，一方面是农业技术措施、田间工程措施、草地经营和牧场管理、水土保持工程和水土保持林业措施，以求达到防治水土流失、保持水土的成果；另一方面是指利用相互间的内在关系，有计划有目的地组织在一起，以求达到在空间和时间上最大和长远的效果。例如，坡地上使用水平沟状整地营造护坡林，整地方式就是工程措施，而护坡林就是生物措施，两者结合起来，初期依靠工程措施保持水土和促进林木生长，后期则依靠护坡林长期保持水土。至于沟道中常用柳桩坝和护岸用柳篱挂淤等则更是生物和工程措施有机结合的杰作。

如何衡量和确定综合措施的合理性，则要根据水土流失规律来鉴定。为此，水土保持就必须以流域为单位进行。当然常因经济条件的需要，生产和水土保持工作要以村、乡、县等行政单位来落实，从表面上看是矛盾的，但实质上村、乡、县甚至更大的行政单位都是由或多或少的大小不同的流域（集水区）组成。一般，作为单项措施常有它的保证程度，作为综合措施整体则要保证在历史上最大暴雨强度条件下有效，但综合措施保证的程度常根据生产和生活的需要来确定。例如：涉及居民点，重要工矿交通的集水区（或流域）保证程度要求较高，则应投入较大人力和物力。即使水土流失的程度和强度相似的另一集水区（或流域），不涉及居民点和重要工矿交通建设，也不是主要的生产基地，则未尝不可暂缓治理。

由上可见，水土保持的要求如果单以自然规律来看是要以抵御历史上最大暴雨强度为依据。但从生产需要和经济规律来探讨，则应有轻重缓急之分，不宜于齐头并进、全面开花。

正因如此，不仅自然条件不停地在变化，而生产的需要和经济条件的变化、进展范围和速度就更显著。从而水土保持工作就要求全面规划综合治理，同时也要求根据自然条件，尤其是生产和经济的变化与发展，不断补充和提高原有规划，进行长期治理和连续治理，才能满足于按自然规律和经济规律办事的要求。

以上就是历史上几千年，尤其是新中国成立后30年大规模开展水土保持工作以来，付出极大的人力物力，取得了丰富的成就，也有深刻的教训，初步总结是因地制宜，全面规划，农、林、牧综合发展。因害设防，按流域进行综合治理、长期治理和连续治理。以求防治水土流失，保障生产，改善气象、水文条件和水土流失地区的自然面貌。

不难看出，恢复、改善和建成相应的植被，尤其森林，不仅在当前经济技术水平前提下是力所能及的，而且既是控制水土流失的关键，也是改善和提高土地生产能力、涵养水源、根除水害、开发水利建设、改善自然面貌、挽救生态灾难的根本措施。

一旦地面上为自然植被，尤其是为相应的森林所覆被，可以控制水土流失；但是保持住水土并不是终极目的，这是因为在自然植被控制下相对稳定的土地，并不能满足当前和今后人类生产和生活日益增长的需要。在当前由于生产的发展和人口的增多，要求使用一部分有水土流失危险的土地用于建设农林牧综合发展的生产基地（其中也包括林业基地）。为此，做好水土保持工作是必要的手段和先决条件。方法和措施多种多样，使用哪些措施主要由经济规律所决定。生产实践证明，因地制宜，因害设防采用综合措施是行之有效的，所以在相应的综合措施中各项具体措施都同等重要，也是不能互相代替的。

第三节 水土保持规划

一、水土保持规划的含义

水土保持规划是为了振兴农村经济、促进社会进步而应用自然、社会、技术、经济等学科领域的有关理论，将人们改造、利用、保护水土资源的具体目标和意向自觉地、科学地分配到特定范围内的空间和时间的过程。水土保持规划应当在水土流失调查结果及水土流失重点预防区和重点治理区划定的基础上，遵循统筹协调、分类指导的原则编制。水土保持规划的内容应当包括水土流失状况、水土流失类型区划分、水土流失防治目标、任务和措施等。水土保持规划包括对流域或者区域预防和治理水土流失、保护和合理利用水土资源作出的整体部署，以及根据整体部署对水土保持专项工作或者特定区域预防和治理水土流失作出的专项部署。

水土保持规划是国土整治规划的重要组成部分，也是开发、利用、保护水土资源的一项必不可少的决策技术。水土保持规划应当与土地利用总体规划、水资源规划、城乡规划和环境保护规划等相协调。

二、水土保持规划的类型

（一）按规划的性质分类

按规划的性质，可以把水土保持规划分为总体规划和实施规划。

1. 总体规划

总体规划是指在一个较大的范围内（例如一个省、一个地区、一条大中型流域），根据区间差异性和区内相似性原则，将自然条件、社会经济条件等情况相似的地方划归一起而形成若干个不同类型区。然后确定各不同类型区的生产发展方向、发展规模，并宏观布置水土保持措施。

2. 实施规划

实施规划是指在一个较小的范围内（例如一个乡或一条小流域），根据总体规划的要求，具体地确定农、林、牧、副、渔各业用地的比例；部署各项水土保持措施；分配水土保持所需人、财、物的数量；制定进度和技术经济指标，并进行综合治理效益分析。

(二) 按规划的方法分类

1. 常规规划

常规规划是一种运用调查和技术经济论证相结合的水土保持规划方法。常规规划方法也称为综合平衡方法。其优点是不需要或较少借助精密仪器设备，便于推广；缺点是受人的主观臆断的干扰较大。

2. 优化规划

优化规划（常用线性规划）是以线性规划原理为理论指导、应用计算机所进行的一种全新的水土保持规划方法。它完全不同于经验决策，是科学决策中最为理想的方法。

三、水土保持规划的单元形式和分级

(一) 单元形式

我国各地的水土保持规划采用行政单元和流域单元两种形式。

1. 行政单元

行政单元是以行政区划界线作为规划界线的单元形式。例如，乡、县、市、省的水土保持规划。这种形式的优点：①便于收集资料；②便于统一管理。

2. 流域单元

流域单元是以水系作为规划的单元形式。有跨多个省区的大、中流域；也有面积较小的（一般 $5\sim30km^2$，最大不超过 $50km^2$）小流域。

以流域作为规划单元形式，较符合自然条件和外部环境。在一条水系内，往往存在着若干个自然条件（例如地貌、岩性、土壤、气候）相似的小单元，客观地为水土保持规划勾画了自然界线。

以流域为规划单元的形式给实际工作增加一定的困难：①资料难以收集；②管理系统比较乱，工作较难开展。

我国南方许多小流域常与行政区划相吻合，给水土保持规划带来了许多方便。

(二) 分级

水土保持规划是有层次的。同一单元形式的规划，可以由不同的层次所组成。例如，行政单元形式，由国家、省（自治区）、市、县、乡五级组成。

四、水土保持规划的作用

水土保持规划的作用，归纳起来有以下三点：完成两项任务；解决三个问题；达到两个目的。

1. 完成两项任务

水土保持的中心任务是在保护水土资源、预防新的水土流失的前提下，振兴农村经济、促进社会进步。为此，水土保持规划的具体任务有两条：一条是研究水土资源的开发、利用、保护方案；另一条是研究由水土流失而形成的侵蚀土壤的开发利用方案。从以下四个方面着手。

(1) 摸清家底、总结经验。在充分占有资料的基础上，历史地分析造成水土流失的原因（包括自然原因和人为原因），清醒地看到水土流失的潜在危险性；认真总结水土保持的经验教训，肯定正确的措施与方法；积极引进和推广水土保持新技术、新方法。

(2) 贯彻法令、依法治山。认真宣传、贯彻国家有关的水土保持条例、法令，以法治山。

(3) 开发资源、保护资源。在研究资源开发方案时，既要充分发挥资源优势，用其所长；又要重视维护资源的永续利用能力。

(4) 治山治穷、造福于民。水土流失是丘陵山区致穷的根源之一。水土保持规划要把治山与治穷挂起钩来，为改善水土流失地区人民生活指明方向，加快脱贫致富和农村社会主义建设的步伐。

2. 解决三个问题

(1) 各业用地比例和农村产业结构。农业生产不同于工业生产。农业的劳动生产率与自然条件有密切的关系，同时，又与农村产业结构和各业用地比例有密切的关系。这就是说，在相同的自然条件和付出相同的劳动代价的情况下，由于农村产业结构各异或各业用地比例不同，反映出来的物化劳动的价值也不相同。所谓农村产业结构，不是农村中各业简单的或杂乱无章的机械堆积，而是遵循客观规律、按照一定的比例，各行各业有机地组合到一起的综合系统。若组合恰当，单因素的作用发挥得好、“联因效应”显著；若组合不当，单因素作用和“联因效应”都会受到扼制。水土保持规划要研究这种比例的动态平衡，以追求最优组合方式，获得最好的效益。

(2) 水土保持措施布局。在已经发生水土流失或预测可能发生水土流失的地区，需要采取切实可行的水土保持措施。例如，工程措施、生物措施、农耕措施。水土保持规划既要研究单项措施的布局问题；又要研究各项措施的配置问题，以取得除害兴利和综合防护效益。

(3) 投入-产出年度分配。由于受人、财、物或其他因素的制约，一个地区的水土保持工作需要经历相当长的时间。水土保持规划要根据实际情况，将投资和预期效益科学地分配到各个“水平年”。

3. 实现两个目的

(1) 科学利用水土资源。我国是一个人多地少、水少的国家。按人均占有量计算，我国的耕地只有世界平均数的1/3，水资源只有世界平均数的五分之一。因此，科学利用水土资源是关系到国计民生的大事。尤其是在水土流失地区，水土资源更显得宝贵。

应用技术经济理论，坚持经济效益，生态效益、社会效益三同步的观点，采用对比分析方法，就有可能使水土保持规划方案更趋合理，达到科学利用水土资源的目的。

(2) 维持良性生态平衡。农业生产要以生态环境作为依托，即所谓生态农业。一个好的生态环境是保证农业持续稳定发展的先决条件。

水土保持规划要在研究水土资源开发利用方案的同时，注重农业生态环境的建设。以摆脱脆弱的生态系统给农业生产带来的一系列困扰，维持良性生态平衡。

综上所述，水土保持规划的作用可以用示意图表示（图5-3）。

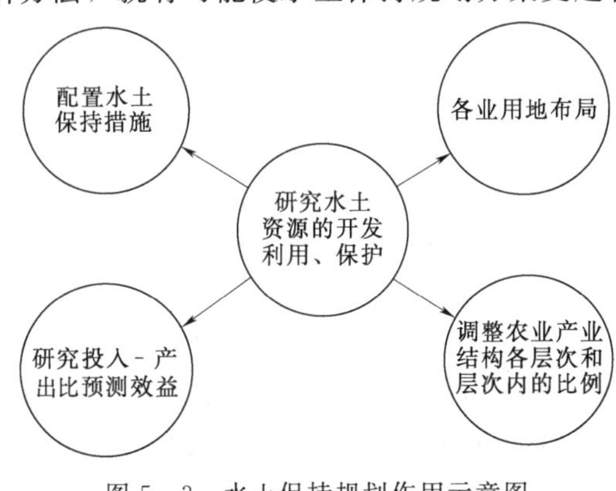

图5-3 水土保持规划作用示意图

五、水土保持规划的原则和依据

1. 水土保持规划的原则

全面贯彻“预防为主”“保护优先、防治并重、治管结合、因地制宜、全面规划、综合治理、科学管理、注重效益”和“重点治理、集中连片”的方针；实现山、水、田、林、路、村（镇）、沟、渠的全面综合治理，振兴农村经济、促进社会进步和发展；规划内容要符合《水电建设项目水土保持技术规范》（NB/T 10509—2021）。在这个总原则的指导下，具体概括为以下几条：

（1）因地制宜。水土保持既是一项综合性很强的工作，同时又具有明显的地方特色。特别是在南方，各地的气候、岩性、地貌、土壤等情况千差万别。因此，规划不可能是一个或几个固定不变的模式。对于外地的经验，也不能生搬硬套，而必须坚持因地制宜的原则。

（2）兼顾三大效益。水土保持效益包括经济效益、生态效益和社会效益三个方面。要以生态效益为基础、经济效益为原动力。坚持以经济效益促进生态效益，以生态效益保护经济效益的良性循环为原则。

经济效益和生态效益是水土保持中相辅相成的两个方面。没有经济效益的生态效益，既不容易被群众所理解和接受，也缺乏推动水土保持事业发展的内在活力；相反，没有生态效益的经济效益，会使水土保持走向急功近利的极端。从而丧失生产后劲，乃至使资源遭受破坏。进而，经济效益也无法持续或提到更高级的水平。所以，要以系统的观点，坚持三大效益的动态协调。

（3）可行性。水土保持规划是实现水土资源综合开发的理想方案。然而，美好的理想并不等于严峻的现实，理想和现实之间毕竟还存在着一定的距离。但是，制定规划的目的是实践，并不是为了规划而规划。因此，水土保持规划一定要立足于本地条件。例如，资源条件、社会经济条件、科学技术条件等等。凡是符合客观条件的规划，通常是可行的；凡是不符合客观条件的规划，通常是不可行的或极难可行的。水土保持规划的可行性是以客观条件的可靠性为依据的。失去了客观条件的可靠性，意味着失去了规划的可行性。

（4）坚持三大平衡。坚持宏观控制下的三大平衡：①社会总需要量与总产出量之间的平衡；②生产过程中的总需要量（包括资金、劳动力资源、物资等）与总可供量之间的平衡；③自然资源的总消耗量与总再生量之间的平衡。

以上三大平衡均局限于规划区域内，而不是泛指全社会。

2. 水土保持规划的依据

（1）水土流失现状。水土流失现状反映出一个地方水土流失的程度、类型、原因、历史等方面的情况，为我们采取防治对策提供了重要的依据。

（2）社会经济情况。水土保持规划要依靠当地群众去落实。一个地区的社会经济情况如何，关系到这个地区的群众对水土保持的认识程度以及经济上的承受能力。因此，社会经济情况是制定水土保持规划的重要依据之一。

（3）法令、条例、规范。水土保持规划是一项政策性很强的工作。因此，要以国家或地方政府的有关法令、条例为依据；也要以有关业务领导部门制定的规范为依据。例如《水土保持工作条例》《中华人民共和国森林法》《中华人民共和国草原法》《中华人民共和国水法》《草原管理条例》《水土保持技术规范》等。

(4) 典型资料和信息。国内外水土保持典型资料、科学试验成果、商品经济信息，均可以从不同的侧面为制定水土保持规划提供依据。

六、水土保持规划方法

1. 常规规划方法

这是一种被广泛采用的水土保持规划方法。因为它的主要内容是综合平衡，所以，也称为综合平衡法。

在调查研究的基础上，利用已经收集到的农、林、牧、副、渔、工、商、贸各方面的资料，分析资源优势，选择振兴经济的突破口，部署水土保持措施。在兼顾经济效益与生态效益、长远利益与眼前利益、局部利益与整体利益的同时，制定出土地利用规划和其他单项规划。然后，根据需要和可能，调剂余缺，搞好综合平衡。

常规规划方法要有两个或两个以上替代方案供决策层研究比较。在进行方案比较时，常常采用经济论证方法，分析论证方案的经济效益和生态效益。此外，也要考虑当地群众的生产、生活习惯和科学技术进步水平，农村劳动力的素质等方面的情况。

常规规划的质量高低，很大程度上取决于规划者的工作经验和总体协作精神。

在进行技术经济论证时，通常要对以下三点做出适当的评价。

(1) 技术评价。客观地评价方案中有关的技术问题，在水平上是否先进和实用，在实施时是否会遇到困难或存在着某种风险。

(2) 经济评价。经济评价的主要目的是分析方案的经济效益。效益高的方案，在经济上是合理的；否则是不合理的。经济评价的指标体系较多。有内部回收率、投资回收年限、投入-产出比等几个常用指标。

(3) 社会评价。以农村物质文明建设和精神文明建设作为社会评价的综合指标，正确评价方案在生态效益、社会效益方面的积极意义。

通过以上评价，要对水土规划方案的技术先进性、经济合理性、生产可行性三方面的问题，做出肯定的回答。

2. 常规规划方法的步骤

常规规划方法的工作步骤可以简单地用框图加以表示，如图 5-4 所示。

常规规划方法的主要技术环节包括以下几点。

(1) 土地资源适宜性评价。进行土地资源适宜性评价是贯彻因地制宜原则的基础。评价的对象是规划区域内的各类土地（按国家 8 级分类制划分）。评价的重点是由水土流失形成的侵蚀劣地。评价的内容有土壤肥力、土壤 pH 值、坡度、土层、土质、适宜种什么等等。通过评价，要弄清楚两个方面的问题：①各种类型土地上的潜在生产能力如何；②土地的开发利用前景如何。

(2) 拟定计算系数。水土保持规划中常见的计算系数可以分为两大系列——投入与产出。拟定这些计算系数大致有以下几种方法：①典型调查；②引用试验资料；③查阅国家或地方政府有关部门的资料；④国家统计局公布的有关资料。

凡用货币表达的计算系数，一律要折算到基准年。

1) 投入系列。单位面积投工、投肥、投资的数量。同一地方、同一系列的计算系数，随水土流失程度、水土保持措施、耕作方式的不同而不同。农业上常用的用工定额，一般

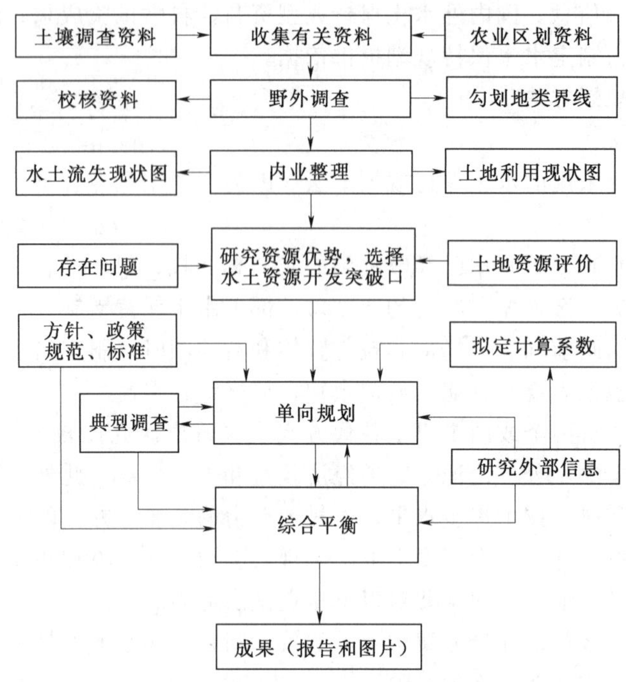

图 5-4 常规规划方法步骤框图

由县级农业部门制定，可参照采纳。

2）产出系列。单位面积产值由产量和单价两个因素构成。产量受外部环境（例如立地条件、栽培技术等）的影响较大；单价应参照国家在当地的农、副产品收购价（可比价）。

（3）单项规划。在土地资源适宜性评价的基础上，根据农业区划要求，确定生产发展方向、发展规模；再根据社会供需、资源消长等多个方面平衡的要求，搞好农、林、牧、副、渔等业的用地规划；按照综合治理的要求搞好水土保持措施规划、水利规划，以及其他单项规划。

（4）综合平衡。综合平衡的重点是解决单项规划中需求与供给之间的矛盾。按照国民经济发展的总体要求，搞好宏观控制。坚持水土保持与振兴农村经济相结合的方向，按照商品经济规律，安排好商品生产基地。

（5）典型试验。将规划中的某些指标或定额，通过典型试验，取得第一手资料，并作信息反馈处理，使各项指标或定额更符合当地实际。

（6）可行性论证。对规划中所引用资料的可靠性，进行具体的分析论证。深入实际、深入群众、集思广益。论证人、财、物的分摊办法是否可行，投资渠道是否畅通，以及技术先进性、经济合理性、生产可行性三方面的可靠程度。

3. 优化规划方法

优化规划是应用线性规划原理进行规划的一种科学方法。

线性规划方法是最优化技术在水土保持领域内的成功应用。它包括单目标和多目标系统线性规划。线性规划方法是把复杂的小流域系统（包括社会的、技术的、自然的、经济的各方面内容）用数学模型的方式表达出来。应用电脑技术，有效地避免了人的主观臆测和经验主义的错误，提高了科学化决策的水平。近年来，随着计算机软件技术的开发，线性规划方法更具有实用性和科学性。掌握了这种方法，可以使水土保持规划在人力、财力、物力等方面发挥出更大的效益，节省更多的时间。

第四节　水土保持工程措施

水土保持工程措施是以修筑各种水土保持工程为手段，以防治山区、丘陵区、风沙区水土流失，保护改良水土资源为目的，以实现水土流失地区水土资源高效利用和环境改善为目标的各种工程措施的总和。工程措施主要通过坡面治理工程、沟道治理工程等防护工程的实施，改变地形状态，减少水土流失，并为水土资源利用创造条件。它对于水土流失地区的生产和建设，整治国土、治理江河，减少水旱灾害，防止土地退化，维持生态系统平衡，具有重要意义。

中国大部分水土流失地区，如西北、东北和华北地区，降雨量偏少，水资源往往是当地土地资源高效利用的限制因素，同时径流也是造成土壤流失的最重要因素之一。蓄水保水，较之单纯的土壤侵蚀治理更加重要。因此，水土保持工程措施，在减少土壤侵蚀的前提下，应当尽量减少雨水（融雪）流失并加以积蓄利用。

对于水土流失严重的地区，单纯依靠农业措施和林草措施无法满足水土保持要求时，必须采用工程措施加以治理。工程措施投入较大，治理水土流失的效果较好，见效快，但工程措施与农业耕作措施及林草措施同等重要，不能互相代替。工程措施的最终目的是防止水土流失，提高水土资源利用效率，改善环境质量。因此，在规划水土保持工程措施时，应当考虑分析各种措施之间的相互关系，合理配置工程措施与农业措施、林草措施，使工程措施能够为农林措施和林草措施提供良好的水土条件，产生良好的经济效益和环境效益。

一、水土保持工程措施的主要内容和规划布设原则

水土保持工程措施是小流域水土保持综合治理措施体系的主要组成部分，它与水土保持生物措施及其他措施同等重要，不能互相代替。水土保持工程研究的对象是斜坡及沟道中的水土流失机理，即在水力、风力、重力等外营力作用下，水土资源损失和破坏过程及工程防治措施。

中国历代劳动人民在水土保持实践中创造了许多行之有效的水土保持工程措施。早在西汉时期已经出现了雏形“梯田”。黄河中游的山区农民在18世纪开始打坝淤地。坡塘的利用和兴建，早在《禹贡》和《诗经》中已有记述。引洪漫地（淤灌）在中国也有悠久的历史。陕西省富平县赵老峪引洪漫地区，是我国最古老的引洪漫地工程之一。欧洲文艺复兴之后，围绕山地荒废与山洪及泥石流灾害问题，阿尔卑斯山区开展了荒溪治理工作。当地农民修建干砌石谷坊、原木谷坊、铁线石笼拦沙坝等工程，固定沟床、拦蓄泥沙，调节洪峰流量以减小山洪及泥石流灾害。奥地利的蓄溪治理工程、日本的防沙工程均相当于我国的水土保持工程。

在中国根据兴修目的及其应用条件，水土保持工程可以分为山坡防护工程、山沟治理工程、山洪排导工程、小型蓄水用水工程、工程治沙工程。

(1) 山坡防护工程。山坡防护工程的作用在于用改变小地形的方法防止坡地水土流失，将雨水及融雪水就地拦蓄，使其渗入农地、草地或林地，减少或防止形成坡面径流，增加农作物、牧草以及林木可利用的土壤水分。同时，将未能就地拦蓄的坡地径流引入小型蓄水工程。在有发生重力侵蚀危险的坡地上，可以修筑排水工程或支撑建筑物防止滑坡作用。属于山坡防护工程的措施有梯田、拦水沟埂、水平沟、水平阶、水簸箕、鱼鳞坑、山坡截流沟、水窖（旱井）、蓄水池以及稳定斜坡下部的挡土墙等，在这些措施中梯田的水土保持作用比较显著。

梯田是在坡地上沿等高线修成台阶式或坡式断面的田地，由于地块顺坡按等高线排列呈阶梯状而得名。梯田是一种基本的水土保持工程措施，也是坡地发展农业的重要措施之一。

1) 梯田的作用。梯田可以改变地形坡度，拦蓄雨水。增加土壤水分，防治水土流失，达到保水、保土、保肥目的，同改进农业耕地作技术结合，能大幅度地提高产量，从而为贫困山区退耕陡坡，种草种树，促进农、林、牧、副业全面发展创造了前提条件。

2) 梯田的地块规划有以下原则：①地块的平面形状，应基本上顺等高线呈长条形、带状布设，一般情况下，应避免梯田施工时远距离运送土方；②当坡面有浅沟等复杂地形时，地块布设必须注意“大弯就势，小弯取直”，不强求一律顺等高线，以免把田面的纵向修成连续的S形，不利于机械耕作；③如果梯田有自流灌溉条件，则应使田面纵向保留1/300～1/500的比降，以利行水，在某些特殊情况下，比降可适当加大，但不应大于1/200；④地块长度规划，有条件的地方可采用300～400m，一般是150～200m，在此范围内，地块越长，机耕时转弯掉头次数越少，功效越高，如有地形限制，地块长度最好不要小于100m；⑤在耕作区和地块规划中，如有不同镇、乡的插花地，必须进行协商和调整，便于施工和耕作。

(2) 山沟治理工程。山沟治理工程的作用在于防止沟头前进、沟床下切、沟岸扩张，减缓沟床纵坡、调节山洪洪峰流量，减少山洪或泥石流的固体物质含量，使山洪安全排泄，对沟口冲积锥不造成灾害。属于山沟治理工作的措施有沟头防护工程、谷坊防护工程、谷坊工程，以拦蓄调节泥沙为主要目的的各种拦沙坝，以拦泥淤地、建设基本农田为目的的淤地坝及沟道防岸工程等。

(3) 山洪排导工程。山洪排导工程的作用在于防止山洪或泥石流危害沟口冲积锥上的房屋、工矿企业、道路及农田等具有重大经济意义及社会意义的防护对象。属于山洪排导的有排洪沟、导流堤等。

(4) 小型蓄水用水工程。蓄水用水工程是通过蓄水、排水措施，减少坡面土壤侵蚀，并将径流加以蓄积、利用的措施。小型蓄水用水工程的作用在于将坡地径流及地下潜流拦蓄起来，减少水土流失危害，灌溉农田，提高作物产量。小型蓄水用水工程包括小水库、蓄水塘坝、淤滩造田、引洪漫地、引水上山等。

(5) 工程治沙工程。工程治沙是指在风沙侵蚀区设置障碍物，或采取一定的工程设施，对风沙流进行干预，以固定、阻挡或疏导流沙，改变风沙运动规律，减轻风沙危害的各种工程措施的总称。常见的工程措施主要有机械沙障、化学治沙、风力治沙以及水力治沙等。

在规划布设小流域综合治理措施时，不仅应当考虑水土保持工程措施与生物措施、农业耕作措施之间的合理配置，而且要求全面分析坡面工程、沟道工程、山洪排导工程及小型蓄水用水工程之间的相互联系，工程与生物相结合，实行沟坡兼治，上下游治理相配合的原则。

流域综合治理是一项系统工程，包括多种措施。随着系统工程的发展，在水土保持工程规划设计中，将会更广泛地应用工程理论。另外，为了使水土保持工程的设计与施工现代化，将逐步推广电子计算机辅助设计方法与先进的机械设备。

二、水土保持工程与相关学科的关系

水土保持工程具有很强的综合性，与一些基础自然科学、应用科学和环境科学均有紧密的联系。

(1) 水土保持工程与气象学、水文学的关系。各种气候因素和不同气象类型对水土流失都有直接或间接的影响，并形成不同的水文特征。水土保持工作者，一方面要根据气象、气候对水土流失的影响以及径流、泥沙运行的规律采取相应的措施，抗御暴雨、洪水、干旱、大风的危害，并使其变害为利；另一方面通过综合治理，改变大气层下垫面性状，对局部地区小气候及水文特征加以调节与改善。

(2) 水土保持工程与地貌学的关系。地形条件是影响水土流失的重要因素之一，而水蚀及风蚀等水土流失过程又对塑造地形起重要作用。地面上各种侵蚀地貌是影响水土流失的因素。

(3) 水土保持工程与地质学的关系。水土流失与地质构造、岩石特性有很大关系。许多水土流失作用如滑坡、泥石流等均与地质条件有关，水土保持工程的设计与施工涉及地基、地下水等方面的问题，需要运用第四纪地质学、水文地质学及工程地质学的专业知识。

(4) 水土保持工程与土壤学的关系。土壤是水蚀与风蚀的主要对象，不同的土壤具有不同的渗水、蓄水和抗蚀能力。因此，研究土壤侵蚀规律和防治水土流失，必须具备一定的土壤科学知识；同时，提高土壤肥力、改良土壤性状、提高土壤生产力更加需要对土壤有深入的了解。

(5) 水土保持工程与应用力学关系密切。为了查明水土流失原因，确定防治对策，除了水力学、泥沙水动力学、工程力学外，还需要土力学、岩石力学等方面的知识。

在应用科学方面，水土保持工程与农学、林学及农田水利学、水利工程学等均有密切关系。

(1) 水土保持工程与农业科学的关系。水土保持一方面为农业生产服务，另一方面适当的农业措施可以起到保水、保土和保肥的作用。水土保持通过控制水土流失，提高土地生产力，创造高稳产条件，为农业服务，同时，通过深翻改土、等高种植、轮作、套种、间种等措施，起到水土保持的作用。

(2) 水土保持工程与林业科学的关系。营造防护林、植被恢复是重要的水土保持措施。林业科学通过树种选育、森林培育、混交等技术措施，不但能够建立良好的生态环境，而且能够很好地防治水土流失。

(3) 水土保持工程与水利科学的关系。水利科学为水土保持工程设计提供理论和技术依据。首先，水力学为阐明水土流失规律和水土保持工程措施提供了许多基本原理；其次，水文学的原理与方法对于研究水力侵蚀中径流、泥沙的形成、搬运具有重要意义；最后，水土保持工程设计需要用到大量的水工建筑物、农田水利和水利规划等方面的知识。

(4) 水土保持工程与环境科学的关系。土壤侵蚀对河流水质的污染作用和对生物的危害作用均表明水土保持科学与环境科学关系密切。通过水土保持，减少入库、入河的泥沙及其他溶质，可以有力地促进生态环境建设。

第五节 我国水土保持发展现状及趋势

一、我国水土保持的历史沿革

1. 我国历史上的水土保持措施

在古代，中国历代劳动人民早已结合农业生产开展水土保持工作，创造了许多行之有效的水土保持措施。商代（公元前16—前11世纪）人民已采用了防止坡地水土流失的区田法，此法颇似目前干旱地区农民应用的掏种法和坑田法。在西汉时期（公元前202—公元8年）我国山区已出现梯田雏形。战国魏文侯25年（公元前421年）曾引漳灌邺（今河南省安阳市）。陕西省耀县赵老峪的引洪水淤灌始于秦始皇时期。为了利用泥沙资源，黄土高原农民从明代起即开始打坝淤地，减少黄河泥沙。在水土保持造林种草方面，中国也具有悠久的历史。早在西周（公元前11—前7世纪）已采用封山育林方法在山区恢复植被，保持水土。东汉时期（公元25—220年），我国人民已十分重视荒山造林，防止水土流失。在总结我国古代人民水土保持实践经验的基础上，历代有不少学者或官吏曾提出许多重要的水土保持理论。公元前956年，西周《吕刑》一书中就有“平治水土”的记载。东汉王充在他著的《论衡》一书中明确指出：“地性生草（指农作物及牧草），山性生木”，总结了合理利用土地的经验。此外，南宋魏岘的“森林抑流固沙”理论；明代周用“使天下人人治田，则人人治河”的思想；明朝万历年间（1573—1620年）著名水利专家徐贞明提出的“治水先治源”的理论等，至今对水土保持工作都具有指导意义。但是，由于长期封建统治和小农经济的束缚，水土保持工作进展缓慢。

2. 我国近代水土保持的发展

1840年鸦片战争结束后，中国沦为半封建半殖民地社会，政府腐败无能，到处破坏山林，加剧水土流失。在内忧外患日益严重的情况下，一些知识分子接受了西方现代科学的影响，开始从事水土保持科学实验工作。有的大学林学系师生到山西省五台山等地调查并设小区观测森林植被的保持水土作用。20世纪30年代，许多土壤学家对全国各地的土壤侵蚀现象及其防治方法进行了调查研究。1939年以后，四川省内江甘蔗试验场在坡地上设小区观测耕作方法对水土流失量及作物产量的影响。1940年黄河水利委员会的一些科技人员针对治黄工作，提出了防治泥沙问题，并成立了一个林垦设计委员会，开展水土保持造林工作，以森林防止水土流失，保护农田，涵养水源，改善水利条件。同年8月林垦设计委员会改名为水土保持委员会。从此，“水土保持”一词才作为专用术语使用。1941年后，有关部门曾先后在甘肃天水、陕西长安、福建河田等地建立水土保持实验区，在甘肃平凉、清水等地设立林草种苗繁殖场，有的农林科研单位设置了水土保持系。这些水土保持机构曾引种国内外优良的水土保持树种及草种，并对水土流失规律、水土保持措施及其效益进行了研究，取得了一些成果。但是，由于当时的政府对水土保持科研成果不重视，所以收效甚少。1945 年起仅有少数农林院校开设水土保持课程。

新中国成立后，党和政府对水土保持工作十分重视。1952 年政务院发出《关于发动群众继续开展防旱、抗旱运动并大力推行水土保持工作的指示》，1956 年成立了国务院水土保持委员会，1957 年国务院发布了《中华人民共和国水土保持暂行纲要》，1964 年国务院制定了《关于黄河中游地区水土保持工作的决定》，1982 年 6 月 30 日，国务院批准发布了《水土保持工作条例》。1991 年 6 月 29 日，七届全国人大常委会第 20 次会议一致通过了《中华人民共和国水土保持法》，这是我国又一部自然资源保护法规。它的颁布实施，是我国水土保持事业的一个重大转折点，为全面预防、治理水土流失，合理利用和保护水土资源提供了有力的法律武器，将使我国的水土流失防治工作逐步走上法制化、规范化、科学化的轨道。2010 年 12 月 25 日，第十一届全国人大常委会第十八次会议对《中华人民共和国水土保持法》进行了修订，修订后的《中华人民共和国水土保持法》自 2011 年 3 月 1 日起施行。修订后的《中华人民共和国水土保持法》在水土流失预防、治理、监测和监督等方面做出了更加明确的规定，为我国水土保持工作提供了更加坚实的法律保障。同时，各省市也相继出台了地方性的水土保持法规，以加强水土保持工作的管理和监督。

我国的水土保持工作，在党中央的关怀下，由试点、重点到全面发展，取得了很大成绩。由于国内政治经济形势变化的影响，水土保持曾经走过几起几落的曲折道路，在 1980 年以前的 30 年中，许多地方开展水土保持的时间不长，有的地方几乎没有开展。

进入 20 世纪 80 年代以后，随着农村改革的深入和法制建设的加强，我国水土保持进入一个全面持续健康发展的新阶段，以大流域水电能源开发为导向、以中小流域为单元的综合治理在全国各地蓬勃展开。

3. 我国水土保持的科学研究进展

在科学研究方面，1951 年，黄河水利委员会组织了黄河流域勘查队，对全流域进行全面科学调查。黄河中游的水土流失是调查的重点项目。1955—1958 年，中国科学院成立了黄河中游水土保持考察队，对黄河中游水土流失地区进行综合调查，总结了群众的水土保持经验，编制了“黄河中游黄土高原自然、农业、经济和水土保持土地合理利用区划”。此外，水利与农林等部门还在海河、淮河、长江等流域进行了类似的调查工作。与此同时，国家在水土流失比较严重的地区相继建立了一批科研单位。全国水土保持科学技术发展规划于 1956 年、1963 年两次修订，并被列为全国农业科学技术发展规划的重要项目之一。全国各水土保持试验站、所和有关高等院校及生产部门，根据国家的科研规划，对水土流失地区的水土资源合理利用、水土流失规律、水土保持措施及其效益等课题，进行了定位试验和专题研究。这些试验研究工作，在我国不同土壤侵蚀类型区坡面及小流域产沙规律以及水土保持工程水力施工技术（包括水坠筑坝、水枪冲土）、机修梯田、引洪漫地、滑坡与泥石流防治、飞播造林、防护林体系营造技术与其效益、土地资源信息库技术在水土保持规划中的应用，以及水土保持小流域综合治理的生态经济效益等方面，都取得了重要成果。我国水土保持科学试验的成就是我国水土保持学科发展的重要基础。

二、我国水土流失治理成效

新中国成立以来，特别是改革开放以来，我国开展了大规模的以水土保持为中心的生态环境建设，取得举世瞩目的成就。1988 年经国务院批准，将长江上游列为国家水土保持重点防治区，建立了长江上游水土保持重点防治工程。实施了大、中、小流域水土保持工程，建立了国家级水土保持重点治理区，在全国大多数小流域开展了山、水、田、林、路、电、村综合治理。在 1989—1997 年不到 10 年的时间内，累计治理水土流失面积 5.7 万 km^2。1991 年全国人大常委会通过了《中华人民共和国水土保持法》，在此基础上又补充发布了一系列规定和条例，如水土保持法实施条例、矿区水土保持规定和条例、城市建设的水土保持规定和条例等。为了加快治理步伐，提高群众治理的积极性，在进一步明确个体承包责任制的基础上，试行了股份制、“四荒”拍卖制等；确定了“退耕还林（草）、绿化荒山、以粮代赈、个体承包”的政策，有效解决了林草建设与粮食作物的争地矛盾，促进了生态环境建设和全国水土保持工程。由分散的小面积治理转向集中、连片大面积的集约化和规模化治理。1998 年 11 月 9 日国务院正式批发了《全国生态环境建设规划》，水土保持工作纳入该规划中，这是我国首次将水土保持纳入生态环境建设的轨道。规划要求：到 2010 年，黄河长江上中游水土流失重点区及严重荒漠化地区的治理初见成效，遏制生态环境恶化势头；2011—2030 年，全国 60%以上适宜治理的水土流失区得到不同程度整治，全国森林覆盖率达 24%左右；2030—2050 年，全国适宜治理的水土流失区得到基本整治，全国基本建立可持续发展的良性生态系统。

截至 2018 年年底，我国已累计治理水土流失面积 131 万 km^2，累计建设高标准农田 6 亿多亩，营造水土保持林 707.4 万 hm^2。同时修建了一大批蓄水保土工程，进行了小流域综合治理示范与推广，全国开展治理的小流域 1 万余条。黄河中游地区经过多年治理，每年减少入黄泥沙 3 亿 t。许多人口脱贫致富，生态环境和群众生活明显改善。近年，又启动了京津风沙源治理工程、首都水资源水土保持工程、黄土高原地区淤地坝、东北黑土区水土流失防治、珠江上游南北盘江石灰岩地区水土流失防治等一系列重点工程。近年来，生态自我修复取得了显著的生态和经济效益，有效提高了修复区的植被覆盖率和土地生产能力，减轻了水土流失程度，加快了水土流失防治步伐，促进了当地农牧业生产方式的转变和区域经济的协调发展，修复区的生态环境得到明显改善。

淤地坝作为黄土高原地区人民群众长期实践中独创的防治水土流失的重要工程措施，在改善生态环境及农业生产条件、建设稳产高产基本农田、调整农村产业结构、高效利用水资源、巩固退耕还林还草成果、促进农村经济发展等方面，发挥着极其重要的作用。截至 2023 年年底，黄土高原地区已累计建成淤地坝 12.8 万座，其中骨干坝 5500 座，部分淤地坝坝系已初具规模；已淤成坝地 33 万 hm^2，保护川台地 1.3 万 hm^2，年增产粮食 12 亿 kg，配合其他水土保持治理措施，每年可减少入黄泥沙 3 亿 t。经过长期的科学研究和建设实践，黄土高原地区目前已形成了《水坠坝筑坝技术规范》《水土保持治沟骨干工程暂行技术规范》等完整的淤地坝建设技术规程；坝系相对稳定理论、淤地坝 CAD 辅助设计、水坠坝筑坝和其他筑坝技术等成果的应用和推广，为淤地坝规划、设计和施工监理解决了一些技术难题，广大群众基本上掌握了碾压坝、水坠坝等修筑技术；“3S”等技术的普遍应用，使骨干坝和淤地坝相配套技术不断完善，可有效地保证淤地坝建设的科学化和规范化进程。坝系相对稳定理论的进一步提升，可促进沟道坝系建设日益发展。同时，还形成了一整套成功的淤地坝建设、管理经验。

黄土高原多年来的治理开发实践证明，实施以小流域为单元多学科协同攻关的治理模式，是加快黄土高原综合治理的重要手段，并且取得了良好的保水、经济和社会效益。1997年，由黄河水利委员会黄河上中游管理局组织，以黄河流域多沙粗沙区为重点，以支流为骨干、县域为单位、小流域为单元，启动实施了黄河流域水土保持生态工程重点小流域治理项目。该项目主要分布于黄河上中游水土流失严重的主要支流及多沙粗沙区，涉及青海、甘肃、宁夏、内蒙古、山西、陕西、河南、山东8省（自治区）56个县（旗）市143条小流域。2023年已竣工验收4500条小流域，总面积20万km^2，其中新增治理措施保存面积16万km^2；淤地坝、谷坊、塘堰、旱井、水窖等蓄水保土工程保有量7万多座（处）；建成治沟骨干工程5900座。通过综合治理措施的配套实施，各流域已形成了较完整的防护体系，取得了明显的生态、经济和社会效益。

生态修复是指通过对一个区域或一个小流域的严格管护，排除人为因素对其干扰破坏，使区域内的整个生态系统得到休息，恢复生态结构和功能。水土保持、生态修复是水利部门正视我国生态环境现状，为加快水土流失防治步伐而做出的重大战略决策，也是基于部分地区成功实践的启示而做出的水土保持建设思路调整。水土保持生态修复是一条适合我国国情、费省效宏的水土流失防治途径，正在发挥着重要作用，如宁夏盐池县实施生态修复3年后，全县植被覆盖率由25%提高到50%以上，草场亩均产草量由68kg提高到150kg。内蒙古、青海等一些地方实行季节性休牧、轮牧的效果也十分明显，锡林浩特市休牧区牧草平均高度比非休牧区增加4～9cm，平均盖度提高10～30个百分点，亩均产量提高18～40kg。江西省赣州市通过生态修复，全区水土流失得到初步控制，土壤侵蚀量每年下降100万～150万t，中轻度水土保持面积基本降为轻度或无明显流失，许多河道的河床以每年2～5cm的速度下降。陕西省榆林市实施黄河流域病险淤地坝除险加固工程347座，建设坡改梯0.98万亩，治理水土流失面积999km^2，生态保护修复4.97万亩，完成营造林及种草131.92万亩，实施飞播造林20.5万亩；5G林业有害生物智能化监测平台建成并投入使用，为现代林业工作迭代升级、提质增效提供技术支撑。黑龙江省佳木斯市政府经过多年不懈的努力，已累计治理水土流失面积达2113.92km^2，其中基本农田48.32km^2，经果林10.13km^2，水土保持林819.9km^2，种草39.8km^2，封禁治理1115.78km^2，其他79.99km^2，治理面积占全市现有耕地总面积的6.5%，占全市水土流失总面积的74.6%，取得了良好的成效，经济效益、生态效益和社会效益显著。

三、我国水土保持发展趋势

各地在防治水土流失方面积累了丰富的经验，走出了一条具有中国特色的以小流域综合治理为主的路子，推动了水土保持工作的开展，取得了显著的成效。主要发展趋势反映在如下方面。

（1）由单一措施、分散治理转到以小流域为单元，全面规划，综合治理，集中治理。这是水土保持工作的一个重大突破。在治理中，合理利用土地及其他资源，因害设防，各项措施优化组合，科学配置，协调发展，发挥整体效益。做到植物措施与工程措施、保土耕作措施相结合，生态效益与经济效益结合，使农民尽快得到实惠。小流域治理已在全国

27个省（自治区、直辖市）推广，先后开展治理的小流域有9800多条，总面积近40万km^2，其中水土流失面积22万km^2，已经竣工的有近3000多条，目前正在进行治理的有6000多条。在这样广阔的范围内，按小流域进行治理，是前所未有的，也是世界上其他国家没有的。小流域治理，既符合自然规律，又符合经济规律。以小流域为单元，投入相对集中，可以进行规模治理，加快了治理速度，一般的年治理速度可在3%以上，高的可达10%～15%，比预期治理速度至少快2～3倍以上，同时治理效益也提高了。随着梯田建设的加快，经济林果面积的扩大，经济效益更为显著，社会效益也日益突出。

（2）国家、省、县层层办重点、形成点面结合的治理新格局。经国务院批准，将水土流失严重、对国民经济建设有很大影响的无定河、皇甫川、三川河、定西县、永定河上游、柳河流域、葛洲坝库区和兴国县等八片地区列为全国水土保持重点治理区。长江上游的金沙江下游及毕节地区、嘉陵江中下游、三峡库区、陇南和陕南地区等四片水土流失区列为全国水土保持重点对象。此外，还将密云水库上游和潘家口水库上游列为全国重点治理。先后共列为国家重点治理的有16片，涉及15个省（自治区、直辖市）的245个县，总面积43万km^2，其中水土流失面积26万km^2。集中有限的资金用于重点治理区，全面规划，进行集中连续治理，依照基本建设程序进行项目管理，有规模，有声势，一治一大片，增强人们治理水土流失的信心，起到了大样板的示范作用。国家级重点带动了省、县层层办重点，形成点向面扩散，面向点靠拢，小集中大连片的新格局。16片年治理水土流失面积1万km^2，年进度达4%左右，比预期快3倍以上。

（3）由统一治理、集体经营管理转向户、专群多种治理责任制的统分结合，双层经营。如推进淮河流域综合治理，有以下几点建议和对策：①坚持试点先行，同步推进淮河流域湖北段综合治理。不同的流域有不同的特点，建议试点扩面推广，在后续批次的小流域综合治理试点中，从淮河流域选取合适的县（市），同步推进试点工作。②坚持全域统筹，细化完善流域综合治理规划布局。将淮河流域湖北段综合治理纳入省级统筹，以长江流域为主、淮河流域为补充，以水系为纽带，树牢“一盘棋”思想，全面系统推进综合治理。③坚持源头治理，建立健全协同联动工作机制。实施绿色田园乡村保护行动，构建淮河水系生态廊道，以上游的源头治理引领带动全流域治理。④坚持分类施策，着力完善流域治理体系。完善绿色基础设施体系，以统筹为手段，体现“现代骨、传统魂、自然衣”，对山、水、田、林、路、村等进行综合治理。

（4）由单纯防护性治理转向开发性治理，治理与开发利用结合。从20世纪80年代后，随着户包治理责任制的兴起，农民要求从治理中尽快得到实惠，因此，探索了在治理的同时，注意开发利用，以短养长，很快见到了效益。治理与开发利用结合，生态效益与经济效益结合，治理水土流失与治穷致富结合，这是水土保持观念更新，是在方向上的突破，深受广大群众欢迎。这些经验已在全国16片重点区推广，如8片重点治理区，经济林草面积占完成治理面积的78%。长江上游4片重点，经济林果的总面积占完成治理面积的88%。当前结合治理进行开发利用的是经济林果和种草以及中药材等，这样便有持久的积极性，给水土保持带来了生机和活力。

（5）加强水土保持法制建设，依法防治水土流失。1982年国务院颁布了《水土保持工作条例》，一些省制定了实施细则和一套办法、制度，将单纯治理转到防治并重，开始重视依法预防水土流失工作。1991 年“人大”常委会审议通过了《中华人民共和国水土保持法》，将防治并重改为预防为主，使水土保持工作进入了一个法制的新阶段，有利于水土保持工作走向制度化、规范化，有利于控制不合理人为活动造成新的水土流失。2010 年 12 月 25 日，第十一届全国人大常委会第十八次会议对《中华人民共和国水土保持法》进行了修订。修订后的《中华人民共和国水土保持法》在水土流失预防、治理、监测和监督等方面作出了更加明确的规定，为我国水土保持工作提供了更加坚实的法律保障。党的二十大强调，推动绿色发展，促进人与自然和谐共生，对水土保持工作提出了新的更高要求。中共中央办公厅、国务院办公厅印发了《关于加强新时代水土保持工作的意见》，提出到 2025 年，水土保持体制机制和工作体系更加完善，管理效能进一步提升，人为水土流失得到有效管控，全国水土保持率达到 73%；到 2035 年，人为水土流失得到全面控制，全国水土保持率达到 75%。水土保持工作对于加快构建党委领导、政府负责、部门协同、全社会共同参与的水土保持工作格局，推动新时代水土保持高质量发展具有重大意义。

(6) 在资金使用管理上进行了改革，引入竞争机制，提高了投资效益。近几年来，各地在水土保持资金的使用管理上引入竞争机制、激励机制和诱导机制，实行以物代补，以奖代补，以息代补和大干大支持、小干小支持、不干不支持的原则，利用投资开展竞赛，实行奖励，不搞平均分配。尤其是改无偿扶持为部分有偿扶持，定期收回及建立水土保持基金，滚动使用，扩大了治理资金来源。还有以国家投资为导向，诱导地方和群众投入进行治理等等，这使有限的资金发挥了更好的效益。

(7) 把水土保持纳入全国生态环境建设。1994 年原国家计划委员会，根据联合国 1992 年 6 月“世界环境与发展会议”的精神，决定编制 1996—2050 年全国生态环境建设规划。水土保持被列为该规划的重要组成部分，使我国的水土保持事业更紧密地与全国生态建设及持续发展相结合。

(8) 近年来，随着水土保持工作的积极探索和推广，水土流失治理有了新模式、新技术，为加快推进水土保持高质量发展提供科技支撑。经过多年的探索，水土流失治理科技水平显著提升，多项技术成果获得国家级、省级科学技术大奖。如“红壤丘陵区严重水土流失综合治理模式及其关键技术研究”获中国水土保持学会科学技术进步一等奖。此领域的科研成果越来越多地得到行业和社会的重视和认可。

(9) 未来水土保持工作在科技创新、生态保护与修复、绿色发展、公众参与、国际合作和智能化管理等方面不断发展和完善，以实现水土资源的可持续利用和生态环境的保护。此项工作不仅需要不断引入先进的科学技术，如遥感技术、地理信息系统、大数据分析等，以提高监测、评估和治理的效率和精度；更需要注重生态保护与修复，通过退耕还林、退牧还草等措施，恢复和改善生态环境，提高生态系统的服务功能；还需要与绿色发展理念相结合，推动农业、工业、城市等领域的绿色转型，实现经济发展与生态环境保护的协调统一。通过加强宣传教育，提高公众对水土保持的认识和意识，增强公众的环保责任感，使公众认识到水土流失是全球性的环境问题，需要全人类共同应对。总之，利用现代信息技术，实现水土保持工作的智能化管理，已经使流域综合治理水平上了一个新的台阶。

第六节　大辽河流域水土保持综合治理工程实例

一、综合说明

大辽河系指浑河、太子河合流后由三岔河至营口入海口的河段。1958 年前大辽河是辽河干流下游的入海水道，1958 年春在外辽河上口进行堵截后，仅宣泄浑河、太子河水，从此，大辽河单独作为浑河、太子河的入海水道。河道全长 97km，流域面积 1962km^2。

营口市北枕辽河而建，城市中心主要位于大辽河南岸。大辽河营口市城区段（劳动河挡潮闸至海防堤端头）防洪治理工程系指大辽河左岸营口市城区段河道防洪治理工程，具体包括三部分，河道防洪治理总长度约为 13.26km。其中第一部分为营口市大辽河左岸海防堤端头至渡口段，堤线长度约为 4.06km（其中潮沟 1.01km）；第二部分为营口市大辽河左岸渡口至成福里小区段，堤线长度为 3.47km；第三部分为营口市大辽河左岸营口港码头上游东端至劳动河口段、支流虎庄河挡潮闸下游虎庄河两岸以及劳动河挡潮闸下游劳动河左岸段，堤线长度合计约为 5.73km。该工程平面总布置如图 5-5 所示。

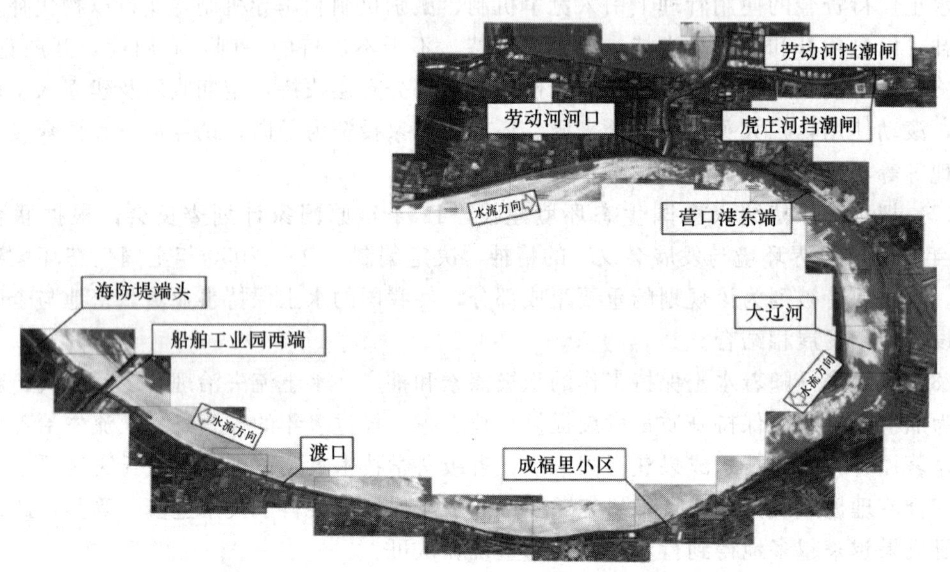

图 5-5　工程平面总布置图

二、气象水文

（一）流域概况

大辽河位于辽宁省中南部，在三岔河接纳浑河、太子河后，流经海城、盘山、大石桥、大洼于营口市四道沟入海。大辽河系感潮河段，枯水期潮区界可达浑河的三界泡和太子河的官沟附近，潮流界可到三岔河。河口系不规则半日潮，潮流速、潮流量随潮水向上游推进而减小。同一次涨潮营口站潮流量最大可达 5400m^3/s，田庄台 1975m^3/s，三岔河站仅 462m^3/s。故汛期三岔河到田庄台河段主要受洪水控制，营口至河口河段，主要受潮水控制。

大辽河在营口段全长 79km，流域面积 1196km²。大辽河在营口市河段呈 U 形，由西向东折转成自东向西流入渤海湾，有弯道两处，河道比降 0.21‰。

（二）海域概况

工程所在地位于营口市北部。工程所在地下游海区属于不规则的半日潮，平均涨潮历时 5h44min，平均落潮历时 6h42min。潮流有明显的往复性质。

（三）气象

本地区以营口市气象站 1961—2000 年气象资料统计分析，营口市城区多年平均气温 9.4℃，极端最低气温 −28.4℃，极端最高气温 34.7℃；多年平均降水量 655.7mm，年内降水分配不均匀，流域多年平均蒸发量 1658.8mm；最大积雪深度 21cm，最大冻土深度 1.01m。工程所在地没有实测风况资料，营口市多年平均风速 4.1m/s，最大风速 21.7m/s，风向为 SSW。

（四）水文

1. 设计潮位

辽东湾上营口地区有营口和四道沟两个国家级潮位站。其中营口潮位站位于大辽河感潮河段最下游，距大辽河入海口约 20km，洪水对潮位影响极小，资料系列长而且精度较好，有 1955—2002 年共 48 年资料；四道沟潮位站位于大辽河入海口以南，该站建于 1950 年，资料系列较长，但由于受地震和其他因素的影响，水尺零点比较混乱，虽经校正，但精度不高，因此本工程确定以营口潮位站资料为主，以四道沟潮位站为辅来分析确定设计潮位。两个潮位站最高潮位频率分析成果见表 5-2。

根据两个站潮位分析计算结果表明：四道沟站各频率潮位计算结果与营口站基本一致，故本次堤防设计潮位以营口站的潮位分析结果为准，50 年一遇高潮位为 3.21m，100 年一遇高潮位为 3.26m。

表 5-2　　最高潮位频率分析成果表

频率/%	20	10	5	2	1	0.5
营口潮位站设计高潮位/m	2.98	3.05	3.12	3.21	3.26	3.29
四道沟潮位站设计高潮位/m	2.98	3.05	3.12	3.18	3.26	3.28

2. 设计洪水

三岔河为浑河、太子河汇合处，是大辽河的控制站，由于浑、太两河洪水主要来自沈阳、辽阳以上地区，下游虽有支流汇入，但经分析干、支流洪水不遭遇，对干流影响不大。而浑河、太子河常同时发生大洪水，洪水基本遭遇。故三岔河的设计洪水采用浑河、太子河的同频率组合。

浑河沈阳站组合设计流量过程线，错 39h 移至三岔河处，太子河辽阳组合设计流量过程线，错 30h 移至三岔河处，两者叠加后其最大组合流量即为大辽河组合设计流量。原大辽河组合设计流量为 1960 年典型。由于浑河沈阳组合洪水有所改变并增加了 1995 年典型，同将太子河辽阳与之对应的 1960 年和 1995 年典型组合设计流量分别与之组合。现将以上两个典型年大辽河组合设计流量成果列于表 5-3。

表 5-3　　大辽河（在岔河处）组合设计流量成果表

设 计 阶 段	P/%			
	1	2	5	10
原成果（1960 年）典型/(m^3/s)	10752	8795	7645	6617
原成果（1995 年）典型/(m^3/s)	10647	9170		

从上表可以看出本次计算的两个典型年大辽河组合设计流量均与原成果相差不大，所以大辽河组合设计流量仍采用原（1960 年典型）组合成果。

3. 冰情

营口市河段位于辽东湾北部的大辽河口内。由于地理位置偏北，冬季气候寒冷；又因营口市河段河道水浅，受上游河水淡水影响，盐度低而冰点高，故冰情严重。该河段有“小河流水，大雪封河，春分开河”之说。营口港历年在 11 月中旬前后封港，翌年春季 3 月下旬开始初航。4 月初才开始恢复正常航行，停航长达 4 个月。初冰后一般有 30～40d 的流冰期，解冰后也有 10～20d 的流冰期，该河段受大辽河自上游顺流而下的淡水冰影响，流冰多为 10m 以下的小冰块。营口港域内，平均有 70～80d 的封冻期，在封冻期内，整个港区的水域均为固定冰所覆盖，冰厚为 20～60cm。

4. 水面线计算

由于营口市地处大辽河入海口，城区段受渤海潮汐影响，每日两次潮涨潮落，汛期潮峰与洪峰相遇重叠的概率较大，给该河段汛期防洪带来较大困难，为了能准确地反映出潮水、洪水对城市防洪工程的影响，通过建立数学模型，利用河流模拟的数学手段进行河口段河道二维水力计算。

本工程水面线计算是按照同频率的洪水与潮水相遇而进行的，见表 5-4 计算结果表明：整个大辽河营口城区段的河道水位，无论河道流量有多大，都跟随着潮汐的变化而变化。在大流量时（流量大于 8000m^3/s 以后），整个营口城区段的河道均在潮流界之外，而中小流量下，整个营口城区段的河道均在潮流界之间。100 年一遇洪水流量为 10752m^3/s，营口城市段河道水位基本均在潮流界之外。

表 5-4　　营口城区段设计水面线成果表

断面号	累加距/m	P=2%	P=1%	P=0.5%
		8795m^3/s	10752m^3/s	17895m^3/s
D14	29720	3.64	4.02	5.63
D13	27720	3.64	4.00	5.62
D12	25560	3.61	3.94	5.62
D11	23540	3.60	3.85	5.62
D10	21330	3.59	3.80	5.60
D9	19130	3.56	3.77	5.53
D8	17480	3.52	3.76	5.40
D7	15380	3.43	3.73	5.11

续表

断面号	累加距/m	P=2%	P=1%	P=0.5%
		8795m³/s	10752m³/s	17895m³/s
D6	13010	3.31	3.63	4.76
D5	10860	3.27	3.46	4.36
D4	9560	3.25	3.36	4.23
D3	6780	3.22	3.29	3.93
D2	4720	3.21	3.26	3.74
D1	2500	3.21	3.26	3.44
D0	0	3.21	3.26	3.29

三、地质

1. 地质概况

工程区位于辽宁省下辽河平原，所处大地构造位置属阴山东西复杂构造带东端与新华夏系第二个一级隆起带交接部位。辽河平原总体上呈北东向展布于辽宁中部，东为辽东长期缓慢上升隆起区，西为辽西间歇性长期上升隆起区，中为辽河平原的凹陷区，地貌上形成两隆夹中凹的地势特征。滨海带地势低洼，沼泽化、盐渍化严重。

区内东西构造以早期东西向构造为主，极为发育，晚期东西向构造不发育，且分布零散；新华夏系构造形迹十分发育，主要由走向北北东向褶皱和压性、压扭性断裂组成。

2. 水文地质条件

区内的地下水，按埋藏类型可分为第四系松散堆积层中的孔隙潜水和基岩裂隙水。

(1) 孔隙潜水：主要分布于辽河平原的冲洪积地层和冲海积地层中，由于第四系地层巨厚（350m），降水量大，地下水量极其丰富。

(2) 基岩裂隙水：主要赋存于工程区东部的低山丘陵区的基岩裂隙中。

潜水及基岩裂隙水均受大气降水补给，向大辽河及其支流排泄后，汇入辽东湾，沿海区域多直接排泄于辽东湾。

3. 工程地质条件

(1) 该段地基土层在地下水长期浸泡下，土体的工程地质性质呈现出无规律的、不同程度的恶化现象。

(2) 该段河水及地下水均为氯化钾钠型水；河水及地下水对混凝土均无腐蚀性，对钢筋混凝土结构中钢筋均具有中等腐蚀性，对钢结构均具有中等腐蚀性。

(3) 该段共查出地质缺陷和隐患部位 20 段，合计长度 1040m，占岸肩路总长度的 28.6%。

(4) 该段大部分栏杆和桩基础均发生向外倾斜现象，栏杆平均倾斜度 0.63°，最大倾斜度 2.3°，桩平均倾斜度 2.92°，最大倾斜度 7.59°，各支护结构基础均已发生了不同程度的不均匀沉降或不同程度的滑移或倾覆破坏现象。

(5) 该段不同支护结构形式，不同部位的混凝土抗压强度、软化性及抗水、抗风化性能随机性很大，破损程度不一，多数混凝土软化性强，抗水、抗风化性能差。

(6) 锚杆有效率宜按40%～50%考虑，锚杆极限拉力建议采用100kN。

(7) 桩板结构或板桩结构或不同时期加固的混凝土表面均已风化破坏，或出现裂缝，或钢筋裸露，或骨料裸露，或挡板破坏。

四、工程任务和规模

1. 工程建设的必要性和任务

营口市位于渤海之滨，地处大辽河下游出口感潮河段，由于地势低洼，又是大辽河入海的必经之路，汛期经常受浑河、太子河洪水侵袭。从明嘉靖二年（1523年）有文字记载以来，根据《华北、东北近500年旱涝史料》《辽宁省旱涝史记》和新中国成立后历年防汛记录及水旱灾害统计资料，近500年间，发生洪水灾害70次，平均7～8年一次。新中国成立后，党和人民政府大力兴修水利，防汛抗旱，分别战胜了1953年、1960年、1981年、1985年及1995年特大洪水灾害，保障了人民生命财产安全。

目前根据现场调查发现营口境内城市段辽河护岸工程存在以下问题：①防洪标准低、不适应城市发展需要；②防洪工程设施不完备、部分损毁严重；③支流、潮沟河道淤积、污染严重；④由于历史原因，沿岸建设无统一规划。

以上因素极大地阻碍了营口市的快速发展，特别是影响了城市的北转战略和城市综合体建设的实现。因此，对辽河沿岸特别是护岸的统一规划和建设工作已经迫在眉睫。

大辽河营口市城区段（劳动河挡潮闸至海防堤端头）防洪治理工程系指大辽河左岸营口市城区段河道防洪治理工程，具体包括三部分，河道防洪治理总长度约为13.26km。其中第一部分为营口市大辽河左岸海防堤端头至渡口段，堤线长度约为4.06km（其中潮沟1.01km）；第二部分为营口市大辽河左岸渡口至成福里小区段，堤线长度为3.47km；第三部分为营口市大辽河左岸营口港码头上游东端至劳动河口段、支流虎庄河挡潮闸下游虎庄河两岸以及劳动河挡潮闸下游劳动河左岸段，堤线长度合计约为5.73km。

2. 工程等级和设计标准

依据《堤防工程设计规范》（GB 50286—2013）、《辽河流域防洪规划报告》（2003.11）、《营口市城市防洪规划报告》（2004.08）、《城市防洪工程设计规范》（GB/T 50805—2012）和《营口市城市总体规划（2011—2030）》，大辽河营口市城区段（劳动河挡潮闸至海防堤端头）防洪治理工程大辽河干流左岸设计防洪标准为重现期100年，工程级别为2级。劳动河左堤劳动河口以上至虎庄河口、虎庄河左堤虎庄河口至虎庄河闸保护范围为主城区，按照大辽河100年一遇回水进行整治，工程级别为2级。考虑到劳动河左堤虎庄河口以上至劳动河闸、虎庄河右堤虎庄河口至虎庄河闸保护范围为辽宁盼盼产业园区，且该区域地势相对较高，按照大辽河50年一遇回水进行整治，工程级别为2级。

根据穿堤建筑物工程级别不小于防洪堤级别的规定，穿堤建筑物工程的级别按照所属河段堤防工程等级进行选取，与该段堤防工程等级相同。

3. 工程规模

本工程第一部分海防堤端头至渡口段，原堤防为土堤和重力式挡墙，该段堤防整治考虑与下游海防堤结构相协调，采用与海防堤类似的坡式护岸防护型式，新建堤防防洪标准为100年一遇。

本工程第二部分营口市大辽河左岸渡口至成福里小区段，护岸保护范围为辽河公园，原护岸由于年久失修，目前护岸结构已大范围出现倾斜、坍塌、开裂、混凝土保护层破损、露筋等现象，存在一定的安全隐患。其中拆除原护岸新建悬臂式挡墙1段，总长180m；采用双排桩加固5段，总长3293.42m。拆除重建和加固后堤防防洪标准为100年一遇。

本工程第三部分为营口市大辽河左岸营口港码头上游东端至劳动河口段、支流虎庄河挡潮闸下游虎庄河两岸以及劳动河挡潮闸下游劳动河左岸段，本段堤防采用坡式护岸，平均潮水位以上采用混凝土连锁板块，平均潮水位以下采用格宾石笼护坡。其中营口港码头上游东端至劳动河口段，新建堤防防洪标准为100年一遇；劳动河左堤劳动河口以上至虎庄河口、虎庄河左堤虎庄河口至虎庄河闸保护范围为主城区，按照大辽河100年一遇回水进行整治；劳动河左堤虎庄河口以上至劳动河闸、虎庄河右堤虎庄河口至虎庄河闸保护范围为辽宁盼盼产业园区，按照大辽河50年一遇回水进行整治。

五、工程布置及建筑物布置

（一）堤线布置

大辽河营口市城区段（劳动河挡潮闸至海防堤端头）防洪治理工程系指大辽河左岸营口市城区段河道防洪治理工程，具体包括三部分，河道防洪治理总长度约为13.26km。

第一部分为营口市大辽河左岸海防堤端头至渡口段，桩号为HDZK0＋000～HDZK3＋047.92和CGK0＋000～CGK1＋012.83，堤线长度为4062.75m。堤线与海防堤端头平顺连接，海防堤上游部分基本利用原有的营口市造船厂、渔船停靠码头等堤线。

第二部分为营口市大辽河左岸渡口至成福里小区段，桩号为DCZK0＋000～DCZK3＋473.42，长度为3473.42m。其中渡口段，结合城市规划考虑修建停船码头，修建半径93m、长度180m的弧线护岸；成福里泵站将潮沟填平，泵站排水管线外引；成福里小区段加固堤线外移4.5m，并与上下游平顺连接。其他段基本利用原有堤线。

第三部分为营口市大辽河左岸营口港码头上游东端至劳动河口段、支流虎庄河挡潮闸下游虎庄河两岸以及劳动河挡潮闸下游劳动河左岸段，堤线长度合计约为5.7km。本次对该段堤防进行加高，堤线在保证原有河道行洪断面的基础上，基本利用原有堤线，其中护坡加高培厚部分基本不占用河道行洪断面。

（二）堤身断面

1. 海防堤端头至渡口

营口市大辽河左岸海防堤端头至渡口，桩号为HDZK0＋000～HDZK3＋047.92，长度为3047.92m。

其中HDZK0＋000～HDZK0＋882.49段堤身结构为梯形断面，堤顶设宽6.0m防汛路，路面为沥青混凝土路面，迎水侧设高度为0.6m的防浪墙，墙顶设护栏防护。堤身填料为黏土，迎水侧坡比为1∶3.0，迎水护坡采用0.3m厚混凝土连锁板块，连锁板块下设0.15m厚的砂砾石垫层，垫层下设无纺布反滤。根据冲刷计算，护脚防护深度为1.5m，考虑到本段迎水侧地形高程较高，护脚均在平均潮位0.00m以上，因此护脚形式采用抛石防护。背水侧坡比为1∶3.0，采用草皮护坡。

其中HDZK0＋882.49～HDZK3＋047.92段堤身结构为梯形断面，堤顶设宽6.0m防汛路，路面为沥青混凝土路面，迎水侧设高度为0.6m的防浪墙，墙顶设护栏防护。堤身填料为黏土，迎水侧坡比为1∶3.0，其中平均潮水位以上迎水护坡采用0.3m厚混凝土连锁板块，连锁板块下设0.15m厚的砂砾石垫层，垫层下设无纺布反滤；平均潮水位以下2m范围内，护坡采用0.3m格宾石笼护坡，格宾石笼下设0.15m厚的砂砾石垫层，垫层下设无纺布反滤；平均潮水位以下2m以外范围采用0.3m格宾石笼护坡。护坡防护范围至坡度不小于1∶3.0位置并设5m长水平段。

2. 海防堤端头至渡口段潮沟

海防堤端头至渡口段潮沟，桩号为CGK0＋000～CGK1＋012.83（两岸），长度为1012.83m。该段采用加筋土挡墙方案，堤顶设防汛路，路宽6.0m，路面为沥青混凝土路面，迎水侧设0.6m的防浪墙和0.6m高的防护栏杆。护岸底部采用宽度5.0m、高度3.6m加筋土挡墙；加筋土挡墙顶部设高度为2.1m的重力式混凝土挡墙（与防浪墙结合），墙顶宽0.3m。护脚底部采用0.5m厚砂砾石，上设1.0m厚的格宾石笼。背水坡坡比1∶3.0，采用草皮护坡。

3. 渡口至成福里小区段

营口市城区大辽河左岸渡口至成福里小区段，桩号为DCZK0＋000～DCZK3＋473.42，长度为3473.42m。

桩号K0＋000～K0＋180段需要增建渡口停船码头，该段采用4.5m高悬臂式挡墙方案；桩号K0＋180～K1＋129即渡口-老啤酒厂段，原重力式挡墙段采用双排桩加固方案；桩号K1＋129～K1＋698即老啤酒厂-营口美术馆段，原板桩式挡墙段采用双排桩加固方案；桩号K1＋698～K2＋404即营口美术馆-国际酒店段，原重力式挡墙段采用双排桩加固方案；桩号K2＋404～K3＋348即国际酒店-成福里泵站段，原桩板式挡墙段采用双排桩加固方案；桩号K3＋348～K3＋473.42段位于成福里小区内，原重力式挡墙段采用双排桩加固方案。

4. 营口港码头上游东端至劳动河口段、支流虎庄河挡潮闸下游虎庄河两岸以及劳动河挡潮闸下游劳动河左岸段

营口市大辽河左岸营口港码头上游东端至劳动河口段、支流虎庄河挡潮闸下游虎庄河两岸以及劳动河挡潮闸下游劳动河左岸段，堤线长度合计约为5.73km。本段堤防结合城市北转战略，根据河道现状防护型式及迎水侧河道地形，河道堤防型式为土堤。

堤身结构为梯形断面，堤顶设防汛路，路宽6.0m，路面为沥青混凝土路面，堤身填筑料为黏土。迎水侧设0.6m高防浪墙和护栏防护。堤防迎水侧坡比为1∶3.0，其中，平均潮位以上迎水坡防护形式采用0.3m厚混凝土连锁板块护坡，下设0.15m厚砂砾石垫层，垫层下设无纺布反滤；平均潮位以下2.0m以内范围，防护形式采用0.3m厚格宾石笼护坡，下设0.15m厚砂砾石垫层，垫层下设无纺布反滤；平均潮位以下2.0m以外范围，防护形式采用0.3m厚格宾石笼护坡。护坡防护范围至坡度不小于1∶3位置并设5m长水平段。背水侧坡比为1∶3.0，采用草皮护坡。

（三）设计计算

大辽河营口市城区段（劳动河挡潮闸至海防堤端头）防洪治理工程堤防设计标准为100年一遇，工程等级为2级。

根据堤线布置、堤防护岸断面型式并结合风向、风速、距离等指标，堤顶超高计算结

果见表5-5。

表5-5 **堤顶超高计算结果**

位　　置	波浪爬高/m	风壅水面高/m	安全加高/m	计算堤顶超高/m	确定堤顶超高/m	备注
海防堤端头至渡口段	0.94	0.01	0.40	1.35	1.35	坡式护岸
渡口至福里小区段	0.72	0.01	0.40	1.13	1.10	直立式护岸
营口港码头上游东端至劳动河口段坡式护岸	1.06	0.02	0.40	1.48	1.50	坡式护岸
支流回水堤	0.63	0.01	0.40	1.04	1.00	坡式护岸

根据计算，坡式护岸堤身抗滑稳定、渗流稳定均满足规范要求，悬臂式挡土墙抗滑、基地应力比均满足规范要求，混凝土灌注桩墙稳定计算满足规范要求。

根据计算，海防堤端头至辽宁船舶工业园下游侧坡式护岸冲刷深度在1.0～1.1m，营口港码头上游东端至劳动河口段坡式护岸冲刷深度在1.1～1.2m。因此本工程坡式护岸堤防冲刷深度取为1.5m。

六、施工组织设计

1. 施工条件

工程所在地区多年平均气温9.4℃，极端最低气温－28.4℃，极端最高气温34.8℃；多年平均降水量655.7mm，年内降水分配不均匀，6—9月降水占全年总降水量的73.8%，流域多年平均蒸发量1658.8mm，最大积雪深度21cm，最大冻土深度1.01m。

本工程位于大辽河口左岸，为感潮河段，主要受潮水控制。河口入海处属于不规则半日潮，平均涨潮历时5h44min，平均落潮历时6h42min。

大辽河营口市城区段（劳动河挡潮闸至海防堤端头）防洪治理工程所在地位于营口市区，工程所需外来材料由公路可直接运输到施工现场，交通十分便利。工程区场地平坦、开阔，便于施工利用。

2. 施工导流

本工程安排在非汛期施工，施工期水位受潮位控制，根据《水利水电工程施工组织设计规范》(SL 303—2017)，确定导流建筑物级别为4级，根据《水利水电工程施工组织设计规范》(SL 303—2017)，导流围堰采用钢板桩围堰，导流建筑物洪水标准采用5～10年洪水重现期，本工程采用5年潮位重现期，设计高潮位为2.98m。

3. 主体工程施工

(1) 土方开挖：开挖采用2m^{3}反铲挖掘机挖装15t自卸汽车运3km利用或运弃渣场堆存。

(2) 挡土墙混凝土浇筑：本工程位于市区，混凝土采用商品混凝土，挡墙混凝土采用混凝土泵浇筑。

(3) 碎石（砂砾石）垫层填筑：采用人工铺筑。

(4) 无纺布施工：无纺布由汽车运输至作业面，人工铺设。

(5) 土方填筑：料场来料采用 $2m^3$ 反铲挖掘机挖装 15t 自卸汽车运 36km 至施工点，利用料采用 $2m^3$ 反铲挖掘机挖装 15t 自卸汽车运 3km 至施工点，碾压采用拖拉机碾压。

(6) 灌注桩施工：钻孔采用冲击钻造孔，混凝土浇筑采用混凝土泵浇筑。

4. 料场选择

土料场位于老边区与大石桥市交界处的北甸子村附近，距大辽河营口市城区段（劳动河挡潮闸至海防堤端头）防洪治理工程平均运距约为 36km。

石料均从盖州徐屯采石场采购运至施工现场，石料场至工地的平均运距约为 46km。

5. 施工交通运输

本工程位于市区，交通便利，对外交通利用城市公路可以满足工程需求。

场内交通运输主要包括土方填筑料运输、块石料及混凝土运输、外来物资进场运输以及各施工工厂及生活区人员的联系。

主要交通线路的布置以本工程的开挖及填筑土料运输、混凝土浇筑运输及与各施工区的联络为重点。场内交通可部分利用现有市区公路，需新建施工临时道路约 10.0km。

6. 施工工厂设施

由于本工程所处位置离营口市区较近，故本工程汽车保养及机械修配可利用营口市内已有的汽修厂及机械修配厂解决。根据工程规模和特点，本工程主要设置钢筋加工厂、木材加工厂等施工辅助企业。

由于本工程各用风点分布较为分散，用风量较小，同时考虑设备的综合平衡使用及工程分段，因此采用小型移动式空压机。

供水系统设置本着就近取水，施工用水及生活用水采用由城市供水管网直接接引。

本工程区附近现有城市供电线路通过，施工用电采用由供电线路直接接引解决。在停电时可采用备用柴油发电机发电。

7. 施工总布置

根据本工程特点，堤防长度较长，施工临建设施沿堤线分两区布置，施工工厂设施区建筑面积为 $400m^2$，占地面积为 $2000m^2$；施工仓库建筑面积为 $1810m^2$，占地面积为 $5430m^2$；办公及生活福利设施区建筑面积为 $1600m^2$，占地面积为 $3200m^2$。

8. 施工进度

本工程混凝土施工主要包括挡墙混凝土、灌注桩等，总工程量为 11.42 万 m^3，本工程土方开挖总量为 66.18 万 m^3（自然方），土石方填筑总量为 42.37 万 m^3（压实方）。

主体工程主要由堤身开挖、堤体填筑、挡墙混凝土、灌注桩混凝土、护坡等工程组成。本工程具备同时开工条件，可平行施工，且施工干扰不大。结合本工程特点，主体工程分 3 年施工，第 1 年施工渡口至成福里小区段，第 2 年施工海防堤至渡口段，第 3 年施工大辽河营口港至劳动河段及劳动河和虎庄河段，每段进度安排如下：

堤身土方开挖工程于第 1 年 4 月初开工至第 1 年 4 月末完工；堤体填筑（挡墙及灌注桩）工程于第 1 年 5 月初开工至第 1 年 9 月底完成；沥青混凝土路面施工于第 1 年 10 月初开工至第 1 年 10 月末完工。

七、环境影响评价

（一）自然环境现状

辽河口地区是渤海辽东湾沿海典型的湿地生态区，原有大面积河口沼泽地、滩涂、盐沼湿生植物群落和动物分布，具有完整的湿地生态系统和丰富湿地资源。迁徙鸟类资源丰富，品种多；滩涂和浅海海洋生物鱼类、贝类品种丰富。

由于历史原因的过度开发，造成湿地面积锐减，滩涂、沼泽地等典型的湿地地类大面积变成耕地、虾池，水陆生态交换受阻，湿地生态环境遭到破坏。

（二）施工期环境影响

施工期产生的废水、废气和噪声，在短期内对现场施工人员和周边环境具有不利影响；堤防工程的筑堤取土和大堤的增高培厚，将引起短期扬尘的增加，影响大气环境。

（三）环境保护设计

1. 水环境保护

施工中产生的生产废水主要为无机废水，对河道水质不造成毒理性影响，但应注意减少车辆的燃油跑、冒、滴、漏现象。

对于施工中产生的生活污水不能直接排入大辽河。考虑到施工营地为临时设施，在施工营地附近分别设防渗厕所和蒸发池，将粪便和餐饮洗涤污水分别收集，粪便用于肥田，餐饮洗涤污水收集在蒸发池中蒸发。施工结束后将厕所和蒸发池覆土掩埋。应设隔油池除油，定期捞出浮油。

2. 大气污染防治

工程所涉及地区的大气污染物主要是扬尘，因此，对可能产生扬尘的砂石料应予覆盖或洒水。运土车厢还应当用篷布覆盖，防止扬尘造成二次污染。对从事有粉尘影响的工作人员，要配备劳动保护用品，提高防护能力，在烟尘较大的作业点，尽量采取湿式作业，减少粉尘影响。

3. 噪声防治

本工程噪声源主要为施工现场。主体工程施工远离环境敏感点，因此，施工噪声对环境影响不大。但流动噪声源对运输公路沿途两侧居民有一定影响。要求施工期材料运输时，应在 7：00—22：00 的时间内进行，禁止夜间作业。

4. 人群健康保护

加强传染性疾病的监测和预防工作，定期对施工人员和食堂工作人员进行体检，注意肝炎、痢疾等介水传染病的发病，对已发生的病例要隔离治疗。

对生活区进、出场地，应定期进行消毒。施工区的厕所应经常清扫，定期清运到处理场所。施工生活区设置固定垃圾箱收集生活垃圾，定期清运进行卫生填埋处理。

（四）修建堤防后对环境影响

堤防修建后可有效保证大辽河沿岸营口市人民及其生命财产的安全，提供了稳定的生产和生活环境，为人们提供了优美舒适的休闲环境。因此，本工程修建后，可有利于城市国民经济的开放搞活，使经济得到持续、稳定的发展，促进地区的经济繁荣，还有利于周围生态环境的改善，其经济效益、社会效益和环境效益较为显著。

八、水土保持

1. 防治责任范围

根据辽宁省第四次遥测的土壤侵蚀面积分布及强度分级，本项目区土壤侵蚀强度为轻度，土壤侵蚀类型以水力侵蚀为主，水土流失面积占本区总土地面积的7.3%。

水土流失防治责任范围为整个工程建设区，因此工程水土流失防治责任范围为主体工程区水土保持，总面积为406108m²。

2. 防治责任者

根据“谁开发谁保护，谁造成水土流失谁负责治理”的原则及《生产建设项目水土保持技术标准》(GB 50433—2018) 的要求，本工程的水土流失防治责任者为工程的建设单位，工程建设单位主要依据批复后的水土保持方案，负责实施各项水土保持措施，并落实水土保持的“三同时”制度，保证在主体工程竣工时，水土保持工程也同时竣工验收。

3. 防治措施

根据项目区的气候和地形特点，本区土壤侵蚀类型以水蚀为主，水土保持措施要结合施工特点和工程性质合理布设，最终体现工程措施和生物措施的有机结合，点、线、面治理的有机结合，形成综合防治体系。在具体措施布设时，要针对不同工程的施工与生产区域、地段，不同的施工工艺、施工特点与施工季节，因地制宜，因害设防，制定行之有效的防治方案，减少生产过程中的水土流失量。

本工程在主体工程设计中已经充分考虑了工程的施工时间、施工工艺，且在堤防两侧边坡均采取了边坡防护，在较大程度上起到了水土保持功能，将少产生或者是不产生水土流失。而且在主体工程竣工后，施工单位负责区域内的残土和碎石的清理，因此本区不另作水土保持设计。

在主体工程占地区中施工临建，随着主体工程的结束将不再发挥作用。工程完建后，对占用土地部分进行场地平整，为营口市城市后期规划提供场地。

九、工程管理

（一）管理机构和人员编制

1. 工程管理任务

堤防工程管理的任务是确保防潮防洪堤建成后的安全，确保防潮防洪堤段河道和防洪堤在防潮、行洪、排涝、输水、抗风浪方面的能力，使堤防的建设切实取得效益。同时应开展多种经营如绿化等，以取得更大的综合效益。其具体内容有以下几点：

(1) 贯彻水法及有关的法规、方针、政策和上级主管部门的指示。

(2) 在每年汛期前后，要对防潮防洪堤进行观测和检查，掌握其运行状态及有关河道的变化情况，选择汛期抢险所用料场，并加以保护。在汛期前要做好备料工作。

(3) 汛期行洪时，要注意观察洪水情况，掌握洪水的流态、流势。为堤防的维护提供第一手资料。

(4) 对堤防、穿堤建筑物、拦河坝进行日常维护、消除隐患，确保防潮防洪堤及建筑物的行洪安全。

(5) 依据有关政策、法规制定并执行有关度汛、渡凌、河道采砂、堤防维护等规章制度。

（6）其他工作，如防潮防洪堤周围的绿化、护坡、河道清障、涵管清淤、种植防浪林等。

2. 管理机构

依据水利部颁布的《水利工程管理单位编制定员标准》规定和工程所在地实际情况，本工程管理机构为营口市水利局，办公地点由营口市水利局统一调配和管理。本工程属无财务收入的社会公益性水利建设项目，管理费用由地方政府补贴。

参照水利行业标准及省内外的先进经验，结合该工程的特点，大辽河营口市城区段（劳动河挡潮闸至海防堤端头）防洪治理工程管理人员编制总数拟定为9人，隶属于营口市水利局。人员编制见表5-6。

表5-6　大辽河营口市城区段河道防洪治理工程管理人员编制

名称	管理人员	技术人员	司机	合计
人员	1	7	1	9

（二）工程管理范围及保护范围

本工程管理范围根据《堤防工程设计规范》（GB 50286—2013）确定为从堤防背水侧堤脚连线起向外侧延伸10m。

本工程保护范围为堤防背水侧堤脚连线外侧50m。

（三）工程观测

按照《堤防工程管理设计规范》（SL/T 171—2020），大辽河营口市城区段（劳动河挡潮闸至海防堤端头）防洪治理工程布置观测设施进行水位观测和堤身位移、沉降观测。

根据工程的实际情况配备吉普车一辆，以满足交通需要。配置水准仪、经纬仪、红外线测距仪及平板仪各一台。

（四）劳动安全与工业卫生

本工程主要建筑物选址区无滑坡、溶洞等直接危害地段；无淹没区、发震断层区和地方病高发区及化学废弃物层等。上游无严重的污染物和有害物，工程施工对区间河道水文、泥沙、水生生物、气候没有明显的不利影响；工程区亦无较大敏感对象，没有制约工程兴建的重大环境问题。另外，选址区与周邻区域之间保持的安全距离和卫生防护距离均符合国家规定，二者在危险、危害性方面相互影响的程度较小，对工程本身无大的影响。对于工程范围内，影响建筑物本身的危险因素，通过治理均能保证主体建筑物的安全运行。本段工程根据选址区的自然条件、地质、雷电、暴雨、洪水、地震等情况，合理确定建筑物布置位置，各主要建筑物的设计均满足相应规程、规范的要求，这些自然因素在设计范围内不会对工程产生危害。防火采用综合消防技术措施，消防系统从防火、监测、报警、控制、灭火、排烟、救生等方面进行综合防范，各建筑物的火灾危险性分类，耐火等级和耐火极限，防火间距、隔离措施、消防车道、消防水源及机电设备消防等设计均符合防火要求。在防洪与防淹没、防火与防爆、防电气伤害、防机械及坠落伤害、防噪声、防振动、防尘、防污染、防腐蚀、防电磁辐射、通风空调、采光照明、安全标志、附属卫生设施、交通道路、事故疏散通道、边坡防护等方面，采取适当的安全卫生防护措施后可达到消除或控制各类事故或职业病的目的，预期效果良好。

施工质量是确保工程建成后长期安全稳定运行、充分发挥工程效益的关键。建设单位应严格质量管理，确保施工质量符合设计要求，落实防毒、防尘、防潮、防污染、防噪声和温度、湿度控制措施、采光照明方案及安全卫生机械设置与人员配置方案，组织有关人员对劳动安全与工业卫生防灾预警系统定期进行演练、纠偏和改进。本段工程有的危害因素是无法完全消除的，仍会对人员、设备及环境产生一些不利影响或存在潜在的威胁。因此，风险控制应本着持续改进的思想，不断探索总结经验，采用新技术、新手段，尽可能使职工的工作环境更舒适、更安全。

十、节能

（一）施工期能耗分析

1. 主体建筑物工程施工能耗分析

本段工程主体工程施工机械设备主要以油耗设备和电耗设备为主。其中土方填筑项目以油耗设备为主，施工供排水以及各施工工厂等项目以电耗设备为主，混凝土浇筑项目既有油耗设备又有电耗设备。在分析和统计施工生产过程中设备能耗总量和能源利用效率指标时，以部颁《水利建筑工程概算定额》（2002 年）为计算基础，结合各单项工程的施工方法、机械设备配套、选型以及施工总布置情况计算确定。

本段工程土方填筑耗油最大，约占整个主体建筑物工程施工期油耗总量 80%。主要耗能项目集中在工程量较大的土方填筑工程中。耗能设备主要为运输设备、挖装设备、碾压设备。

2. 施工辅助生产系统能耗分析

本段工程施工辅助生产系统主要有：施工交通运输系统、木材（模板）加工厂、钢筋加工厂及堆放场、机电及金属结构安装场、施工供水系统、施工供电系统等，其主要消耗能源为电和油。

（二）生产性建筑物的能耗分析

本段工程的生产性建筑物主要是施工工厂的厂房及施工仓库等，其消耗的主要能源为电能，消耗方式为照明用电。

施工建设过程是不断消耗能源的过程，其主要消耗的能源有电能和柴油等，通过上面的分析可知，施工期的主要耗能项目集中在工程量较大的土石方开挖工程、石渣填筑及混凝土浇筑工程和施工辅助企业；耗能设备主要为运输设备、挖装设备、碾压设备、通风设备及施工工厂的机械设备。因此在施工组织设计中节能设计的重点就在于选择经济高效的施工技术方案，将节能降耗落实到施工材料、设备、工艺等技术措施上，降低工程造价，提高企业综合效益。

（三）节能技术与措施

在工程运行期，对各耗能设备运行制定相应的能源管理措施和制度，降低能耗。对管理人员和操作人员进行节能培训，制定用电、用油等能源使用指标或定额，强化能耗管理。合理安排运行调度，充分发挥工程功能。从日常运行管理上应加强维护管理和设备维护，尽量减少渗漏水源的渗漏水量，以降低排水系统耗能。认真贯彻落实国家照明节能强制性标准，在照明设计中尽量采用光效高的灯具，采用节能型光源，如用紧凑型、细管径荧光灯，选用能耗低的电子镇流器或节能型电感镇流器，保证各处照明功率密度值在限制值之内。

十一、经济评价

本工程属无财务收入的社会公益性水利建设项目，经济评价的主要内容为国民经济评价，财务评价仅计算工程年运行管理费。

（一）国民经济评价

本工程建设期为3年，经济使用年限为53年，计算期为53年，本工程主要任务为防洪，社会折现率采用8%。

1. 工程效益估算

本工程的主要效益为防洪效益，防洪工程的效益是指修建防洪工程后可减免的洪灾多年平均损失，防潮防洪工程的修建，保障了人民生命财产安全，保证了营口市的经济可持续发展。本工程防洪效益计算采用频率曲线法。

洪灾损失增长率是指洪灾经济损失随社会经济的发展而增长的速度，结合营口市国民经济增长率等诸多因素分析确定为2%。

本工程的兴建可保护营口市人民的生命财产安全，对该区域的社会稳定、人民安居乐业及国民经济持续稳定发展有着十分重要的作用。洪水所带来的生命损失及其社会后果是无法用货币化指标定量描述的，所造成的损失要远远大于可定量计算的经济损失。

生态环境为人类提供赖以生存的条件，本工程的兴建对营口市植被、景观质量及土地升值等都具有极其重要的作用，与社会效益一样，也是不能以货币化指标来定量描述的。

2. 工程费用计算

工程总投资39439.07万元，施工期为3年。正常运行期管理费见表5-7。

表5-7　　正常运行期年运行管理费计算表

项目	费用/万元	备注	项目	费用/万元	备注
工资及福利费	11.08		其他直接费	320.34	
材料、燃料及动力费	1		管理费	10.00	
工程维护费	788.78		合计	1131.21	

3. 各项评价指标计算

计算基准点设在开工第一年即2013年，投入和产出均发生在年末，总施工期为3年，生产期为53年，计算期为53年，折现率采用8%。

本工程多年平均效益为4550万元，按2%的洪灾损失增长率计算，到工程建成后为4828.50万元，工程总投资为39439.07万元，年运行费为1131.21万元，流动资金为339.36万元。

经计算，本工程三项指标分别为：

经济内部收益率：11.03%。

经济净现值：16552.13万元（$i_s=8\%$）。

经济效益费用比为：1.74（$i_s=8\%$）。

4. 国民经济评价结论

本工程的国民经济内部收益率为11.03%，远大于8%，按8%的社会折现率计算的经济净现值为16552.13万元，远大于零，经济效益比为1.74，大于1，因此该工程在经济上是合理可行的。

从敏感性分析成果看，当项目投资、效益、年运行费在±20%的范围内单独变化时，按8%的社会折现率计算的指标都满足要求，说明该项目抗风险能力较强。

（二）财务评价

本工程属无财务收入的社会公益性水利建设项目，财务评价仅计算工程年运行管理费。

本工程正常运行需要的年运行费为1131.21万元，由于本工程属无财务收入的社会公益性水利建设项目，建议由政府补贴。

十二、结论

大辽河营口市城区段（劳动河挡潮闸至海防堤端头）防洪治理工程，严格按照《中华人民共和国水法》《中华人民共和国防洪法》《中华人民共和国环境保护法》《中华人民共和国水土保持法》等，符合国家和有关部委相继批复的有关规划和规程规范的要求，也符合国家、流域、营口市水利发展规划。

该工程的建设保证了营口市城市防洪安全，使本区域形成封闭完整的防洪体系，提高区域防洪标准，保护了辽河沿线人民生命财产安全，使该地区的居住环境、投资环境、旅游环境得到明显改善，有利于加快营口市城市发展的步伐，实现了经济社会进步、水利设施建设与自然和谐发展的科学发展。因此，本工程建设将会产生巨大的社会效益、环境效益和防洪效益，特别是促进营口市城市的北转战略和城市综合体建设的实现。

思 考 题

5-1 水土流失的危害有哪些？

5-2 水土保持对发展国民经济、改善生态环境具有重要意义，其具体表现有哪几点？

5-3 影响水土流失的因素有哪些？对其中一个因素展开叙述其如何影响水土流失。

5-4 水土保持规划的类型有哪些？水土保持规划有什么作用？

5-5 水土保持规划的原则是什么？具体概括为哪几条？

5-6 水土保持工程措施的目的是什么？根据兴修目的及其应用条件，可以将水土保持工程分为哪些？

5-7 山坡防护工程中梯田的作用有哪些？梯田的规划依据哪些原则？

5-8 阐述我国水土流失的治理成效有哪些？发展趋势是什么？

5-9 谈谈我国小流域开展水土保持工作面对的难点，以及如何更好地推进小流域水土保持工作进程？

5-10 谈谈我国水土保持未来的发展趋势。

数 字 资 源

资源 5-1 水土保持基本理论

资源 5-2 水土流失的影响因素

资源 5-3 人为活动对水土流失的影响

资源 5-4 水土流失的影响因素

资源 5-5 水土保持规划（微课）

资源 5-6 水土保持规划（课件）

资源 5-7 水土保持工程措施

资源 5-8 高标准农田建设

资源 5-9 我国水土保持发展趋势

资源 5-10 LLH 生态修复实例

资源 5-11 水土保持

资源 5-12 课后习题

第六章　流　域　管　理

第一节　流域的综合管理

流域是地表水或地下水分水线所包围的范围，是大气圈、岩石圈、水圈、生物圈和人文圈相互作用的联结点，以水为纽带，由水、土、气、生物等自然要素和人口、社会、经济等人文要素相互关联、相互作用而共同构成复合系统。流域是按自然汇水面积形成，大区域与国境线、行政区划一般不一致，流域管理属于跨国、跨行政区域的自然资源管理的范畴。虽然，目前国际上广泛推行流域水资源综合管理或适应性的流域管理等模式，但由于每个流域自然属性是唯一的，管理模式与国情和流域经济社会发展水平有很大关系，所以，流域管理不可能有一致的或固定的模式。

一、国外流域的管理

1. 美国的流域管理

美国的流域管理制度分为两类，一种是流域管理局模式；另一种是流域委员会模式。流域管理局模式的代表是田纳西流域管理局，田纳西流域管理局是美国流域统一管理机构的典型代表，也是历史上第一个流域管理机构，其后在世界范围内派生出了多元化的流域管理模式。流域委员会由代表流域内各州和联邦政府的委员组成，流域委员会模式的代表是特拉华管理委员会。

2. 欧洲国家的流域管理

欧洲国家由于每个国家国土面积较小，大多河流都是流经多个国家的跨国河流，因此流域的管理具有国际协调管理的特性。以多瑙河流域管理为代表，多瑙河是欧洲极为重要的一条国际河道，是欧洲第二大河，全长 2857km，流域面积 81.7 万 km^2，流经的国家较多，为了协调管理如此复杂的流域，来自 14 个成员国和欧盟的 200 名专家共同编制完成《多瑙河流域管理规划 2009—2015》，规划的编制过程充分引入公众参与，建立了多通道的交流机制，对整个流域现状和管理决策进行了最为全面的分析。规划将整个流域的协调合作划分为三个层次：国际或流域层面的合作、国家或亚流域层面的合作，以及最小管理单元层面的合作。在实际流域管理过程中，采用统一开放共享的监测预警系统、信息平台，为多瑙河流域内的信息传输提供了标准化的工具，确保了信息的畅通交流。

在全球范围内共有国际河流 265 条，流经 200 多个国家和地区。河流的总体开发利用中，河流流域安全管理工作是其中的重要内容之一。为解决国际共享河流问题，一些国际机构组织也开展了相关研究工作，成立了一些机构组织，形成了一系列的国际惯例，为我国今后在国际河流开发中的管理工作提供了很好的经验。

二、我国的流域管理

1. 流域管理已制定发布的相关法规标准

自20世纪80年代以后，中国政府开始了依法治水、依法管水。全国人大及其常委会先后通过了《中华人民共和国水法》《中华人民共和国防洪法》等。相关条例有《中华人民共和国河道管理条例》《水库大坝安全管理条例》《中华人民共和国防汛条例》等。各个省（直辖市）、市对所管辖流域区段还制定了一系列针对水资源管理、水污染防治、生态环境保护方面的地方或区段流域管理规定。同时，我国政府一贯高度重视水电工程的安全问题。1991年国务院发布的《水库大坝安全管理条例》，在大坝的安全管理方面提出了具体要求。2004年12月原国家电力监管委员会颁布了《水电站大坝运行安全管理规定》，2006年3月国家防汛抗旱总指挥部发布《水库防洪抢险应急预案编制大纲》，2015年4月，国家发展改革委发布了《水电站大坝运行安全监督管理规定》等，通过立法、制定相关条例以及行业规范等手段，使我国流域管理在法律层面得到了完善。

2. 我国流域管理机构

新中国成立不久，国务院水行政主管部门在重要江河、湖泊陆续设立了流域管理机构，在所管辖的范围内行使法律、法规规定的以及国务院水行政主管部门授予的管理和监督职责。目前已设立水利部长江水利委员会、水利部黄河水利委员会、水利部海河水利委员会、水利部淮河水利委员会、水利部珠江水利委员会、水利部松辽水利委员会以及太湖流域管理局等流域管理机构。

（1）水利部长江水利委员会：为水利部派出的流域管理机构，按照法律法规和水利部授权，在长江流域和澜沧江以西（含澜沧江）区域内依法行使水行政管理职责，由机关、事业单位、企业三部分组成，分别承担流域水行政管理职能、基础事业职能和以勘测设计为主体的技术服务职能。

（2）水利部黄河水利委员会：为水利部派出的流域管理机构，在黄河流域和新疆、青海、甘肃、内蒙古内陆河区域内依法行使水行政管理职责，是具有行政职能的事业单位。

（3）水利部海河水利委员会：为水利部派出的流域管理机构，在海河流域内依法行使水行政管理职责，是具有行政职能的事业单位。其流域管理范围涉及北京、天津、河北、山西、河南、山东、内蒙古、辽宁等。

（4）水利部淮河水利委员会：为水利部派出的流域管理机构，在淮河流域和山东半岛区域内依法行使水行政管理职责，是具有行政职能的事业单位。

（5）水利部珠江水利委员会：为水利部派出的流域管理机构，珠江流域片包括珠江流域、韩江流域、澜沧江以东国际河流（不含澜沧江）、粤桂沿海诸河，涉及云南、贵州、广西、广东、湖南、江西、福建、海南等8省（自治区）和香港、澳门特别行政区。

（6）水利部松辽水利委员会：为水利部在松花江、辽河流域和东北地区国际界河（湖）及独流入海河流区域内派出的流域管理机构，代表水利部依法行使所在流域内的水行政管理职责，是具有行政职能的事业单位。

在各流域机构建设之初，拥有较大的行政管理权力，正副主任由国务院任命，计划单列，不仅有工程项目审查权，而且有资金分配权，技术力量比较集中的流域机构还拥有流域规划、防汛调度、水工程勘测设计施工及部分工程的运行管理等职能，实行高度集中的江河治水管理模式，流域委员会后来逐步相继设置了水土保持管理部门，建立了流域水资源保护局，把水质保护列入了流域管理的内容，参与流域水资源的开发和国有资产的监督、管理、营运。

流域内梯级电站的管理，分别隶属于能源局、水利部及各级政府设立的各级河长。截至2023年底，流域内隶属于能源局管理的梯级水电工程运行、在建水电站大坝约800座，库容大于10亿m^3的在运行的大坝有85座，坝高100m以上的有220座，坝高大于200m的特高坝有20座，总装机容量达4.2亿kW，约占全国水电总装机容量的76.5%；总库容4885亿m^3，约占全国总库容的59%。高坝大库在保障我国防洪安全、供水安全、电力供应和节能减排等方面发挥了重要作用。流域中其余的水电站隶属于水利部及各级政府进行管理。政府在我国流域管理中一直担负重要职责，包括防汛、应急救援和地质灾害防治等。

2016年我国开始推行“河长制”，对各级政府在流域管理中担负的职责作出明确规定。目前，流域管理形成了辖区监管全覆盖的管理体系，建立了项目前期规划论证和勘察设计技术评审、建设期工程质量监督及设计变更管理、安全鉴定和验收、运行期大坝注册和定检等全过程安全管理机制，为保障水电站大坝安全发挥了重要作用。

以上通过法律、专属管理部门、各级人民政府和“河长制”等对各流域进行了全面综合性管理，但对于流域的安全管理还缺乏针对性的体制和研究，目前虽然已有大坝安全管理中心对水库大坝安全进行了行业管理和技术监督，但覆盖面远远不够。据统计，仅有少数的水电流域公司针对其梯级电站开展了小范围流域水电安全管理的研究工作。从全国范围来讲，水电流域的安全监管是严重不足的，在水电流域的安全监测、发电调度、风险评价和应急管理等方面是缺失的。由于各个水电站串、并联在同一个流域内，一旦单个工程发生险情将会对整个流域梯级电站群造成严重甚至灾难性的影响。我国流域管理机构关系如图6-1所示。

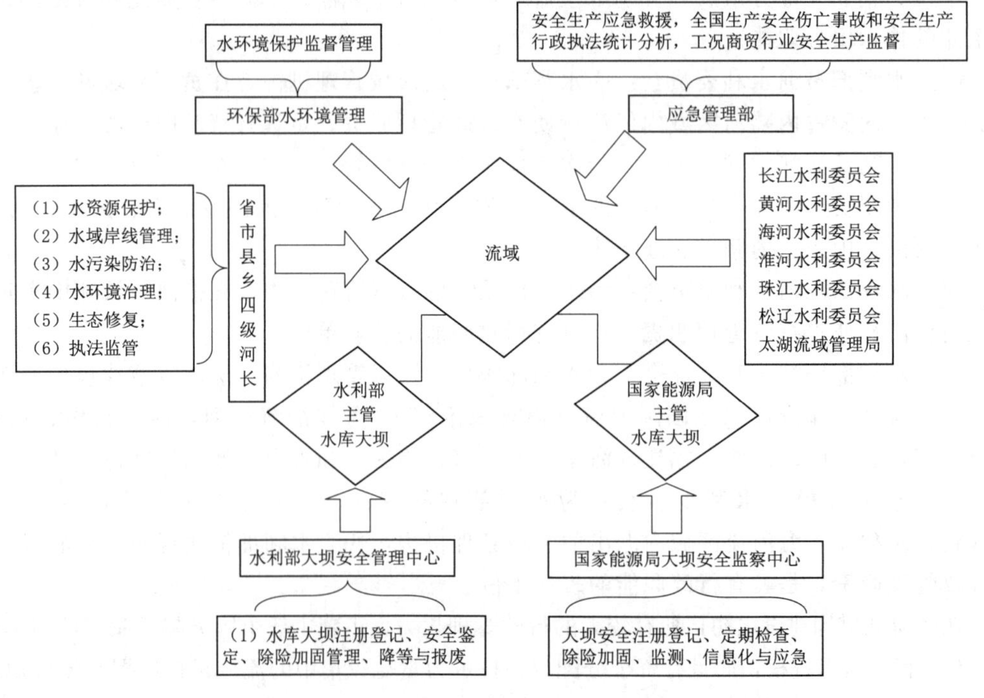

图6-1　我国水库大坝及流域管理机构关系

3. 我国目前流域管理现状

在流域管理方面我国起步较晚，20 世纪 50 年代开始逐步成立流域管理委员会，并建立相应的执行机构流域管理局，现有长江、黄河、珠江、海河、淮河、松辽、太湖七大流域管理委员会。在七大流域发展的基础上，各省市的一些流域也建立了相应的管理单位。因此，我国在总体上属于设立流域管理机构的流域管理模式。2016 年我国开始推行“河（湖）长制”，要求由各级党政主要负责人担任“河长”，负责组织领导相应河湖的管理和保护工作，全面推进建立省、市、县、乡四级河长体系。这使得原有流域管理与行政区域管理相结合的管理体制，向行政区域管理强化，近些年随着流域管理越来越得到重视，且各方面都得到了完善和提高。

梯级水库大坝安全管理分别由水利部主管的水库大坝和国家能源局主管的水库大坝，由水利部大坝安全管理中心和国家能源局大坝安全监察中心负责运行期相应的技术支撑工作，其工作模式基本相似。由于流域水电安全应急工作，往往是多个突发事件耦合，涉及区域、相关单位、人员、机构众多，因此相较于单一突发事件的应急管理，更为复杂、系统、多变。需要制定相关的制度标准，对应急管理作出明确的规定，以保障事前预防措施落实到位，事后及时有效应对，避免次生灾害和衍生灾害发生，最大程度减少灾害伤亡和财产损失。

由于我国水电工程开发主体逐步形成多元化格局。一条河流（河段）规划的多个梯级水电站，分别由不同的开发者投资建设，并常由不同的勘察设计单位承担前期论证和设计工作。原来组建的流域开发公司，因为部分梯级的开发权由其他投资者获得，难以形成统一的流域管理体制，无法建立覆盖整个流域上下游梯级的协同安全、风险管理和应急体系，还有一些河流涉及跨国河流管理问题，情况变得更加复杂。下面以澜沧江流域管理为例，阐述我国目前大型流域管理的现状。

澜沧江作为中国十三大水电基地之一蕴含巨大水能资源。上游西藏境内河段从昌都至古水水电站库尾总长 317km，规划总装机容量 598.8 万 kW，年发电量 302.85 亿 kW·h，上游云南境内河段从古水至苗尾总长 447km，梯级电站分别为古水水电站、果念水电站、乌弄龙水电站、里底水电站、托巴水电站、黄登水电站、大华桥水电站和苗尾水电站。总装机容量 923.5 万 kW，年发电量约 421.95 亿 kW·h。澜沧江上游河段开发的任务是以发电为主，并兼有旅游、环保等综合效益。澜沧江中下游规划为两库八级开发方案，即功果桥水电站、小湾水电站、漫湾水电站、大朝山水电站、糯扎渡水电站、景洪水电站、橄榄坝水电站和勐松水电站。总装机容量 1649.5 万 kW，年发电量 739.8 亿 kW·h。整个河段的开发由华能澜沧江公司统一负责。

澜沧江干流水电基对我国实现水电流域梯级滚动开发，实行资源优化配置，带动西部经济发展都起到了极大的促进作用。

（1）流域管理现状。澜沧江流域地方管理目前由云南省河长负责，云南省印发了《云南省全面推行河长制的实施意见》，全面建立省、州（市）、县（市、区）、乡（镇、街道）四级河长及村（社区）河长辅助管理体系。五级河长制覆盖河湖库渠、上下游左右岸，横向到边，纵向到底，涵盖所有水域。

（2）流域梯级水电站安全管理现状。澜沧江已建成投产运行电站 6 座，分别是功果桥水电站、小湾水电站、漫湾水电站、大朝山水电站、糯扎渡水电站、景洪水电站。华能澜沧江水电有限公司在昆明设立集控中心，拥有计算机监控、水调及通信等主系统设备。集控中心作为一个水库运行调度中心实现了公司流域水情测报与水库联合优化运行的功能，集控中心通过不断加强流域水情测报站点建设、水调集中运行管理以及梯级优化工作，现已建成水情测站点共169个，水库调度工作实现了对澜沧江流域水情测报系统的集中运行管理，集控中心水情测报工作能力达到了干流洪水预见期约56h，建成了规模仅次于三峡的大型水情测报系统，但流域大坝安全应急管理相关功能需加强。

（3）国际流域安全与应急管理。国家防汛抗旱总指挥部办公室负责统一与澜沧江-湄公河流域及国家当地政府沟通。2016年3月，越南南部的湄公河三角洲正遭受百年来最严重的旱情，应越南方面请求，我方启动澜沧江梯级水电站水量应急调度，缓解了湄公河流域严重旱情，保障了水量应急调度，实现了澜沧江-湄公河流域调度的国际合作。

随着时代发展，流域梯级开发主体逐步形成多元化格局。一条河流（河段）规划的多个梯级水电站，分别由不同的开发者投资建设，并常由不同的勘测设计单位承担前期论证和设计工作。原来组建的流域开发公司，因为部分梯级的开发权由其他投资者获得，难以形成统一的流域管理体制，因此，建立覆盖整个流域上下游梯级的协同安全风险管理和应急是目前流域管理的重点。

第二节　流域风险管理

流域内水电工程一旦失事，会引起流域内的连锁反应，给流域的安全造成严重威胁。水电工程的调度是以电网的需求为主，很多时候没有从流域层面综合考虑运行调度和水轮机的稳定运行限制条件，有时来水充沛时电站出力被限制而产生弃水，来水较少时要求加大出力而不惜降低库水位等，给水轮发电机组、梯级电站以及电网的长期安全稳定运行埋下隐患。如：2009年8月17日，俄罗斯最大的萨扬-舒申斯克水电站（装机10×640MW）发生特大安全事故，水淹厂房，造成75人死亡，13人受伤，2号、7号、9号发电机报废，厂房结构严重破坏，经济损失约70亿卢布。事故发生的原因是多方面的，但其中由于调度问题使机组长时间在不稳定区运行，导致水轮机轴承振动幅值严重超标而未按规定“卸荷并停机”是其主要原因之一。流域安全管理如果没有统一的调度和协调监管，当水电流域梯级发生突发事件时，将严重阻碍应急指挥和应急救援的有效实施。

一、流域风险的划分

流域风险按风险源划分为自然风险、工程风险和人为风险；按风险后果划分为生命风险、经济风险和环境风险；按风险承担主体划分为个人风险和社会风险。

风险接受标准的制定需要考虑技术经济发展水平、人口密度及社会环境等因素的影响。这些影响因素在不同行业的差异性很大，有的很难给出定量化指标。例如水库垮坝对公众的影响程度，只能定性提出大型水库垮坝肯定比小型水库造成的影响大。因此大坝风险可接受标准的确定方式，一般分为定性、定量和半定量三种。各种风险确定的方法和可接受性的控制标准也有所不同。对以风险承担主体的划分进行分析如下。

1. 个人风险及其可接受性

个人风险是指某一区域内，生命个体未采取任何保护措施的情况下，由某一工程设施（危险设施）而引起意外事故，从而导致生命个体死亡的概率，一般以年为单位进行统计，故采用年计死亡概率进行衡量。个人生命风险可表达为

$$IR = P_f P_{d/f} \tag{6-1}$$

式中　IR——个人风险指标；

P_f——意外事故发生的概率；

$P_{d/f}$——生命个体损失的概率。

2. 社会风险及其可接受性

社会风险是建立在个人风险基础之上的，社会可接受风险标准的确定方法较多，周兴波等对其通过调研分析，总结了社会风险及其可接受性确定方法，见表 6－1。

表 6－1　　社会风险及其可接受性确定方法

名称	数学表达		可接受风险标准
风险叠加法（AWR）	$AWR = \iint_A IR(x,y)h(x,y)\mathrm{d}x\mathrm{d}y$	$IR(x,y)$：(x,y) 处的个人生命风险； $h(x,y)$：(x,y) 处建筑物的数量； A：估算区域的面积	→
预测法	$E(N) = \iint_A IR(x,y)m(x,y)\mathrm{d}x\mathrm{d}y$	$E(N)$：预期年死亡人数； $IR(x,y)$：(x,y) 处的个人生命风险； $m(x,y)$：(x,y) 处人口密度	→
	$E(N) = \int_0^\infty x f_N(x)\mathrm{d}x$	$E(N)$：预期年死亡人数； $f_N(x)$：年死亡人数的概率密度函数； x：死亡人数	USBR：$<10^{-2}$； BCHydro：$<10^{-3}$
风险比例分析法	$SRI = PIR_{HSE}T/A, P = (n+n^2)/2$	SRI：风险比例指标；n：人数； A：区域面积； P：人数 n 与人数平方 n^2 的平均值； IR_{HSE}：以百年计的个人生命风险指标	→
$F-N$ 曲线法	$P(N>x) = 1-F_N(x) = \int_x^\infty f_N(x)\mathrm{d}x$	$F_N(x)$：年死亡人数的分布函数； $F_N(x)$：年死亡人数的概率密度函数	$1-F_N(x) < \frac{C}{x^\alpha}$
风险积分法	$RI = \int_0^\infty x(1-f_N(x))\mathrm{d}x$	RI：风险指标； $F_N(x)$：年死亡人数的分布函数； x：死亡人数	→
Bohnenblust 法	$R_p = \int_0^\infty x\varphi(x)f_N(x)\mathrm{d}x$	R_p：风险认知指标；x：死亡人数； $F_N(x)$：年死亡人数的分布函数； $\varphi(x)$：风险规避函数	→
$K-H$ 风险分析法	$R = \int_0^\infty x^\alpha f_N(x)\mathrm{d}x$	R：风险指标；x：死亡人数； $F_N(x)$：年死亡人数的分布函数； α：风险规避系数	$<10^{-2}$ $(\alpha=2)$
全风险分析法	$TR = E(N) + k\sigma(N)$	TR：总风险指标； $E(N)$：预期年死亡人数； $\sigma(N)$：年死亡人数标准差； k：风险规避系数	$<\beta \times 100\%$

注　在计算中，除风险比例分析法采用以百年计的概率外，其余均采用以年计的概率。

在表 6－1 中 V_{AWR} 表示叠加权重风险数值（value of aggregated weighted risk）；V_{IR} 表示个人生命风险数值（value of individual risk）；V_{SRI} 表示风险比例指标数值（value of scaled risk index）；$V_{IR,HSE}$ 表示以百年计的个人生命风险指标数；V_{RI} 表示风险指标数（value of risk index）；V_{TR} 表示总风险指标（value of total risk）。

3. 经济风险及其可接受性

经济风险是指在某一事故发生概率与对一定范围内财产造成的损失的乘积，其定量的估算方法可采用与社会风险中 $F-N$ 曲线法相类似的 $F-D$ 曲线法：

$$P(D>x)=1-F_D(x)=\int_x^{\infty} f_D(x)\mathrm{d}x \tag{6-2}$$

$$E(D)=\int_x^{\infty} x f_D(x)\mathrm{d}x \tag{6-3}$$

$$R_C=D\times P_f \tag{6-4}$$

式中 $F_D(x)$——经济损失的概率分布函数；

$f_D(x)$——经济损失的概率密度函数；

$E(D)$——经济损失期望；

D——某一特定事故发生造成的经济损失。

由于经济风险受社会发展水平和物价水平的影响较大，可接受的经济风险还没有统一的标准，BCHydro 提出对于每个大坝 $E(D)<10000$ 美元/年的标准。可接受经济风险标准的确定其实质是优化的问题，可按照 ALARP 原则由成本效益分析、风险决策分析等方法来进行优化调整。

4. 环境风险及其可接受性

环境风险指某次特定事故对环境自身恢复能力的破坏程度，一般用生态系统恢复时间的超越概率来表示：

$$P(T>x)=1-F_T(x)=\int_x^{\infty} f_T(x)\mathrm{d}x \tag{6-5}$$

环境可接受风险，可按下式来进行控制：

$$1-F_T(x)<\frac{0.05}{x} \tag{6-6}$$

以上式中 $F_T(x)$——生态系统恢复时间的概率分布函数；

$f_T(x)$——生态系统恢复时间的概率密度函数。

5. 流域梯级电站群风险

目前，我国现行的大坝设计规范均是采用基于经验基础上的安全系数法（单一安全系数和分项安全系数），属于确定性安全分析方法；《水利水电工程结构可靠性设计统一标准》（GB 50199—2013）是基于概率分析基础上的不确定性分析方法，但需明确作用与抗力的分布模型，工程实际应用中一般假定作用与抗力相互独立，且服从正态分布或对数正态分布。

当前，我国水电工程设计与建设的安全控制标准采用基于工程经验基础上的安全系数法，当核算的目标是抗滑稳定时，通常采用抗力除以作用力的数值 F，即定义为安全系数；建立在概率基础上的可靠度分析方法也是目前水电工程设计安全控制标准的指标之一，但在水电行业和岩土工程领域，任何一种新方法，都不可能动摇建立在安全系数基础上的极限平衡方法，故而为了使结构可靠度分析方法不做过大的变动应用于实际工程，一个较为简单可行的方法是将极限状态方程改写为

$$F-1=0 \tag{6-7}$$

式中 F——安全系数。

相应的可靠指标 β 则为

$$\beta=\frac{\mu_F-1}{\sigma_F} \tag{6-8}$$

式中 μ_F——安全系数样本的均值；

σ_F——安全系数样本的标准差。

使用上述两式，可使可靠度分析建立在传统安全系数的基础上，为两种方法互相换算提供了较好的条件。该方法陈祖煜等早在论文中采用。国际上对于极限状态下的可变荷载的工程设计也通过可靠指标 β 进行工程安全控制。

我国 2013 年颁布了《水利水电工程结构可靠性设计统一标准》(GB 50199—2013)，其中对水工结构工程在持久设计状况下承载能力极限状态的目标可靠指标规定见表 6-2。其中，1 级建筑物结构的设计使用年限应采用 100 年，其他的永久性建筑物结构应采用 50 年。

表 6-2 水工结构在持久设计状况承载能力极限状态的目标可靠指标 β

结构安全级别		Ⅰ级	Ⅱ级	Ⅲ级
破坏类型	一类破坏	3.7	3.2	2.7
	二类破坏	4.2	3.7	3.2

假定在水电工程设计中的随机变量（荷载效应 S、抗力 R）均服从正态分布，且极限状态方程为线性关系，S、R 的平均值分别用 μ_S、μ_R，标准差分别为 σ_S、σ_R，则荷载效应 S 和抗力 R 的概率密度曲线如图 6-2 所示。

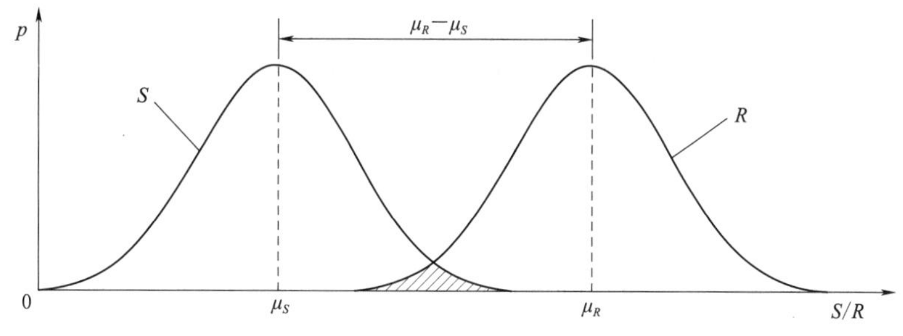

图 6-2 S/R 概率密度分布曲线

按照工程设计要求，显然抗力 R 应该大于荷载效应 S，重叠区域（阴影部分）$R<S$，其大小反映了抗力 R 和荷载效应 S 之间的概率关系，即工程的失效概率。重叠区域越大，则工程的失效概率越大。均值相差越小，或方差越大，则重叠区域越大，失效概率也越大。对于工程的安全程度而言，减小 R 和 S 的离散程度可提高其可靠程度。对于 $Z=R-S$，则 Z 也服从正态分布。$Z<0$ 的概率即为工程失效概率，可表示为

$$P_f=P(Z)=\int_{-\infty}^{0} f(Z)\mathrm{d}Z \tag{6-9}$$

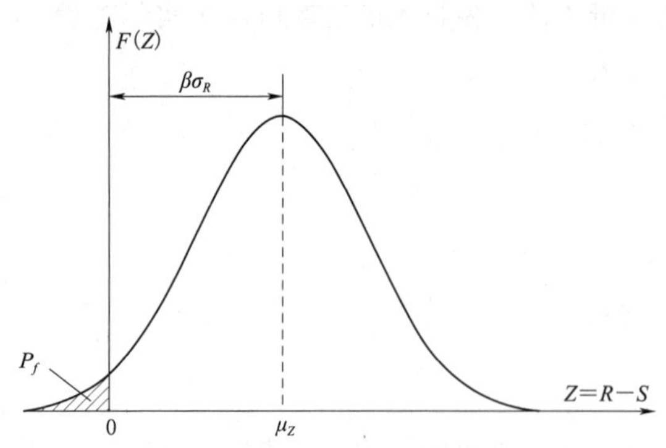

图 6-3 可靠指标与失效概率关系示意图

式中 P_f——失效概率。

但上式计算比较麻烦，故改用可靠指标的计算方法。

由于失效概率 P_f 与 μ_z、σ_Z 值有关，如图 6-3 所示，取其比值可反映失效概率情况即为可靠指标，若取 $\mu_Z=\beta\sigma_Z$，则可按下式计算：

$$\beta=\frac{\mu_Z}{\sigma_Z}=\frac{\mu_R-\mu_S}{\sqrt{\sigma_R^2+\sigma_s^2}} \tag{6-10}$$

由以上可知，可靠指标 β 越大，则失效概率越小，β 和 P_f 一样可作为衡量水电工程可靠度的指标，β 和 P_f 之间具有一一对应的关系。

水电工程年计失效概率可按下式计算：

$$P_y=\frac{P_f}{T}\frac{N_d}{T} \tag{6-11}$$

式中 P_y——年计失效概率；

P_f——失效概率；

N_d——建筑物（大坝）设计寿命；

T——建筑物（大坝）实际使用寿命。

通常建筑物（大坝）的实际使用寿命很难知道，若假定建筑物（大坝）设计寿命即为实际使用寿命，则上式可简化为

$$P_y=\frac{P_f}{N_d} \tag{6-12}$$

此外，年计失效概率还可从统计的角度计算，如下式：

$$P_y=\frac{N_f}{N_aT_a} \tag{6-13}$$

式中 N_a——建筑物（大坝）总数；

N_f——失事建筑物（大坝）数量；

T_a——统计年限。

从工程安全的角度来看，对特高坝、规模较大的高等级的大坝可接受的风险标准大致为 10^{-7}，对中小型大坝的风险控制标准为 $10^{-5}\sim10^{-6}$。

二、流域风险管控

流域梯级水库群风险防控是一项经常性和长期性的工作，同时也是一项专业性和综合性的工作。河流梯级群的风险孕育于全生命周期的各个阶段，既有内因，也有外因，既有自然风险因子，也有工程风险因子（技术风险因子），还包括人为因素的影响等。

1. 风险识别

在流域范围系统和持续开展水文、地质、地震、生态环境和经济社会发展情况的调

查，发现、辨认、甄别风险因子，并列出风险因子清单。风险因子（风险源）包括自然风险、工程风险、环境影响和社会影响。应重点识别对大坝安全目标产生重大影响的自然风险源和工程风险源，确定关键风险因子。

风险识别方法包括定性方法、半定量方法和定量方法，常用的方法有检查表法、头脑风暴法、德尔菲法等。

2. 风险分析

风险分析包括风险因素识别结果分析、风险概率大小及风险损失分析，识别风险可能出现后果的主要影响因素，评价现有或拟采取风险因子控制措施的有效性。风险分析应根据梯级水库不同阶段的工程特点、评估要求和风险类型进行，分析方法包括定性方法、半定量方法、定量方法或以上方法的组合等。常用的风险分析方法包括专家经验法、层次分析法、蒙特卡洛法、可靠性分析法、贝叶斯网络分析法等。

3. 风险评估

梯级水库群的风险由梯级水库的风险加上“群”的风险效应组成。梯级水库的风险等级由风险发生的可能性与风险损失的严重性确定。梯级水库大坝失事风险概率由小到大依次划分为“几乎不可能”“不太可能”“可能”“很可能”和“非常可能”五级，等级确定为5～1。

梯级水库大坝失事风险损失即大坝失事潜在的后果损失，包括生命损失、经济损失、环境影响和社会影响，主要是生命损失。风险损失根据其严重性依次划分为“较小”“较大”“严重”“很严重”和“灾难性”五级，分别确定为A～E，相应的各项后果描述见表6-3。

表6-3　风险损失严重性程度等级标准

后果损失等级		风险损失描述			
		生命损失	经济损失	社会影响	环境影响
E	较小	死亡3人以下或重伤10人以下	直接损失1000万元以下	轻微的，或需紧急转移安置100人以下	对当地环境无影响或影响范围很小，但无需关注
D	较大	死亡3～10人或重伤10～50人	直接损失1000万～5000万元	较严重的，或需紧急转移安置100～1000人	对当地环境有一定的影响，涉及范围较小，自然环境在短期内可自我修复
C	严重	死亡10～30人或重伤50～100人	直接损失5000万～10000万元	严重的，或需紧急转移安置1000～10000人	对当地环境有较大的影响，涉及范围较大，但对生物种群无影响，预期恢复时间需要10～20年
B	很严重	死亡30～100人或重伤100～500人	直接损失1亿～5亿元	很严重的，或需紧急转移安置10000～100000人	对当地环境有很严重的影响，涉及范围很大，可能导致当地物种灭绝，预期恢复时间需要20～50年
A	灾难性	死亡人数大于100人以上或重伤500人以上	直接损失5亿元以上	恶劣的，或需紧急转移安置100000人以上	对当地环境有摧毁性的影响，涉及范围广泛，直接导致物种灭绝，预期恢复时间需要50年以上

4. 流域梯级水电站风险管控准则和原则

流域内修建梯级水库，应通过规划、设计、建设、运行调度和应急处置等措施，确保没有个人承担不可接受的风险危害，以及社会的风险不超过其承受水平。梯级水库群中，对中风险等级的梯级，应进行单一梯级溃坝洪水分析；对高风险等级和极高风险等级的梯级应进行梯级连溃洪水风险分析，制定溃坝应急预案。

第三节 流域梯级电站应急管理

应急管理并非突发事件发生后的被动应对工作，而需要事前、事中、事后地系统应对，这需要构建一套科学、有效的应急组织体系，以指挥、协调参与应急管理的应急资源。

水电站大坝突发事件应急组织体系主要包括应急指挥机构、应急保障机构、专家组、抢险与救援队伍、应急指挥部办公室。

一、流域突发事件预警

突发事件防控的关键是防范与处置，“防范为主，防控结合”是突发事件防控的基本原则。预警是水电站突发事件的防控措施之一，也是水电站突发事件的处理前提要素。预警是整个预案运行过程的第一道防线，建立有效的预测预警机制，可做到突发事件的早发现、早报告、早预警，以有效预防水电站突发事件逐步演变成为恶性致灾事故，并为应急处置提供必要的基础性信息。

（一）预警内容

溃坝的预测预警主要包括气象信息和水文信息监测、水雨情监测、大坝（包括建筑物）安全隐患监测与巡视检查、闸门监控与巡视检查、下游河流水势监测与巡视检查等水情、工情监测。根据各类监测信息、巡视检查结果、险情发生发展情况，确定预警级别，形成预警信息报告，水电站管理人员直接上报或者通过指挥机构办公室上报应急指挥长、副指挥长。

根据突发事件后果可能的严重程度，按照突发事件分级标准确定预警级别。一般可分为4级，即Ⅰ级（特别严重）、Ⅱ级（严重）、Ⅲ级（较严重）和Ⅳ级（一般），依次用红色、橙色、黄色和蓝色表示。预警信息包括突发事件的类别、预警级别、起始时间、可能影响范围、警示事项、应采取的措施和信息报告责任单位及责任人等。

（二）预警过程

预警信息在预案启动时同时发布，预警信息发布代表应急响应启动。

突发事件发生后，水电站管理人员将突发事件情况按特定方式上报应急指挥机构，应急指挥机构接警后，立即按照应急预案事先制定的组织程序和联系方式召集应急指挥机构人员和专家组人员到位，并同时通报、提请应急组织体系中的其他人员做好准备。专家组根据现场突发事故情况，及时做出专业分析，将分析结果及时反馈给应急指挥机构，参与应急指挥机构的险情会商，并根据应急预案事先制定的预警级别分类准则向应急指挥机构初步建议预警级别，供应急指挥机构参考。当突发事件明显十分紧急、立即溃坝或已经溃坝，应急指挥机构可无需专家组的帮助直接确定预警级别为最高级Ⅰ级红色警报。

当水电站大坝遭遇的突发事件情况紧急时，如遭遇超标准洪水，或者战争、恐怖事件已爆发等，从水电站管理人员报警到应急指挥机构确定预警级别应该是一个比较短暂的分析过程，该类事件应急处理的关键是尽量争取时间；当水电站大坝遭遇的突发事件紧急程度较小，如监测资料明显异常、对大坝安全不利，或者水情预报近期可能出现超标准洪水等，应急机构确定预警级别应该是一个实时关注灾害源发展趋势的动态过程，该类事件应急处理的关键是准确分析事件实质及其发展趋势和尽量争取时间。

（三）风险预警研究手段

风险预警研究对于应急管理十分重要，在水电工程领域，常见的不确定分析方法主要有贝叶斯网络分析方法、故障树分析法、决策树分析法、MonteCarlo 方法、可靠度分析方法等，下面针对每种分析方法作简要的介绍。

1. 贝叶斯网络分析方法

贝叶斯网络（Bayesian network）是由 Pearl 于 1986 年提出的一种不确定知识表示模型。它以坚实的理论基础、自然表达方式灵活推理能力和决策机制，成为人工智能、专家系统模式识别数据挖掘和软件测试等领域的研究热点。

贝叶斯网络是基于经典概率论中的公式发展起来，它是由果致因分析的重要数学手段。通过先验概率来计算条件概率中的后验概率。对于梯级水库群而言，风险只能从上游梯级传递到下游梯级。建立贝叶斯风险传递网络。

2. 故障树分析法

故障树分析法最早出现在 20 世纪 50 年代初，并首先用于美国战斗机的操作系统设计分析上，取得了较好的效果，故障树分析法不需要高深的数学理论，易于掌握，工程方面应用比较普遍。故障树分析方法有定性和定量分析两种，定性分析的目的在于寻找导致顶事件发生的原因事件及原因的组合，即识别导致顶事件发生的所有故障模式集合。其分析方法主要采用最小割集概率重要度的方法。最小割集概率重要度实际反映了各最小割集发生概率的变化对顶事件发生概率的影响程度，即各最小割集的重要程度。

3. 决策树分析法

所谓“决策”，就是为了实现特定的目标，在占有一定信息的基础上，根据主客观条件，对需要决定的问题进行决策，用树状图形来分析和选择行动方案的一种系统分析方法。

4. MonteCarlo 方法

蒙特卡罗（MonteCarlo）方法，或称计算机随机模拟方法或随机抽样方法或统计试验方法，属于统计数学的一个分支，是一种基于“随机数”的计算方法。它以概率和统计的理论、方法为基础，将所求解的问题同一定的概率模型相联系，用电子计算机实现统计模拟或抽样，以获得问题的近似解。

5. 可靠度分析法

结构在规定的时间内，在规定的条件下，完成预定功能的能力，称为结构的可靠性，可靠度是从概率的角度对可靠性的定量描述。结构可靠度的分析就是要合理地确定结构的可靠性水平，使结构设计符合技术先进、经济合理、安全适用和质量优良的要求。

（四）预警方式及分级

对于流域上重要的关键性梯级、薄弱梯级电站（坝高、库容大、或重要性突出的工程），建议结合已有的安全监测和自动化系统，经分析后提出安全指标的合理阈值，建立工程安全的指标体系。通过对比工程各部位安全监测值、巡视检查情况与设计安全阈值，建立预警系统，及时进行安全预警。预警级别分为：蓝色预警、黄色预警、橙色预警、红色预警。

根据风险评估的阈值进行相应级别的预警。针对可能的突发事件，有必要建立预测预警系统，做好风险分析，对水电站可能发生的突发事件进行监测和预警。对于水电站突发事件，若报警系统健全，可以大大降低灾害损失。因此，为确保各类信息、指令能够及时准确地传送至应急组织体系中的相关部门和责任人，水电站运行管理机构内部须建立可靠的通信系统，主要包括有线电话、无线移动电话、电台、卫星电话、网络等，并规定通信手段、方式及相关责任人。

应急响应启动条件根据突发事件和预警级别确定。突发事件警报和预警信息发布后，对应红色、橙色、黄色和蓝色预警，应分别启动Ⅰ级、Ⅱ级、Ⅲ级、Ⅳ级应急响应。Ⅳ级、Ⅲ级响应可由应急指挥机构或由其授权启动，Ⅱ级、Ⅰ级响应由应急指挥机构启动。防范和处置是对待可能突发事件的基本原则，防范可以将突发事件防控在萌芽状态，或降低突发事件发生的可能性。

二、流域梯级电站应急管理

目前，由于我国很多流域梯级水电站是由不同业主公司开发，全流域的应急响应和指挥调度基本处于空白，水利部下属的长江水利委员会、黄河水利委员会等机构主要负责对水库大坝防洪度汛的调度，而覆盖全流域梯级水电站的应急联动和管理机制缺乏。当突发事件的险情超出单个电站的控制能力和影响范围时，需要联合调度上、下游梯级水电站的应急资源和人员来处置险情。这需要专门研究成立流域安全应急指挥机构，其成员应该包括全流域的水电站业主公司和相关的政府部门，并制定相应的长效应急管理制度和联动机制。

为规范和指导流域水电应急预案的编制工作，提高流域水电应对突发事件的能力，水电水利规划设计总院2017年印发《流域水电应急预案编制规程（征求意见稿）》，此标准规定流域水电突发事件根据其后果的严重程度、可控性和影响范围等因素，分为特别重大、重大、较大和一般四级，对应的等级分别为Ⅰ级、Ⅱ级、Ⅲ级和Ⅳ级。应急响应级别可分为Ⅰ级、Ⅱ级、Ⅲ级，一般不超过Ⅳ级。应急响应级别划分如下：

Ⅰ级：事故后果超出流域应急组织机构的处置能力，需要外部力量介入方可处置；

Ⅱ级：事故后果超出流域水电成员企业的处置能力，需要流域应急组织机构采取应急响应行动方可处置；

Ⅲ级：事故后果仅限于单个水电工程，流域水电成员企业采取应急响应行动即可处置。

由于Ⅱ级和Ⅳ级突发事件事故后果仅限于单个水电工程，事发水电站依靠自身能力即可完成应急救援，为便于实际应急响应的组织实施，经征求相关流域公司和电站业主的意见，将Ⅲ级和Ⅳ级突发事件的应急响应等级都定为Ⅲ级。

突发事件分级、预警等级、应急响应分级进行有效对应，具体见表6-4。

表6-4　　突发事件分级、预警等级、应急响应等级关系对应表

突发事件等级	预警等级	应急响应等级
Ⅰ级（特别重大）	红色	Ⅰ级
Ⅱ级（重大）	橙色	Ⅱ级
Ⅲ级（较大）	黄色	Ⅲ级
Ⅳ级（一般）	蓝色	

三、流域水电站社会应急措施研究

应急措施是实施应急管理的具体措施，应急措施分布于应急管理整个过程的不同环节，为预测预警、应急响应、应急处置、善后处理等运行阶段提供具体实现方式，应急措施的实现以应急保障为基础、以应急运行机制为主线。应急措施的目标是避免或减少潜在的生命、经济损失，降低社会与环境影响。所采取的应急措施应当与突发事件可能造成的社会危害的性质、程度和范围相适应，当有多种措施可供选择时，应当选择有利于最大限度地保护公民、法人和其他组织权益的应急措施。

按照应急措施在预案运行过程中实施的时间和功能，可以将其分为预防型、控制型和恢复型三类。这三类措施应用于突发事件发生发展的不同阶段，对避免或减少突发事件的损失起了不同的作用。预防型措施一般是在突发事件发生前实施，目的是避免或延缓突发事件的发生。预防型措施既可应用于日常管理，又可为控制型措施和恢复型措施的实施提供依据。控制型措施是在事件进一步发展后，预防型措施的应用没有达到预期目的时所采取的必要措施，是减少突发事件损失最直接的措施。根据突发事件的类型和发展，在应急处置过程中可不实施预防型措施，而直接应用控制型措施。恢复型措施是在控制型措施的应用取得了一定的成效之后采取的应急措施，以保障受灾地区正常的生活与生产秩序。恢复型措施实施是保证灾后重建和社会稳定的重要环节。本文所研究的恢复型措施特指短期恢复措施，即为帮助受灾地区渡过难关而采取的临时性措施，而涉及灾后重建的长期恢复型措施不在研究之内。

四、流域综合治理智慧管理

建设智慧型流域安全应急技术平台将为流域水电工程提供强有力的安全技术支撑和应急抢险快速决策技术保障。系统平台的建设对全面梳理流域梯级水电站全生命周期隐患情况，深入分析评价危险有害因素的影响程度，降低流域梯级水电站的危险源潜在风险，增强流域梯级水电站整体安全防护级别，实现流域本质安全化，防患于未然具有重要意义；能有效满足安全生产及相关行政主管部门对应急工作的系统化、专业化要求；为流域梯级水电站日常管理、工程加固维修、事故应急管理等工作提供信息化、数字化、智能化支撑。流域水电安全管理平台一般采用分层架构体系设计，以流域水电安全三维可视化基础业务平台为支撑，在系统建设标准、制度和安全保障体系的框架下，平台总体技术框架如图6-4所示。

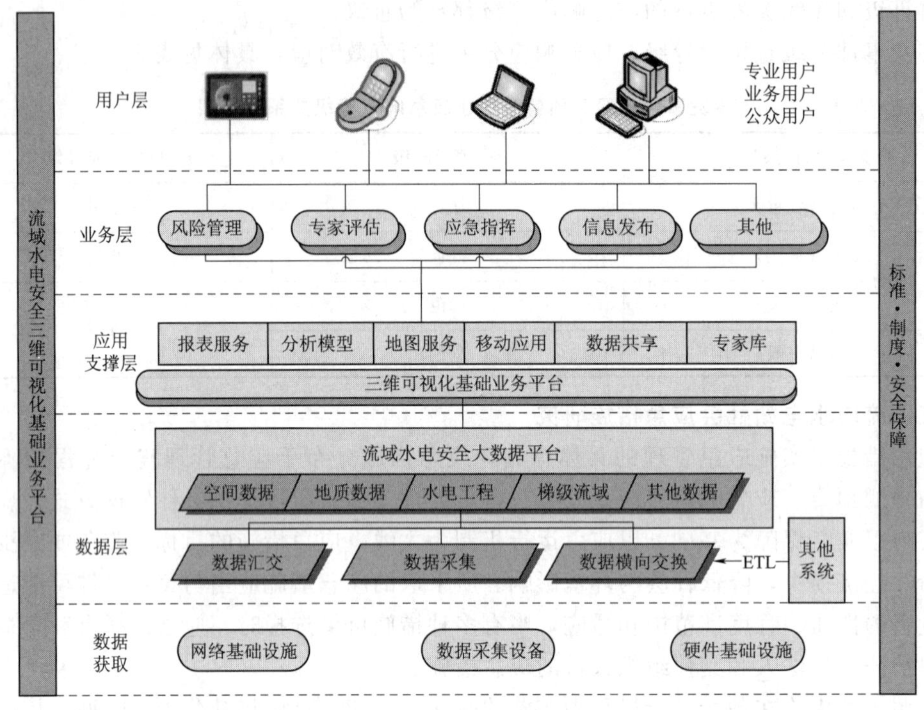

图 6-4　平台总体技术框架

流域安全应急管理涉及流域内水文气象、公共交通、地质、水电工程、社会经济状况等多源、异构、动态更新数据，基于统一的建库标准和地理框架，建立流域安全应急数据平台，将基础数据、社会经济、水文地质、梯级流域、水电工程、风险源和应急保障资源统一化、标准化管理，为流域安全预警和处置、社会化服务提供数据支持。数据平台根据标准化建设机制、规范化数据获取和动态数据更新机制及数据服务分发和共享机制进行建设，数据平台建设包含基础数据收集、采集和处理、数据库设计和数据入库等内容。

流域水电工程基础信息数据库是在中国数字水电数据库的基础上进一步整合，作为满足于流域梯级水电站安全与应急管理需求的基础信息数据库，主要包括基础地理信息数据、流域与河流数据、水电工程基础信息等内容。其中基础地理信息数据主要是全国行政区划、遥感影像地形地貌数据，流域与河流数据主要是全国各大流域、各级河流的分布和基本指标数据，水电工程基础信息主要是全国大中型水电站的基本特性、水库、厂房、建筑物、大坝、环保、移民等各方面的信息数据。在该数据库的基础上，构建流域安全基础数据库、流域库坝工程数据库、流域重大风险源数据库、流域应急资源数据库以及安全与应急事件知识库。

流域安全应急信息平台提供全流域工程项目及运行信息查询、重大风险源跟踪评级及预警、安全信息填报、安全应急预案管理、应急措施分析、安全应急保障信息查询统计、重大事件上报等功能，以信息化的手段加强对全流域安全生产运行的监测与监管，辅助大渡河流域安全形势分析研判，提前预警并及时处置重大安全隐患，快速响应安全决策，为科学、可靠地提供流域安全管理整体解决方案提供信息化平台支撑。主要涉及数据采集接入、流域安全管理技术支撑、库坝安全管理、企业信息填报、公共安全信息门户等5大子系统，涉及多个应用场景和硬件设备，应重点考虑多个子系统的集成性和整体性，为各系统用户提供统一的系统管理和访问入口，并将各大子系统基于统一的权限认证进行整合，实现各业务子系统的无缝集成，实现从数据到应用的全面系统集成。具体包括流域安全技术服务平台、流域水库大坝安全管理平台、流域数据采集接入平台、流域企业信息填报平台、流域公共安全信息平台。

第四节　长江流域管理

一、长江流域基本概况

长江发源于青藏高原唐古拉山主峰格拉丹东雪山西南侧，干流全长约6300km，自西向东依次流经11个省（自治区、直辖市），于上海口注入东海。长江从地理位置上分为4段，从河源至当曲河口称为沱沱河段，当曲河口至巴塘河口称为通天河段，巴塘河口至宜宾称为金沙江段，宜宾以下称为长江中下游。长江干流水量丰沛，其中沱沱河段和通天河段规划电站较少，水能资源主要集中在中上游河段，梯级电站集中在金沙江段，按照规划拟建、在建以及完建的水电站有果通、晒拉、西绒、岗托、岩比、波罗、叶巴滩、拉哇、巴塘、苏洼龙、昌波、旭龙、奔子栏、龙盘、两家人、梨园、阿海、金安桥、龙开口、鲁地拉、观音岩、金沙、银江、乌东德、白鹤滩、溪洛渡、向家坝水电站等27级电站。在宜宾以下已建三峡和葛洲坝2座巨型电站。这些电站主要在云南省、四川省和湖北省境内。

长江流域面积大，区域跨度大，是典型的大河流域。从流域气候来看，既有湿润地区，也有半干旱地区和干旱地区，流域气候不仅具有明显的季节差异，在上游山区还存在垂直季节差异；从资源分布来看主要集中在上中游；正是因为复杂多变和丰富多彩的流域自然特征，几乎每年都会出现不同程度的洪水、干旱和地质灾害。长江流域是我国一块资源富集地，流域内的四大资源在全国均举足轻重：①淡水资源。每年流域汇流近1万亿m^3，占我国河流入海总量的1/3以上。长江大小支流1万多条，其中通航支流3600多条，有8条支流的水量超过黄河。②矿产资源，不仅种类繁多，而且储量极丰，品质很高。③生物资源丰富。农林牧渔业均比较发达，而且尚有很大的开发潜力。④自然景观与人文景观多姿多彩，使长江流域旅游事业方兴未艾。

二、流域管理机构设置

1. 流域管理委员会

目前长江流域水资源管理主要是长江水利委员会、职能局等单位。流域委员会下设办公室、技术委员会。流域办公室是流域管理委员会的办事机构，具体落实流域管理委员会的决定；流域技术委员会主要负责流域规划和流域管理技术标准的制定，重大涉水项目的审查和咨询。

流域管理委员会，上对国务院和全国人大负责，向下成立流域管理办公室和技术委员会。流域管理办公室处理日常事务及定期向流域管理委员会报告工作，同时接受技术委员会咨询和技术指导。

流域机构是实施流域综合管理的组织保证，应建立统一、协调和广泛参与的流域管理运行机制。从长远来看，实行自然资源综合管理是最终发展目标，鉴于我国目前资源分部门管理的情况，以及现行法律法规的复杂情况，这一目标还需努力才能实现。

2. 长江河长制度

长江流域由于涉及的地域广阔，支流众多，河长制度推行起来比其他流域要复杂得多。目前，流域内各省（自治区、直辖市）省级河长制工作方案已经开始落实，河长制办公室等组织体系基本确立。河长体系及河长制办公室体系建立、信息公开及报送机制和河长制相关管理制度已基本建立。各河段和支流的河长制度正在修订和完善中。在实现地方管理方面，最终会成立各级水务一体化的河长制管理。

3. 流域梯级电站管理机构

长江干流主要规划和修建了果通水电站（拟建）、晒拉水电站（拟建）、西绒水电站（规划）、岗托水电站（规划）、岩比水电站（规划）、波罗水电站（中国华电集团有限公司）、叶巴滩水电站（中国华电集团有限公司）、拉哇水电站（中国华电集团有限公司）、巴塘水电站（中国华电集团有限公司）、苏洼龙水电站（中国华电集团有限公司）、昌波水电站（中国华电集团有限公司）、旭龙水电站（国家能源投资集团有限责任公司）、奔子栏水电站（国家能源投资集团有限责任公司）、龙盘水电站（规划）、两家人水电站（规划）、梨园水电站（中国华电集团有限公司＋中国华能集团有限公司＋中国大唐集团有限公司＋华电云南发电有限公司＋汉能控股集团有限公司）、阿海水电站（中国华电集团有限公司＋中国华能集团有限公司＋中国大唐集团有限公司＋华电云南发电有限公司＋浙江华睿控股有限公司）、金安桥水电站（四川信托有限公司）、龙开口水电站（中国华能集团有限公司）、鲁地拉水电站（华电云南发电有限公司＋中国华电集团有限公司控股）、观音岩水电站（中国大唐集团有限公司＋云南省能源投资集团有限公司）、金沙水电站（四川川投能源股份有限公司）、银江水电站（四川川投能源股份有限公司）、乌东德水电站（中国长江电力股份有限公司）、白鹤滩水电站（中国长江电力股份有限公司）、溪洛渡水电站（中国长江电力股份有限公司）、向家坝水电站（中国长江电力股份有限公司）。在宜宾以下已建三峡（中国长江电力股份有限公司）和葛洲坝（中国长江电力股份有限公司）2座巨型电站。这些梯级电站分属中国华电集团有限公司、中国华能集团有限公司、中国大唐集团有限公司、浙江华睿控股有限公司、四川川投能源股份有限公司、中国长江电力股份有限公司等公司管理。这些公司进行梯级电站的管理尤其是流域调度和安全管理需要制定统一的制度、共建共享信息平台，梯级电站只有上述涉及的诸多管理集团共同协调管理，各方利益兼顾，才能趋利避害，落实梯级电站防洪、抗旱及梯级突发事件时应急措施。

三、流域管理的主要方面

流域管理应该由过去的水利工程规划和开发逐渐向公共资源管理过渡，流域管理的内容不但不会减少，还会加重，管理涉及的方面会更为广泛，要求管理机关和人员的能力和素质更高，主要包括以下方面。

（1）制定和修改水资源管理相关法律、法规和管理办法；贯彻、执行、宣传、监督法律和法规。

（2）流域水资源管理的制度化建设，指导和协助地方制定水资源管理法规和管理办法；建立统一协调的流域管理运行机制，组织和协调水资源利用和管理，加强水资源管理专业队伍的建设。

（3）完善流域规划制度。完善流域规划体系，其中包括流域综合规划、专业规划、支流与河段规划。在综合规划中妥善处理资源开发与生态保护的关系，协调河流的经济功能与生态功能。在流域资源开发方面，注意水利水电工程的合理布局；在河流生态保护方面，划定优先保护的河流与河段且对生物多样性丰富、自然与文化价值突出的河流与河段给予重点保护。

（4）制定流域防洪抗旱调度方案和应急预案；制定流域大中型水库统一调度方案；指导地方和大中型水库防洪调度和生态调度，制定统一协调的生态流量调度。为政府提供防汛抢险、抗旱水量调度提供技术指导。

（5）组织流域利益相关方的参与。改善公众参与的环境，建立流域信息的公开与发布制度。加强流域信息技术与信息化平台的建设。

（6）制定流域内跨省（自治区、直辖市）水资源长期供求计划和水量分配方案，并负责监督管理。加强取水许可和入河排污口管理，组织建设项目的水资源论证等，加强流域水资源保护以及监督管理。

此外，还负责组织建设并管理具有控制性的或跨省（自治区、直辖市）的重要水利工程，负责长江干流及主要支流上重要水利工程的规划、勘测、设计、科研和监理等工作。

四、流域防洪抗旱

长江水资源虽然相对丰富，但非汛期水仍然十分有限。长江流域水资源与北方河流比较，相对丰富，但如果考虑来水的年际变化和季节变化特征，在枯水年和枯水季，也经常出现干旱缺水现象。长江总水量虽然丰富，但70%左右的水量是汛期洪水，而利用洪水不仅不安全，也很难找到充足的地方（除了大型水库外）将洪水储蓄起来。实际上长江流域非汛期水量并不丰富，再加上未来南水北调每年要引走400多亿m^3水量，在非汛期长江实际可利用的水量仅3000亿m^3左右。例如，每年枯水季，长江口都会出现程度不同的咸水倒灌，严重威胁长江三角洲地区的用水安全，而上中游山区和丘陵地区，由于蓄水条件差，也经常出现干旱缺水，即使像湖南、江西这样的产水大省，在枯水季甚至夏季也常常发生干旱。解决这些问题需要在全流域范围内实现水量分配。

长江复杂的水文条件造成的水量不平衡，在管理中也要注意以下问题：①上游、下游和河口的相互关系。②土地和水的相互关系。③雨水和径流的相互关系。④地表水和地下水关系。⑤水质和水量的相互关系。协调各部门之间利益，制定一致的政策，保持与国家经济发展、能源和农业等政策的一致，需要协调经济发展与生态和环境的可持续性，需要评估和确定水利发展的宏观经济影响，制定统一的提高用水效率的刺激机制。

五、长江流域管理实施步骤

1. 流域开发与保护阶段

根据我国经济发展目标，长江水利委员会以维护健康长江为目标，初步确定的流域发展阶段为：2000—2020年为强化保护阶段：坚持开发与保护并重，实际上仍然以流域开发为主，包括长江上游干支流大型水电站和南水北调工程建设。2020—2050年为巩固提高阶段，开始进入流域水资源保护为主，开发为辅的时期。2050 年以后，我国进入中等发达国家行列，人们和社会对生态与环境的认识也会达到较高的水平，此时才可能进入真正的流域水资源综合管理阶段。

2. 长江流域水资源综合管理建设的步骤

长江流域水资源综合管理制度化建设的步骤在很大程度上取决于国家政治、经济和社会发展步伐。首先，应该先开展流域上、中、下游各地区、各部门及利益相关者的对话和交流；其次，学者和专家进一步开展多学科交叉研究，将研究成果向政府和公众进行宣传；第三，长江水利委员会首先打破部门界限，在流域规划以及重大水利开发和建设中要广泛邀请其他部门和国内外专家参与，开门进行流域管理，通过为流域经济和社会发展及维护流域健康服务，赢得流域各方面的认可和尊重。随着经济和社会的发展，可预见的未来流域综合管理可以真正实现。

流域水资源综合管理实际上是国家公共资源管理在流域水资源管理方面的体现，管理的方法除行政方法外，主要采用法律、经济和技术等方法，重在建立流域利益相关者参与和交流的机制，克服由于流域水资源开发活动不协调造成的流域水土资源的退化，保障流域水资源的可持续利用，促进流域经济社会发展和生态与环境质量的提高，实现公共福利最大化。长江是我国最大的河流，流域水资源总量、人口总量和 GDP 均占我国的 1/3，同时随着南水北调工程的建设，长江还承担着向黄河、淮河、海河等北方地区供水的任务，长江流域的水资源可持续利用关系到我国经济社会的可持续发展，所以，维护健康的长江是未来流域水资源管理的主要任务，实现这一目标的重要途径就是流域水资源综合管理。

第五节 黄 河 流 域 管 理

一、黄河流域概况

黄河分为上、中、下游三段。黄河流域上游与中游的分界点是内蒙古托克托县的河口镇，上游河段全长 3472km，流域面积占全黄河总量的 51.3%，途经青海、四川、甘肃、宁夏、内蒙古五省（自治区）。河口镇至河南省郑州市的桃花峪为中游，途经山西、陕西、河南三省，中游河段长 1206.4km。桃花峪至入海口为下游，途经河南、山东两省，河道长 785.6km。黄河上游根据河道特性的不同，又可分为河源段、峡谷段和冲积平原三部分。水电站集中在青海龙羊峡到刘家峡部分，龙刘段位于黄河上游，该段黄河干流长 425km，总落差 869m，已规划或建成运行的水电站有龙羊峡、拉西瓦、尼那、山坪、李家峡、直岗拉卡、康扬、公伯峡、苏只、黄丰、积石峡、大河家、炳灵、刘家峡共 14 座。其中，龙羊峡、拉西瓦、尼那、山坪、李家峡、直岗拉卡、康扬、公伯峡、苏只、黄丰、积石峡在青海省境内；大河家、炳灵、刘家峡在甘肃省境内。

二、流域管理机构设置

（一）流域管理机构

（1）黄河流域的管理机构是黄河水利委员会。

（2）黄河河长制度。2017 年 5 月，黄河流域（片）省级河长制办公室联席会议制度正式建立。目前，黄河流域九省（自治区）省级河长制工作方案已经印发，河长、河长制办公室等组织体系基本确立。河南、陕西、甘肃、青海、宁夏、新疆和新疆生产建设兵团等责任省（自治区）全面推行河长制工作方案已编制及出台，河长体系及河长制办公室体系建立、信息公开及报送机制和河长制相关管理制度已基本建立。目前各河段和支流的河长制度正在修订和完善中。

（二）流域梯级电站管理机构

黄河上游已建成投产运行电站共 13 座，其中黄河上游开发有限责任公司所属电站 7 座（龙羊峡、拉西瓦、李家峡、公伯峡、苏只、积石峡、刘家峡），青海省三江水电开发股份有限公司所属电站 4 座（尼那、康扬、黄丰、大河家），大唐国际发电股份有限公司所属电站 1 座（直岗拉卡），甘肃省电力投资集团公司所属电站 1 座（炳灵）。

一条河流上 4 家不同建设管理单位给流域管理带来了一定的困难。因此，黄河上游水电开发有限责任公司（以下简称“黄河公司”）作为流域内所属电站最多的公司，对下属 7 座水电站进行标准化管理，提出了统一管理要求。同时，黄河公司与水利部黄河水利委员会水文局合作建设有“黄河水情信息查询及会商系统”，通过该系统实现了与水利部黄河水利委员会共享流域水文气象信息及流域内水库入库、出库及蓄水情况；与青海恒通气象科技有限公司合作建设有“青海黄河上游水电专业气象服务网”，该平台汛期为公司提供的服务包括逐日雨情公报、短期天气预报、7 天降水预报、重要天气预警、重要天气信息、雷电预报、旬天气预报等汛期气候预测。对流域水情与气象情况进行统一监控。在洪水调度方面，黄河公司生产调度中心负责统一调度。各水电站建设有水情自动测报系统，并将水情实时传到黄河公司生产调度中心，由生产调度中心统一调度。

（三）黄河流域安全应急管理机构

1. 流域应急管理机构设置

2007 年国家防汛抗旱总指挥部批准成立黄河防汛抗旱总指挥部（以下简称“黄河防总”），将黄河防总的防汛任务扩展到上游，新成立的黄河防总由青海、甘肃、宁夏、内蒙古、山西、陕西、河南、山东、北京、兰州、原济南军区组成，并增加了抗旱职能。其中直管河段的防汛管理主要靠沿黄各级黄河业务部门负责，防汛应急能力建设全靠国家投资。

目前，黄河流域防汛抗旱管理形成了在黄河防总领导下，地方防汛抗旱指挥部区域管理与黄河防总专业管理相结合的管理体制。黄河防汛抗旱总指挥部办公室设在黄河水利委员会，负责黄河防汛行业管理、重要水利工程防汛调度和流域防汛指挥。各级黄河防汛办事机构肩负着所辖区各河段防汛日常管理工作。

2. 地方政府安全与应急管理机构设置

黄河流域内发生突发事件后，经地方省政府领导同志批准，由平时领导和指挥调度防震减灾工作的省防震减灾工作领导小组转为省抗震救灾指挥部，由省政府领导同志任指挥长，负责统一领导、指挥、协调全省地震应急工作，支持灾区所在州（市）、县（市、区）的抗震救灾工作；省减灾委员会（以下简称省减灾委）为省政府的自然灾害救助应急综合协调机构，负责组织、指导全省的自然灾害救助工作，配合国家减灾委员会开展特别重大和重大的自然灾害救助活动。省减灾委在省委、省政府的统一领导下，在省突发公共事件应急管理委员会的具体指导下组织开展工作；省人民政府设立省级防汛抗旱指挥机构，县级以上地方人民政府设立同级防汛抗旱指挥机构，负责本行政区域的防汛工作和突发洪水应急管理和处置；有关单位和工程管理部门可根据需要设立防汛指挥机构，负责本单位或管辖区的防汛工作和突发洪水应急管理和处置。

三、流域梯级水电站安全管理

黄河上游已建成投产运行电站13座，分别是龙羊峡、拉西瓦、尼那、李家峡、直岗拉卡、康扬、公伯峡、苏只、黄丰、积石峡、大河家、炳灵（寺沟峡）、刘家峡水电站。

1. 应急管理体系建设

各电站均制定了突发事故应急预案、防洪应急预案、地震灾害应急预案、地质灾害应急预案、防止水淹厂房应急预案、滑坡体专项应急预案、防汛应急预案等综合应急预案、专项应急预案和现场处置方案，在当地安全生产监督管理部门、能源局等相关部门已经进行备案。并定期进行演练。

各电站成立应急管理领导小组、应急办公室，并建立应急抢险队伍，配置一定数量的应急物资。

2. 应急联动机制管理

各电站将预警等级划分为Ⅰ级（黄河上游水电开发有限责任公司级）和Ⅱ级（分公司级），在坝上设置泄洪预警装置，通过广播、预警系统发布预警信息。

当电站突发事件应急处置涉及地方人民政府或其他行业，或超出分公司应急处理范围时，应急救援领导小组请求当地人民政府或专业应急救援机构，组成社会力量参与应急救援工作。

3. 大坝安全监测

各水电站建立大坝监测机制，监测主要项目包括巡视检查、环境量监测、变形监测、渗流监测、应力应变和震动监测等。

（1）巡视检查：主要包括大坝及坝体基础、坝址区岩体、近坝库岸等部位的巡视检查。

（2）环境量监测：主要包括上、下游水位，库水温度，气温，降水量等，主要利用温度传感器、水位计、水尺、简易气象站等仪器设备进行监测。

（3）变形监测：主要包括大坝及坝体基础、两岸岩体、近坝库岸、主要地质结构面、引水发电系统等部位的平面位移、垂直位移、倾斜等变形量，主要利用坝址区变形控制网、垂线系统、平面变形测点、谷幅与弦线、岩石变位计、多点变位计、水准测量系统、引张线、GPS等仪器设备手段进行监测。

（4）渗流监测：主要包括坝体基础的扬压力监测、渗透压力监测、渗流量，两岸地下水位、近坝库岸地下水位、水质分析等，主要利用测压管、渗压计、量水堰、地下水位长期观测孔等仪器设备进行监测。

（5）应力应变：主要包括大坝及坝体基础的应力应变及温度、引水发电系统的应力应变及温度等，主要利用应变计组、无应力计、钢筋计、钢板计等仪器设备进行监测。

（6）震动监测：主要包括地震监测和结构强震监测，主要利用地震仪进行监测。

综上，各电站均制定了满足水电站水库大坝安全应急管理要求的管理制度和应急预案，配备了应急设施，成立专（兼）职应急队伍，定期演练，做好与各级政府之间的应急联动，做好大坝安全监测相关工作，站内应急管理较为完善。

四、流域水库调度管理

近两年，黄河防汛抗旱总指挥部办公室制定《2015年龙羊峡刘家峡水库联合防洪调度方案》《2016年龙羊峡刘家峡水库联合防洪调度方案》。2015年、2016年龙羊峡、刘家峡联合调度情况如下。

（一）调度方案

1. 龙羊峡水库

龙羊峡水库汛期为7月1日至9月30日，综合考虑在建工程和水库下游河道防洪安全，水库汛限水位为2588m，9月1日起水库水位可以视来水及水库蓄水运用情况向设计汛限水位2594m过渡，自9月16日起可以向正常蓄水位2600m过渡。

2. 刘家峡水库

刘家峡水库汛期为7月1日至9月30日，汛限水位为1727m。9月16日起水库水位可以视来水及水库蓄水运用情况向正常蓄水位1735m过渡。

（二）洪水调度原则

1. 总原则

发生设计标准内洪水时，龙羊峡、刘家峡水库联合调度，共同承担各防洪对象防洪任务。龙羊峡水库利用设计汛限水位（2594m）以下库容兼顾在建工程和青海、甘肃、宁夏、内蒙古河段防洪安全。龙羊峡水库的下泄流量需满足龙刘区间防洪对象的防洪要求，并使刘家峡水库在不同频率洪水时的最高库水位不超过设计值；刘家峡水库下泄流量应按照下游防洪对象的防洪标准要求控制。龙羊峡、刘家峡下泄流量不大于各相应频率洪水的控泄流量，洪水退水段最大下泄流量不大于洪水过程的洪峰流量。

发生设计标准以上洪水，充分发挥防洪工程作用，采取一切必要措施，减轻灾害损失。

2. 龙羊峡水库运用原则

（1）以水库水位和入库流量作为下泄流量的判别标准。

（2）当水库水位低于汛限水位时，水库合理拦蓄洪水，在满足下游防护对象防洪要求的前提下，按发电要求下泄。

（3）当水库水位达到汛限水位后，龙羊峡、刘家峡两库按一定的蓄洪比例同时拦蓄泄流，满足下游防护对象的防洪要求。

（4）鉴于目前龙羊峡水库本身已具备按设计汛限水位2594m运用的条件，在7月、8月，当水库水位达到汛限水位2588m且低于2594m时，可根据水库入库流量、龙刘区间来水大小及下游河道状况，加强实时调度。

3. 刘家峡水库运用原则

（1）以天然入库流量和龙羊峡、刘家峡两库总蓄洪量作为下泄流量的判别标准（天然入库流量为龙羊峡水库入库流量加上龙刘区间汇入流量）。

（2）刘家峡水库下泄流量应满足下游防护对象的防洪要求。

第六节　三江口地区流域治理实例

一、综合说明

辽河三江口地区省界堤防位于辽宁、吉林、内蒙古三省（自治区）交界处，具体为东辽河堤防兴开河口至福德店河段、西辽河堤防白市村至福德店河段，堤防现状总长度约为282.084km，三江口堤防始建于伪满时期，新中国成立后陆续进行了整修加固。1998年大洪水以后，国家加大了重要江河整治力度，三江口地区堤防也相应开展了应急管理建设。

二、水文

（一）工程自然地理概况

辽河三江口地区指西辽河、东辽河和辽河干流三江交汇地带，地处吉林、辽宁、内蒙古三省（自治区）交界处。西辽河发源于河北省平泉县七老图山脉的光头山北麓，西辽河干流由西向东流，在巴彦特拉西侧王家窝堡处纳右侧支流教来河，流至郑家屯之前纳入乌力吉木伦河，并折向南方，在福德店与左侧的东辽河相汇后始称辽河。西辽河流域面积为136210km^2，河道长度为865km。西辽河沿河两岸多为流动与稳定的沙坨子，为半干旱的冲积平原；上游为风沙草原和土石山区，中下游为黄土沙丘，地形切割破碎，植被稀少，水蚀、风蚀强烈，水土流失严重。东辽河是辽河上游左侧较大支流，发源于吉林省东辽县宴平乡安乐村小寒葱顶子山东南。东辽河流域地势由东南向北西逐渐降低，地面高程在106～450m之间，流域形状呈长弓形，流域面积11450km^2，河道全长400.4km，河道平均比降约为0.4‰。

（二）气象

辽河流域地处温带季风气候区，流域内冬季严寒漫长，夏季炎热，历时较短，春季干燥多风沙。辽河流域多年平均降水量300～950mm，由东南向西北递减，地区差别很大。辽河流域内降水年内分配甚不均匀。流域内降水的年际变化也很大，而且有连续数年多雨或连续数年少雨交替出现的现象。辽河流域内的多年平均蒸发量在1100～2500mm，分布特点是自东向西逐渐加大，以教来河中、上游和西辽河中游地区最大。辽河流域地处中高纬度地区，多年平均气温自下游平原向上游山区逐渐递减。由于受季风气候的影响，流域内冬季大部分地区盛行西北风或北风，夏季多偏南风。

（三）水文基本资料

1. 暴雨特性

西辽河流域的暴雨，主要受大气环流的影响，多集中在夏季7月、8月。造成西辽河流域暴雨的主要天气系统有台风、高空槽、蒙古气旋、华北气旋、低压冷锋、冷涡、静止锋等，其中以蒙古气旋、华北气旋影响次数最多。本流域处于西风带内，各类天气系统东移过程中，多数路经本流域，特别是流域东部。造成流域内大洪水的暴雨多是几个天气系统连续出现且时间维持较长的结果。西辽河流域多年平均降水量分配极不均匀，年降水量的80%左右集中在6—9月，其中又以7月下旬至8月上旬最为集中，暴雨历时一般为3d左右。

2. 洪水特性

辽河流域的洪水由暴雨产生。洪水特性主要受暴雨、下垫面水系组成及河道形态等因素影响。西辽河的洪水主要来自老哈河，西辽河80%以上的洪水出现在7—8月，其中以7月下旬至8月上旬为最多，一次洪水过程一般3～5d。东辽河的洪水主要来自二龙山以上山丘地区，东辽河洪水主要发生在6—9月，洪水过程一般7d左右，大洪水多呈单峰型，主要洪量集中在3d左右。辽河干流福德店的大洪水一般由东、西辽河中单一河流洪水为主组成。

3. 排涝模数

本次新建穿堤建筑物排涝区均为旱作区。根据相关专业设计排水要求，排涝（水）站设计暴雨重现期为五年一遇，排水闸（涵）设计暴雨重现期为十年一遇；暴雨历时为1d（或24h），排水时间按2d排除。三江口堤防各穿堤建筑物排涝模数见表6-5。

表6-5　三江口堤防各穿堤建筑物排涝模数成果表

序号	建筑物名称	排水标准	设计径流深/mm	排涝模数/[$m^3/(s \cdot km^2)$]
1	德胜排涝站	20%	38.3	0.22
2	良种排水站	20%	39.3	0.23
3	林家坟排水站	20%	40.3	0.23
4	苏龙起排水站	20%	38.3	0.22
5	合力排水闸	10%	57.5	0.33
6	曹船口排水涵	10%	59.2	0.34

4. 水位-流量关系曲线

分别对郑家屯、王奔和福德店水文站进行了水位-流量关系曲线计算。由于工程范围内河道冲淤变化较大，水位-流量关系曲线主要依据近年来的实测资料，以及大洪水资料和大断面资料分析确定，计算结果见表6-6。

表6-6　各水文站水位-流量关系线成果表

王奔站		郑家屯站		福德店站	
水位/m	流量/(m^3/s)	水位/m	流量/(m^3/s)	水位/m	流量/(m^3/s)
108.30	109	115.50	192	85.50	7.36
108.50	132	115.70	305	86.00	18.0
109.00	199	115.90	440	86.50	47.5
109.50	300	116.10	601	87.00	109
110.00	465	116.30	832	87.50	241
110.50	692	116.50	1130	88.00	451
111.00	984	116.70	1510	88.50	893
111.50	1340	116.90	1950	89.00	1510
112.00	1730	117.10	2450	89.50	2330
112.50	2170	117.30	2970	90.00	3330
113.00	2650			90.50	4420

注　表中水位为1985国家高程系统。

三、地形与地质

（一）地形地貌

本区地处辽河平原区，新构造运动（本区以升降运动为主）是形成本区地貌的主导因素。根据平原各地段发育历史，第四系沉积物结构，地形形态的不同，将本区地貌按成因划分为冲积湖积平原、风积冲积平原、河谷冲积平原等类型。

（二）地质条件

1. 地层岩性

本区内出露的地层主要有下古生界志留系-奥陶系，中生界白垩系、侏罗系，新生界第三系和第四系地层，除勃勃图山等处第三系玄武岩出露于地表外，第四系地层广泛分布。区内有玻璃山、勃勃图山、西哈拉巴山、敖包山、石头山等五个火山岩体，分布零星，出露范围均不足 $1km^2$，相对高度 20～100m。岩性主要为橄榄玄武岩，其中双山附近为粗粒辉石正长岩、粗玄岩。

2. 地质构造及地震

本区所处的大地构造单元为中生代松辽坳陷盆地之次一级构造单元东南部隆起带、西南部隆起带及中央凹陷带的过渡地带。本区褶皱和断裂构造主要分布于东部和南部。褶皱主要有黑林子背斜、红顶山向斜等。断裂构造主要为新华夏系双山-秀水断裂、玻璃城子-法库断裂；华夏式二龙山-开原断裂；东西纬向构造体系哈尔套-开原断裂。

据 2015 年国家地震局编制的国家标准《中国地震动参数区划图》（GB 18306—2015），本区地震动峰值加速度小于 0.05g，动反应谱特征周期 0.35s。对应地震基本烈度为小于Ⅵ度区。

3. 水文地质

区内地下水类型主要为松散堆积层中的孔隙潜水，本区潜水主要依靠大气降水补给。连续起伏的沙丘，利于降水的渗入，并阻隔坨间低地和起伏平地降水的流失，表层粉土质砂渗透性能较好，大部分降水转化为潜水。由于年内降水分配不平衡，潜水具有相应的季节性变化。

4. 物理地质现象

（1）火山锥：区内有玻璃山、勃勃图山、西哈拉巴山、敖包山、石头山等五处，由第三纪玄武岩组成，标高 140.3～259.3m 不等。其中以玻璃山、勃勃图山、西哈拉巴山最为醒目，相对高差 70～130m，挺立于平原之中。

（2）风积砂丘：孤立的形态较小的风成地貌，高度多小于 5m，少数 5～10m，个别可达 20～30m，圆丘形，由全新统风积细砂或砂壤土组成。

（3）沼泽化洼地：范围不大的小封闭洼地，低于周围 1～3m。局部有暂时性积水或沼泽化现象。表部岩性多为最新沉积的淤泥质壤土、砂壤土。

（4）风蚀地形：主要分布于科左后旗，有风蚀坑、风蚀沟谷及风蚀柱等。

5. 天然建筑材料

根据勘测任务书的要求，对天然建筑材料进行初查，设计用量见表 6－7。

表 6-7　　堤防设计工程量表

所属流域	土料/m^3	砂砾石料/m^3	石料/m^3
西辽河	5150600	80242	91600
东辽河	6687074	184573	210700
合计	11837674	264815	302300

土料场共勘察 39 个，如高尔船口下游土料场、石塘崴渡口土料场、白市村土料场、哈拉火烧土料场等，土料场勘察总储量丰富，满足工程需要；砂料场位于双辽市柳条乡和昌图县曲家乡孟家村，现已开采，为商品料场，均距三江口镇 50km 范围内，有公路可达料场，交通较为方便，经试验分析，细骨料除堆积密度偏小、孔隙率偏大，指标均满足规范要求。砂砾石料场位于开原市威远堡镇，距古榆树镇 100km，交通较为方便。块石料场位于双辽市附近，距双辽市 4km，有公路可达料场，交通方便，以上料场石料储量均满足施工需要。

四、工程任务与规模

三江口堤防主要任务为防洪，承担东辽河和西辽河两岸的双辽市、梨树县、科左后旗、昌图县及康平县等重要防洪保护区的防洪任务。本工程保护上述 5 个县（市）人口 43.05 万人、土地面积 158.5 万亩、铁路 77.5km、公路 570.5km 等设施的防洪安全。三江口堤防工程建设任务主要是：加高培厚堤防、修复堤顶防汛路、穿堤建筑物重建和维修改造、护坡工程及护岸工程。

（一）堤防工程

对东辽河堤防兴开河口至福德店河段（含兴开河回水段堤防）、西辽河堤防白市村至福德店河段进行达标建设。本工程堤防加高培厚原则，对于 2 级、3 级堤防按照相关规范进行加高培厚，东辽河堤防加高培厚长度为 120.008km，西辽河堤防加高培厚长度为 123.122km。

（二）堤顶防汛道路、上堤坡道及桥梁

现状堤防堤顶路面为砂砾石及土路面，路面宽度为 3～6m，东、西辽河现状堤顶路面总长度为 282.084km，与堤防长度相同。考虑现状堤顶道路路面状况普遍较差，无法满足防汛交通要求，工程结合堤防加高培厚，对堤顶防汛路全部进行重建。本工程堤顶防汛交通道路设计采用沥青混凝土路面，路面总宽 6.0m，其中 4.5m 宽沥青混凝土路面行车道，两端设 0.75m 宽土路肩，长度 12.539km。其余堤顶防汛道路位于农村堤段，采用泥结砾石路面，路面宽 4.5m，两侧设 0.75m 宽土路肩，长度 269.545km。工程对堤防沿线上堤坡道与堤防相接处进行局部平顺处理，每段上堤坡道平顺处理长度按 200m/条考虑，上堤坡道平顺处理总长为 80.4km。四总排干交通桥总长 60m，桥面宽度采用净—7＋2×1.0m。

（三）穿堤建筑物

1. 泵站工程

现状穿堤泵站共计 24 座，1 座泵站维持现状（已废弃）。其余 23 座根据泵站破损情况采取不同的维修、加固措施，其中拆除重建泵站 4 座，设备及建筑物维修加固泵站 18

座，拆除废弃泵站1座。

2. 水闸工程

穿堤闸共计17座，5座维持现状。其余12座水闸根据破损情况采取不同的加固措施，拆除重建水闸1座，维修加固水闸10座，拆除废弃水闸1座。

（四）护坡工程

根据对各堤段的现场勘查成果，本次设计对河流侧蚀作用强烈，危及堤防边坡的堤段，考虑采用护坡工程措施，对东辽河、西辽河两岸堤防在局部堤段采取护坡工程措施，堤身护坡自堤脚至堤顶。对东、西辽河险工护坡段，护坡结构形式采用干砌石，总长9086m，其中东、西辽河吉林堤段险工护坡总长7208m，内蒙古堤段险工护坡总长666m，辽宁堤段险工护坡总长1212m。对东、西辽河城区段、河道弯曲凹岸堤段护坡，护坡型式采用混凝土框格梁，护坡总长47643m，其中东、西辽河吉林堤段护坡长29100m，内蒙古堤段护坡长10809m，辽宁堤段护坡长7734m。

（五）护岸工程

河道弯肘处受水流顶冲的岸滩和临近堤脚发生水流垂直切割的岸滩，直接威胁堤防安全，为控制、调整水流、稳定岸线并保护堤防的安全，在沿堤河段局部采取护岸措施。根据险工段的发展性质、危及堤防的程度，治理险工段长度24523m，其中东辽河左右岸险工治理长度19520m，西辽河左右岸险工治理长度5003m。

五、工程设计

（一）设计依据

(1)《水利水电工程可行性研究设计报告编制规程》(SL/T 618—2021)。

(2)《防洪标准》(GB 50201—2014)。

(3)《堤防工程设计规范》(GB 50286—2013)。

(4)《堤防工程管理设计规范》(SL/T 171—2020)。

(5)《水闸设计规范》(SL 265—2016)。

(6)《灌溉与排水渠系建筑物设计规范》(SL 482—2011)。

（二）堤防工程的级别及设计标准

根据《辽河流域防洪规划报告》要求及工程保护区的各项指标确定的各堤段的防洪标准，由此确定各堤段的堤防级别。最终确定东西辽河干流各段堤防工程级别详见表6-8。

表6-8　　辽河三江口地区省界堤防工程级别特性表

序号	堤　防	堤防标准（重现期）	堤防级别
1	东辽河左岸吉林梨树段堤防	$1990m^3/s$	3
2	东辽河左岸辽宁昌图段堤防	$1990m^3/s$	3
3	东辽河右岸吉林双辽段堤防	$1990m^3/s$	3
4	东辽河右岸内蒙古科左后旗段堤防	$1990m^3/s$	3
5	西辽河左岸吉林双辽段堤防（新开河口至双辽外环公路桥）	50年	2
6	西辽河左岸吉林双辽段堤防（双辽外环公路桥至平齐铁路桥）	$1980m^3/s$	3

续表

序号	堤　　防	堤防标准（重现期）	堤防级别
7	西辽河左岸内蒙古科左后旗段堤防（平齐铁路桥至福德店）	$1980m^3/s$	3
8	西辽河右岸吉林双辽段堤防（白市村至双辽外环公路桥）	50年	2
9	西辽河右岸吉林双辽段堤防（双辽外环公路桥至金宝屯铁路桥）	$1980m^3/s$	3
10	西辽河右岸内蒙古科左后旗段（金宝屯段）	10年	3
11	西辽河右岸三眼井段堤防	10年	3
12	西辽河右岸辽宁康平段堤防	20年	3

（三）堤线布置

工程设计范围内的东、西辽河及兴开河堤防现状总长度约为282.084km，其中东辽河＋兴开河左岸回水堤现状堤防长度为152.325km，西辽河现状堤防长度为129.759km。

辽河三江口地区省界堤防工程现已基本形成，主要是在原堤基础上加高、培厚。堤线布置以尽量利用现有堤线为基本原则，同时根据堤线布置的实际情况，对现有堤线进行复核，主要原则如下：

(1) 堤线应与河势流向相适应，并与大洪水主流线平行。一个河段两岸堤防间距或一岸高地一岸堤防之间的距离应大致相等，不宜突然放大或缩小。

(2) 堤防应力求平顺，各堤段平缓连接，不宜采用折线或急弯。

(3) 应尽可能利用现有堤防和有利地形，修筑在土质较好、比较稳定的滩岸上，留有适当宽度的滩地，尽可能避开软弱地基、深水地带、古河道、强透水地基。

(4) 堤线应布置在占压耕地、拆迁房屋等建筑物少的地带，利于防汛抢险和工程管理。

辽河三江口地区省界堤防工程位于东辽河、西辽河左右岸，各堤段首尾相接，具体布置情况见表6-9和表6-10。

表6-9　　东辽河堤防长度表

堤防名称	现状堤防桩号	现状堤长/km	可研设计堤防桩号	可研设计堤长/km
东辽河右堤吉林双辽段	K0＋000.0～K18＋823.2	18.823	K0＋000.0～K18＋823.2	18.823
东辽河右堤内蒙古科左后旗段	K0＋000.0～K57＋290.8	57.290	K0＋000.0～K57＋290.8	57.290
合计		76.113		76.113
东辽河左堤吉林梨树段	K0＋000.0～K1＋000.0	1.000	K0＋000.0～K1＋000.0	1.000
兴开河左堤吉林梨树段	K0＋000.0～K2＋488.6	2.489	K0＋000.0～K2＋488.6	2.489
东辽河左堤辽宁昌图段	K0＋000.0～K72＋723.2	72.723	K0＋000.0～K72＋723.2	72.723
合计		76.212		76.212
总计		152.325		152.325

表 6-10　　西辽河堤防长度表

堤 防 名 称	现状堤防桩号	现状堤长 /km	可研设计堤防桩号	可研设计堤长 /km
西辽河右堤吉林双辽段	K0＋000.0～K35＋824.6	35.824	K0＋000.0～K35＋824.6	35.824
西辽河右堤内蒙古科左后旗金宝屯段	K0＋000.0～K4＋848.8	4.849	K0＋000.0～K4＋848.8	4.849
西辽河右堤内蒙古科左后旗三眼井段	K0＋000.0～K4＋359.0	4.359	K0＋000.0～K4＋359	4.359
西辽河右堤辽宁康平三眼井段	K0＋000.0～K0＋958.0	0.958	K0＋000.0～K0＋958	0.958
西辽河右堤辽宁康平段	K0＋000.0～K6＋503.2	6.503	K0＋000.0～K6＋503.2	6.503
合计		52.493		52.493
西辽河左堤吉林双辽段	K0＋000.0～K29＋558.9	29.559	K0＋000.0～K29＋558.9	29.559
西辽河左堤内蒙古科左后旗段	K0＋000.0～K47＋706.5	47.707	K0＋000.0～K47＋706.5	47.707
合计		77.266		77.266
总计		129.759		129.759

（四）堤身断面设计

根据《堤防工程设计规范》（GB 50286—2013）中有关规定，对于 2 级堤防，堤顶宽度不宜小于 6m，堤防边坡不宜小于 1∶3.0；3 级堤防，堤顶宽度不宜小于 3m，同时堤身断面尺寸依据以下原则确定：

（1）满足抗滑稳定及渗透稳定要求。

（2）保证汛期交通畅通。

（3）遇超标洪水能满足抢险度汛要求。

（4）堤身现状和地质勘察成果。

对于 2 级、3 级堤防，本工程结合堤防现状堤身断面尺寸，并考虑堤顶防汛交通道路的布置需要，设计各堤段断面尺寸堤顶宽度均采用 6.0m，堤顶设宽度 4.5m 的防汛路面。迎水坡边坡与现状堤防边坡一致，采用为 1∶2.5。堤防背水侧边坡均采用 1∶3.0。当堤身高度超过 6.0m，在背水坡堤顶以下 2m 处设宽 3.0m 戗台。

（五）堤防抗滑稳定计算

根据《堤防工程设计规范》（GB 50286—2013），堤防抗滑稳定计算应根据不同堤段的防洪任务、工程等级、地形地质条件，结合堤身形式、高度和填筑材料等因素选择具有代表性的断面进行堤身抗滑稳定计算。计算只考虑正常工况，其中正常工况中又考虑临水侧为设计洪水位，背水侧无水的背水堤坡稳定和水位降落期的临水侧堤坡稳定两种情况。由于本工程地震烈度小于Ⅵ度，因此，不考虑地震工况。经过计算，各段堤防设计断面在稳定渗流期和水位降落期均满足抗滑稳定要求。

（六）渗透稳定分析

根据《堤防工程设计规范》（GB 50286—2013）中对渗流计算的规定，渗流及渗透稳定计算选取计算工况如下：

（1）临水侧为设计洪水位，背水侧无水。

（2）洪水降落时对临水侧堤坡稳定最不利情况。根据计算，各典型计算断面的 $K/\mu V$

均在 0.1～60 之间，所以本次计算按照水位降落期间最不利位置的浸润线进行相应的计算。

本工程堤防天然覆盖层保持完好，堤防渗漏量较小，经渗透稳定计算，背水坡渗流出口出逸比降均小于允许比降，堤基非黏性土内部渗流比降小于允许比降，因此本工程堤身、堤基非黏性土渗透稳定均满足要求。

（七）护坡工程设计

由于工程堤身填筑材料大部分为壤土、砂壤土，抗冲刷能力弱，对于迎风顶流，遭受洪水冲刷塌坡严重的堤段，需要采用护坡工程措施，其他堤段迎水坡及背水坡采用植草护坡。

根据当地堤防工程多年运行经验及考虑后期运行管理等方面因素，护坡型式采用干砌石护坡，根据计算结果，干砌石厚采用 30cm，干砌石下铺设 15cm 厚的砂砾石垫层，砂砾石垫层下铺设土工布。

经计算分析，护坡干砌石厚度为 0.3m，干砌石下设 0.15m 砂砾石垫层。干砌石护坡顶部设浆砌石封顶，尺寸为 0.4m×0.5m（长×宽）。干砌石护坡底部坡脚处设浆砌石护脚，尺寸为 0.6m×1.0m（宽×高）。

（八）护岸工程设计

根据现场勘察成果，工程险工段总长 47238m，其中东辽河左右岸险工总长 32551m，西辽河左右岸险工总长 14687m。根据险工段的发展性质、危及堤防的程度，治理险工段长度 24523m，其中东辽河左右岸险工治理长度 19520m，西辽河左右岸险工治理长度 5003m。

根据经济技术比较，推荐干砌石护岸。护岸结构型式干砌石厚度 30cm，干砌石下采用 15cm 厚砂砾石垫层，垫层下设土工布。干砌石护岸顶部防护范围至滩面，干砌石护坡下部设护脚。护脚在有水条件下采用抛石型式，在无水条件下采用干砌石型式。

经计算最终确定东辽河抛石护脚平台宽度取 3.6m，西辽河抛石护脚平台宽度取 3.0m。干砌石护脚深度按局部冲刷深度确定，最终确定东辽河干砌石护脚深度为 1.2m，西辽河干砌石护脚深度为 0.5m。

（九）穿堤建筑物设计

1. 拆除重建排水站工程

拆除重建排水站 4 座，其中德胜排水站位于东辽河右岸堤防双辽段桩号 K8＋616.8 处，设计排水流量为 0.55m^3/s；林家坟排水站位于东辽河右岸堤防内蒙古段桩号 K52＋485.8 处，设计排水流量为 1.17m^3/s；苏龙启及良种排水站位于东辽河左岸堤防昌图段桩号 K61＋329.6 处及 K23＋882.2 处，设计排水流量分别为 1.08m^3/s 和 1.90m^3/s。

2. 拆除重建排水闸工程

合力排水闸位于西辽河右岸堤防双辽段，排水闸防洪水位为 119.40m。合力排水闸进口段底板宽度由 5m 渐变为 2m，两侧边墙为混凝土重力式挡墙，挡墙顶宽为 0.4m，迎水侧边坡垂直，背水侧边坡坡比 1∶0.5，进口段底部为铅丝石笼护底，厚度为 0.5m。合力排水闸出口段底板宽度由 2m 渐变为 5m，两侧边墙为混凝土重力式挡墙，挡墙顶宽为 0.4m，迎水侧边坡垂直，背水侧边坡坡比 1∶0.5，进口段底部为铅丝石笼护底，厚度为0.5m。

（十）交通道路、桥梁设计

堤顶防汛道路大部分采用泥结砾石路面，路面宽4.5m，两侧设0.75m宽土路肩。泥结砾石路面由面层和基层组成，面层采用10cm厚泥结砾石，基层采用20cm厚石灰稳定土；工程对堤防沿线上堤坡道与堤防相接处进行局部平顺处理，每段上堤坡道平顺处理长度按200m/条考虑，上堤坡道平顺处理总长80.4km。四总排干交通桥总长60m，桥面宽度采用净—7＋2×1.0m，桥梁上部结构采用简支式T形梁结构，桥梁单跨20m，共设3跨，桥梁设计荷载标准采用公路—Ⅱ级。桥梁下部结构采用双柱式桥台，桥台基础采用桩基础，采用单柱单桩型式。

（十一）节能措施

根据本工程的施工特点，在施工期的建设管理过程中可采取如下节能措施：

（1）对主要耗能设备运行制定相应的能源管理措施和制度，降低能耗。制定用电、用油等能源使用指标或定额，强化能耗管理。

（2）加强对管理人员和运行人员进行节能教育和培训的力度，减少运行期的建筑耗能。

（3）择优选择主要耗能设备和施工及安装承包商，优化施工及安装方案，提高生产效率。将施工期间的高耗能设备纳入承包商评标指标和管理考核指标。

（4）在项目设计、施工和运行期将本着合理利用能源、提高能源利用效率的原则，依据国家合理用能标准和节能设计规范，加强项目的建设和运行过程的监督检查，确保节能措施与能效指标。

六、施工组织设计

（一）工程施工条件

本工程东辽河、西辽河堤防附近现有203国道、303国道、平齐铁路及大郑铁路通过，对外交通比较便利。公路、铁路为工程施工创造了较为理想的对外交通条件。同时各堤段现有多条防汛上堤道路与附近的公路网相接，为堤防工程施工提供了较为便利的交通条件。

本次设计共选取筑堤土料场34处，如白市村土料场、哈拉火烧土料场、勃勃山土料场、铁建土料场、二道壕土料场、胜利农场五队鱼库土料场等。根据地质专业勘查成果，各料场的质量、储量满足堤防工程的填筑要求。同时各料场沿堤线分布在堤防附近，开采运输条件较好。混凝土骨料及垫层所需砂料来柳条乡万斤砂料场和曲家乡梦家村砂料场，混凝土骨料所需的粗骨料及堤防工程所需的块石料均来自勃勃山石料场。上述料源除土料需要开采，由于其他料源需要量较小，考虑直接购买成品料。

施工用电根据施工现场的供电条件，采用电网供电及自备柴油发电机发电两种方式相结合。施工用水采用水泵抽河水来解决，生活用水可打水井，抽取地下水解决。

（二）施工导流

由于堤防工程远离主河槽，堤前有滩地，平水期常年位于水面以上，具备干地施工条件，无需设置施工导流建筑物。险工护岸施工，可视河道水位适时进行。

（三）料场选择与开采

根据工程地质勘察报告的论述，本工程所需筑堤填筑料、砂砾石垫层料、混凝土骨料、块石料的质量和储量均能满足规范要求。本着经济合理、减少工程造价、充分利用当地资源的原则，少占耕地，料场首选开采指标好，距堤防工程较近，交通便利的料场，在同等运距与指标的情况下，优先使用已开料场。

（四）主体工程施工

1. 堤防土方工程施工

工程土方施工原则上是在原有堤防断面基础上加高培厚，根据本地区具体条件和特点，土方施工采用机械与人工施工相结合的办法，堤防填筑施工必须严格按《堤防工程施工规范》（SL 260—2014）的要求组织施工，同时土方施工应避开冬季和雨季。

2. 堤防混凝土施工

各堤段一般堤段护坡采用混凝土框格梁护坡。混凝土拌和采用可移动鼓筒式搅拌机（0.4m^3）现场搅拌，机动翻斗车运输混凝土成品料至浇筑面，运距 200m。振捣采用插入式振捣棒人工振捣。

3. 险工段护坡、护岸工程施工

险工段护岸采用抛石护脚、干砌石护坡，干砌石由上至下分别由 30cm 厚干砌石、15cm 厚砂砾石垫层及土工布组成。土工布采用长丝土工布，型号采用 400g/m^2，土工布铺设前产品进行复检，质量必须合格，有拉裂、蠕变、老化、局部过薄的土工布均不得使用，土方回填完毕后，即进行砂砾石垫层填筑，采用人工铺筑。土方开挖和回填主要是对险工岸坡进行修整，使岸坡不陡于 1∶2.0，土方开挖和回填均采用 132kW 推土机施工，土方开挖后直接用于回填，推距 30m。石料运至现场后抛石护脚采用人工抛填，干砌石护坡采用人工砌筑。

4. 穿堤建筑物工程

穿堤工程包括合力排水闸、德胜、林家坟、苏龙启及良种排水站。穿堤建筑物工程包括土方开挖、土方回填、砂砾石垫层、混凝土浇筑、抛填块石等。由于每个建筑物土方开挖量较小，故采用 1m^3 挖掘机和人工辅助开挖相结合。开挖料就近暂存，回填采用 74kW 推土机推平，拖拉机压实。混凝土拌和采用可移动鼓筒式搅拌机（0.4m^3）现场搅拌，人工推运胶轮架子车运输混凝土成品料至浇筑面，振捣采用插入式振捣棒人工振捣。混凝土细骨料采用天然骨料，混凝土粗骨料采用人工料。

（五）施工交通

1. 对外交通

本工程区内陆路交通发达，有 203 国道、303 国道在施工区内通过，平齐铁路（四平-齐齐哈尔）、大郑铁路（大虎山-双辽）在双辽市通过。到各施工区附近有可通行重车的县、乡级公路网。对于作为工程永久对外交通的道路，现有道路能够满足工程对外交通要求。

2. 场内交通

各段堤防工程均有多条防汛上堤道路，并且防汛上堤道路与附近公路网相接，可以作为工程施工道路使用。同时现有堤顶路能满足行车要求，也可作为施工道路使用。

（六）施工总布置

根据本工程特点，施工场地布置原则如下：

（1）以工程所处地区场地自然条件为依据。

（2）方便施工、利于生活和易于管理。

（3）充分使用已征用的场地，应沿堤线合理分布布置，尽量减少占地和占房。

（4）将清覆盖料按水保要求暂存，后就近回填至坡面，作为种植土使用，工程不另设弃渣场。

根据工程布置及地形条件以及工程分段和工程分布特点，因地制宜地分散布置。各堤段工程可利用堤防已征用的保护范围内布设各场地、工厂、库房等设施，对于生活福利区、生产物资、材料仓库等应尽量靠近村镇布置，充分考虑利用当地资源，尽量减少临建设施规模。对于其他临建设施应本着便于施工和沿堤防沿线布置的原则进行设置。

（七）施工控制性进度

施工进度安排的主要依据为：工程分布特点及规模；工程所在地区的气候条件；施工程序及施工方法，有关规程规范。本工程工期安排如下：工程于第一年3月开工，至第五年9月结束，总工期31个月。故工程的关键项目是：施工准备、堤身填筑、险工护岸等工程等。主体工程总进度安排：第一年4月初主体工程开工（堤身清覆盖、堤身开挖、堤身填筑），第三年9月底完工。

七、工程管理

（一）工程管理任务

为了加强防洪工程管理，充分发挥工程和非工程措施相结合的防洪效益，必须加强防洪综合管理，以减轻洪涝灾害损失。为此，必须建立健全各级河道管理机构，开展河道及防洪堤防工程的管理工作。各级河道管理机构主要任务是：

（1）负责《河道管理条例》的宣传、组织实施和监督执行，负责防洪调度、保护河道水土资源及附属工程设施的完整。

（2）协调国民经济各部门在使用河道方面而产生的矛盾。

（3）负责防洪工程设施的整修加固的组织领导。进行河道及防洪工程业务技术指导。

（4）参加防汛抢险工作。各级河道管理单位都是当地人民政府防汛指挥部的办理机构，要及时掌握汛情、险情，提出防汛抢险技术措施方案，当好参谋。

（5）进行水文和水工建筑物有关项目的观测和运行，积累资料并整编存档。

为了落实上述管理单位的任务，必须尽早建立健全各级河道管理机构，充实管理技术人员，增加交通、检查、测验、通讯、维修设备，改善办公，以适应堤防管理工作的需要。

（二）管理体制、机构设置

为现有堤防加固，根据统一管理，精简高效的原则，不再增设新的管理机构。

（1）东西辽河吉林省双辽段维持现状的两级管理机构，分别为双辽市河道堤防管理站及其下设的新立管理所、那木管理所、西辽河管理所、卧虎管理所、辽东管理所、王奔管理所。

（2）东西辽河内蒙古科左后旗段维持现状的一级管理机构，为东西辽河河道堤防管理站。

（3）西辽河辽宁省康平段维持现状的一级管理机构，为康平县山东屯西辽河堤防管理所。

(4) 东辽河吉林省梨树段维持现状的一级管理机构，为梨树县刘家馆子镇河道堤防管理所。

(5) 东辽河辽宁省昌图段持现状的两级管理机构，分别为昌图县河道管理站及其下设的三江口镇河道分所、古榆树镇河道分所、七家子镇河道分所。

其中管理机构中的人员编制问题根据水利部颁发的《水利工程管理单位编制定岗标准（试行）》，本次设计本着精简高效原则进行管理机构的人员调整。

（三）工程观测设计

根据堤防工程级别、地形地质、水文气象条件及管理运用要求，根据《堤防工程设计规范》（GB 5026—2013）的规定，设置如下观测项目：堤身沉降、位移、水位、近岸河床的冲淤变化等。为达到观测目的，尽量采用先进、可靠、经济的观测方法和仪器。

（四）交通及通信设施

1. 交通设施

对外交通方面：各段堤防工程现状沿线均设有防汛上堤道路，并与附近公路交通网相接，现状防汛上堤道级别为 4 级，路面宽 6m，本次设计对外交通利用现有的防汛上堤道路，对现状防汛上堤道路本次设计未采取工程措施，维持现状即可，并且不再增设。

对内交通方面：各段堤防设计顶宽为 6.0m，各段堤顶均设防汛道路，路面采用泥结砾石路面，路面宽 4.5m，两侧设 0.75m 宽土路肩，堤顶防汛路是本工程对内交通的主要道路。现状堤防沿线每隔一定距离设上堤坡道，与当地乡村道路连接，作为日常生产、生活交通使用，本次设计考虑利用现状上堤坡道作为堤防日常管理对内交通道路使用，不再增设，仅对现状上堤坡道与加高、培厚的堤顶连接处局部路段进行平顺处理。

2. 通信设施

本工程各堤防管理站、所均无通信设施工具，各地方堤防管理站、所均位于居民区内，有国家邮电通信网通达，可直接利用国家通信网通信。

（五）管理单位生产、生活区建设

根据《堤防工程管理设计规范》（SL/T 171—2020）及各堤段工程管理站房的实际情况，本着节约型的运行管理机制，提高管理效率，因地制宜建设。

八、环境影响与经济评价

（一）环境影响评价

1. 区域环境现状

辽河三江口地区地处辽河平原区，在新开河-西辽河以东，东辽河以西为冲积湖积平原。区内土壤类型很多。其中东西辽河左右堤吉林省双辽段为草甸栗钙土、草甸黑土、轻度熟化冲积草甸黑土、碳酸岩层冲积土及冲击面沙土；东西辽河辽宁段主要为草甸黑土、轻度熟化冲积草甸黑土、碳酸岩层冲积土及冲击面沙土；东西辽河内蒙古段评价区内土壤为草甸土、风沙土、沼泽土和碱土。

项目区域内由于开发较早，加上人为活动越来越大，目前原始植被基本上消失殆尽，自然植被仅有一些少量的天然次生植被和草甸植被等，人工植被以农田植被为主。人工林植被主要为农田防护林、护堤林、用材林等落叶阔叶林，以杨树为主，还有少量柳树。

项目区域内的农区村屯和人口都比较集中，农田面积广大并相对集中，农业生产活动频度和强度很高，野生动物种类主要与农业生产活动相关，较大型哺乳动物基本绝迹，但小型哺乳类特别是鼠类仍为常见种。野生动物主要有普通刺猬、东北兔、黄鼬、褐家鼠、小家鼠、花鼠、大仓鼠、东方田鼠、普通田鼠等10余种啮齿目、兔形目和食肉目动物。鸟类种类较多，数量不多，且多为村栖息鸟类。留鸟居多，少有迁徙鸟类。主要常见种为喜鹊、小嘴乌鸦、麻雀、家燕、金腰燕、环颈雉、大嘴乌鸦、灰头鹀、大山雀、山鸡、杜鹃、普通翠鸟、云雀、灰喜鹊、啄木鸟、山斑鸠等。

项目所处区域在吉林省生态功能区划中：一级区划属吉林西部台地生态区，二级区划属四平平原城镇与农业生态亚区，三级区划属东辽河平原土壤侵蚀控制与农业生态功能区。

根据调查，项目所在区域100km范围内无自然文化遗产地、风景名胜区、森林公园、重要湿地、原始天然林等环境敏感区，也无水产种质资源保护区。主要生态环境敏感区有吉林省双辽市第三水源（地下水水源地）集中式供水水源保护区。

整治河段没有重要保护鱼类的产卵场、仔稚幼索饵场，也非洄游通道。

2. 主要环境问题及变化趋势

本区存在的主要生态环境问题：堤两侧农业开发历史悠久，人口密度较高，因此草原和森林生态系统受到破坏，生态系统稳定性降低、功能衰退；草地破坏后土壤侵蚀加剧，区内黑土层流失较重，土壤有机质含量下降；耕地施用化肥、农药量逐年增加，造成土壤结构破坏，面源污染加重。总的来看，评价区自然生态系统已经受到破坏，人工生态系统相对比较完整，也比较稳定，各系统的自我恢复和调节能力下降，区域生态环境质量较差。

3. 工程环境影响预测与评价

(1) 水环境。工程施工将对流域水体水质产生一定的影响。但由于流域面积广阔，堤线较长，水体稀释扩散能力强，加上施工场地分散，集中产生的污水量小，因此，施工活动对水质有一定的临时影响，但总体影响不大。

(2) 环境空气。施工期对环境空气的污染一方面是施工及公路运输产生的粉尘、飘尘，另一方面是施工燃油设施（车辆）释放的废气。施工期间可采取成立公路养护、清扫专业队伍和消减、控制燃油废气排放等措施保证环境空气质量。

(3) 生态环境。工程施工期料场取土、修建永久性建筑、施工场区及生活区布置等将占用部分土地，使土地利用类型发生变化，使原地貌植被受到损坏。但其大部分在施工结束后可得到恢复。

工程区域内主要以农田植被为主，没有国家级和省级重点保护动植物，沿岸的陆生动物种类较少，工程施工建设并不会引起物种的消失和数量的减少，项目的建设对所在区域的动物种类、分布和数量影响不大。

(4) 人群健康。对人群健康的影响主要表现在施工期。因施工人群来自四面八方，不乏病毒及传染性病菌携带者，在集体生活频繁接触过程中，难免有交叉感染机会，因此，在施工期，要对施工人员采取相应的卫生防疫措施，控制疫源，防止疫情发生与扩散，保障施工人群的健康水平不受影响。

(5) 水土保持。本工程为除险加固工程，工程所在地不属于泥石流易发区、崩塌滑坡危险区以及易引起严重水土流失和生态恶化区、全国水土保持监测网络中的水土保持监测点、水土流失重点试验区等区域，故工程建设不存在水土保持制约性因素。按照本项目水土保持设计实施后，项目区水土流失得到控制，实施效果满足设计目标要求。因此，从水土保持角度分析，辽河三江口地区省界堤防工程是可行的。

（二）经济影响评价

通过对东、西辽河省界现有堤防进行加高培厚，使其防洪能力由 20 年一遇提高至 50 年一遇标准，堤防等级达到 2 级、3 级。该堤防工程的建设，保护沿河两岸三省 5 个县（旗、市）43.05 万人的生命安全，使沿河两岸的社会安定、人民得以安居乐业。使农业生产得到迅速发展，改善老百姓的生产生活条件、提高生活质量，对加速国民经济持续稳定发展起着主要的作用。通过修建堤防，可有效地防止水土流失，保护植被，改善沿岸城区环境，对人类赖以生存的环境得到改善，可避免由洪灾引起的水质污染，疾病的发生，对美化城市环境及生态环境起到积极的保护作用。

本工程为保护着东、西辽河两岸人民的生命财产安全以及生存环境免受洪水破坏不仅有显著的经济效益，也具有显著社会效益和环境效益；防洪工程是一项利国利民的百年大计，提高防洪标准，增加防洪能力是该地区社会经济持续和谐发展的需要。该堤防总长 282.084km，保护面积 158.5 万亩，人口 40.63 万人。国民经济评价指标较好，应加大投资力度、尽快实施，早日发挥作用。

（三）社会稳定风险分析

辽河三江口省界堤防保护着辽河流域重要的商品粮基地和铁路、公路等重要基础设施，目前堤防工程存在防洪标准低、堤身断面单薄、堤身和堤基质量差、穿堤建筑物老化失修等问题。同时，该段河岸土质疏松，抗冲能力差，河道险工多，危及堤防安全。随着区域经济社会发展，城市化进程加快，社会财富积累增多，人口密度增大，防洪风险日益突出，迫切需要对堤防进行达标建设，增强区域防洪能力，为经济社会发展提供防洪安全保障。

通过修建堤防，可有效地防止水土流失，保护植被，改善沿岸城区环境，使人类赖以生存的环境得到改善，可避免由洪灾引起的水质污染、疾病的发生，对美化城市环境及生态环境起到积极的保护作用。洪水带来的生命损失及社会影响后果是无法用货币化指标定量描述的，所造成的损失要远远大于可定量计算的经济损失。

九、劳动安全与工业卫生

（一）设计依据

为贯彻“预防为主、安全第一”的方针，按照《中华人民共和国劳动法》《中华人民共和国安全生产法》和《水利水电工程劳动安全与工业卫生设计规范》的要求，并结合本工程的自身情况和特点，进行本工程劳动安全与工业卫生设计。

（二）主要危险、有害因素分析

1. 工程布置及自然条件可能对安全卫生产生的影响因素

总体布置设计中若考虑不周，则各建筑物将面临不良地质条件、滑坡、雷电、污染等危害，这些危害均可能对劳动安全和工业卫生构成影响，因此应充分考虑这些影响因素，尽量避开不良地质条件、滑坡、污染源等，利用地形条件，或采取相应的防护和处理，使危害因素的影响减少到最低程度。

2. 地震危险性因素

根据地震记载情况，区内曾发生数十次地震，震级一般多在2～3级以下，最大达5.0级，从地震记载资料统计，该区地震频度虽较高，但震级弱。

3. 开挖边坡及混凝土拆除危险性因素

本工程主要包括堤防、穿堤建筑物基础土方开挖与废弃穿堤建筑物混凝土拆除，开挖施工中应严格按照相应的规程、规范执行，并对开挖完的边坡加强监测，以防塌方、滑坡等事故；混凝土拆除施工中应严格按照相应的规程、规范执行，做好防护防止发生掉块、垮塌等事故。

4. 火灾危险性因素

火灾可危及人身安全，使人伤残或死亡；同时也可导致设备损坏或报废，甚至使系统运行瘫痪。本段工程可能发生火灾的主要类别有电气设备火灾、电缆火灾、采用明火取暖或用以熏烤受潮电气设备，也会引起火灾危害。

5. 爆炸危险性因素

电气设备和油料储存系统，如操作、维护不当，可能引起火灾最终导致爆炸或直接发生爆炸，有的造成严重损坏，有的甚至引起人身伤亡。

6. 电气伤害危险性因素

用电部位的作业人员如果违章作业或设备绝缘状况不好、作业工具不良、个人防护不全、管理制度不健全、管理交接不到位等均有可能会发生触电事故或电弧灼伤事故。

7. 施工期危险性因素

施工期的主要危险、有害因素有：主要建筑物施工过程中的爆炸安全、危险物品使用存放、交通运输、施工用电、开挖和施工机械伤害等。

8. 其他危险性因素

设备的支撑构件、水管、油管及风管会产生腐蚀，会影响本体寿命，而且也会使周边环境受到污染。

（三）劳动安全与工业卫生对策措施

1. 劳动安全

(1) 防地质灾害（包括地震、边坡失稳、崩塌和滑坡）对策措施。对于有可能出现边坡失稳的地段应根据实际情况采取相应的防治措施，严格按规范要求进行设计施工；对土质边坡，采取生物防治措施，进行整坡、护坡，并植草种树。

(2) 防火灾对策措施。防火设计依据现行的《水利水电工程设计防火规范》《水利水电工程劳动安全与工业卫生设计规范》《水利水电工程机电设计技术规范》《建筑设计防火规范》及相关规程规定执行。电缆防火设计按现行的《水利水电工程设计防火规范》《电力工程电缆设计规范》及《水利水电工程电缆设计规范》等规范执行。

(3) 防电气伤害对策措施。为防止误操作可能带来的人身触电或伤害事故，选用具有“五防”功能的成套开关柜。电力设备及有关金属构架需要接地的部分符合《水力发电厂接地设计技术导则》的有关规定。

(4) 防车辆、机械等伤害对策措施。各种车辆的技术状况必须符合国家规定，安全装置完善可靠。对车辆必须定期进行检修维护，在行驶前、行驶中、行驶后对安全装置进行检查，发现危及交通安全问题，必须及时处理，严禁带病行驶。在施工现场内的车辆速度应有明确的限制。

（5）发生设备故障和人身伤亡事故后的抢救、疏散方式等应急措施。泵站设计在每个机组段、安装间均应设有足够的通道宽度，一旦发生设备故障和人身伤亡事故，运行人员可以最快速度去直接关闭故障设备，并将伤亡人员迅速疏散到室外进行抢救。

（6）防爆。设备选型时尽量选用运行可靠性高，发生电气故障而引发火灾危险性小的电气设备，从根本上杜绝或减少火灾隐患。

2. 工业卫生

（1）防水污染对策措施。生活给水水源取地下水，经设在净水室内净水处理设备处理后，由变频供水设备送至施工现场各用水点。各用水点污水经排水管道排到室外检查井，经化粪池处理后，再经污水净化处理设备处理后，排至河水内。

（2）防尘对策措施。泵站生产各个环节或设备不会产生明显的大量粉尘。为进一步提高室内空气环境条件，充分保证人员和设备的安全正常工作和运行，站内通风系统的进风来自无污染源的大气，保证室内空气的清新、洁净，满足设计要求。

（3）采光与照明。工程施工采光设计以自然采光为主，泵房内各类场所均设有工作照明和事故照明，照度标准按《水力发电厂照明设计规范》（NB/T 35008—2023）设计。泵内各主要通道、楼梯口、疏散用安全通道等处均设有事故照明和应急指示灯。

（四）安全卫生设施及人员配备

1. 辅助用室

根据水利水电工程的生产特点，按照实际需要和使用方便的原则，设置卫生用室（浴室、存衣室、盥洗室、洗衣室）、生活用室（休息室、食堂、厕所）、妇女卫生室和卫生医疗机构，其建筑面积按工业企业设计标准及有关标准采用，辅助用房根据需要统一考虑。

2. 安全卫生机构及人员配备

安全卫生防范的设备的维护、保养、日常监管维修由工程专职人员来完成，人员由工程统一配备。为了贯彻“安全第一”的方针，随时对职工进行安全、卫生、劳动保护教育，特配备一名职工业余教育人员。

（五）小结

（1）本工程主要建筑物选址区无滑坡、溶洞等直接危害地段；无淹没区、发震断层区和地方病高发区及化学废弃物层等。

（2）工程上游无严重的污染物和有害物，工程施工对区间河道水文、泥沙、水生生物、气候没有明显的不利影响；工程区亦无较大敏感对象，没有制约工程兴建的重大环境问题。另外，选址区与周邻区域之间保持的安全距离和卫生防护距离均符合国家规定，二者在危险、危害性方面相互影响的程度较小，对工程本身无大的影响。

（3）对于工程范围内，影响建筑物本身的危险因素，通过治理均能保证主体建筑物的安全运行。

（4）根据选址区的自然条件、地质、雷电、暴雨、洪水、地震等情况，合理确定建筑物布置位置，各主要建筑物的设计均满足相应规程、规范的要求，这些自然因素在设计范围内不会对工程产生危害。

(5) 本段工程防火采用综合消防技术措施，消防系统从防火、监测、报警、控制、灭火、排烟、救生等方面进行综合防范，各建筑物的火灾危险性分类，耐火等级和耐火极限，防火间距、隔离措施、消防车道、消防水源及机电设备消防等设计均符合防火要求。

(6) 本段工程在防洪与防淹没、防火与防爆、防电气伤害、防机械及坠落伤害、防噪声、防振动、防尘、防污染、防腐蚀、防电磁辐射、通风空调、采光照明、安全标志、附属卫生设施、交通道路、事故疏散通道、边坡防护等方面，采取适当的安全卫生防护措施后可达到消除或控制各类事故或职业病的目的，预期效果良好。

十、结论

辽河三江口地区省界堤防工程建设符合流域规划，工程建设将给当地经济注入新的活力，改善地方投资环境，加快基础设施建设，从而带动和提高地方社会经济的发展，促进人民群众生活水平的提高。同时工程建设达到环境保护的目的。

思　考　题

6-1　流域管理的模式有哪些？我国流域管理机构由哪些组成？

6-2　为什么说建立覆盖整个流域上下游梯级的协同安全风险管理和应急是目前流域管理的重点？

6-3　流域梯级水电站风险管控准则和原则有哪些？

6-4　什么是流域风险管控？流域风险的划分有哪些？

6-5　什么是流域突发事件预警？流域突发事件的预警内容以及预警过程有哪些方面？

6-6　请阐述应急响应级别划分以及各个级别所需要的处理方法有哪些。

6-7　应急措施是实施应急管理的具体措施，请阐述应急措施的基本用途有哪些？

6-8　请概括应急措施在预案的运行过程中的分类和基本职能有哪些。

6-9　针对长江复杂的水文条件造成的水量不平衡的问题，在管理中需要注意的问题有哪些？

6-10　黄河流域应急管理机构设置有哪些？请阐述黄河河长制度目前的建设情况。

数　字　资　源

资源6-1　国内外流域管理

资源6-2　河长制管理

资源6-3　梯级水库安全管理

资源6-4　流域的综合管理

资源6-5　流域风险管理（微课）

资源6-6　流域风险管理（课件）

资源 6-7 梯级电站智慧管理

资源 6-8 流域梯级电站应急管理

资源 6-9 黄河流域管理

资源 6-10 大坝安全监测

资源 6-11 流域管理

资源 6-12 课后习题

参 考 文 献

[1] 潘家铮，何璟．中国大坝五十年［M］．北京：中国水利水电出版社，2000.

[2] 贾金生，袁玉兰，马忠丽．2005年中国与世界大坝建设情况［C］//中国水利学会中国水力发电工程学会中国大坝委员会．水电2006国际研讨会论文集．中国大坝委员会秘书处，2006：1214-1218.

[3] 水利部国际合作与科技司．当代水利科技前沿［M］．北京：中国水利水电出版社，2006.

[4] 长江三峡大江截流工程编委会．长江三峡大江截流工程［M］．北京：中国水利水电出版社，1999.

[5] 段文刚，胡晗，侯冬梅．我国特高拱坝坝身泄洪消能技术研究与应用［J］．长江科学院院报，2021，38（10）：54-57.

[6] 袁光裕，胡志根，等．水利工程施工［M］．北京：中国水利水电出版社，2016.

[7] 林继镛，章社荣，等．水工建筑物［M］．北京：中国水利水电出版社，2019.

[8] 卢文波，赖世骧，朱传云，等．三峡工程岩石基础开挖爆破震动控制安全标准［J］．爆破与冲击，2001，1（1）：67-71.

[9] 贾金生，张林．高坝工程技术进展［M］．成都：四川大学出版社，2012.

[10] 朱伯芳．高拱坝设计与研究［M］．北京：中国水利水电出版社，2002.

[11] 水电水利规划设计总院，中国水力发电工程学会混凝土面板堆石坝专业委员会，中国电建集团昆明勘测设计研究院有限公司，等．中国混凝土面板堆石坝30年［M］．北京：中国水利水电出版社，2016.

[12] 王润英，周永红，方卫华，等．碾压混凝土坝渗流机制及预警指标研究［M］．南京：河海大学出版社，2022.

[13] LIU Hanlong，SUN Yimin，Jack Oostveen，et al. Dike Engineering［M］．北京：中国水利水电出版社，2004.

[14] 肖柏勋，余才盛，宋先海，等．堤防防渗墙质量无损检测试验研究最新进展［J］．中国水利，2002（12）：63-66.

[15] 张利荣，胡继峰，刘剑．河道中在建工程抗洪抢险的关键技术措施［J］．水利水电技术，2013，44（3）：17-21.

[16] 张磊，由金玉．土石坝设计与施工［M］．郑州：黄河水利出版社，2014.

[17] 王洪恩，卢超．堤坝劈裂灌浆防渗加固技术［M］．北京：中国水利水电出版社，2006.

[18] 谢立强，王娟，孙怀欣．现代化堤防工程施工技术与质量控制研究［M］．哈尔滨：哈尔滨出版社，2023.

[19] 钱玉林．堤防振动沉模防渗墙材料与受力变形特性研究［D］．南京：河海大学，2005.

[20] 魏山忠，滕建仁，朱寿峰，等．堤防工程施工工法概论［M］．北京：中国水利水电出版社，2007.

[21] 孙开畅．土石围堰安全风险［M］．北京：科学出版社，2019.

[22] 孙开畅．水利水电工程施工安全风险管理［M］．北京：中国水利水电出版社，2013.

[23] 孙东坡，李国庆，朱太顺．治河及泥沙工程［M］．郑州：黄河水利出版社，1999.

[24] 唐洪武，袁赛瑜，肖洋．河流水沙运动对污染物迁移转化效应研究进展［J］．水科学进展，2014，

25 (1): 139 - 147.
[25] 谢鉴衡. 河床演变及整治 [M]. 武汉: 武汉大学出版社, 2013.
[26] 钱宁. 推移质公式的比较 [J]. 水利学报, 1980 (4): 1 - 11.
[27] 钱宁, 万兆惠. 泥沙运动学 [M]. 北京: 科学出版社, 1983.
[28] 王光谦. 河流泥沙研究进展 [J]. 泥沙研究, 2007 (2).
[29] 王兆印, 田世民, 易雨君. 论河流治理的方向 [J]. 中国水利, 2008 (13): 1 - 3.
[30] 姚乐人. 防洪工程 [M]. 北京: 中国水利水电出版社, 1997.
[31] 钱宁. 关于河流分类及成因问题的讨论 [J]. 地理学报, 1985, 4 (1): 1 - 10.
[32] 中华人民共和国水利部. 中国河流泥沙公报 (2022) [M]. 北京: 中国水利水电出版社, 2023.
[33] 方行明, 孙传旺, 张满银, 等. 再造黄河: 治沙、治水与用水模式优化转型 [J]. 开发研究, 2023, (4): 13 - 24.
[34] 江恩慧. 黄河泥沙研究重大科技进展及趋势 [J]. 水利与建筑工程学报, 2020, 18 (1): 1 - 9.
[35] 高兴, 朱呈浩, 刘俊秀, 等. 新时期黄河调水调沙思考与建议 [J]. 人民黄河, 2023, 45 (2): 42 - 46.
[36] 中国科学院地理研究所, 长江水利水电研究院, 等. 长江中下河道特性及其演变 [M]. 北京: 科学出版社, 1985.
[37] 钱宁, 张松, 周志德. 河床演变学 [M]. 北京: 科学出版社, 1987.
[38] 杨志峰, 崔保山, 刘静玲, 等. 生态环境蓄水量理论、方法与实践 [M]. 北京: 科学出版社, 2003.
[39] 董哲仁, 张晶, 张明. 生态水工学概论 [M]. 北京: 中国水利水电出版社, 2020.
[40] 郑正. 环境工程学 [M]. 北京: 科学出版社, 2004.
[41] 张锡辉. 水环境修复工程学原理与应用 [M]. 北京: 化学工业出版社, 2002.
[42] 倪晋仁, 刘元元. 论河流生态修复 [J]. 水利学报, 2006, 37 (9): 1029 - 1043.
[43] 王浩, 唐克旺, 杨爱民, 等. 水生态系统保护修复理论与实践 [M]. 北京: 化学工业出版社, 2010.
[44] 王飞虎, 杨越, 张洋, 等. 黄河流域河南段浮游藻类功能群分布特征及影响因子 [J]. 水生生物学报, 2024, 48 (3): 513 - 523.
[45] 赵晨, 丛艳锋, 王乐, 等. 连环湖 (铁哈拉泡) 人工鱼巢增殖效果研究 [J]. 水产学杂志, 2022, 35 (5): 56 - 63.
[46] 薛惠锋, 程晓冰, 乔长录, 等. 水资与水环境系统工程 [M]. 北京: 国防工业出版社, 2008.
[47] 董哲仁, 孙东亚, 彭静. 河流生态修复理论技术及其应用 [J]. 水利水电技术, 2009, 40 (1): 5 - 10.
[48] 熊文, 黄思平, 杨轩. 河流生态系统健康评价关键指标研究 [J]. 人民长江, 2010, 42 (12): 7 - 12.
[49] 高健磊, 吴泽宁, 左其亭, 等. 水资源保护规划理论方法与实践 [M]. 郑州: 黄河水利出版社, 2002.
[50] 郭亚梅, 杨玉春, 范永平. 海河流域生态修复探索与研究 [M]. 郑州: 黄河水利出版社, 2012.
[51] 杨文利. 水利概论 [M]. 郑州: 黄河水利出版社, 2012.
[52] 许文年, 夏振尧, 周宜红, 等. 植被混凝土力学性能研究方法探讨 [J]. 中国水土保持, 2007 (4): 30 - 32.
[53] 陈云华, 唐文哲, 王继敏, 大型水电 EPC 项目建设管理创新与实践 [M]. 北京: 中国水利水电出版社, 2020.

[54] 许文年，夏振尧，戴方喜，等．恢复生态学理论在岩质边坡绿化工程中的应用［J］．中国水土保持，2005（4）：31-33.

[55] N.W 哈德逊．土壤保持［M］．窦葆璋，译．北京：科学出版社，1975.

[56] 辛树帜，蒋德麒．中国水土保持概论［M］．北京：农业出版社，1982.

[57] 刘中义．我国古代水土保持思想体系的形成［J］．中国水土保持，1987（6）.

[58] 吴发启，高甲荣．水土保持规划学［M］．北京：中国林业出版社，2009.

[59] 文俊．水土保持学［M］．北京：中国水利水电出版社，2010.

[60] 张胜利，吴祥云．水土保持工程学［M］．北京：科学出版社，2012.

[61] 高辉巧．水土保持［M］．北京：中央广播电视大学出版社，2005.

[62] 杨光，丁国栋，屈志强．中国水土保持发展综述［J］．北京林业大学学报（社会科学版），2006.（S1）：72-77.

[63] 胡志根，刘全，陈志鼎，等．施工导流风险分析［M］．北京：科学出版社，2010.

[64] 周月杰，杨洪波．佳木斯市水土流失特点及应对策略分析［J］．山西水土保持科技，2023，（4）：11-14.

[65] 王淑燕，张洪燕．小流域水土保持综合治理措施探讨［J］．工程技术研究，2023.8（21）：211-213.

[66] 李雷，王仁钟，盛金保，等．大坝风险评价与风险管理［M］．北京：中国水利水电出版社，2006.

[67] 刘茂．事故风险分析理论与方法［M］．北京：北京大学出版社，2011.

[68] 周建方，唐椿炎，许智勇．贝叶斯网络在大坝风险分析中的应用［J］．水力发电学报，2010（1）：192-196.

[69] 彭雪辉，蔡跃波，盛金宝，等．中国水库大坝风险标准研究［M］．北京：中国水利水电出版社，2015.

[70] 陈进，黄薇．水资源与长江的生态环境［M］．北京：中国水利水电出版社，2008.

[71] GB 50286—2013 堤防工程设计规范［S］．北京：中国计划出版社，2013.

[72] SL 303—2017 水利水电工程施工组织设计规范［S］．北京：中国水利水电出版社，2017.

[73] DL/T 5108—2023 水电枢纽工程等级划分及设计安全标准［S］．北京：中国电力出版社，2024.

[74] SL 721—2015 水利水电工程安全监测设计规范［S］．北京：中国水利水电出版社，2015.

[75] SL 282—2023 混凝土拱坝设计规范［S］．北京：中国水利水电出版社，2023.

[76] SL 274—2020 碾压式土石坝设计规范［S］．北京：中国水利水电出版社，2020.

[77] SL 228—2013 混凝土面板堆石坝设计规范［S］．北京：中国水利水电出版社，2013.

[78] NB/T 10509—2021 水电建设项目水土保持技术规范［S］．北京：中国水利水电出版社，2021.